"十二五"普通高等教育本科国家级规划教材
江苏"十四五"普通高等教育本科省级规划教材
工业和信息化部"十四五"规划教材
江苏省高等学校精品教材

数字电子技术基础

第 2 版

王友仁　张　砦　陈则王　周翟和
孔德明　付大丰　林　华　　编著

机械工业出版社

本书适应现代电子技术的发展形势，引入当前我国高等学校工科电子技术课程教学内容与课程体系改革研究成果，正确处理基础理论与实际工程应用之间的关系，精简部分中小规模数字电路教学内容，增加可编程逻辑器件、数字电路自动化设计仿真技术和数字电子系统设计。本书共 10 章，内容包括：逻辑代数基础、数字集成门电路、组合逻辑电路、触发器、时序逻辑电路、脉冲波形产生与变换电路、数/模和模/数转换器、半导体存储器、可编程逻辑器件和数字电子系统设计。

本书可作为高等学校电气信息类（包括自动化、电气工程及其自动化、测控技术与仪器、探测制导与控制技术、生物医学工程等）专业教材，也可供其他专业选用和相关工程技术人员阅读参考。

图书在版编目（CIP）数据

数字电子技术基础/王友仁等编著. —2 版. —北京：机械工业出版社，2021.12（2025.1 重印）

"十二五"普通高等教育本科国家级规划教材　工业和信息化部"十四五"规划教材　江苏省高等学校精品教材

ISBN 978-7-111-69958-3

Ⅰ.①数…　Ⅱ.①王…　Ⅲ.①数字电路－电子技术－高等学校－教材　Ⅳ.①TN79

中国版本图书馆 CIP 数据核字（2021）第 266464 号

机械工业出版社（北京市百万庄大街 22 号　邮政编码 100037）
策划编辑：刘丽敏　　　　责任编辑：刘丽敏　韩　静
责任校对：郑　婕　王明欣　封面设计：张　静
责任印制：邰　敏
北京富资园科技发展有限公司印刷
2025 年 1 月第 2 版第 6 次印刷
184mm×260mm · 25 印张 · 685 千字
标准书号：ISBN 978-7-111-69958-3
定价：69.80 元

电话服务　　　　　　　　　　网络服务
客服电话：010-88361066　　机　工　官　网：www.cmpbook.com
　　　　　010-88379833　　机　工　官　博：weibo.com/cmp1952
　　　　　010-68326294　　金　书　网：www.golden-book.com
封底无防伪标均为盗版　机工教育服务网：www.cmpedu.com

第 2 版前言

自《数字电子技术基础》第 1 版出版以来，数字电子技术发展迅速，为了保证教材的基础性、科学性与先进性，有必要对第 1 版进行修订完善。这次教材修订工作主要包括：根据课程教学过程中读者反馈的信息，结合数字电子技术课程教学的要求，更加清楚地阐述数字电路基本理论和分析设计方法，精炼并调整了部分例题，更新了与教材内容相匹配的各章习题，增加了基于 Multisim 的数字电路自动化设计与仿真分析内容。去掉了第 1 版教材中第 11 章数字电路测试与可测试性设计。重新撰写了第 10 章数字电子系统设计，给出了数字电子系统设计三种典型实例。把视频、电子课件等介质用于数字电子技术新形态教材建设，且增加了课程思政内容。

本书共 10 章，内容包括：逻辑代数基础、数字集成门电路、组合逻辑电路、触发器、时序逻辑电路、脉冲波形产生与变换电路、数/模和模/数转换器、半导体存储器、可编程逻辑器件和数字电子系统设计。

本次教材修订具体分工为：陈则王负责第 1、2 章，王友仁与陈则王负责第 3、4 章，周翟和负责第 5 章，付大丰负责第 6 章，林华负责第 7 章，孔德明负责第 9 章，张砦负责第 8、10 章和 Multisim 仿真部分内容。王友仁负责全书的策划、组织、大纲确定与统稿。

本书承蒙东华大学赵曙光教授审阅，并提出了宝贵的修改建议，特表感谢。

由于编者水平有限，书中可能有错误或不当之处，恳请读者批评指正。

编著者

第1版前言

电子技术与计算机技术的飞速发展，使得电子产品的更新周期日益缩短、新产品开发速度加快，引起数字电子系统设计思想、方法、工具及所用器件的巨大变化，主要体现在数字电子系统实现方式和设计手段两个方面。数字电路设计正进入高度集成化的片上系统时代，电子设计自动化技术和可编程逻辑器件在电路设计中的应用越加广泛，而传统的数字电路设计方法将逐步淡出。因此，数字电子技术课程中应精简中小规模集成电路应用和传统的技巧性设计方法，突出数字电子系统设计方法和自动化设计技术。

数字电子技术课程是自动化、电气工程及其自动化、测控技术与仪器、电子信息工程等专业十分重要的一门技术基础课程。通过该课程的学习，学生获得数字电子技术方面的基本知识、基本理论和基本技能，为深入学习数字电子技术及其在专业中的应用打下基础。

本书为江苏省立项建设精品教材，也是南京航空航天大学江苏省精品课程"数字电路与系统设计"配套教学用书。我们力争实现教学内容和课程体系的整体优化，力求教材的系统性、科学性、基础性和前瞻性。做到语言精练，重点突出，可读性好。在教材内容组织上，主要特点有：①在保证数字电子技术基础内容的同时，为适应数字电子技术的发展，拓展新知识，引入 VHDL 语言、数字系统概念和数字电路测试技术；②精简中小规模集成电路，突出 CMOS 集成电路、大规模集成电路与可编程器件的原理及应用；③淡化集成器件内部电路，注重理论联系实际，突出实际应用；④精简传统设计方法，淡化手工设计技巧，突出电子设计自动化技术和现代数字系统设计方法。

本书共 11 章。内容包括：逻辑代数基础、数字集成门电路、组合逻辑电路、触发器、时序逻辑电路、脉冲波形产生与变换电路、数/模和模/数转换器、半导体存储器、可编程逻辑器件、数字系统设计基础、数字电路测试与可测试性设计。

参加本书编著工作的有：陈则王（第 1、2 章），洪春梅（第 3、4 章），周翟和（第 5 章），傅大丰（第 6 章），林华（第 7、10 章），孔德明（第 9 章），张岩和王友仁（第 8、11 章）。王友仁为主编，负责全书的策划、组织、大纲确定、统稿及部分章节修订。

本书承蒙河海大学计算机与信息学院江冰教授审阅，并提出了宝贵的修改意见。南京航空航天大学自动化学院陈鸿茂教授对书稿进行了仔细审阅，并提出了详细的修改意见与建议。在此深表谢意。研究生田锡宇、郑东、贾其燕、平建军、马伟伟、王澜涛、徐向峰等参与了书中插图的绘制工作，在此表示感谢。

由于编者水平有限，书中难免有错误和不当之处，恳请读者批评指正。

编　者
2010 年 2 月于南京航空航天大学

本书主要符号说明

1. 电压与电流符号

V_{DD}、V_{CC}、V_{EE}	直流电源电压	U_{CES}	双极型晶体管集电极与发射极之间的饱和导通压降
u_I	输入电压	U_{REF}	参考电压或基准电压
U_{IL}	输入低电平	U_B	数/模转换器中偏移电路工作电源
U_{IH}	输入高电平	u_C	电容电压
u_O	输出电压	u_{I2}	触发输入端电压
U_{OL}	输出低电平	u_S	采样脉冲电压
U_{OH}	输出高电平	i_I	输入电流
U_{TH}	门电路的阈值电压	I_{IH}	高电平输入电流
U_{T+}	施密特触发器的正向阈值电压	I_{IL}	低电平输入电流
U_{T-}	施密特触发器的负向阈值电压	i_O	输出电流
ΔU_T	施密特触发器的回差电压	I_{OH}	高电平输出电流
U_{ON}	逻辑门开门电平	I_{OL}	低电平输出电流
U_{OFF}	逻辑门关门电平	u_S	采样保持电路中的采样脉冲电压

2. 电阻与电容符号

R	电阻	R_{ext}	集成芯片的外接电阻
R_F	反馈电阻	R_W	可变电阻
R_S	补偿电阻或信号源内阻	C	电容
$R_{ON(P)}$	CMOS 门中的 PMOS 管的导通电阻	C_{ext}	集成芯片的外接电容
$R_{ON(N)}$	CMOS 门中的 NMOS 管的导通电阻	C_H	保持电容
R_{OFF}	器件截止时的内阻（或关门电阻）	C_I	输入电容
R_{CES}	双极型晶体管集电极和发射极之间的饱和导通电阻	C_O	输出电容

3. 脉冲波形参数符号

f	周期性信号频率	f_S	石英晶体的串联谐振频率

f_P	石英晶体的并联谐振频率	D_{max}	最大占空比
f_0	石英晶体的振荡频率	t	时间
t_W	脉冲宽度	t_n	时间 n 时刻
t_r	上升时间	t_{n+1}	时间 $n+1$ 时刻
t_f	下降时间	T	脉冲周期
t_{re}	恢复时间	T_{min}	输入触发脉冲的最小周期
t_d	分辨时间	T_{TR}	触发正脉冲的宽度
t_{pd}	门电路的平均传输时间	τ	RC 电路时间常数
D	矩形脉冲占空比		

4. 器件符号

VD	二极管	G	门电路
VT	晶体管	FF	触发器
VF_P	P 沟道 MOS 管	S	开关
VF_N	N 沟道 MOS 管	D	D 触发器
A	放大器	G_e	控制栅
C	比较器	G_f	浮置栅

5. 其他符号

CP、CLK	时钟脉冲	Q^n	触发器初态（n 时刻）
LD	置数信号	Q^{n+1}	触发器次态（$n+1$ 时刻）
CR	清零信号	$\overline{OE}$、EN	输出允许
CO	进位输出	GND	接地端
BO	借位输出	B	二进制
$\overline{R_D}$	复位信号	H	十六进制
Q	触发器输出		

目　　录

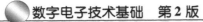

第 1 章 逻辑代数基础

[内容提要]

本章首先概述数字电子技术的发展和数字电路的描述方法，讨论各种计数制与编码制、逻辑运算、逻辑代数的基本定理及常用公式。然后阐述逻辑函数及其表示方法，最后介绍用 Multisim 进行逻辑函数转换和化简。

1.1 概述

1. 数字电子技术的发展

数字电子技术是当前发展最迅速、应用最广泛的技术，过去常用模拟电路实现的功能，如今越来越多地被数字技术所替代。从电子技术的发展角度看，首先出现的是模拟电子技术，在模拟电子技术取得广泛应用的基础上，才出现了专门处理数字信号的数字电子技术。数字电子技术一出现，就以其可靠性好、精度高、易于实现复杂运算等优点，得到飞速的发展和广泛的应用，现代的电子装置一般是先把模拟信号转化成数字信号，再依靠数字电子技术来实现其功能。

数字电路的发展与模拟电路一样经历了由电子管、半导体分立器件到集成电路几个阶段。由于数字电路发展迅速，集成电路的主流形式是数字集成电路。从 20 世纪 60 年代开始，数字集成器件是以双极型工艺为基础制成的小规模逻辑器件，随后发展到中规模和大规模集成电路。70年代末，微处理器的出现，使数字集成电路的性能发生了质的飞跃。计算机的出现，一方面是数字电子技术成功应用的一个典型例子；另一方面，将数字电子技术的应用带入更加广泛的领域，进一步推动着数字电子技术的发展。

数字集成电路按集成度可分为小规模（SSI）、中规模（MSI）、大规模（LSI）、超大规模（VLSI）和甚大规模（ULSI）集成电路五类。所谓集成度，是指一个芯片中所含等效门电路（或晶体管）的个数。逻辑门电路是数字集成电路的基本单元电路，按照结构和制造工艺可分为双极型、MOS 型和双极 MOS 型。最早问世的是晶体管－晶体管逻辑（TTL）门电路，随着互补型金属－氧化物－半导体（CMOS）集成工艺的发展，出现了 CMOS 集成电路，由于 CMOS 集成电路具有高集成度、高工作速度和低功耗等特点，因此 CMOS 器件已成为当前占主导地位的逻辑器件。

随着现代电子技术和信息技术的飞速发展，硬件集成技术与系统设计软件技术也发展得很快。数字电路已从简单的逻辑电路集成走向系统的集成，即将整个数字系统制作在一个芯片上（SOC）。硬件集成技术与系统设计软件技术不断地同步发展，为实现复杂电子系统设计自动化奠定了基础。

2. 模拟信号和数字信号

数字电子技术同模拟电子技术一起构成了电子技术的主体。数字电子技术与模拟电子技术的区别，在于它们各自所处理的信号形式的不同。模拟电子技术处理的信号是模拟信号，而数字电子技术处理的信号是数字信号。

模拟信号是在时间和取值上都连续的信号。图 1.1.1a 示意的是用热电偶测量一个容器内的温度，热电偶的输出电压 u_0 的大小就反映着温度的高低。某一段时间内测得的 u_0 信号如

图 1.1.1b 中 $u_O(t)$ 所示，这种信号在该时间段中的某时刻的值，都反映着容器内对应时刻的温度，且 u_O 信号会随着容器内温度的改变在一定范围内连续地变化。

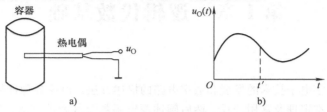

图 1.1.1 模拟信号的例子

数字信号的值是离散（不连续）的。图 1.1.2a 示意的是一个计算传送带上部件个数的装置，光电转换器依据光源发出的光是否被部件遮挡输出电信号 u_O。当受光照射时输出信号为高电平，而光被遮挡时输出信号为低电平。某一段时间内测得的 u_O 信号如图 1.1.2b 所示，观察者可以依据 u_O 信号中出现低电平的次数获知有多少个部件通过传送带。

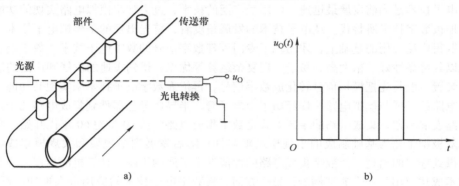

图 1.1.2 数字信号的例子

对这种数字信号，信号的值只有两个：低和高，其他的值不会（也不允许）出现。观察者只关心高低电平的次数，并不关心电平值的大小。数字电路中常把高电平记为 1，低电平记为 0，并把这样的信号称作 0、1 信号，数字电子技术主要讨论的就是对这种 0、1 信号进行处理的理论、方法和电路。

3. 数字电子技术的数学工具及描述方法

在模拟电子技术中，要处理的是连续的模拟信号，所以采用了如微分方程、拉普拉斯变换这类表达连续量及其关系的数学工具。而在数字电子技术中，要处理的是 0、1 形式的二值逻辑量，人们关心的是输入、输出信号之间的逻辑关系。输入信号通常称为输入逻辑变量，输出信号通常称为输出逻辑变量，输入逻辑变量与输出逻辑变量之间的因果关系通常用逻辑函数来描述。

分析数字电路的数学工具主要是逻辑代数，描述数字电路的常用方法有真值表、逻辑表达式、波形图、逻辑电路图等。随着可编程逻辑器件（CPLD/FPGA）的广泛应用，硬件描述语言（HDL）已成为数字系统设计的主要描述方式，目前较为流行的硬件描述语言有 VHDL、Verilog HDL 等。

1.2 计数制与编码制

在日常生活中，人们已习惯用十进制表示数字，如 125、98.6。可是在数字电路中，由于受到逻辑器件和电路限制，电路只能接收 0 或 1 这两种符号，不能直接接收 2、3、4、…、9 这些符号，所以不能直接采用十进制的方法表示数字，而须用其他的表示数字的方法。为讨论这些表示数字的方法，先从十进制说起。

1.2.1　几种常用的计数制

1. 十进制

十进制是十进位计数制的简称，它是用 0、1、2、…、9 这 10 个符号（又称数码）的不同组合来表示不同的数，即任何一个数都可以用十进位计数制中的这 10 个符号按一定的规律排列组合起来表示。计数制中的制，即是规律的意思。在十进位计数制中，其排列组合的规律为"逢十进一"（或借一当十）。

例如一个十进制数 364，可以写成 $(364)_{10}$，或写成 $(364)_D$（右下角上的 10 或 D 是表示这个数为十进制数，D 来自于 Decimal，以示区别于下面将要介绍的其他计数制）。这 3 个数码在数中的不同位置，具有不同的含义：3 在百位，表示 300；6 在十位，表示 60；4 在个位，表示 4。所以十进制数 $(364)_{10}$ 又可由下式表示为

$$(364)_{10} = 3 \times 10^2 + 6 \times 10^1 + 4 \times 10^0$$

式中，10 被称为底数（或为基数），10^2、10^1、10^0 分别被称为"位权"，3、6、4 分别被称为各位权上的系数。

上式称为十进位计数制的幂级数展开式。任何一个十进制数，都可以用其幂级数的形式来表示。例如：$(5555)_D$ 可写为

$$(5555)_D = 5 \times 10^3 + 5 \times 10^2 + 5 \times 10^1 + 5 \times 10^0$$

由此可见，同一个系数数码 5，由于所处的位置（10^3、10^2、10^1、10^0）不同，它所表示的数值大小也不同，其数值为系数和位权的乘积。例如 10^3 上的 5，其值为 $5 \times 10^3 = 5000$。其余的均可类推。

任意的十进制整数 N，可用下列通式表示为

$$
\begin{aligned}
(N)_{10} &= (a_{n-1}a_{n-2}\cdots a_1 a_0)_{10} \\
&= a_{n-1} \times 10^{n-1} + a_{n-2} \times 10^{n-2} + \cdots + a_1 \times 10^1 + a_0 \times 10^0 \\
&= \sum_{i=0}^{n-1} a_i \times 10^i
\end{aligned}
$$

式中，a_i 为系数，其值可以为 0、1、2、…、9；n 为十进制数的位数；10^i 为十进制数各位的"位权"。

带小数的十进制数和负数的十进制数，亦可按上述方法表示和展开，这里不再赘述。

2. 二进制

二进制是二进位计数制的简称，它具有运算最简单、易于用电路表达等优点，所以成为数字电路中最基本、最常用的一种计数制。二进位计数制仅使用两个符号：0 和 1，它就用这两个符号的不同组合来表示一个数。二进位计数制的符号组合规律与十进制相似，不同的是它不是"逢十进一"，而是"逢二进一"（或借一当二）。

例如一个二进制数 1101 可写成 $(1101)_2$，或写成 $(1101)_B$（右下角上的 2 或 B 是表示这个数为二进制数，B 来自于 Binary，以区别其他计数制）。这个二进制数也可用幂级数的形式表示：

$$(1101)_2 = 1 \times 2^3 + 1 \times 2^2 + 0 \times 2^1 + 1 \times 2^0$$

式中，2 被称为底数（或基数）；2^3、2^2、2^1、2^0 分别被称为"位权"；1、1、0、1 分别被称为各位权上的系数。

任意一个整数 N，都可以用二进制表示，并可以用幂级数的形式表示为

$$(N)_2 = (a_{n-1}a_{n-2}\cdots a_1 a_0)_2$$
$$= a_{n-1} \times 2^{n-1} + a_{n-2} \times 2^{n-2} + \cdots + a_1 \times 2^1 + a_0 \times 2^0$$
$$= \sum_{i=0}^{n-1} a_i \times 2^i$$

式中，a_i 为系数，其值为 0 或 1；n 为二进制数的位数；2^i 为二进制数各位的"位权"。

利用幂级数表达式很容易算出二进制数 $(1101)_2$ 等于十进制的 13，即 $(13)_{10}$，所以数 13 的二进制表现形式为 $(1101)_2$；同理，二进制数 $(11010)_2$ 等于十进制的 26，即 $(26)_{10}$，所以数 26 的二进制表现形式为 $(11010)_2$。

将 0、1、2、…、15 这 16 个数字，逐一用二进制表示，可以得到表 1.2.1 中的第 2 列。由表 1.2.1可见，表中的 4 位二进制数从左向右的位权值依次为 8、4、2、1，所以有时又称这里的 4 位二进制数为其对应的十进制数的 8421 码。例如：十进制数 9 的 8421 码为 1001；十进制数 15 的 8421 码为 1111。熟记各 8421 码和它们所对应的十进制数，会给以后的学习带来方便。

3. 八进制和十六进制

除了二进制数以外，在数字电路中有时也会用到八进制数和十六进制数。八进制是采用 0、1、2、…、7 共 8 个数码，按"逢八进一"的进位规律组合这 8 个数码来表示不同的数，3 位二进制数可以组成 1 位八进制数。十六进制则是选用：0、1、2、…、9、A、B、C、D、E、F 这 16 个符号，其中 A 到 F 分别代表十进制的 10 到 15，按"逢十六进一"的进位规律组合这 16 个符号来表示不同的数，4 位二进制数可以组成 1 位十六进制数。用八进制或十六进制表示的数，也有其幂级数表达式，对其形式、底数、系数、位权等，读者可以自行总结得出。与十进制的 0、1、2、…、15 这 16 个数字分别对应的八进制和十六进制数，也列在表 1.2.1 中。在数字电路中有时也会用到八进制数和十六进制数，这并不是说电路能够直接接收八进制或十六进制数，而是因为：①二进制数的底数太小，一个不太大的数都要写成一长串，不便于书写和记忆，而八进制数和十六进制数的底数相对较大，对数字的表达较简洁，便于书写和记忆；②八进制数和十六进制数与二进制数之间有很简单的转换关系。如二进制数 1011001010 用八进制数和十六进制数分别表示为：1312 和 2CA。

表 1.2.1　常用数制对照表

十进制	二进制	八进制	十六进制
0	0000	0	0
1	0001	1	1
2	0010	2	2
3	0011	3	3
4	0100	4	4
5	0101	5	5
6	0110	6	6
7	0111	7	7
8	1000	10	8
9	1001	11	9
10	1010	12	A

（续）

十进制	二进制	八进制	十六进制
11	1011	13	B
12	1100	14	C
13	1101	15	D
14	1110	16	E
15	1111	17	F

1.2.2 数制间的相互转换

十进制数是人们最熟悉的计数方式，人们习惯读写十进制并用它做计算。而数字逻辑系统中使用的是二（八或十六）进制，所以有时就需要将二（八或十六）进制表示的数转换为十进制数。或者反过来，需要将十进制表示的数转换为二（八或十六）进制数。

1. 二（八或十六）进制数转换成十进制数

将二（八或十六）进制表示的数转换为十进制数的方法十分简单，只要将一种进制的数，按其幂级数的形式展开计算即可。

例1.2.1 将 $(11010.101)_2$、$(10100101)_2$ 转换为十进制数。

解：（1）$(11010.101)_2 = 1 \times 2^4 + 1 \times 2^3 + 1 \times 2^1 + 1 \times 2^{-1} + 1 \times 2^{-3} = (26.625)_{10}$

（2）$(10100101)_2 = 1 \times 2^7 + 1 \times 2^5 + 1 \times 2^2 + 1 \times 2^0$

$$= 128 + 32 + 4 + 1 = (165)_{10}$$

例1.2.2 将 $(274.4)_8$、$(1A5C)_{16}$ 转换为十进制数。

解：（1）$(274.4)_8 = 2 \times 8^2 + 7 \times 8^1 + 4 \times 8^0 + 4 \times 8^{-1} = (188.5)_{10}$

（2）$(1A5C)_{16} = 1 \times 16^3 + 10 \times 16^2 + 5 \times 16^1 + 12 \times 16^0$

$$= 4096 + 2560 + 80 + 12 = (6748)_{10}$$

2. 十进制数转换成二（八或十六）进制数

将十进制表示的数转换为二（八或十六）进制数的方法是将整数部分和小数部分分别进行转换，然后合并起来。整数部分采取"除底取余"的方法转换，小数部分采取"乘底取整"的方法转换。

设十进制数为 $(13.625)_{10}$，假设已将 $(13.625)_{10}$ 转化成了二进制数，那么它一定是一串 0 和 1 的组合，可写成：

$$(\cdots a_i \cdots a_2 a_1 a_0 a_{-1} a_{-2} \cdots a_{-i} \cdots)_2$$

其中：$\cdots$、a_i、$\cdots$、a_2、a_1、a_0、a_{-1}、a_{-2}、$\cdots$、a_{-i}、$\cdots$ 不是 0 就是 1，按照二进制的幂级数的形式展开，则有：

$$(\cdots a_i \cdots a_2 a_1 a_0 a_{-1} a_{-2} \cdots a_{-i} \cdots)_2 = \cdots + a_i \times 2^i + \cdots + a_1 \times 2^1 + a_0 \times 2^0 + a_{-1} \times 2^{-1} + \cdots + a_{-i} \times 2^{-i} + \cdots$$

所以：

$$(13.625)_{10} = \cdots + a_i \times 2^i + \cdots + a_1 \times 2^1 + a_0 \times 2^0 + a_{-1} \times 2^{-1} + \cdots + a_{-i} \times 2^{-i} + \cdots \quad (1.1.1)$$

其中，整数部分 $(13)_{10} = \cdots + a_i \times 2^i + \cdots + a_1 \times 2^1 + a_0 \times 2^0$，小数部分 $(0.625)_{10} = a_{-1} \times 2^{-1} + a_{-2} \times 2^{-2} + \cdots + a_{-i} \times 2^{-i} + \cdots$。只要求出了：$\cdots$、$a_i$、$\cdots$、$a_2$、$a_1$、$a_0$、$a_{-1}$、$a_{-2}$、$\cdots$、$a_{-i}$、$\cdots$ 这些系数，就实现了转换。

对于式（1.1.1），整数部分采取"除底取余"的方法转换，将整数部分等式两边连续地整除以底数2，并每次把除得的余数（不是0就是1）放到一边，等式右边依次得到的余数必然为：a_0、a_1、a_2、…、a_i、…。除到商为0时，若继续整除下去余数将一直为0，同十进制数一样，一个二进制数前加若干个0不影响该数的大小，因此没有意义。所以当除到商为0时，除法也就结束了。可得 $a_0 = 1$、$a_1 = 0$、$a_2 = 1$、$a_3 = 1$。小数部分的转换与整数转换类似，将十进制小数乘以底数，取其整数部分，即可得到转换的数据：$a_{-1} = 1$、$a_{-2} = 0$、$a_{-3} = 1$。

其过程见下列计算式：

余数

2	13	1
2	6	0
2	3	1
2	1	1
	0	

余数

$$2 \mid \underline{a_3 \times 2^3 + a_2 \times 2^2 + a_1 \times 2^1 + a_0} \quad a_0$$
$$2 \mid \underline{a_3 \times 2^2 + a_2 \times 2^2 + a_1} \quad a_1$$
$$2 \mid \underline{a_3 \times 2^1 + a_2} \quad a_2$$
$$2 \mid \underline{a_3} \quad a_3$$
$$0$$

	0.625	0.25	0.5
（乘底数）	×2	×2	×2
	1.25	0.5	1.0
	⋮	⋮	⋮
（取整）	1	0	1
	a_{-1}	a_{-2}	a_{-3}

同理，将一个十进制整数用8或16连续去整除取余，即可将它转换成八进制或十六进制数，小数部分采取用8或16连续去乘取整的方法转换。也可以采用先把十进制数转换成二进制数，再利用二进制与八进制和十六进制的简单对应关系，来完成十进制数到八进制或十六进制数的转换。

注意：应用"除底取余"法时，一定要除到商等于0为止，而且所得余数应从下（高位）向上（低位）排列，切莫颠倒。即"除底取余除到0，由下向上是结果。"

例1.2.3 将 $(443.48)_{10}$ 转换成八进制数，要求误差小于 8^{-4}。

解：对于整数部分，采取除8取余法：

余数

8	443	3
8	55	7
8	6	6
	0	

小数部分采取乘8取整法：

	0.48	0.84	0.72	0.76
（乘底数）	×8	×8	×8	×8
	3.84	6.72	5.76	6.08
	⋮	⋮	⋮	⋮
（取整）	3	6	5	6
	a_{-1}	a_{-2}	a_{-3}	a_{-4}

故：

$$(443.48)_{10} = (673.3656)_8$$

1.2.3　二进制算术运算

在数字电路中，二进制数码0和1不仅可以表示数量信息，而且可以表示逻辑信息。当两个二进制数码表示两个数量的大小时，它们之间可以进行数值运算，这种运算称为算术运算。二进制算术运算规则和十进制算术运算基本相同，所不同的是二进制相邻数位之间的进位规则是"逢二进一"、借位规则是"借一当二"。

在数字电路和计算机中，二进制数的正（负）号用代码0（1）来表示。在定点运算的情况下，最高位为符号位。当符号位为0时，其后面的数据位为数值部分，表示该数为正数。当符号位为1时，其后面的数据位为数值部分，表示该数为负数，用这种方式表示的数码称为原码。例如：

$$[+54]_{原} = 00110110B$$

$$[-54]_{原} = 10110110B$$

为了简化运算电路，在数字电路中两数相减的运算可以用其补码加来实现。正数的补码表示与正数的原码相同，负数的补码表示与它的原码表示除符号位外，其余位按位取反且在最低位加1得到。例如：

$$[+54]_{补} = 00110110B$$

$$[-54]_{补} = 11001010B$$

二进制数的基本运算法则为：$0+0=0$、$0+1=1$、$1+0=1$、$1+1=0$（向高位进位）；$0-0=0$、$0-1=1$（向高位借位）、$1-0=1$、$1-1=0$；$0\times0=0$、$0\times1=0$、$1\times0=0$、$1\times1=1$；$0\div0=0$、$0\div1=0$、$1\div0$（无意义）、$1\div1=1$。

例 1.2.4　计算$(110101)_2 - (101100)_2$。

解：根据二进制数的运算规则可知

$$\begin{array}{r} 110101 \\ -\quad 101100 \\ \hline 001001 \end{array}$$

在计算机中通常采用补码进行加、减运算，首先分别求出（$+110101$）$_2$和（-101100）$_2$的补码，假设机器字长为8位，则其补码分别是：$[+110101]_{补} = 00110101B$、$[-101100]_{补} = 11010100B$。

采用补码运算的结果

$$\begin{array}{r} 00110101 \\ +\quad 11010100 \\ \hline 舍去\leftarrow 100001001 \end{array}$$

由上可知，两种方法的计算结果相同。二进制数的算术运算非常简单，它的基本运算是加法。在引入补码表示后，利用加法运算就可以实现二进制数的减法，乘法运算亦可以用加法和移位两种操作实现，而除法运算可以用减法和移位操作实现。因此，用加法运算电路可以完成加、减、乘、除运算，极大地简化了运算电路的结构。

1.2.4　几种常用的编码制

编码制是数字电路中使用的又一种表示数字的方法。编码制也是用符号0、1的组合来表示数字。把十进制的 0、1、…、9 这 10 个数码，分别用不同的 0 和 1 的组合表示，建立数码与 0、1 组合的一一对应关系。例如，可以先规定 8421 码中的 0000 到 1001 这 10 个码，分别表示 0～9 这 10 个数字，这样就建立了由二进制符号 0 和 1 的一组组合对十进制符号 0～9 的一种对应。利用这种对应，就可以表示任意的数字。比如要表示 972，则 9 对应的码是 1001，7 对应的码是 0111，2 对应的码是 0010，那么 100101110010 就是对应 972 的表示。

这种建立对应关系的过程叫作编码，对应所使用的规律就是"制"的含义。按不同的规律进行对应，就形成了不同的编码制。由于用二进制符号（0 和 1）对十进制符号（0～9）进行编码，因此编出来的码被称作二－十进制码，又叫 BCD 码（Binary Coded Decimal）。在此仅讨论常用的几种 BCD 码。

1. 8421BCD 码

8421BCD 码是用 0000、0001、…、1001 分别表示 0、1、…、9 这 10 个符号。其特点是每个代码的二进制数值正好等于其所代表的十进制符号数码值，二进制代码的位权依次也是 8421，对应规律非常好记。应注意的是：要区别 8421BCD 码与 8421 码。在不致混淆的情况下，人们常将 8421BCD 码简称为 8421 码。表 1.2.2 列出了代码与十进制数符号的对应规律。

2. 余 3BCD 码

余 3BCD 码简称余 3 码，它是用 0011、0100、…、1100 分别表示：0、1、…、9 这 10 个符号，见表 1.2.2。其特点是每个代码的二进制数值比其所代表的十进制符号的数码值多 3，而且符号 0 与 9、1 与 8、2 与 7、3 与 6、4 与 5 的余 3 码正好逐位 0、1 相反，这有利于进行补码和反码运算。

表 1.2.2 4 位二进制码与常用 BCD 码对照表

二进制码	常用 BCD 码对应的十进制符号		
DCBA	8421BCD 码	余 3BCD 码	格雷 BCD 码
0000	0	×	0
0001	1	×	1
0010	2	×	3
0011	3	0	2
0100	4	1	×
0101	5	2	×
0110	6	3	4
0111	7	4	×
1000	8	5	9
1001	9	6	8
1010	×	7	6
1011	×	8	7
1100	×	9	×
1101	×	×	×
1110	×	×	5
1111	×	×	×

3. 格雷 BCD 码

格雷 BCD 码简称格雷码，其代码与符号对应的规律见表 1.2.2。它的特点是任意两组相邻代码之间只有一位不同。通过以后的学习可以知道，这种码有利于提高电路的可靠性和工作速度。

在 BCD 编码中，未被使用的 4 位二进制组合（在表 1.2.2 中用×表示），都被称为禁用码。除了上述三种编码外，在数字电路中有时也会用到其他 BCD 码制。如：2421 码、5421 码、余 3 格雷码等，不过用得较少。感兴趣的读者可参阅有关书籍。

通过上面的讨论知道，无论数制还是码制，都是设法利用 0、1 的组合来表示数字，而且它们都可以被看成是从十进制引申而来。计数制引用了十进制的内核（进位），用改变进位来表示数字；编码制改造了十进制的外形（符号），以代码替换符号来表示数字。

思　考　题

1.2.1　在数字电路和计算机中为何采用二进制计数制？为何也常采用十六进制计数制？

1.2.2　如何将任意进制数转换为十进制数？如何将任意进制数转换成二进制数？

1.2.3　8421BCD 码与自然二进制码有何区别？

1.3　逻辑运算

正逻辑负逻辑

逻辑代数是由英国数学家乔治·布尔（George Boole）首先提出的描述客观事物逻辑关系的数学方法，又称为布尔代数。后来，由于这种数学方法广泛地应用于开关电路和数字逻辑电路中，所以，人们又把布尔代数称为开关代数。逻辑代数是分析和设计数字电路必不可少的数学工具。

同普通代数一样，在逻辑代数中，也用字母来表示逻辑变量。但两种代数中变量的含义却有本质的区别，逻辑变量所表达的是两种相互对立的状态，所以一个逻辑变量的状态只有两个，这两个状态分别叫作逻辑真和逻辑假，它的值要么等于 1，要么等于 0。例如，用逻辑量 F 来描述一个开关的接通，这时，F 的值为 1，表示开关处于接通状态；F 的值为 0，表示开关处于断开状态。在二值逻辑中，0 和 1 已不再表示数量的大小，只表示两种不同的逻辑状态。

在数字系统中，各种信息都用一系列的高、低电平信号表示。若将高电平规定为逻辑 1、低电平规定为逻辑 0，则称这种表示方法为正逻辑；反之，若将高电平规定为逻辑 0、低电平规定为逻辑 1，则称这种表示方法为负逻辑。今后除非特别说明，本书中一律采用正逻辑。

1.3.1　基本逻辑运算

现实生活中的一些实际关系，会使某些逻辑量的取值相互依赖，成为因果。比如：当把电源、开关和灯泡串联在一起时，开关的通断就决定了灯泡的亮灭，反过来从灯泡的亮灭也可以推出开关的通断。在逻辑电路中，把这种逻辑变量之间的关系称为逻辑关系，也称为逻辑运算。由于现实生活的复杂性，有些逻辑关系十分复杂。但无论多么复杂的逻辑关系，都可用三种基本的逻辑关系及其组合来表示。这三种基本逻辑关系就是："与""或""非"；也称："与运算""或运算""非运算"。

1. 与运算

"与运算"又称"逻辑乘"，其定义为：只有当决定某事件的所有条件全部具备（为真）时，该事件才会发生（为真），否则该事件就不会发生。如图 1.3.1 所示。图中灯 L 是否能亮，

取决于开关 A 和 B 是否接通。只有当开关 A 和 B 都接通（为真）时，灯 L 才会亮（为真）；只要开关 A 和 B 有一个断开或者两个都断开，灯 L 就不会亮。

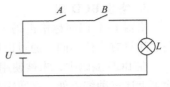

图 1.3.1　"与逻辑"示意图

显然，这里的关系满足与逻辑的定义，所以它是一个与逻辑关系。如果设定开关闭合和灯亮用 1 表示，开关断开和灯灭用 0 表示，则上述的逻辑关系可以用函数关系式 $L = A \cdot B$ 表示。读作：L 等于 A "与" B。其中符号 "·"，就表示 "与"。在不致混淆的情况下，符号 "·" 可以省略，变成：$L = AB$。仍读作：L 等于 A "与" B。

如果把上述逻辑关系用逻辑变量的取值来表述，就成为：只有当 A 和 B 的值都为 1 时，L 的值才为 1；只要 A 和 B 的值有一个为 0 或者两个都为 0，L 的值就为 0。即：

$$0 \cdot 0 = 0$$
$$0 \cdot 1 = 0$$
$$1 \cdot 0 = 0$$
$$1 \cdot 1 = 1$$

实现与运算的逻辑电路称为与门，其逻辑符号如图 1.3.2 所示。

2. 或运算

"或运算" 又称 "逻辑加"，其定义为：在决定某事件的诸条件中，只要有一个或一个以上的条件具备（为真），这事件就会发生（为真）。如图 1.3.3 所示。图中灯 L 是否能亮，取决于开关 A 或 B 是否接通。只要开关 A 或 B 中有一个接通（为真）或者两个都接通（为真），灯 L 就会亮（为真）；只有当开关 A 和 B 都断开时，灯 L 才不亮。

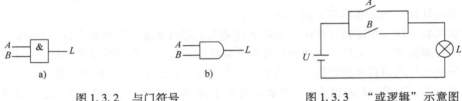

图 1.3.2　与门符号　　　　　　　　图 1.3.3　"或逻辑"示意图
a) 国标符号　b) 国际流行符号

显然，这里的关系满足或逻辑的定义，所以它是一个或逻辑关系。如果设定开关闭合和灯亮用 1 表示，开关断开和灯灭用 0 表示，则上述的逻辑关系可以用函数关系式 $L = A + B$ 表示。读作：L 等于 A "或" B。其中符号 "+"，就表示 "或"。

如果把上述关系用逻辑变量的取值来表述，就成为：只要 A 或 B 的值有一个为 1 或者两个都为 1，L 的值就为 1；只有当 A 和 B 的值都为 0 时，L 的值才为 0。即：

$$0 + 0 = 0$$
$$0 + 1 = 1$$
$$1 + 0 = 1$$
$$1 + 1 = 1$$

注意：这里的 "+" 与普通代数的 "+" 含义不同，这里 $1 + 1 = 1$。

实现或运算的逻辑电路称为或门，其逻辑符号如图 1.3.4 所示。

3. 非运算

"非逻辑" 又称 "逻辑反"，其定义为：若决定某事件的条件具备（为真），这事件就不发

图 1.3.4 或门符号

a）国标符号 b）国际流行符号

生；若决定某事件的条件不具备，这事件就会发生（为真）。如图 1.3.5 所示。图中灯 L 是否能亮，取决于开关 A 是否接通。只要开关 A 接通（为真），灯泡就被短路，灯 L 就不亮；只有当开关 A 断开时，灯 L 才会亮。

显然，这里的关系满足非逻辑的定义，所以它是一个非逻辑关系。如果设定开关闭合和灯亮用 1 表示，开关断开和灯灭用 0 表示，则上述的逻辑关系可以用函数关系式 $L = \overline{A}$ 表示。读作：L 等于 A "非"。其中符号 "—"，就表示 "非"。

如果把上述关系用逻辑变量的取值来表述，就成为：只要 A 的值为 1，L 的值就为 0；只有当 A 的值为 0 时，L 的值才为 1。即：$\overline{0} = 1$、$\overline{1} = 0$。

对于单个逻辑变量，常把它的非叫作这一变量的反变量，相应地把这一变量自己叫作原变量。如：A、F 各自都是原变量，$\overline{A}$、$\overline{F}$ 分别是 A 的反变量和 F 的反变量。反变量的非又变回为原变量，如：$\overline{\overline{A}} = A$、$\overline{\overline{F}} = F$。

实现非运算的逻辑电路称为非门，其逻辑符号如图 1.3.6 所示。

图 1.3.5 "非逻辑" 示意图

图 1.3.6 非门符号

a）国标符号 b）国际流行符号

1.3.2 常用复合逻辑运算

以上介绍了逻辑代数中与、或和非逻辑运算。用与、或和非运算的组合可以实现任何复杂的逻辑函数运算，即复合逻辑运算。最常用的复合逻辑运算有五种，分别是与非、或非、与或非、同或和异或。它们的逻辑符号和逻辑函数式列于表 1.3.1 中。

表 1.3.1 五种常用的复合逻辑运算

逻辑运算		与非	或非	与或非	同或	异或
逻辑函数		$L = \overline{AB}$	$L = \overline{A + B}$	$L = \overline{AB + CD}$	$L = A \odot B$	$L = A \oplus B$
逻辑符号	国标符号	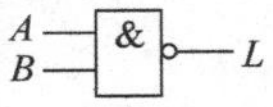	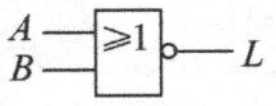	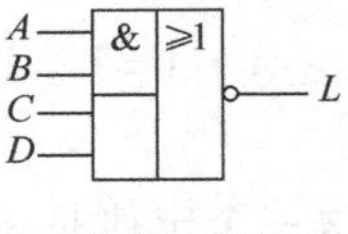 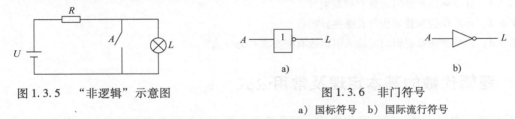	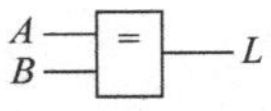	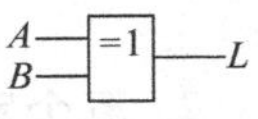
	国际流形符号	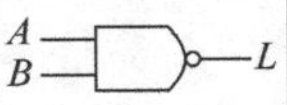	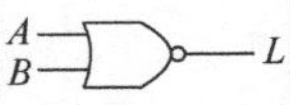	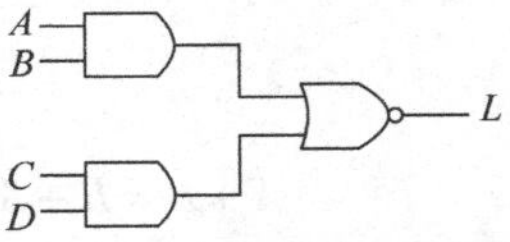	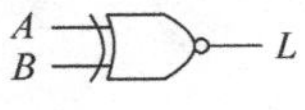	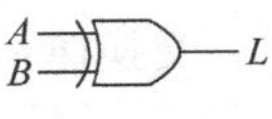

与非运算是与逻辑和非逻辑的组合，即先进行与运算再进行非运算。或非运算是或逻辑和非

逻辑的组合，即先进行或运算再进行非运算。与或非运算则是先进行与运算，再进行或运算，最后进行非运算。

"异或"和"同或"也是逻辑代数中的两种运算，虽然它们不是基本逻辑关系，但这两种逻辑关系在数字电路中出现的频率较高。"异或"和"同或"运算都是两个原因决定一个结果。"异或"是当两个原因不同（一个为真，一个为假）时结果成立（为真），反之，结果不成立；"同或"则是当两个原因相同（同时为真或同时为假）时结果成立，反之，结果不成立。将表1.3.1中的同或和异或的逻辑函数式稍加变化，可得：

"异或"：$L = A \oplus B = A\overline{B} + \overline{A}B$，读作：$L$ 等于 A 异或 B；

"同或"：$L = A \odot B = AB + \overline{A}\,\overline{B}$，读作：$L$ 等于 A 同或 B。

由上述表达式可以看出，二者都可看成是与、或和非三种基本运算的复合。实现与非、或非、与或非、同或和异或逻辑运算的电路分别称为与非门、或非门、与或非门、同或门和异或门。

在逻辑运算中，逻辑运算优先规则是先将多个变量上的非号去掉，然后进行与运算，最后进行或运算，括号内的运算优先考虑。

思　考　题

1.3.1　算术运算和逻辑运算有何差别？

1.3.2　布尔代数和普通代数有哪些异同点？

1.3.3　异或和同或逻辑门对输入引脚数有何要求？为什么？

1.4　逻辑代数的基本定理及常用公式

分析数字电子系统、设计逻辑电路、简化逻辑函数都需要借助于逻辑代数，根据与、或、非三种基本逻辑运算的定义，可以推导出逻辑代数的一些基本定律和规则。这些定律和规则反映了逻辑关系的内在规律。熟练应用这些定律和规则，在处理逻辑电路时可以更为灵活和方便。利用逻辑代数还能将复杂的逻辑函数化简，从而得到较简单的逻辑电路。

1.4.1　逻辑代数的基本定律

1. 常量变量关系

$$A + 0 = A \quad A \cdot 1 = A$$
$$A + 1 = 1 \quad A \cdot 0 = 0$$
$$A + \overline{A} = 1 \quad A \cdot \overline{A} = 0$$

2. 五个定律

（1）交换律、结合律、分配律　这三个定律是逻辑代数运算中的常用定律，称之为"三常律"。

交换律：

$$A + B = B + A$$
$$A \cdot B = B \cdot A$$

结合律：

$$A + B + C = (A + B) + C = A + (B + C)$$
$$A \cdot B \cdot C = (A \cdot B) \cdot C = A \cdot (B \cdot C)$$

分配律：

$$A \cdot (B + C) = AB + AC$$
$$A + B \cdot C = (A + B) \cdot (A + C)$$

（2）重叠律、反演律　这两个定律是逻辑代数中的特殊规律，称之为"两特律"。

重叠律（又称同一律）：

$$A + A = A$$
$$A \cdot A = A$$

反演律（又称摩根定律）：

$$\overline{A + B} = \overline{A} \cdot \overline{B}$$
$$\overline{A \cdot B} = \overline{A} + \overline{B}$$

1.4.2　逻辑代数中的基本规则

逻辑代数中有三个重要规则，分别是代入规则、反演规则和对偶规则。可以作为工具更简捷地处理一些问题，也可以更好地根据已知的等式，推导出更多的等式。

1. 代入规则

在任何一个逻辑等式中，如果将等号两边所出现的某一变量（如：A）的地方都代之以一个表达式（如：F），则等式仍然成立。这个规则就叫代入规则。

由于任何一个逻辑表达式都和逻辑变量一样，只有两种可能的取值，即："0"或"1"，所以代入规则是正确的。

代入规则的一个实际意义在于公式的推导中，将已知等式中某一变量用任意表达式代替后，就可得到一个新的等式，从而扩大了等式的应用范围。

例 1.4.1　求证：$A(B + C + D) = AB + AC + AD$。

证明：由分配律知：$A(B + E) = AB + AE$

用代入规则，将等式两边的 E 都代之以 $C + D$，则

$$A(B + C + D) = AB + A(C + D)$$
$$= AB + AC + AD$$

证毕。

2. 反演规则

对于任意一个逻辑等式，如果将等号两边所有的"·"换成"+"，"+"换成"·"；所有的原变量都换成其反变量（如：A 换成 $\overline{A}$），反变量换成原变量（如：$\overline{B}$ 换成 B）；所有的常量"0"换为"1"，"1"换为"0"；则等式仍然成立。这就是反演规则。

尤其当等式的一端为单个逻辑量（如：L）时，通过反演规则就可以得到这一逻辑量的非（即：$\overline{L}$）的表达式。运用反演规则时必须注意以下两个原则：

1）保持原来的运算优先级，即先进行与运算，后进行或运算。并注意优先考虑括号内的运算。

2）对于反变量以外的非号应保留不变。

例 1.4.2　试求逻辑表达式 L 的反函数 $\overline{L}$：

（1）$L = (A + B) \cdot (\overline{C + \overline{D}}) + BD$

（2）$L = \overline{A} \cdot \overline{B} + \overline{B\,\overline{C}} + \overline{A} + CD$

解：（1）利用反演规则求得

$$\overline{L} = (\overline{A} \cdot \overline{B} + C \cdot D) \cdot (\overline{B} + \overline{D})$$

（2）按照反演规则，并保留反变量以外的非号不变，得

$$\overline{L} = (A + B) \cdot \overline{(\overline{B} + C) \cdot \overline{A} \cdot (C + D)}$$

实际上，反演规则不过是反演律的推广。反演规则的一个实际意义在于：可以比较容易地求出一个函数的反函数。

3. 对偶规则

对于任意一个逻辑等式，如果将等号两边所有的"·"换成"+"，"+"换成"·"；所有的常量"0"换为"1"，"1"换为"0"；则可以得到一个新的等式。这个新等式被称为原等式的对偶式。

对偶规则有下面三个特点：

1）若原等式成立，则其对偶式也一定成立。

2）一个等式有且仅有一个对偶式（对偶式唯一）。

3）原等式与其对偶式互为对偶式。

尤其当等式的一端为单个逻辑量（如：L）时，通过对偶规则就可以得到这一逻辑量的对偶式（记作L'），且L'的对偶式就是L。

例1.4.3 已知$L = \overline{A} \cdot \overline{B} + CD$，求$L$的对偶式$L'$。

解：由对偶规则可求得：$L' = (\overline{A} + \overline{B}) \cdot (C + D)$。

一般来说，原表达式和它的对偶式在形式上是不同的，只有少数表达式与其对偶式在形式上是相同的，即表达式的对偶式就是它自身。例如：$L = \overline{A}$、$L' = \overline{A}$。

对偶规则在实际运用中是很有价值的。首先，有了对偶规则，使要证明和记忆的公式减少了一半；其次，当某两个表达式相等时，则可用对偶规则证明它们的对偶式也相等。例如，分配律$A \cdot (B + C) = AB + AC$成立，则它的对偶式$A + BC = (A + B) \cdot (A + C)$也成立。在使用对偶规则时仍需注意保持原式中"先括号、然后与、最后或"的运算顺序。

4. 反演规则与对偶规则的区别

反演规则和对偶规则是不同的两个规则。它们的物理意义也是截然不同的。下面以图1.4.1所示的电路为例来进一步说明这两个规则。

若用逻辑量A表示开关A接通（接通时$A = 1$，断开时$A = 0$），用逻辑量B表示开关B接通（接通时$B = 1$，断开时$B = 0$），用逻辑量L表示灯L亮（亮时$L = 1$，不亮时$L = 0$），则从两个开关都接通灯才亮考虑，电路功能的逻辑代数描述为

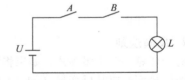

图1.4.1　"对偶"与"反演"的不同

$$L = A \cdot B \qquad (1.4.1)$$

若换个角度，从只要有一个开关断开灯就不亮考虑，电路功能的逻辑代数描述就变为

$$\overline{L} = \overline{A} + \overline{B} \qquad (1.4.2)$$

显然，式（1.4.1）、式（1.4.2）两式互为反演关系。它们是对"仅当A和B的值都为1时L的值才为1"这一逻辑关系的不同形式的描述。也就是说：反演关系是对同一种逻辑关系的两种不同形式的描述（就如同普通代数中的$y = x^2$与$x = \pm\sqrt{y}$一样）。

如果规定用逻辑量A表示开关A断开（断开时$A = 1$，接通时$A = 0$），用逻辑量B表示开关B断开（断开时$B = 1$，接通时$B = 0$），用逻辑量L表示灯L不亮（不亮时$L = 1$，亮时$L = 0$），则

从两个开关都接通灯才亮考虑，电路功能的逻辑代数描述为

$$\overline{L} = \overline{A} \cdot \overline{B} \tag{1.4.3}$$

若换个角度，从只要有一个开关断开灯就不亮考虑，电路功能的逻辑代数描述就变为

$$L = A + B \tag{1.4.4}$$

显然，式（1.4.3）、式（1.4.4）两式也互为反演关系。通过观察可以知道，表达式（1.4.1）、式（1.4.4）互为对偶关系，表达式（1.4.2）、式（1.4.3）也是互为对偶关系。这就说明：对同一客观实际，当对所有的逻辑变量内容的含义都作相反的表示时，得到两个不同的逻辑关系式，且这两个关系式互为对偶。

综上所述，互为反演的两式中，逻辑变量所规定的含义相同；而互为对偶的两式中，逻辑变量所规定的含义相反。

1.4.3　逻辑代数中的几个常用公式

前面讨论的定律和规则，在逻辑表达式变换、公式证明中用得较多。下面介绍的常用公式，则在逻辑表达式的代数法化简中经常用到。而且这些公式（包括它们的对偶式）是普通代数中没有的。这里一共有四个公式和一个推论，简称"四式一推论"。

（1）公式 1：$AB + A\overline{B} = A$

证明：$AB + A\overline{B} = A(B + \overline{B}) = A$

公式 1 说明：若在两个乘积项中分别有 B 和 $\overline{B}$，而其他因子都相同时，则可采用公式 1，消去变量 B 和 $\overline{B}$，将这两项合并成一项。

（2）公式 2：$A + AB = A$

证明：$A + AB = A(1 + B) = A$

公式 2 说明：在一个表达式中，如果一个乘积项（A）是另一个乘积项（AB）的因子，则另一个乘积项（AB）是多余的。

（3）公式 3：$A + \overline{A}B = A + B$

证明：
$$\begin{aligned}
A + \overline{A}B &= A(B + \overline{B}) + \overline{A}B \\
&= AB + A\overline{B} + \overline{A}B + AB \\
&= A(B + \overline{B}) + B(\overline{A} + A) \\
&= A + B
\end{aligned}$$

公式 3 说明：在一个表达式中，如果一个乘积项（A）的非（$\overline{A}$）是另一个乘积项（$\overline{A}B$）中的因子，则这个因子（$\overline{A}$）是多余的。

（4）公式 4：$AB + \overline{A}C + BC = AB + \overline{A}C$

证明：
$$\begin{aligned}
AB + \overline{A}C + BC &= AB + \overline{A}C + BC(A + \overline{A}) \\
&= AB + \overline{A}C + ABC + \overline{A}BC \\
&= AB(1 + C) + \overline{A}C(1 + B) \\
&= AB + \overline{A}C
\end{aligned}$$

由公式 4 可得以下推论。

（5）推论：$AB + \overline{A}C + BCD = AB + \overline{A}C$

证明：
$$\begin{aligned}
AB + \overline{A}C + BCD &= AB + \overline{A}C + BC + BCD \\
&= AB + \overline{A}C + BC \\
&= AB + \overline{A}C
\end{aligned}$$

公式 4 和推论说明：在一个表达式中，如果两个乘积项里，一项以原变量（A）为因子，而

另一项以该变量的反变量（$\overline{A}$）为因子，且这两项的其余因子构成的乘积项是第三个乘积项或第三个乘积项的因子，则第三个乘积项是多余的。

📝 **方法论：逻辑思维**

逻辑代数是描述客观事物逻辑关系的数学方法，是分析和设计数字电路必不可少的数学工具。无论多么复杂的逻辑关系，都能用基本的逻辑运算"与""或""非"及其组合来表示。逻辑代数具有五个基本定律和三大规则，这些定律和规则反映了逻辑关系的内在规律。在数字电子系统中，任何数字逻辑问题都可以用简单逻辑函数的组合来描述，几种基本逻辑运算就是最简单的逻辑函数，复杂逻辑运算必须满足逻辑代数的基本定律和规则。

逻辑思维是指符合世间事物之间关系的思维方式，是对事物进行观察、比较、分析、综合、抽象、概括、判断、推理的过程。通过逻辑思维，人们可以从复杂事物中找到内在规律，深刻理解客观世界。在日常生活中，注重理性的逻辑思考，才能明辨是非，不会人云亦云或强词夺理。在科学研究过程中，建立逻辑思维的能力，尊重大自然客观规律，但不墨守成规，通过科学思维进行科技创新。

思 考 题

1.4.1　反演规则和对偶规则有何区别？

1.4.2　逻辑代数有哪些特殊规律？

1.5　逻辑函数及其表示方法

1.5.1　逻辑函数的定义

当输入逻辑变量 A、B、C、…取值确定之后，输出逻辑变量 L 的取值随之确定，把输入和输出逻辑变量间的这种对应关系称为逻辑函数，并写作：$L = F(A, B, C, \cdots)$。

前面提到的各种逻辑运算就是最简单的逻辑函数。任何复杂逻辑函数都是这些简单逻辑函数的组合。在实际的数字系统中，任何逻辑问题都可以用逻辑函数来描述。现在举一个简单例子来说明。一个 3 人表决器，其中 A 有否决权，表决器电路如图 1.5.1 所示。

A、B、C 分别表示 3 人手中的开关，赞成就合上开关（1 表示开关闭合，0 表示开关断开），$L = 1$ 表示表决通过

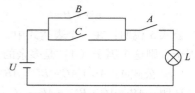

图 1.5.1　三人表决器电路

（1 表示灯亮，0 表示灯灭）。因此可以将函数 L 的状态与变量 A、B、C 的关系用逻辑函数式 $L = F(A, B, C)$ 来表示。

1.5.2　逻辑函数常用的表示方法

在分析和处理实际的逻辑问题时，根据逻辑函数的不同特点，可以采用不同的方法来表示逻辑函数。无论采用何种表示方法，都应将其逻辑功能完全准确地表达出来。逻辑函数常用的表示方法有真值表、逻辑函数表达式、逻辑图、波形图、卡诺图和硬件描述语言，这些表示方法以不同形式表示了同一个逻辑函数，因此，各种表示方法之间可以相互转换。

1. 真值表

描述逻辑函数输入变量取值的所有组合和输出取值对应关系的表格称为真值表。以图 1.5.1 所示 3 人表决器为例，可将开关 A、B 和 C 的 8 种组合和表决结果指示灯 L 的值排列成表格 1.5.1，该表格即为表示输入与输出逻辑关系的真值表。

表 1.5.1　3 人表决器真值表

输入			输出	输入			输出
A	B	C	L	A	B	C	L
0	0	0	0	1	0	0	0
0	0	1	0	1	0	1	1
0	1	0	0	1	1	0	1
0	1	1	0	1	1	1	1

2. 逻辑函数表达式

逻辑变量按一定运算规律组成的数学表达式称为逻辑函数表达式，即采用与、或、非等逻辑运算的组合来表示逻辑函数输入变量与输出变量之间的逻辑关系。描述图 1.5.1 所示电路逻辑关系的函数表达式是：$L = A\overline{B}C + AB\overline{C} + ABC$。

由此可见，前面介绍的基本逻辑关系式 $L = AB$、$L = A + B$、$L = \overline{A}$ 以及复合逻辑关系的与非、或非、与或非、同或和异或等表达式，都是逻辑函数表达式。

3. 逻辑图

将逻辑函数式中各变量之间的与、或、非等逻辑运算关系用相应的逻辑符号表示出来，就可以得到表示输入与输出之间函数关系的逻辑图。

在数字电路中，逻辑运算符号和实现相应运算的门电路的符号是一致的。因此，只要用相应的门电路来实现函数中的运算，就能得到实现逻辑要求的实际电路。根据图 1.5.1 所示电路的逻辑关系式可以画出其逻辑图如图 1.5.2a 所示，该图反映了输出逻辑函数与输入逻辑变量之间的逻辑关系，故称为逻辑图。

对图 1.5.1 的逻辑函数表达式稍作变化，可以得到

$$L = A\overline{B}C + AB\overline{C} + ABC = A(\overline{B}C + B\overline{C} + BC) = A(B + C) = AB + AC$$

画出逻辑电路图如图 1.5.2b 所示。由此可以看出，同一逻辑函数的表达式和逻辑电路图并不是唯一的。

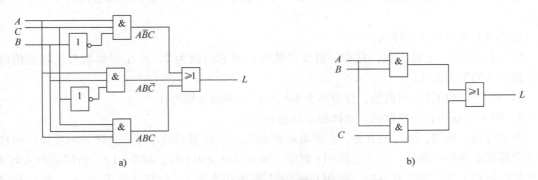

图 1.5.2　三人表决器的逻辑图

4. 波形图

将逻辑电路各输入端的波形与同一时刻所对应的输出波形在同一时间坐标上表示出来就得到了波形图，波形图是逻辑电路输入、输出关系的真实描述，可以比较直观地表示电路的逻辑关系。

对于图1.5.2所示的3人表决器，已知输入信号 A、B、C 的波形如图1.5.3所示，可以很容易地画出输出 L 的波形图。

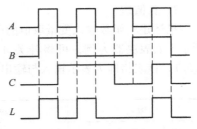

图1.5.3　图1.5.2所示电路的波形图

5. 卡诺图

卡诺图与真值表类似，是一种特殊排列的真值表，使用卡诺图可以比较方便地化简逻辑函数表达式。该表达方式在1.5.3节中介绍。

6. 硬件描述语言

逻辑函数还可以用硬件描述语言来表示，具体内容可参考有关书籍。

1.5.3　逻辑函数的卡诺图

卡诺图是逻辑函数的一种表示方法，它是按一种相邻原则排列而成的最小项方格图。利用相邻项不断合并的原则，使得逻辑函数表达式得到化简。

1. 最小项

最小项是逻辑函数中的一个重要概念，它是许多其他概念的基础。

设 A、B、C 是一个逻辑函数的全部自变量。由这3个变量可以构成许多乘积项，如：$\overline{A}BC$、$A\,\overline{B}$、$\overline{A}$、ABC、…。在这许多乘积项中有8个特别的乘积项，它们是：$\overline{A}\,\overline{B}\,\overline{C}$、$\overline{A}\,\overline{B}C$、$\overline{A}B\overline{C}$、$\overline{A}BC$、$A\overline{B}\,\overline{C}$、$A\overline{B}C$、$AB\overline{C}$、$ABC$。这8个乘积项的每一个，都被称为变量 A、B、C 的一个最小项，这8个乘积项一起，被称为变量 A、B、C 的最小项。

最小项在形式上有着共同的特点：

1）每一项都含有与函数的自变量个数相同数量的变量因子。

2）每个自变量都以原变量或反变量的形式作为一个因子在乘积项中出现一次，且仅出现一次。

在逻辑函数中，具有上述两个特点的乘积项被称为逻辑函数的最小项。

对于有 N 个自变量的逻辑函数来说，由于每个变量只有两种取值，则共有 2^N 个不同的最小项。如对3个自变量的函数，$N=3$，共有 $2^3=8$ 个最小项；4个自变量的函数则有 $2^4=16$ 个最小项。

最小项具有下列3个性质：

1）对于任意一个最小项，只有一组变量的取值使它的值为1，而在变量取其他各组值时，这个最小项的值都是0。

2）对于变量的任一组取值，任意两个不同的最小项的乘积为0。

3）对于变量的任一组取值，全体最小项之和为1。

为了讨论、使用、书写的方便，在逻辑函数中以记号 m 表示最小项，并将最小项加以编号。以三变量最小项 $\overline{A}BC$ 为例，因为它和011对应（即在 $ABC=011$ 时，$\overline{A}BC=1$），所以就称 $\overline{A}BC$ 是与变量取值011相对应的最小项。而011在8421码中相当于3，故把 $\overline{A}BC$ 记作 m_3。按此规定，三变量的最小项编号见表1.5.2。

表 1.5.2　三变量的最小项编号

最小项	使最小项为 1 的变量取值			对应的十进制数	最小项编号
	A	B	C		
$\overline{A}\,\overline{B}\,\overline{C}$	0	0	0	0	m_0
$\overline{A}\,\overline{B}C$	0	0	1	1	m_1
$\overline{A}B\overline{C}$	0	1	0	2	m_2
$\overline{A}BC$	0	1	1	3	m_3
$A\,\overline{B}\,\overline{C}$	1	0	0	4	m_4
$A\,\overline{B}C$	1	0	1	5	m_5
$AB\,\overline{C}$	1	1	0	6	m_6
ABC	1	1	1	7	m_7

实际上，对于最小项编号仅指出 m_3，并不能明确指定一个最小项，因为它可能表示两变量的最小项 AB，也可能表示三变量的最小项 $\overline{A}BC$，还可以表示四变量的最小项 $\overline{A}\,\overline{B}CD$。所以，在使用最小项编号时，须先明确其所代表的变量（包括变量的顺序）。

2. 逻辑函数的最小项表达式

利用逻辑代数基本定理，可以将任何逻辑函数式转化成唯一的最小项相或的形式，这种表达式是逻辑函数的一种标准形式，称为最小项表达式。

逻辑函数的最小项表达式，是将所有使函数值为 1 的最小项或在一起构成的与或式。在该与或式中，所有的乘积项都是最小项。如上述 3 人表决器真值表 1.5.1 的逻辑函数最小项表达式为

$$L(A,B,C) = A\,\overline{B}C + AB\,\overline{C} + ABC$$

最小项表达式还有一种简洁的写法，将上式中各项用最小项编号分别表示。因此上式也可以写成

$$L(A,B,C) = m_5 + m_6 + m_7 = \sum m(5,6,7)$$

注意：在用 m_i 的连加和 $\sum m(i)$ 的形式表示函数时，要在因变量后用括号指定自变量和自变量的顺序。即指明：是 L（A，B，C）还是 L（C，B，A）。

例 1.5.1　将逻辑函数式 $L = AB + AB\,\overline{C} + \overline{B}\,\overline{C}$ 化为最小项表达式。

解：$L = AB + AB\,\overline{C} + \overline{B}\,\overline{C}$
$\qquad = AB(C + \overline{C}) + AB\,\overline{C} + (A + \overline{A})\overline{B}\,\overline{C}$
$\qquad = ABC + AB\,\overline{C} + A\,\overline{B}\,\overline{C} + \overline{A}\,\overline{B}\,\overline{C}$

上式也可以写为：$L(A,B,C) = m_7 + m_6 + m_4 + m_0 = \sum m(0,4,6,7)$

或者写为：$L(C,B,A) = m_7 + m_3 + m_1 + m_0 = \sum m(0,1,3,7)$

3. 卡诺图

将 n 变量逻辑函数的所有最小项分别用一个小方格表示，并使任何在逻辑上相邻（只有一个变量取值相异）的最小项在几何位置上也相邻，得到的这种方格图就叫 n 变量的卡诺图。因此，卡诺图是逻辑函数的一种图形表示。

根据卡诺图中在几何上相邻的方格内的最小项只有一个因子不同的特点，对真值表中的最小项进行重新排列，可以得到相应的卡诺图，如图 1.5.4 所示。图中小方格中的最小项分别用了 3 种方法表示。图形两侧标注的 0 和 1 表示使对应小方格内的最小项为 1 的变量取值。同时，这些

0和1组成的二进制数所对应的十进制数大小也就是对应的最小项的编号。

为了保证图中几何位置相邻的最小项在逻辑上也具有相邻性，这些数码不能按自然二进制数从小到大的顺序排列，而必须按图中的方式排列，以确保相邻的两个最小项仅有一个变量是不同的。

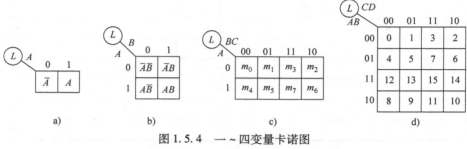

图 1.5.4 一~四变量卡诺图

a) 一变量 b) 二变量 c) 三变量 d) 四变量

n 变量的卡诺图有 2^n 个小方格，各小方格对应于各变量不同的组合，而且上下左右在几何上相邻的方格内只有一个因子有差别。几何相邻性与逻辑相邻性的一致是卡诺图的一个很重要的特点。例如在图 1.5.4d 所示的四变量卡诺图中，m_2 有 4 个几何相邻项 m_0、m_3、m_6、m_{10}。其中 $m_2 = \overline{A}\,\overline{B}C\overline{D}$，4 个几何相邻项分别是

$$m_0 = \overline{A}\,\overline{B}\,\overline{C}\,\overline{D}, \qquad m_3 = \overline{A}\,\overline{B}CD, \qquad m_6 = \overline{A}BC\overline{D}, \qquad m_{10} = A\,\overline{B}C\overline{D}$$

由此可见，m_0、m_3、m_6、m_{10} 均与 m_2 只有一个变量取值不同，因此这 4 个最小项都是 m_2 的逻辑相邻项。在四变量卡诺图中每个最小项有 4 个相邻的最小项，由此推知，n 变量的任何一个最小项有 n 个逻辑相邻项。

随着变量数的增加，卡诺图中的方格数迅速增加使得最小项的相邻性很难在图中表示，因此六变量以上的逻辑函数不便用卡诺图表示和化简。

4. 逻辑函数的卡诺图表示

用卡诺图表示给定的逻辑函数，其基本过程是先将逻辑函数化成最小项之和的形式，然后作与其逻辑函数的变量个数相对应的卡诺图，在卡诺图中找出和表达式中最小项对应的小方格填上1，其余的小方格填上0。这样所得的方格图即为逻辑函数的卡诺图。任何逻辑函数都等于其卡诺图中为1的方格所对应的最小项之和。

例 1.5.2 画出逻辑函数 $L(A,B,C,D) = \sum m(0,1,2,3,4,8,10,11,14,15)$ 的卡诺图。

解： 根据图 1.5.4d 所示的四变量卡诺图，对上述逻辑函数式中的各最小项，在卡诺图中相应的小方格内填入1，其余填入0，得到如图 1.5.5 所示的 $L(A, B, C, D)$ 的卡诺图。

L＼CD ＼AB	00	01	11	10
00	1	1	1	1
01	1	0	0	0
11	0	0	1	1
10	1	0	1	1

当逻辑函数的表达式为其他形式时，可将其变换为最小项表达式后，再作出卡诺图。

例 1.5.3 画出逻辑函数 $L = AB + BC$ 的卡诺图。

图 1.5.5 例 1.5.2 的卡诺图

解： 这是一个以一般表达式给出的三变量逻辑函数。可以先将其化为最小项之和的形式，然后再填写卡诺图，显然这种方法不是太简便。对于以与或式给出的逻辑函数，可以用更快的方法直接填卡诺图。例中的第一项 AB 表示只要 A 和 B 同时为 1，L 就为 1。A 和 B 同时为 1 在图 1.5.6 所示的卡诺图中对应于右下角的两个小方格，所以应在这两

个小方格中填 1。第二项 BC 表示只要 B 和 C 同时为 1，L 就为 1。B 和 C 同时为 1 在卡诺图上对应于中间偏右一列的两个小方格，所以应在这两个小方格中也填 1。这样在 m_7 对应的小方格将填入两次 1，这相当于 1 + 1，与一个 1 等价，所以在填第二项时只要在上边一格填 1 即可。最后，在剩余的小方格里填入 0。

值得一提的是，在卡诺图中可以直接进行逻辑运算。比如，在卡诺图中进行非运算，只需将原来填写的 0 和 1 全部取反即可。

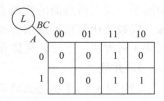

图 1.5.6 例 1.5.3 的卡诺图

思 考 题

1.5.1 逻辑函数有哪几种表示方法？

1.5.2 最小项有何特点？它有哪些性质？

1.5.3 什么是卡诺图？卡诺图有何优缺点？

1.6 逻辑函数的化简

逻辑函数化简在传统逻辑设计中占有特别重要的地位，本节仅简要介绍一些基本化简方法。

1.6.1 化简的意义

任何一个逻辑问题，都可以用逻辑函数式来表示。根据逻辑函数表达式，可以画出相应的逻辑图。然而，直接根据某种逻辑要求归纳出来的逻辑函数表达式往往不是最简的形式，因此需要对逻辑函数表达式进行化简。利用化简后的逻辑函数表达式构成逻辑电路时，可以节省器件，降低成本和功耗，提高数字系统的速度和可靠性。

一个逻辑函数可以有多种不同的逻辑表达式，前面讨论的逻辑代数的基本公式和常用公式以及由真值表得出的逻辑函数表达式通常都是以与或函数形式出现，而且简化与或逻辑函数式很方便。对与或逻辑函数式而言，最简形式的含义是，式中包含的与项个数最少，每个与项的变量数最少。与项数目的多少决定设计电路中所用与门的个数，每个与项所含变量的多少，决定了所选用门电路输入端的数量，这些都直接关系着电路的成本及电路的可靠性。

一个与或表达式易于转换为其他类型的函数式，例如：

$$L = AB + \overline{A}C \qquad \text{与或表达式}$$

$$= \overline{\overline{AB} \cdot \overline{\overline{A}C}} \qquad \text{与非 – 与非表达式}$$

$$= \overline{\overline{A} \cdot \overline{C} + \overline{A}B} \qquad \text{与或非表达式}$$

$$= \overline{\overline{A + C} + \overline{\overline{A} + B}} \qquad \text{或非 – 或非表达式}$$

以上 4 个式子是同一函数不同形式的表达式，这也意味着可以采用不同的逻辑器件去实现同一函数，究竟采用哪一种器件更好，要视具体条件而定。

逻辑函数化简就是要消去与或表达式中多余的乘积项和每个乘积项中多余的变量，以得到逻辑函数的最简与或表达式。有了最简与或表达式以后，再用公式变换就可以得到其他类型的函数式，所以下面着重讨论与或表达式的化简。

1.6.2 代数化简法

代数法化简就是反复使用逻辑代数的各种定律、规则和公式，消去函数式中的多余项和多余的因子，以求得最简的逻辑表达式。这种方法需要一些技巧，没有固定的步骤。代数法化简根据所用公式的不同，主要可以归纳成：并项、吸收、消去、配项4种方法，下面就具体介绍这几种化简逻辑表达式的常用方法。

逻辑函数表达式
的常用形式

1. 并项法

利用 $A + \overline{A} = 1$ 的公式将两项合并为一项，合并时消去一个变量。

例 1.6.1　试用并项法化简下列逻辑函数表达式：

(1) $F_1 = AB\overline{C} + \overline{A}B\overline{C}$；

(2) $F_2 = (A\overline{B} + \overline{A}B)C + (AB + \overline{A}\ \overline{B})C$。

解：(1) $F_1 = AB\overline{C} + \overline{A}B\overline{C}$

$\qquad = B\overline{C}$

$\qquad$ (2) $F_2 = (A\overline{B} + \overline{A}B)C + (AB + \overline{A}\ \overline{B})C$

$\qquad\quad = A\overline{B}C + \overline{A}BC + ABC + \overline{A}\ \overline{B}C$

$\qquad\quad = AC(\overline{B} + B) + \overline{A}C(B + \overline{B})$

$\qquad\quad = AC + \overline{A}C = C$

2. 吸收法

利用公式 $A + AB = A$，$AB + \overline{A}C + BC = AB + \overline{A}C$，消去多余的乘积项。

例 1.6.2　试用吸收法化简下列逻辑函数表达式：

(1) $F_1 = A\overline{C} + AB\overline{C}D(E + F)$；

(2) $F_2 = A\overline{B} + AC + ADE + \overline{C}D + AD$。

解：(1) $F_1 = A\overline{C} + AB\overline{C}D(E + F)$

$\qquad\quad = A\overline{C}(1 + BDE + BDF) = A\overline{C}$

$\qquad$ (2) $F_2 = A\overline{B} + AC + ADE + \overline{C}D + AD$

$\qquad\quad = A\overline{B} + AC + \overline{C}D + ADE + AD$

$\qquad\quad = A\overline{B} + (AC + \overline{C}D + AD)$

$\qquad\quad = A\overline{B} + AC + \overline{C}D$

3. 消去法

利用 $A + \overline{A}B = A + B$ 消去多余的因子。

例 1.6.3　试用消去法化简下列逻辑函数表达式：

(1) $F_1 = A\overline{B} + A\overline{C} + BC$；

(2) $F_2 = AB + \overline{A}BC + \overline{B}$。

解：(1) $F_1 = A\overline{B} + A\overline{C} + BC$

$\qquad\quad = A(\overline{B} + \overline{C}) + BC$

$\qquad\quad = A\overline{BC} + BC$

$\qquad\quad = A + BC$

$\qquad$ (2) $F_2 = AB + \overline{A}BC + \overline{B}$

$\qquad\quad = B(A + \overline{A}C) + \overline{B}$

$\qquad\quad = A + C + \overline{B}$

4. 配项法

利用 $A = A(B + \overline{B})$ 和 $A = A + A$，增加必要的乘积项，将它们作为配项用，然后消去更多的项。

例 1.6.4　试用配项法化简下列逻辑函数表达式：

（1）$F_1 = A\bar{B} + B\bar{C} + \bar{B}C + \bar{A}B$；

（2）$F_2 = ABC + \bar{A}BC + A\bar{B}C$。

解：（1）$F_1 = A\bar{B} + B\bar{C} + \bar{B}C + \bar{A}B$

$\qquad\qquad = A\bar{B} + B\bar{C} + \bar{B}C(A + \bar{A}) + \bar{A}B(C + \bar{C})$

$\qquad\qquad = A\bar{B} + B\bar{C} + A\bar{B}C + \bar{B}C\bar{A} + \bar{A}BC + \bar{A}B\bar{C}$

$\qquad\qquad = A\bar{B}(1 + C) + B\bar{C}(1 + \bar{A}) + \bar{A}C(\bar{B} + B)$

$\qquad\qquad = A\bar{B} + B\bar{C} + \bar{A}C$

$\qquad$（2）$F_2 = ABC + \bar{A}BC + A\bar{B}C$

$\qquad\qquad = ABC + \bar{A}BC + A\bar{B}C + ABC$

$\qquad\qquad = (A + \bar{A})BC + AC(\bar{B} + B)$

$\qquad\qquad = BC + AC$

在实际化简逻辑表达式的过程中，往往不是单独应用上述 4 种方法中的一种，而更多的是 4 种方法的综合应用。请看下面的例子。

例 1.6.5　化简逻辑函数 $F = AD + A\bar{D} + AB + \bar{A}C + BD + A\bar{B}EF + \bar{B}EF$。

解：$F = A(D + \bar{D}) + AB + \bar{A}C + BD + A\bar{B}EF + \bar{B}EF$　　　　　　　（并）

$\qquad = A + AB + \bar{A}C + BD + A\bar{B}EF + \bar{B}EF$　　　　　　　　　　　（吸）

$\qquad = A + \bar{A}C + BD + \bar{B}EF$　　　　　　　　　　　　　　　　　　　（消）

$\qquad = A + C + BD + \bar{B}EF$

例 1.6.6　化简逻辑函数 $F = AB + A\bar{C} + \bar{B}C + B\bar{C} + \bar{B}D + B\bar{D} + ADE(F + G)$。

解：$F = AB + A\bar{C} + \bar{B}C + B\bar{C} + \bar{B}D + B\bar{D} + ADE(F + G)$

$\qquad = A(B + \bar{C}) + \bar{B}C + B\bar{C} + \bar{B}D + B\bar{D} + ADE(F + G)$　　　　（反演）

$\qquad = (A \cdot \overline{\bar{B}C} + \bar{B}C) + B\bar{C} + \bar{B}D + B\bar{D} + ADE(F + G)$　　（消）

$\qquad = A + ADE(F + G) + \bar{B}C + B\bar{C} + \bar{B}D + B\bar{D}$　　　　　　　（吸）

$\qquad = A + \bar{B}C(D + \bar{D}) + B\bar{C} + \bar{B}D + B\bar{D}(C + \bar{C})$　　　　　（配）

$\qquad = A + (\bar{B}CD + \bar{B}D) + (B\bar{C}D + B\bar{D}C) + (B\bar{C} + B\bar{D} \cdot C)$　（并）

$\qquad = A + (\bar{B}CD + \bar{B}D) + C\bar{D} + (B\bar{C} + B\bar{D} \cdot C)$　　　　　（吸）

$\qquad = A + \bar{B}D + C\bar{D} + B\bar{C}$

从这两个例子可以看出：用代数法化简逻辑函数必须要对逻辑代数的规则和公式十分熟悉，而且化简过程中也没有一定的规律可循。另一方面，由于逻辑表达式有各种各样的表现形式，究竟化到什么程度才算最简，也无判别的标准。过程无规律、最简无标准，是逻辑表达式代数法化简的两大缺憾。

为了更方便地进行逻辑函数的化简，人们创造了更系统、更简单、有规则可循的简化方法。卡诺图化简法就是其中最常用的一种。利用这种方法，不需要特殊技巧，只需要按照简单的规则进行化简，就能得到最简结果。

1.6.3　卡诺图化简法

卡诺图化简法是由美国工程师卡诺（Karnaugh）在 1952 年首先提出的。根据卡诺图中几何位置相邻与逻辑相邻一致的特点，在卡诺图中直观地找到具有逻辑相邻性的最小项进行合并，消去不同因子。

例如，图 1.6.1 所示的四变量卡诺图中，左右相邻的两个 1 方格所对应的最小项之和为 $\overline{A}\,\overline{B}\,\overline{C}\,\overline{D} + \overline{A}\,\overline{B}\,C\,\overline{D} = \overline{A}\,\overline{B}\,\overline{D}(\overline{C} + C) = \overline{A}\,\overline{B}\,\overline{D}$，消去了变量 C，即消去了相邻方格中不相同的那个因子。若卡诺图中 4 个相邻的方格为 1，则这 4 个相邻的最小项之和将消去 2 个变量，如上述四变量卡诺图中逻辑相邻的 4 个与项分别是 $AB\,\overline{C}\,\overline{D}$、$ABC\overline{D}$、$A\,\overline{B}\,\overline{C}\,\overline{D}$、$A\,\overline{B}C\overline{D}$，它们的最小项之和为：

$$AB\,\overline{C}\,\overline{D} + ABC\overline{D} + A\,\overline{B}\,\overline{C}\,\overline{D} + A\,\overline{B}C\overline{D} = ABD(\overline{C} + C) + A\,\overline{B}D(\overline{C} + C)$$
$$= ABD + A\,\overline{B}D = AD$$

图 1.6.1 四变量卡诺图

消去了变量 B 和 C，即消去了相邻 4 个方格中不相同的那 2 个因子，这样反复应用 $A + \overline{A} = 1$ 的关系，就可使逻辑表达式得到简化，这就是利用卡诺图法化简逻辑函数的基本原理。

卡诺图化简逻辑函数的过程可按如下步骤进行：

1）将逻辑函数化为最小项之和的形式。

2）画出表示该逻辑函数的卡诺图，凡式中包含了的最小项，其对应方格填 1，其余方格填 0。

卡诺图化简法

3）按照合并规则合并最小项，即将相邻的 1 方格圈成一个包围圈，每一包围圈含 2^n 个方格，每个包围圈写成一个新的乘积项。

4）将所有的包围圈对应的乘积项相或，写出最简与或表达式。

有时也可以由真值表或已知逻辑表达式直接填写卡诺图，因此上述的步骤 1）是可以省略的。

例 1.6.7 用卡诺图法化简逻辑函数 $F = \overline{A}\,\overline{B}\,\overline{C} + ABC + B\,\overline{C} + \overline{A}C$。

解：首先画出逻辑函数 F 的卡诺图，如图 1.6.2 所示。在利用逻辑函数表达式画卡诺图时，并不要求一定将逻辑函数表达式 F 化为最小项之和的形式。例如，式中 $B\,\overline{C}$ 的乘积项包含了所有含 $B\,\overline{C}$ 因子的最小项，所以在填卡诺图时，可以直接在 B 和 $\overline{C}$ 同时为 1 的空格中填 1。然后在卡诺图中找出可以合并的最小项。将可能合并的最小项用包围圈圈出，最后写出最简的与或表达式。

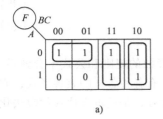 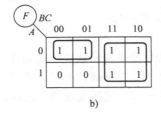 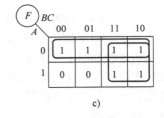

a)　　　　　　　　b)　　　　　　　　c)

图 1.6.2 例 1.6.7 的卡诺图

按图 1.6.2a 方式画包围圈合并最小项，得到的结果是 $F = \overline{A}\,\overline{B} + BC + B\,\overline{C}$，可见两个小方格合并可以消去一个变量。按图 1.6.2b 方式画包围圈合并最小项，所得结果是 $F = \overline{A}\,\overline{B} + B$，可见 4 个小方格合并可以消去两个变量。按图 1.6.2c 方式画包围圈合并最小项，所得结果为 $F = \overline{A} + B$。

以上 3 种合并方式中，按图 1.6.2c 方式画包围圈合并最小项，所得到的结果最简。由此可见，用卡诺图化简逻辑函数时，能否得到最简结果的关键在于包围圈的选择是否合适。

画包围圈的规则：

1）包围圈包围的小方格数为 2^n 个，n 等于 0、1、2、3、…。

2）包围圈包围的小方格数要尽可能多，包围圈的个数尽可能少。包围圈越大，化简消去的变量就越多，包围圈个数少，则化简结果中的与项个数最少。

3）同一方格可以被不同的包围圈重复包围，但新增包围圈中一定要有新的方格，否则该包围圈是多余的。

4）包围圈内的小方格必须满足相邻关系，相邻方格包括上下底相邻、左右相邻和四角相邻。无相邻项的方格单独画圈。

例 1.6.8 用卡诺图法化简逻辑函数 $F = A\overline{B} + A\overline{D} + ABD + BC + \overline{A}\,\overline{B}\,\overline{D}$。

解：首先画出逻辑函数 F 的卡诺图，如图 1.6.3 所示。然后根据画包围圈原则画圈，合并最小项，得到最简的与或表达式 $F = A + \overline{B}\,\overline{D} + BC$。

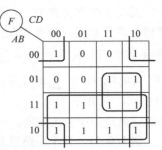

图 1.6.3 例 1.6.8 的卡诺图

例 1.6.9 用卡诺图法化简逻辑函数 $F = \overline{A}\,\overline{B}CD + \overline{A}B\,\overline{C}\,\overline{D} + A\overline{B}\,\overline{C}D + ABC\overline{D} + BD$。

解：首先画出逻辑函数 F 的卡诺图，如图 1.6.4 所示。然后根据画包围圈原则画圈，合并最小项，得到最简的与 – 或表达式 $F = \overline{A}B\,\overline{C} + A\overline{C}D + \overline{A}CD + ABC$。

例 1.6.10 化简逻辑函数 $F(A,B,C,D) = \sum m(0,2,6,7,8,9,10,11,12,13,14,15)$。

解：首先画出逻辑函数 F 的卡诺图，如图 1.6.5a 所示。然后采用前面的圈 1 的方法画包围圈，如图 1.6.5b 所示。最后合并最小项，得到最简的与 – 或表达式 $F(A,B,C,D) = A + BC + \overline{B}\,\overline{D}$。

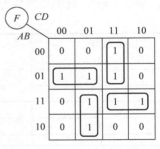

图 1.6.4 例 1.6.9 的卡诺图

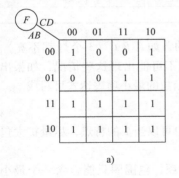

a)

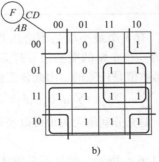

b)

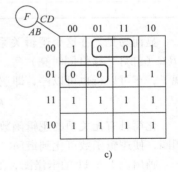

c)

图 1.6.5 例 1.6.10 的卡诺图

利用卡诺图方法化简逻辑函数时，如果卡诺图中的大部分方格是 1 方格，则化简时虽然可以采用前述圈 1 的方法进行化简，但是由于 1 方格太多且需重复利用，卡诺圈通常显得凌乱而且容易出错。这时采用圈 0 的方法化简更为简单。因为全部最小项之和为 1，所以若将全部最小项之和分成两部分，一部分（卡诺图中填入 1 的那些最小项）之和记作 Y，则根据 $Y + \overline{Y} = 1$ 可知，其余一部分（卡诺图中填入 0 的那些最小项）之和必为 $\overline{Y}$。因此，采用圈 0 的方法可以很方便地得到逻辑函数的最简与或非表达式。在本例中由于卡诺图中的 1 方格太多，因此可以采用圈 0 的方法进行化简，如图 1.6.5c 所示。得到最简的与或非表达式 $F(A,B,C,D) = \overline{\overline{A}B D + \overline{A}B\,\overline{C}}$。

1.6.4 具有无关项的逻辑函数化简

在实际应用中经常会遇到这样一种情况，即输入变量的取值不是任意的，其中输入变量的某

数字电子技术基础 第2版

些取值组合不允许出现，或者一旦出现，逻辑值可以是任意的。这样的取值组合所对应的最小项称为无关项（通常也可称为任意项或约束项），在卡诺图中用符号×来表示其逻辑值。

无关项的意义在于，它的值可以取0或取1，具体取什么值，可以根据需要使逻辑函数尽量得到简化而定。带有无关项的逻辑函数的表达式可表示为最小项与无关项的和。例如某逻辑函数可表示为：$F = \sum m(1,4,5,6,7,9) + \sum d(10,11,12,13,14,15)$。也可表示为：

$\begin{cases} F(A,B,C,D) = \sum m(1,4,5,6,7,9) \\ AB + AC = 0 \end{cases}$，其中 $AB + AC = 0$ 为该逻辑函数的约束条件方程。$AB + AC$

所对应的最小项为无关项。

例 1.6.11 在十字路口有红、绿、黄三色交通信号灯，规定红灯亮停，绿灯亮行，黄灯亮等一等，试分析车行与三色信号灯之间的逻辑关系。

解：设红、绿、黄灯分别用 A、B、C 表示，且灯亮为1，灯灭为0。车用 F 表示，车行 $F = 1$，车停 $F = 0$。列出该函数的真值表，见表1.6.1。

表1.6.1 十字路口交通控制逻辑真值表

红灯 A	绿灯 B	黄灯 C	车 F
0	0	0	×
0	0	1	0
0	1	0	1
0	1	1	×
1	0	0	0
1	0	1	×
1	1	0	×
1	1	1	×

显而易见，在这个逻辑关系中，有5个最小项是不会出现的，如 $\overline{A}\,\overline{B}\,\overline{C}$（3个灯都不亮）、$AB\overline{C}$（红灯、绿灯同时亮）等。因为一个正常的交通信号灯系统不可能出现这些情况，如果出现了，车可以行也可以停，即逻辑函数值是任意的。因此该逻辑函数的最小项表达式可写成

$$F = \sum m(2) + \sum d(0,3,5,6,7)$$

化简具有无关项的逻辑函数时，要充分利用无关项可以当0也可以当1的特点，尽量扩大包围圈，使逻辑函数可化到最简。

画出例1.6.11的卡诺图，如图1.6.6所示，如果不考虑无关项，包围圈只能包含一个最小项，如图1.6.6a所示，写出表达式为 $F = \overline{A}B\overline{C}$。

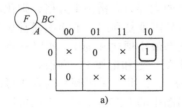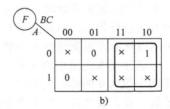

图 1.6.6 例 1.6.11 的卡诺图
a）不考虑无关项 b）考虑无关项

如果把与它相邻的3个无关项当作1，则包围圈可包含4个最小项，如图1.6.6b所示，写出

26

表达式为 $F = B$，其含义为：只要绿灯亮，车就行。

注意，在考虑无关项时，哪些无关项当作 1，哪些无关项当作 0，要以尽量扩大包围圈、减少圈的个数，使逻辑函数可化到最简为原则。下面再看一个例子。

例 1.6.12 某逻辑函数输入是 8421BCD 码（即不可能出现 $1010 \sim 1111$ 这 6 种输入组合），其逻辑表达式为：$F(A,B,C,D) = \sum m(1,4,5,6,7,9)$，已知约束条件方程是：$AB + AC = 0$。试用卡诺图法化简该逻辑函数。

解：（1）画出四变量卡诺图，如图 1.6.7a 所示。将 1、4、5、6、7、9 号小方格填入 1；将 10、11、12、13、14、15 号小方格填入 ×。

（2）合并最小项。与 1 方格圈在一起的无关项被当作 1，没有圈的无关项被当作 0。注意，1 方格不能漏。×方格根据需要，可以圈入，也可以放弃。

（3）写出逻辑函数的最简与或表达式：$F = B + \overline{C}D$

如果不考虑无关项，如图 1.6.7b 所示，写出表达式为 $F = \overline{A}B + \overline{B}\,\overline{C}D$，可见结果不是最简。

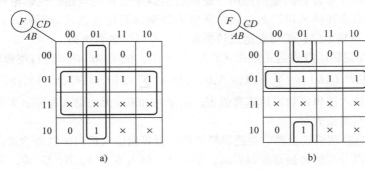

图 1.6.7 例 1.6.12 的卡诺图

a）考虑无关项 b）不考虑无关项

卡诺图化简法的优点是简单、直观，有一定的化简步骤与规律可循，不易出错，且容易化到最简。但是在逻辑变量超过 5 个时，就失去了简单、直观的优点，其实用意义大打折扣。除了上述两种化简方法以外，还有适用于多变量逻辑函数化简的列表法。该方法仍然是通过合并相邻最小项来化简逻辑函数的，而且列表法有一定的化简步骤，特别适合于机器运算。这种方法已被用于数字系统的计算机辅助设计中。

📝 **方法论：化繁就简**

任何逻辑问题都能用逻辑函数表示，一个逻辑函数可以有多种不同的逻辑表达式，不同的逻辑函数表达式对应着不同的逻辑电路图。对于常用的"与－或"逻辑函数表达式，与项数目决定了逻辑电路中与门的个数，每个与项中所含变量数目决定了与门的输入端数量，这些直接关系着逻辑电路的复杂性与可靠性。通过对与－或逻辑函数表达式的简化，使得式中包含的与项个数少、每个与项的变量数少，从而可以减少相应的逻辑电路中的器件数，降低成本，提高电路可靠性。本教材后续有关章节中，通常都对数字逻辑电路进行简化设计。

化繁就简是指复杂的事情常常可以用简单的方法去解决，往往会得到意想不到的效果。在工作过程中，应该多动脑筋，思考这件事情能否用更加简单合适的方法去做。在讲话、交流、写论文时，做到简明扼要。

思 考 题

1.6.1　逻辑函数为什么要化简？

1.6.2　代数法化简的主要缺陷是什么？

1.6.3　卡诺图化简有何优缺点？

1.6.4　在卡诺图化简中，画包围圈的原则是什么？

1.6.5　什么是无关项？在卡诺图化简中如何处理？

1.7　用 Multisim 进行逻辑函数转换和化简

Multisim
元件选择

逻辑转换器是 Multisim 特有的虚拟仿真仪器，对多种逻辑函数表达形式之间相互转换和逻辑化简有非常好的辅助作用。逻辑转换器主要功能包括：逻辑电路转换成真值表；真值表转换成逻辑表达式；真值表转换成简化表达式；逻辑表达式转换成"与或"逻辑电路；逻辑表达式转换成"与非门"逻辑电路。

例 1.7.1　已知逻辑函数表达式如式（1.7.1）所示，试用 Multisim 进行逻辑转换和化简。

$$F(A,B,C,D) = \sum m(1,4,5,6,7,9) + \sum d(10,11,12,13,14,15) \qquad (1.7.1)$$

解：第一步，输入逻辑函数表达式真值表。由于 Multisim 无法输入和显示无关项，所以本例根据最小项直接填写真值表。

在 Multisim 中选择逻辑转换器，在逻辑转换器编辑界面输入逻辑函数表达式的真值表。双击逻辑转换仪符号，点开逻辑转换器编辑界面，单击选择输入变量 A、B、C、D，在真值表的输出值列，通过单击选择输出值：输出值初始状态为'?'，单击可在'0''1'和'X'之间切换。本例输入真值表后的界面如图 1.7.1 所示。仪器编辑界面输入端下方显示分三个部分，从左至右依次为：输入真值表值、对应输入端的真值表和输出值。界面最下方为逻辑表达式显示栏。

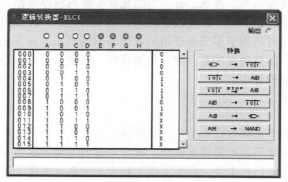

逻辑函数
软件化简

图 1.7.1　例 1.7.1 逻辑转换器运行界面

第二步，真值表转换成最小项逻辑表达式。如图 1.7.2 所示，逻辑表达式栏显示真值表对应的逻辑表达式，需要注意的是无关项无法在逻辑表达式中表示，若将逻辑函数表达式直接转换成真值表，则无关项将被确定为输出 0，如图 1.7.3 所示，与图 1.7.2 中真值表输出值不同。

第三步，真值表转换成最简逻辑表达式。如图 1.7.4a 所示，最简逻辑表达式为 $F = B + \overline{C}D$，需要注意最简表达式是考虑无关项的，否则最简逻辑表达式为 $F = \overline{A}B + \overline{B}\,\overline{C}D$，如图 1.7.4b 所示。

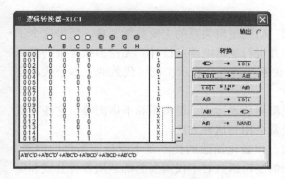

图 1.7.2　真值表转换成最小项逻辑表达式

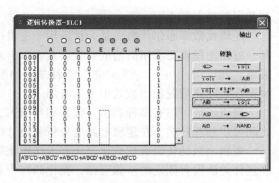

图 1.7.3　逻辑表达式转换成真值表

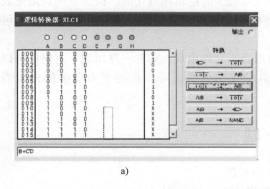

a)

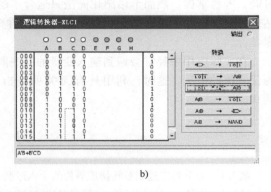

b)

图 1.7.4　真值表转换成最简逻辑表达式

a）考虑无关项影响　b）不考虑无关项影响

第四步，逻辑表达式转换成逻辑电路图。逻辑转换器中有两个转换按钮，可分别转换成由与门、或门、非门构成的最简逻辑电路和只有与非门构成的逻辑电路。图 1.7.5 所示为转换生成的两种形式逻辑电路图。

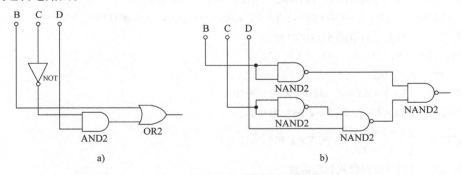

图 1.7.5　逻辑表达式转换成逻辑电路

a）最简逻辑电路图　b）与非门逻辑电路图

本 章 小 结

数字电子系统中，常用按一定规律组合的二进制数码表示数字和符号等各种信息，不同的数

29

制和码制各有特点。

　　逻辑代数即布尔代数，是一种适用于逻辑推理，研究逻辑关系的主要数学工具。凭借这个工具，可以把逻辑要求用简洁的数学形式表示出来，并进行逻辑电路的设计。无论多么复杂的逻辑关系，都可用"与""或""非"三种基本的逻辑关系及其组合表示。逻辑代数的基本公式和定律，在实际化简逻辑函数式中十分有用。

　　逻辑函数可以有多种表示方式，如真值表、逻辑函数表达式、逻辑图和卡诺图等，这些方式之间可以相互转换。在逻辑电路的分析和设计中经常会用到这些方法。

　　逻辑函数的化简有代数化简法和卡诺图化简法。代数化简法的优点是不受任何条件的限制，但这种方法没有固定的步骤可循，在化简较为复杂的逻辑函数时不仅需要熟练运用各种公式和定理，而且需要有一定的运算技巧和经验。卡诺图化简法的优点是简单、直观又有一定的化简步骤可循，容易掌握。然而卡诺图化简法只适合于逻辑变量较少的逻辑函数化简。按逻辑函数最简表达式去设计电路，可以达到用最少的电子器件构建电路的目的，既降低成本又能提高效率和可靠性。

　　在实际应用中经常会遇到输入变量的某些取值组合不允许出现，或者一旦出现，逻辑值可以为任意值的情况。这时，利用具有无关项逻辑函数的化简方法，可以获得更为简单的逻辑表达式。

习　题

　　题1.1　把下列二进制数转换成等值的十六进制和十进制数。

　　(1) 1001001；(2) 101110；(3) 10110.111；(4) 0.011001；(5) 1011.111

　　题1.2　把下列十进制数转换为二进制数，要求二进制数保留小数点以后4位有效数字。

　　(1) 27；(2) 126；(3) 0.56；(4) 45.8；(5) 0.33

　　题1.3　把下列十六进制数转换成等值的二进制和十进制数。

　　(1) 4F；(2) 0AB；(3) 0.86；(4) 4C.8；(5) 0.A3

　　题1.4　写出下列二进制数的原码和补码（假设机器字长为8位）。

　　(1) $(+01101)_2$；(2) $(-1100010)_2$；(3) $(+101010)_2$；(4) $(-001110)_2$

　　题1.5　写出下列十进制数的8421BCD码。

　　(1) 23；(2) 126；(3) 8；(4) 0.2

　　题1.6　回答下列问题。

　　(1) 若已知，$AX+Y=AX+Z$，问 $Y=Z$ 吗？为什么？

　　(2) 若已知，$BXY=BXZ$，问 $Y=Z$ 吗？为什么？

　　(3) 若已知，$\begin{cases} X+Y=X+Z \\ XY=XZ \end{cases}$，问 $Y=Z$ 吗？为什么？

　　题1.7　求下列函数的对偶式和反函数。

　　(1) $F_1=\overline{A}B+AC$

　　(2) $F_2=(\overline{B}+\overline{A+C+D})(A+B+\overline{C\overline{D}})$

　　(3) $F_3=A+\overline{B+C\overline{D}}+\overline{AD}\cdot\overline{B}\cdot\overline{C}$

　　(4) $F_4=\overline{A}C+BD+\overline{B}\cdot\overline{D}$

　　题1.8　已知逻辑函数 F 的真值表见表1.8.1，试写出函数 F 的逻辑表达式，并画出实现该逻辑函数的逻辑图。

表 1.8.1　题 1.8 的真值表

A	B	C	F
0	0	0	1
0	0	1	1
0	1	0	1
0	1	1	1
1	0	0	0
1	0	1	0
1	1	0	1
1	1	1	1

题 1.9　试用列真值表的方法证明下列等式。

（1）$A \oplus B \oplus C = A \odot B \odot C$

（2）$(A \oplus B) \odot (AB) = \bar{A} \cdot \bar{B}$

（3）$A(B \oplus C) = AB \oplus AC$

（4）$A \oplus \bar{B} = A \odot B$

题 1.10　用逻辑代数的基本公式和常用公式将下列逻辑函数化为最简与或式。

（1）$F_1 = A\bar{B} + BD + \bar{A}D + CD$

（2）$F_2 = AD + A\bar{B}\bar{D} + \bar{A}BCD + \bar{A}BC\bar{D}$

（3）$F_3 = AB + \bar{A}C + \bar{B}C$

（4）$F_4 = A\bar{B} + B\bar{C}\bar{D} + ABD + \bar{A}B\bar{C}D$

（5）$F_5 = \overline{(A \oplus C)\bar{B}(A\bar{C}D + \overline{AC\bar{D}})}$

（6）$F_6 = \bar{A} + \bar{C} + ABC + \bar{B}$

（7）$F_7 = \overline{\overline{A}BC} + (\bar{C} + B)$

（8）$F_8 = \bar{A}\bar{C} + A\bar{B}\bar{C} + B\bar{C} + \bar{B}C$

题 1.11　写出图 1.8.1a、b 逻辑电路的表达式，并化简为最简与或式。

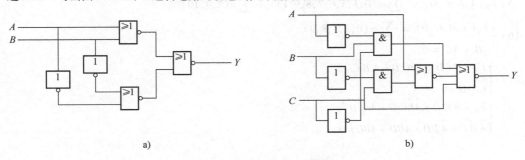

a)　　　　　　　　　　　　　　　　b)

图 1.8.1　题 1.11 的逻辑电路

题 1.12　将下列函数式展开成最小项之和的形式。

（1）$F_1 = AB + BC + CA$

（2）$F_2 = \overline{AB + AD + \bar{B}C}$

（3）$F_3 = S + \bar{R}Q$

（4）$F_4 = J\bar{Q} + \bar{K}Q$

(5) $F_5 = \overline{A\,\overline{B}\,\overline{C}\,\overline{D} + \overline{A}\,B\,\overline{C}}$

题 1.13 用卡诺图法将下列逻辑函数化为最简与或式。

(1) $F_1 = \overline{A}\,B\,\overline{C} + AB\,\overline{C} + ABC + \overline{B}\,C\,\overline{D}$

(2) $F_2 = \overline{A}\,\overline{B} + AC + D\,\overline{C} + \overline{B}\,\overline{C}\,\overline{D} + B\,\overline{C}$

(3) $F_3(A,B,C,D) = \sum m(0,2,4,5,6,7,8,9,10,14,15)$

(4) $F_4 = (AB + \overline{A}\,\overline{D})C + ABC + (A\,\overline{D} + \overline{A}D)B + ACD$

(5) $F_5 = \overline{B} + ACD + BC + \overline{C}$

(6) $F_6 = AC + AB + B\,\overline{C}$

(7) $F_7 = ABC + (A + B + C) \cdot \overline{AB + BC + CA}$

(8) $F_8(A,B,C,D) = \sum m(1,3,4,6,12,14)$

题 1.14 用卡诺图法将下列逻辑函数化为最简与或非式。

(1) $F_1 = (A\,\overline{B} + D)(A + \overline{B})D$

(2) $F_2 = \overline{A}B + BC + \overline{A}\,\overline{C} + A\,\overline{B}\,C + D$

题 1.15 将下列逻辑函数分别化成与非 – 与非、或非 – 或非和与或非表达式。

(1) $F_1 = AB + AC$

(2) $F_2 = (A + B)(A + C)$

(3) $F_3 = (\overline{C} + B)\overline{A}B + BC$

(4) $F_4 = \overline{(A + B)(C + D)}$

题 1.16 用卡诺图法将下列逻辑函数化为最简与或式。

(1) $F_1(A,B,C,D) = \sum m(2,3,7,9) + \sum d(0,8,10,11,13,15)$

(2) $\begin{cases} F_2 = \overline{A}\,\overline{C} + D\,\overline{C} + \overline{A}\,\overline{B}\,C + \overline{A}BCD + \overline{A}\,\overline{B}\,\overline{D} \\ AB + AC = 0 \end{cases}$

(3) $F_3(A,B,C,D) = \sum m(8,9,10,11,12) + \sum d(5,6,7,13,14,15)$

(4) $\begin{cases} F_4 = \overline{A}B + \overline{C}\,\overline{D} + BC + \overline{A}CD + \overline{B}C\,\overline{D} + \overline{B}\,\overline{C}\,\overline{D} \\ A\,\overline{B} + AC = 0 \end{cases}$

(5) $F_5(A,B,C,D) = \sum m(0,1,5,6,7,8,9,13) + \sum d(2,4,10)$

(6) $\begin{cases} F_6(A,B,C,D) = \sum m(0,2,3,8,9) \\ AB + AC = 0 \end{cases}$

(7) $\begin{cases} F_7 = B\,\overline{C}D + \overline{A}BC\,\overline{D} + A\,\overline{B}\,\overline{C}D \\ \overline{C \oplus D} = 0 \end{cases}$

(8) $\begin{cases} F_8 = B\,\overline{C}\,\overline{D} + \overline{A}BC\,\overline{D} + A\,\overline{B}\,\overline{D} \\ \overline{A}\,\overline{B}\,\overline{C} + \overline{A}\,\overline{B}D + ABD + ABC = 0 \end{cases}$

第 2 章　数字集成门电路

[内容提要]

　　本章介绍常用半导体器件的开关特性，分析 CMOS 和 TTL 集成门电路的结构、工作原理、逻辑功能和特点。以应用为目的，着重讨论门电路的外部特性及使用方法，对内部工作过程只作一般介绍，并给出典型门电路仿真分析。

2.1　概述

　　门电路是指能完成基本逻辑运算和复合逻辑运算的电子电路，它是组成数字电路的基本单元。常用的门电路有与门、或门、非门（反相器）、与非门、或非门、与或非门、异或门等。

　　门电路分为分立元件门电路和集成门电路两种。用二极管、晶体管、MOS 场效应晶体管（Field – Effect – Transistor）、电阻等组成的门电路称为分立元件门电路，这种电路目前很少采用。把全部元器件及连线制作在一块半导体芯片上再封装起来构成的门电路称为集成门电路。由于集成门电路具有重量轻、体积小、功耗低、可靠性高、工作速度高以及使用方便等优点，因而被广泛应用。

　　集成电路工艺发展很快，按其集成度（即每个硅片中所含的元器件数）分类，集成门电路可分为小规模集成电路（SSI）、中规模集成电路（MSI）、大规模集成电路（LSI）、超大规模集成电路（VLSI）、甚大规模集成电路（ULSI）以及巨大规模集成电路（GLSI）等。集成电路按所用半导体开关器件的不同，可分为两大类：一类称为双极型集成电路，例如 TTL 电路；另一类称为单极型或 MOS 集成电路，例如 CMOS 电路等。

　　数字集成电路是对数字信号进行运算和处理的集成电路，目前大多数集成电路都是数字集成电路，如门电路、微处理器、存储器等。

　　（1）MOS 集成门电路

　　MOS 集成门电路是采用半导体场效应晶体管作为开关元件的数字集成电路，它分为 PMOS（P – channel MOS）、NMOS（N – channel MOS）和 CMOS 三种类型。PMOS 电路是早期产品，其结构简单、易于制造、成品率高，但其开关速度低，而且采用负电源，不便于与 TTL 电路连接，因而其应用受到了限制；NMOS 电路工作速度快、集成度高，而且采用正电源工作，便于和 TTL 电路连接。NMOS 工艺比较适用于大规模数字集成电路，如存储器和微处理器等，但不适宜制成通用逻辑门电路，主要原因是 NMOS 电路带电容性负载的能力较弱。CMOS 电路是 NMOS 与 PMOS 互补电路，又称互补 MOS 电路，它是性能较好的一种电路，特别适用于通用逻辑电路的设计，目前在数字集成电路中已得到普遍应用。

　　CMOS 逻辑门电路是在 TTL 电路之后出现的一种广泛应用的数字集成器件。主要优点是结构简单、价格便宜、体积小、功耗低。CMOS 集成电路的制造工艺大约是双极型集成电路制造工艺复杂程度的三分之一，占用的芯片面积也比双极型少，且不采用电阻元件。CMOS 集成电路的高密度尤其适合微型处理器和存储器芯片等复杂集成电路。由于制造工艺的不断改进，目前 CMOS 电路已成为占主导地位的逻辑器件，其工作速度已经赶上甚至超过 TTL 电路。

　　（2）双极型集成门电路

双极型集成门电路有 TTL 电路、射极耦合的 ECL（Emitter – Coupled – Logic）电路和集成注入的 I²L（Integrated – Injection – Logic）电路等多种类型。其中 TTL 是应用最早，技术最为成熟的集成电路，曾被广泛使用。

大规模集成电路的发展要求每个逻辑单元电路的结构简单、功耗低。TTL 电路很难满足这些要求，因此渐渐被 CMOS 电路所取代，退出其主导地位。由于 TTL 技术在整个数字集成电路设计领域中的历史地位和影响，很多数字系统设计技术仍采用 TTL 技术，特别是从小规模到中规模数字系统的集成。

2.2 MOS 集成门电路

2.2.1 MOS 管的开关特性

MOS 管是金属 – 氧化物 – 半导体场效应晶体管的简称，MOS 管有两种类型：耗尽型和增强型，数字集成电路中广泛使用增强型 MOS 管，因此在后面讨论中只考虑这种类型。

在集成门电路中，MOS 管通常作为开关使用。图 2.2.1a 所示为 N 沟道增强型 MOS 管构成的反相器电路。当栅源之间电压 u_{GS} 大于管子的开启电压 U_T 时，漏源之间产生导电沟道，其导通电阻 R_{DS} 相对负载电阻 R_D 来说要小很多。故 MOS 管可近似等效为接通的开关，如图 2.2.1b 所示。当栅源之间电压 u_{GS} 小于 U_T 时，漏源之间不产生导电沟道。此时，漏极电流 $i_D \approx 0$，故 MOS 管可以等效为断开的开关，如图 2.2.1c 所示。

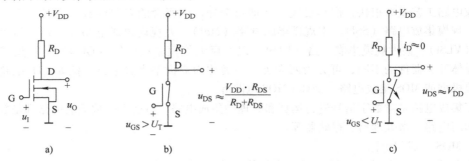

图 2.2.1　MOS 管开关特性
a）电路　b）等效导通　c）等效断开

由于 MOS 管的栅源极间、栅漏极间、漏源极间都有电容效应，因此影响着管子的开关速度。在图 2.2.1b、c 所示的 MOS 管等效电路中，输入电容（栅源极间电容）和输出电容（漏源极间电容）的值大约是几皮法，而 MOS 管的开关时间主要取决于输入回路和输出回路中等效电容的充、放电时间。

在图 2.2.1a 所示的 MOS 管开关电路中，当输入信号 u_I 是一个理想的脉冲波形时，输出电压 u_O 的变化反相，且滞后于输入电压 u_I 的变化，如图 2.2.2 所示。

2.2.2 CMOS 反相器

1. 电路结构与工作原理

图 2.2.3 所示为 CMOS 反相器，其由一个 PMOS 管（VF_P）和一个 NMOS 管（VF_N）组成。由于 PMOS 管和 NMOS 管在电气特性上互补，即 PMOS 管的电压极性和电流方向都与 NMOS 管相

反，故被称为互补 MOS 或 CMOS 反相器。设开启电压 $U_{VFN} = |U_{VFP}| = U_T$，电源电压 $V_{DD} > 2U_T$。VF_P 管在栅源间电压 $u_{GSP} < -U_T$ 时导通，VF_N 管在栅源间电压 $u_{GSN} > U_T$ 时导通。电路中两只 MOS 管的栅极连在一起作为输入端，它们的漏极连在一起作为电路的输出端，VF_P 的源极接电源电压 V_{DD}，VF_N 的源极接地。输入低电平为 $U_{IL} = 0V$，输入高电平为 $U_{IH} = V_{DD}$。

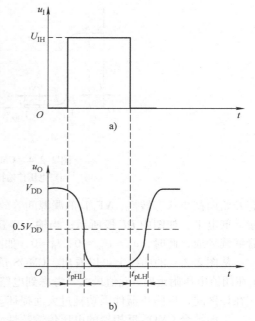

当输入 $u_I = U_{IL} = 0V$ 时，由于 $u_{GSN} = 0V < U_{VFN}$，所以 VF_N 截止；而 $u_{GSP} = -V_{DD} < -U_{VFP}$，$VF_P$ 导通。VF_N 相当于开关断开，其等效电阻为 R_{off}，其值可达 $10^9 \Omega$。VF_P 相当于开关闭合，当 $|u_{GSP}|$ 足够大时，其等效电阻 R_{on} 的值可以小于 $1k\Omega$。由于 $R_{on} \ll R_{off}$，V_{DD} 几乎全部降落在 R_{off} 上，输出高电平，即：$u_O \approx V_{DD}$。

当输入 $u_I = U_{IH} = V_{DD}$ 时，由于 $u_{GSN} = V_{DD} > U_{VFN}$，所以 VF_N 导通；而 $u_{GSP} = 0V > -U_{VFP}$，VF_P 截止。VF_P 相当于开关断开，其等效电阻为 R_{off}，其值约为 $10^9 \Omega$。VF_N 相当于开关闭合，其等效电阻为 R_{on}，其值约为 $1k\Omega$。由于 $R_{on} \ll R_{off}$，V_{DD} 几乎全部降落在 R_{off} 上，输出低电平，即：$u_O \approx 0$。

图 2.2.2　MOS 管开关电路工作波形
a）输入电压波形　b）输出电压波形

由此可见，输入与输出满足"非"的逻辑关系。同时，无论输入 u_I 为低电平还是高电平，VF_P 和 VF_N 总是一个工作在导通状态而另一个工作在截止状态，所以将这种结构称为互补对称的 MOS 电路，即 CMOS 反相电路。由于 VF_P、VF_N 始终有一个工作在截止状态，因此其静态电流很小，大约为纳安数量级，故 CMOS 门电路的静态功耗很低。

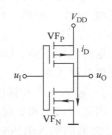

图 2.2.3　CMOS 反相器

2. CMOS 反相器的特性及有关参数

在实际应用过程中，只有充分了解器件的外部特性和参数，才能够正确地使用它。因此，下面将着重介绍 CMOS 反相器的外特性及其相关参数。通常 CMOS 反相器的外部电气特性包括静态特性和动态特性。静态特性主要包括：电压传输特性、电流传输特性、输入特性和输出特性。动态特性包括传输延迟时间和动态功耗。

（1）电压传输特性和电流传输特性

CMOS 反相器的电压传输特性是指其输出电压 u_O 随输入电压 u_I 变化所得到的曲线，如图 2.2.4a 所示。电流传输特性是指反相器输出回路电流 i_D 随输入电压 u_I 变化的曲线，如图 2.2.4b 所示。假设 $U_{VFN} = |U_{VFP}|$，$V_{DD} > 2U_{VFN}$，根据 VF_N 和 VF_P 两管工作情况的不同，可将特性曲线分为五段。

当输入电压小于 U_{VFN} 时，则 VF_N 截止，VF_P 导通，$i_D \approx 0$，由于 MOS 管导通电阻远远小于其截止电阻，因此 $u_O \approx V_{DD}$，分别如图 2.2.4a 和 b 中的 AB 段所示；当输入电压等于 U_{VFN} 并逐渐增大时，原来截止的 VF_N 管开始导通，VF_N 管的漏源间等效电阻逐渐减小，而此时 VF_P 管依然导通，i_D 迅速增加，u_O 也随之下降，如图中 BC 段所示；当输入电压增大到 V_{DD} 的一半时，i_D 将达到最大值，而输出电压迅速减小，如图中 CD 段所示；当 u_I 继续增加，VF_N 管继续导通，VF_P 管由导通状

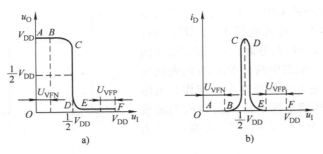

图 2.2.4 CMOS 反相器的传输特性

a) 电压传输特性 b) 电流传输特性

态开始向截止状态转换，VF_P 管的漏源间等效电阻逐渐增大，i_D 迅速减小，输出电压 u_O 也下降至接近低电平，如图中 DE 段所示；当输入电压增大到 $u_I > V_{DD} - |U_{VFP}|$ 时，VF_P 管完全截止，VF_N 管继续导通，此时，$u_O = U_{OL} \approx 0$，$i_D \approx 0$，如图中 EF 段所示。

从图 2.2.4 的曲线上可以看出，CMOS 反相器的阈值电压为 $U_{TH} = 0.5V_{DD}$，而且当输入电压 u_I 在阈值电压附近时，i_D 值最大。考虑到电路的这一特点，在使用这类器件时应避免使之长期工作在该区间，以防止器件因功耗过大而损坏。

下面结合 CMOS 反相器的电压传输特性介绍有关参数。

1）工作电源电压。CMOS 门电路的工作电压范围很宽，适应性好。其中 4000、4000B 系列电路，$V_{DD} = 3 \sim 18V$；高速 CMOS 器件如 74HC 和 74HCT 系列，其电源电压范围 $V_{DD} = 2 \sim 6V$；低电压的 74LVC 系列，$V_{DD} = 1.2 \sim 3.6V$；超低压的 CMOS 器件如 74AUC 系列，电源电压范围是 $0.8 \sim 2.7V$。

电源电压不同，CMOS 电路的性能也不同。一般来说，CMOS 的各种参数都与电源电压 V_{DD} 呈近似线性关系。

2）输入电平和输出电平。当逻辑电路的输入电压在一定范围内变化时，输出电压并不会改变，因此逻辑 1 和 0 对应一定的电压范围。典型的 CMOS 逻辑电路在 5V 电源下工作时，将 $0 \sim 1.5V$ 之间的输入电压对应于逻辑 0，而将 $3.5 \sim 5V$ 之间的输入电压对应于逻辑 1。不同系列的 CMOS 电路，逻辑 1 和逻辑 0 所对应的电压范围也不同。在器件手册中通常给出 4 种逻辑电平参数：输入低电平的上限值 U_{ILmax}、输入高电平的下限值 U_{IHmin}、输出低电平的上限值 U_{OLmax} 和输出高电平的下限值 U_{OHmin}。

① 输入低电平的上限值 U_{ILmax}（通常也称为关门电平 U_{OFF}）。为保证 CMOS 反相器输出为高电平，其输入需接低电平。U_{ILmax} 给出了输入低电平的允许最大值。在电压传输特性曲线图 2.2.4a 上，U_{ILmax} 大约在 $0.3V_{DD}$ 左右。在使用时，输入低电平一定不能大于 U_{ILmax}，否则将引起电路逻辑混乱。

② 输入高电平的下限值 U_{IHmin}（通常也称为开门电平 U_{ON}）。为保证 CMOS 反相器输出为低电平，其输入需接高电平。U_{IHmin} 给出了输入高电平的允许最小值。从电压传输特性曲线图 2.2.4a 上可以看出，U_{IHmin} 近似于 $0.7V_{DD}$ 左右。

③ 输出低电平的上限值 U_{OLmax}。数字电路的低电平一般允许有一个范围。厂家在产品手册中给出输出低电平的上限值 U_{OLmax}。CMOS 集成门的输出低电平 U_{OL} 为 0V，输出低电平的上限值 U_{OLmax} 一般为 $0.02V_{DD}$。

④ 输出高电平的下限值 U_{OHmin}。U_{OHmin} 规定了输出高电平的最小值，CMOS 集成门的输出高电平 U_{OH} 为电源电压 V_{DD}，其最小值一般为 $0.98V_{DD}$。

3）阈值电压。从 CMOS 反相器的电压传输特性曲线中可以看出，输出高、低电平的过渡区很陡，其阈值电压 U_{T} 约为 V_{DD} 的一半。

4）抗干扰能力。抗干扰能力也称为噪声容限。在保证输出高、低电平的变化不超过允许限度的条件下，输入电平的允许波动范围称为输入端噪声容限。集成门电路的噪声容限有高电平噪声容限 U_{NH} 和低电平噪声容限 U_{NL} 之分。

图 2.2.5 所示为噪声容限定义的示意图。由图可以看出，前一级驱动门电路的输出就是后一级负载门电路的输入。对负载门而言，输入的高电平信号可能出现的最小值就是驱动门的输出高电平的下限值 U_{OHmin}。由此得到输入高电平时的噪声容限为

$$U_{\mathrm{NH}} = U_{\mathrm{OHmin}} - U_{\mathrm{IHmin}} \tag{2.2.1}$$

同理可得，输入低电平时的噪声容限为

$$U_{\mathrm{NL}} = U_{\mathrm{ILmax}} - U_{\mathrm{OLmax}} \tag{2.2.2}$$

对于 CMOS 集成门电路而言，随着电源电压 V_{DD} 的增加，高、低电平的噪声容限 U_{NH} 和 U_{NL} 也会相应地加大，而且每个 V_{DD} 值下 U_{NH} 和 U_{NL} 始终保持相等。国产 CC4000 系列 CMOS 电路规定，在输出高、低电平的变化不大于 $0.1 V_{\mathrm{DD}}$ 的条件下，输入信号的高、低电平允许的最大变化量为 U_{NH} 和 U_{NL}。测试结果表明，$U_{\mathrm{NH}} = U_{\mathrm{NL}} \geqslant 0.3 V_{\mathrm{DD}}$。

（2）输入特性

因为 MOS 管的栅极与沟道之间是很薄的 SiO_2 层，小于 $0.1\,\mu\mathrm{m}$，极易被击穿（耐压约 100V）。而输入电阻高达 $10^{12}\,\Omega$ 以上，输入电容为几皮法。电路在使用前输入端是悬空的，只要外界有很小的静电场，都可能在输入端积累电荷而将栅极击穿，因此必须采取保护措施。目前生产的 CMOS 集成电路中采用了各种形式的输入保护电路，图 2.2.6 所示为 74HC 系列 CMOS 器件的输入保护电路。图中的 C_1 和 C_2 分别表示 VF_P 和 VF_N 的栅极等效电容，VD_1 和 VD_2 是正向导通压降为 $0.5\sim0.7V$ 的二极管，其反向击穿电压约为 30V，小于栅极 SiO_2 层的击穿电压。VD_2 是一种分布式二极管结构，在图中用省略号和两个二极管表示。这种分布式二极管结构可以通过较大的电流，使得输入引脚上的静电电荷得以释放，从而保护了 MOS 管的栅极绝缘层。电阻 R_{S} 和 MOS 管的栅极等效电容 C_1 和 C_2 组成了积分网络，可以使输入信号的过冲电压延迟一段时间才作用到栅极上，而且幅度有所衰减。为减小这种延迟对电路动态性能的影响，R_{S} 值不能太大，一般取值 $250\,\Omega$ 左右。

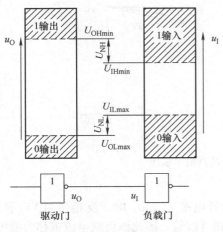

图 2.2.5　输入噪声容限示意图

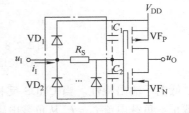

图 2.2.6　CMOS 反相器的输入保护电路

在输入电压的正常工作范围内（$0 \leqslant u_I \leqslant V_{DD}$），输入保护电路是不起作用的。设二极管的正向导通压降为 U_{DF}，则当 $u_I < -U_{DF}$ 或 $u_I > V_{DD} + U_{DF}$ 时，MOS 管的栅极电位将被钳在 $-U_{DF} \sim V_{DD} + U_{DF}$ 之间，使栅极的 SiO_2 层不会被击穿。如果在输入端出现瞬间的过冲电压，可能使二极管 VD_1 或 VD_2 被击穿，只要反向击穿电流不过大，持续时间不过长，则在反向击穿电压消失后二极管仍可恢复工作。否则会损坏二极管，进而使 MOS 管栅极被击穿。因此，需要特别注意 CMOS 器件的正确使用方法。

　　由 CMOS 反相器的输入保护电路图，得到它的输入特性曲线如图 2.2.7 所示。当输入电压 $-U_{DF} < u_I < V_{DD} + U_{DF}$ 时，输入电流 i_I 几乎为 0。而当 $u_I < -U_{DF}$ 时，i_I 的绝对值将随 u_I 绝对值的加大而迅速增加。当 $u_I > V_{DD} + U_{DF}$ 以后，i_I 也将迅速增加。

　　（3）输出特性

　　输出特性反映了输出电压随输出负载电流变化的关系。CMOS 反相器输出有高、低电平两种状态，下面分两种情况分析输出特性。

　　1）高电平输出特性。当 CMOS 反相器的输出为高电平 $u_O = U_{OH}$ 时，反相器电路中的 VF_P 管导通，VF_N 管截止。负载电流 $i_O = I_{OH}$ 从反相器输出端流出，因此该负载电流称为拉电流负载。电路的工作状态如图 2.2.8a 所示，图中该电流与规定的正方向相反，故为负值。

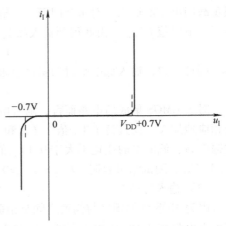

图 2.2.7　CMOS 反相器的输入特性

　　高电平输出特性曲线如图 2.2.8b 所示。由图 2.2.8 可以分析出，当负载电流 $i_O = I_{OH}$ 增加时，VF_P 管的导通压降 u_{DS} 变大，使得输出电压 $u_O = U_{OH}$ 减小。由于 VF_P 管的导通电阻与栅源电压 u_{GSP} 的大小有关，u_{GSP} 的绝对值越大其导通内阻越小，因此反相器的电源电压 V_{DD} 越大，则加到 VF_P 管上的栅源电压 u_{GSP} 就越负，在同样的负载电流 i_O 下，VF_P 管的导通压降就越小，电路的输出电压 U_{OH} 也就下降得越少。

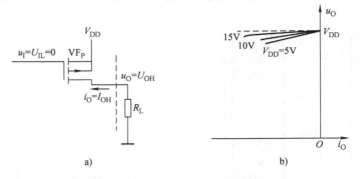

图 2.2.8　CMOS 反相器的高电平输出
a）反相器的工作状态　b）输出特性

　　2）低电平输出特性。当 CMOS 反相器的输出为低电平 $u_O = U_{OL}$ 时，反相器的 VF_N 管导通，VF_P 管截止。负载电流 $i_O = I_{OL}$ 从负载电路流入反相器的 VF_N 管，因此该负载电流被称为灌电流负载，如图 2.2.9a 所示。

如前面的分析一样，反相器的工作电源 V_{DD} 越大，则加到 VF_N 管上的栅源电压 u_{GSN} 就越大，VF_N 管的导通内阻就越小，在同样的负载电流 $i_O = I_{OL}$ 下，其输出电压 $u_O = U_{OL}$ 也越低，特性曲线如图 2.2.9b 所示。

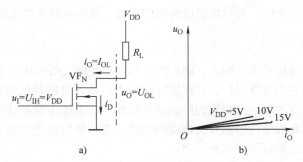

图 2.2.9　CMOS 反相器的低电平输出

a）反相器的工作状态　b）输出特性

3）带负载能力。根据输出特性和输入特性可判断 CMOS 反相器的带负载能力，门电路的负载能力通常用扇出系数 N 来表示。扇出系数是指其在正常工作情况下，所能驱动同类门的最大数目。扇出系数的计算需要考虑两种情况：一种是拉电流负载（图 2.2.10a），即输出为高电平时的扇出系数 N_H；另一种是灌电流负载（图 2.2.10b），即输出为低电平时的扇出系数 N_L。如果计算出的 N_H 和 N_L 不相等，常取二者中的最小值。

如图 2.2.10a 所示，当反相器的输出为高电平 U_{OH} 时，将有拉电流 I_{OH} 从反相器输出端流出到负载门，此时的负载是拉电流负载，而负载门的输入电流为 I_{IH}。当负载门的个数增加时，总的拉电流也会增加，这将引起反相器输出高电平变低，但该电平不得低于输出高电平的下限值 U_{OHmin}。因此，输出高电平时的扇出系数为：$N_H = I_{OHmax}/I_{IH}$。显然 I_{IH} 越小，对于反相器的负担就越轻，而 I_{OHmax} 越大，则带拉电流负载的能力就越强。

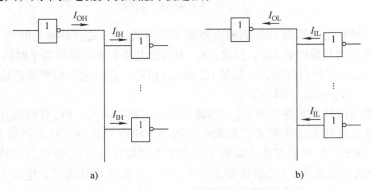

图 2.2.10　扇出系数的计算

a）拉电流负载　b）灌电流负载

当反相器的输出为低电平 U_{OL} 时，所接负载门是灌电流负载，如图 2.2.10b 所示。负载电流 I_{OL} 将从负载门流入到反相器中，当负载门的个数增加时，总的灌电流也会增加，这将使得反相器输出的低电平变高，但该电平不得高于输出低电平的上限值 U_{OLmax}。因此，输出低电平时的扇出系数为：$N_L = I_{OLmax}/I_{IL}$。CMOS 反相器的扇出系数为：$N = \min\{N_H,\ N_L\}$。

根据器件手册，在保证 CMOS 驱动门的 $U_{OHmin} = 4.9V$、$U_{OLmax} = 0.1V$ 时，可以查得 74HC 系列

电路的输出电流最大值为：$I_{OH} = -20\mu A$，$I_{OL} = 20\mu A$；输入电流为：$I_{IH} = 1\mu A$，$I_{IL} = -1\mu A$。其中负号表示电流是从器件流出的。根据上面计算扇出系数的方法得到：$N_H = N_L = 20$，即 74HC 系列电路能够驱动同类 CMOS 电路的输入端个数为 20 个。值得注意的是，由于输入电容的影响，当 CMOS 负载门的数量增加时，将导致总电容值的增加，使得电路充放电时间增加，从而影响门的开关速度。

（4）传输延迟时间

上述的电压、电流传输特性，输入、输出特性都未反映输入信号从一个电平跳到另一个电平时电路的响应情况，故它们是静态特性。在实际应用中，往往有脉冲信号加到门电路的输入端，门电路的输出对脉冲输入的响应过程称为门的动态特性。动态特性通常用门的平均传输延迟时间来描述。传输延迟时间是表征门电路开关速度的参数，它说明门电路在输入脉冲波形的作用下，其输出波形相对于输入波形延迟了多长时间。

CMOS 反相器或 CMOS 电路用于驱动其他 MOS 器件时，由于 MOS 管极间电容和负载电容的影响，输出电压的变化总是滞后于输入电压的变化，产生传输延迟，如图 2.2.11b 所示。

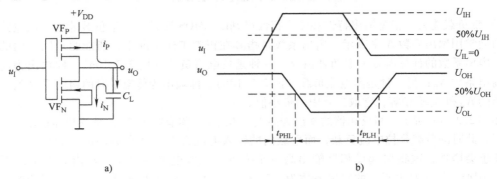

图 2.2.11　CMOS 反相器传输延迟时间
a）电路　b）传输延迟时间

通常把从输入波形上升沿的 50% 到输出波形下降沿的 50% 之间的延迟时间，称为门的输出由高电平降到低电平的传输时延 t_{PHL}；反之，t_{PLH} 为输出由低电平升到高电平时的传输时间。由于 CMOS 门电路输出级的互补对称性，一般其 t_{PHL} 和 t_{PLH} 相等。有时也采用平均传输延迟时间（t_{pd}）这一参数，即 $t_{pd} = (t_{PLH} + t_{PHL})/2$。

假设反相器稳态时输出为高电平 u_{OH}，当输入电压由低变高时，VF_N 管由截止变为导通、VF_P 管由导通变为截止，在此工作状态下，负载电容通过 NMOS 管放电，放电回路及放电电流 i_N 如图 2.2.11a 所示，输出电压由高变低。如果反相器稳态时输出为低电平 U_{OL}，当输入电压由高变低时，VF_N 管由导通变为截止、VF_P 管由截止变为导通，在此工作状态下，电源 V_{DD} 经 VF_P 管的导通电阻对负载电容 C_L 充电，充电回路及充电电流 i_P 如图 2.2.11a 所示。输出电压由低变高。需要注意的是，在电容充、放电的过程中，MOS 管的漏源导通电阻 R_{ONN} 和 R_{ONP} 将由大变小，并不是固定不变的恒定值。

（5）动态功耗

功耗是门电路的重要参数之一。功耗有静态和动态之分。所谓静态功耗指的是当电路的输出没有状态转换时的功耗。静态时，CMOS 电路的电流非常小，使得静态功耗非常低，所以 CMOS 电路广泛应用于要求功耗低或电池供电的设备。

动态功耗是指 CMOS 反相器从一个稳定状态转变为另一个稳定状态过程中产生的功耗。动态功耗一般来自两个方面：一是当 MOS 管 VF_N 和 VF_P 在状态转换过程中会在短时间内同时导通产生的瞬时导通功耗，二是对负载电容充、放电所产生的功耗。动态功耗的大小与电源电压、输入信号的频率、负载电容量的大小有关。一般来说，这些参数的数值越大，动态功耗就越大。

（6）延时－功耗积

对于数字电路或系统，一般希望它工作速度高、功耗低，但在实际应用中很难做到两者兼顾，数字系统在获得高速的同时必然要付出较大的功耗。逻辑门电路的性能通常采用传输延迟时间和功耗的乘积来描述，这种综合性的技术指标称为"延时－功耗积"。一个逻辑门器件的延时－功耗积的值越小，表明它的性能越好，其特性越接近于理想情况。

2.2.3　其他类型 CMOS 门电路

CMOS 系列逻辑门电路中，除上面介绍的 CMOS 反相器外，还有与门、或门、与非门、或非门、与或非门、异或门、漏极开路门、三态门和传输门等电路。而且实际的 CMOS 逻辑电路，大多数都带有输入保护电路和缓冲电路。但为了方便以及突出电路中的逻辑功能部分，通常并不画出每个输入端的保护电路。

1. 其他逻辑功能的 CMOS 门电路

（1）与非门电路

图 2.2.12 所示为 2 个输入端的 CMOS 与非门电路，其中包括两个并联的 P 沟道增强型 MOS 管 VF_{P1}、VF_{P2} 和两个串联的 N 沟道增强型 MOS 管 VF_{N1}、VF_{N2}。在 CMOS 电路中，NMOS 管和 PMOS 管一般成对出现，在分析电路时，应注意寻找与每个 NMOS 管配对的 PMOS 管。

当输入端 A、B 中只要有一个为低电平时，则图 2.2.12 中的两个 NMOS 管 VF_{N1} 和 VF_{N2} 至少有一个工作在截止状态，而与截止的 NMOS 管相连的 PMOS 管必将导通。很显然，电路将输出高电平。只有当输入 A、B 全为高电平时，两个串联的 NMOS 管才同时导通，此时两个并联的 PMOS 管都截止，电路输出低电平。由以上分析可知，该电路实现了与非的逻辑功能，其逻辑表达式为：$Y = \overline{A \cdot B}$。

（2）或非门电路

图 2.2.13 所示为 2 个输入端的 CMOS 或非门电路，其中包括两个串联的 P 沟道增强型 MOS 管 VF_{P1}、VF_{P2} 和两个并联的 N 沟道增强型 MOS 管 VF_{N1}、VF_{N2}。

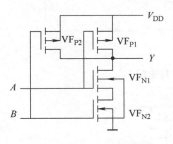

图 2.2.12　CMOS 与非门

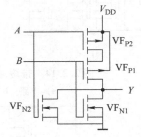

图 2.2.13　CMOS 或非门

CMOS 与非门电路

当输入端 A、B 中只要有一个为高电平时，则图 2.2.13 中的两个 NMOS 管 VF_{N1} 和 VF_{N2} 至少有一个工作在导通状态，而与导通的 NMOS 管相连的 PMOS 管必将截止。很显然，电路将输出低电平。只有当输入 A、B 全为低电平时，两个并联的 NMOS 管均截止，此时两个串联的 PMOS 管都导通，电路输出高电平。由此可见，该电路实现了或非的逻辑功能，其逻辑表达式为：$Y = \overline{A + B}$。

利用与非门、或非门和反相器又可组成与门、或门、与或非门、异或门等，这里就不一一列举了。

2. 带缓冲器的 CMOS 门电路

从上述 CMOS 与非门和或非门电路可知，其输出电阻受输入端状态的影响。若设每个 MOS 管导通时的漏源电阻为 R_{ON}，截止时的漏源电阻为无穷大。则当电路输入端 A、B 都是低电平时，对应图 2.2.12 所示的与非门，其并联的两个 PMOS 负载管均导通，因此输出电阻值为 $0.5R_{ON}$。当两个输入端 A、B 中只有一个为低电平时，则 PMOS 负载管只有一个导通，其输出电阻值为 R_{ON}。而当两个输入端 A、B 都为高电平时，串联的两个 NMOS 驱动管全部导通，此时输出电阻为 $2R_{ON}$。由此可见，不同的输入状态下的输出电阻差别达 4 倍之多。图 2.2.13 所示的或非门输出电阻的情况和与非门类似。

另一方面，当 CMOS 门电路输入端个数增加时，其串联的 NMOS 管个数也增加。如果串联的管子全部导通，则总的导通电阻将增加，从而使与非门的输出低电平 U_{OL} 升高，而使或非门的输出高电平 U_{OH} 降低。因此 CMOS 逻辑门电路输入端不宜过多。

为了克服上述 CMOS 门电路的缺点，在 CMOS 电路的每个输入端和输出端各增加一级反相器（缓冲器），以规范电路的输入和输出逻辑电平。

图 2.2.14a 所示为带缓冲级的 CMOS 与非门的电路图，图 2.2.14b 是其等效逻辑图。由于每个输入端和输出端均增加了反相器作为缓冲电路，所以电路的逻辑功能也发生了变化。图中的基本逻辑功能电路是或非门，增加了缓冲器后的逻辑功能为与非功能，即

$$Y = \overline{\overline{A + B}} = \overline{A \cdot B}$$

在图 2.2.12 中 CMOS 与非门的基础上，将每个输入端和输出端均增加反相器作为缓冲电路，得到或非逻辑电路，如图 2.2.15 所示。其逻辑表达式为

$$Y = \overline{\overline{A} \cdot \overline{B}} = \overline{A + B}$$

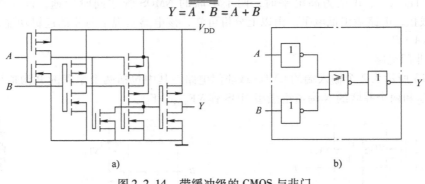

a)   b)

图 2.2.14　带缓冲级的 CMOS 与非门

a）电路　b）等效逻辑图

图 2.2.15　带缓冲级的 CMOS 或非门

这些带缓冲级的门电路输出电阻、输出的高电平、输出的低电平均不受输入端状态的影响，电压传输特性也不受输入端状态的影响且电压传输特性的转折区将变得更陡。此外，前述的CMOS 反相器的输入、输出等特性对这些门电路也同样适用。

3. CMOS 漏极开路门（OD 门）

（1）漏极开路门电路

虽然前面讨论的 CMOS 反相器等逻辑门电路结构简单、输出电阻低，但在使用时有一定的局限性。在实际的数字系统中，往往需要将多个 CMOS 逻辑门的输出端并联使用，并实现与逻辑的功能。如果不对前述的 CMOS 逻辑门电路的输出结构做改进的话，是无法实现相应功能的。如图 2.2.16 所示，两个 CMOS 反相器的输出端直接相连，如果此时 G 门的输出是高电平而 G' 门的输出是低电平，这时，将有一个很大的电流从 VF_P 管流经 VF'_N 管到地，甚至会因功耗过大而损坏 VF_P 管和 VF'_N 管，而且此时无法确定电路的输出是高电平还是低电平。

为了使 CMOS 门电路的输出端能直接连在一起使用，并实现正常的逻辑功能，可以采用漏极开路（OD）门实现。原理电路如图 2.2.17a 所示。这里的输入与输出仍为与非逻辑关系，只是缺少两个 PMOS 负载管，所以这种门的逻辑符号仍为与非门的符号，所不同的是在其符号方框内多加了一个标记，以表示漏极是开路的，如图 2.2.17b 所示。

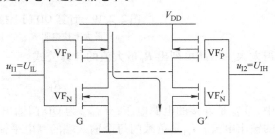

图 2.2.16　CMOS 门电路输出端相连

为了实现与逻辑功能，通常将多个 OD 门的输出端连在一起，通过公共上拉电阻 R_P 接到电源 V_{DD} 上，如图 2.2.18 所示。显然，只有两个门的输出均为高电平时，电路的输出 Y 才为高电平。所以，对于 Y_1、Y_2 来说，电路实现了与逻辑关系，这种与逻辑电路常称为"线与"。输出端 Y 的逻辑表达式为

$$Y = \overline{AB} \cdot \overline{CD}$$

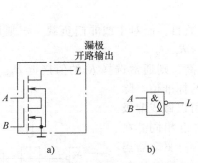

图 2.2.17　漏极开路（OD）与非门
a）电路　b）逻辑符号

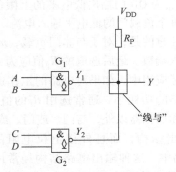

图 2.2.18　"线与"逻辑电路图

（2）上拉电阻的分析计算

上述逻辑关系的实现，并不需要增添很多元件，只需外接一个上拉电阻 R_P，但是 R_P 的值必须选取合适，OD 门连在一起才能正常工作。图 2.2.19a 是 n 个 OD 门接成"线与"形式，负载为 m 个 TTL 逻辑门。

当 n 个 OD 门输出均为高电平时，为了保证输出的高电平不低于规定值 U_{OHmin}，电阻 R_P 不能

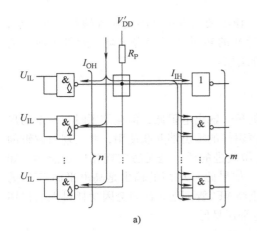

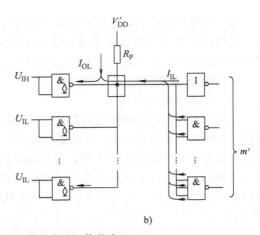

图 2.2.19 计算 OD 门上拉电阻时电路的工作状态

a) 最大上拉电阻 R_{Pmax} b) 最小上拉电阻 R_{Pmin}

选得太大，由此可列出 R_P 最大值的计算公式：

$$R_{Pmax} = \frac{V'_{DD} - U_{OHmin}}{nI_{OH} + kI_{IH}} \qquad (2.2.3)$$

式中，V'_{DD} 是外接的电源电压；U_{OHmin} 为 OD 门输出高电平的下限值；I_{OH} 为每个 OD 门输出高电平时的输出电流；I_{IH} 是负载门每个输入端的高电平输入电流；k 是全部负载门的总输入端数。各种电流的实际流向如图 2.2.19a 所示。

当只有一个 OD 门的全部输入都接高电平时，这时输出电压将变为低电平 U_{OL}，形式如图 2.2.19b 所示，m' 个负载电流方向如图中 I_{IL} 所示。在这种最不利的情况下，即所有负载电流全部流入唯一的导通门时，应保证输出的低电平仍能低于规定值 U_{OLmax}，且输出电流 I_{OL} 不超过额定值 I_{OLmax}。由此可得出 R_P 最小值的计算公式：

$$R_{Pmin} = \frac{V'_{DD} - U_{OLmax}}{I_{OLmax} - m'I_{IL}} \qquad (2.2.4)$$

式中，U_{OLmax} 为 OD 门输出低电平的上限值；I_{OLmax} 是一个 OD 门输出低电平时所允许的最大灌电流；I_{IL} 为每个负载门的低电平输入电流。

需要注意的是，对于与非门负载，m' 为负载门数目；而对于或非门负载，m' 则是全部负载门的总输入端数。最后选取的 R_P 值应为：$R_{Pmin} < R_P < R_{Pmax}$。

在实际应用中，如果对电路的工作速度要求较高，则通常选择 R_P 的值接近 R_{Pmin} 的标准值。如要求电路的功耗小，通常选用 R_P 的值接近 R_{Pmax} 的标准值。除了与非门和反相器以外，与门、或门、或非门等都可以做成漏极开路的输出结构，而且外接上拉电阻的计算方法也相同。在 CMOS 电路中，这种输出电路结构经常用在输出缓冲/驱动器当中，或者用于输出电平的变换，以及满足吸收大负载电流的需要。

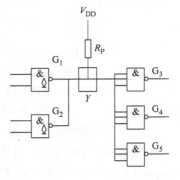

例 2.2.1 已知 G_1、G_2 为漏极开路 CMOS 与非门 74HC03，其参数为：$V_{DD} = 5V$，$I_{OH} = 5\mu A$，$I_{OLmax} = 4mA$，$U_{OLmax} = 0.33V$，$U_{OHmin} = 3.84V$。G_3、G_4 和 G_5 均为三输入与非门 74LS10，它们的低电平输入电流为 $I_{IL} = 0.4mA$，高电平输入电流为 $I_{IH} = 20\mu A$。电路如图 2.2.20 所示，试确定电路中上拉电阻 R_P 的合适阻值。

图 2.2.20 例 2.2.1 的电路

解：当 OD 门输出为高电平时，根据式（2.2.3）可得

$$R_{Pmax} = \frac{V'_{DD} - U_{OHmin}}{nI_{OH} + kI_{IH}}$$

$$= \frac{5 - 3.84}{2 \times 0.005 + 9 \times 0.02} k\Omega \approx 6.1 k\Omega$$

当 OD 门输出为低电平时，根据式（2.2.4）得

$$R_{Pmin} = \frac{V'_{DD} - U_{OLmax}}{I_{OLmax} - m'I_{IL}}$$

$$= \frac{5 - 0.33}{4 - 3 \times 0.4} k\Omega \approx 1.67 k\Omega$$

根据上述计算可知，选定的 R_P 值应在 $1.67 \sim 6.1 k\Omega$ 之间，为使电路具有较快的开关速度，通常取 $R_P = 2k\Omega$。

4. 三态输出门电路

所谓三态输出门，是指门电路的输出有三种状态，即高电平、低电平和高阻状态（也叫禁止状态）。通常用 TSL（Three State Logic）表示。下面简述其电路组成及工作原理。

前面所讨论的 CMOS 反相器电路，不论是输出低电平，还是高电平，其输出端都有一个 MOS 管导通，不会呈现高阻状态。这样，若将它作为传输控制门来用，就显得不够方便了。所以，增加一个控制端，使得电路在某一信号控制下，全部 MOS 管都处于截止状态，这样输出端就会呈现高阻状态。

图 2.2.21a 所示为低电平有效的 CMOS 三态门电路，其中 A 是输入端，Y 为输出端，$\overline{EN}$ 是控制信号输入端，也称为使能端。图 2.2.21b 所示是其逻辑符号。图中的 VF_N 和 VF_P 管组成典型的 CMOS 反相器，VF'_N 和 VF'_P 两个 MOS 管的栅极分别接到控制信号 EN 和 $\overline{EN}$ 上。

当使能端 $\overline{EN} = 0$ 时，VF'_P 和 VF'_N 这两个 MOS 管均导通，因此 VF_N 和 VF_P 两管组成的反相器电路实现非的逻辑功能。即：$Y = \overline{A}$。

当使能端 $EN = 1$ 时，则 VF'_P 截止，同时 VF'_N 也截止。此时，电路输出端 Y 与电源和地均断开，既不是高电平也不是低电平，这就是电路的第三种状态，即输出高阻状态。

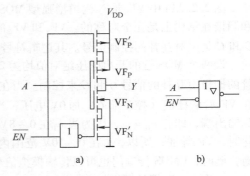

图 2.2.21　三态输出门
a）电路　b）逻辑符号

在实际应用中，除了上面介绍的三态输出电路结构外，还有其他不同形式的电路结构，使能端可以是高电平有效也可以是低电平有效。在其他逻辑功能的门电路中，也可以采用三态输出结构，这里就不一一列举了。

三态门最重要的一个用途是可以在同一根数据总线上轮流传输多个不同的数据或信号，如图 2.2.22所示。假如令 $\overline{EN_1}$、$\overline{EN_2}$、$\overline{EN_3}$ 轮流地接低电平控制信号，那么 A_1、A_2、A_3 这三个数据就会轮流地送到数据总线上去，实现一根总线分时传输多组数据的目的，这在计算机中用得极为广泛。

为了保证接至同一总线上的三态门能够正常工作，必须注意在任何时间里，最多只能有一个三态门处于工作状态，其他均应处于高阻状态。

5. CMOS 传输门

CMOS 传输门（Transmission Gate，TG）是一种既可以传输数字信号又可以传输模拟信号的可控开关电路。CMOS 传输门由一个 PMOS 管和一个 NMOS 管并联构成，其电路如图 2.2.23a 所示，它具有很低的导通电阻（几百欧）和很高的截止电阻（大于 $10^9\Omega$），接近理想开关。这种开关在数字系统中应用广泛，它和 CMOS 反相器结合，可以构成各种复杂的逻辑电路。

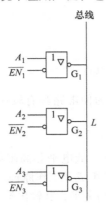

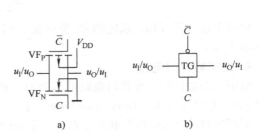

图 2.2.22　用三态输出门接成总线结构　　　　图 2.2.23　CMOS 传输门

a）电路　b）逻辑符号

图 2.2.23a 中 VF_N 是 N 沟道增强型 MOS 管，VF_P 是 P 沟道增强型 MOS 管，VF_N 和 VF_P 的源极和漏极在结构上是完全对称的。VF_N 和 VF_P 的源极和漏极分别相连作为传输门的输入端和输出端，C 和 $\overline{C}$ 是一对互补的控制信号。其逻辑符号如图 2.2.23b 所示。

设两个 MOS 管的开启电压绝对值均为 2V，$V_{DD} = 10$V，输入信号 u_I 在 0～10V 之间变化，两管的栅极由互补的信号 C 和 $\overline{C}$ 来控制。当在 N 沟道 MOS 管 VF_N 的栅极（控制端 C）加 10V 电压，在 VF_P 管的栅极（控制端 $\overline{C}$）加 0V 电压，当输入电压 u_I 在 0～10V 范围变化时，u_I 可以全部传输到输出端，即有 $u_O = u_I$，因为当 u_I 在 0～8V 的范围内变化时，VF_N 导通，u_I 在 2～10V 范围内变化时，VF_P 导通，所以，u_I 在 0～10V 范围内变化时，至少有一个管子导通，这就相当于开关接通，此时，CMOS 传输门也可以传输模拟信号。

如果在 VF_N 管的栅极加 0V 电压，在 VF_P 管的栅极加 +10V 电压，则当输入电压仍在 0～10V 范围内变化时，VF_N 和 VF_P 却总是截止的，这就相当于开关断开，输入信号 u_I 不能传输到输出端。

综上所述，CMOS 传输门的导通与截止取决于控制端所加的电压。当 C 端为"1"、$\overline{C}$ 端为"0"时，传输门导通。当 C 端为"0"、$\overline{C}$ 端为"1"时，传输门截止。

由于 VF_N、VF_P 管的结构形式是对称的，即漏极和源极可互易使用，因而 CMOS 传输门属于双向器件，它的输入端和输出端也可以互易使用。

2.2.4　NMOS 门电路

与 CMOS 电路相似，NMOS 集成电路中也不使用难于制造的电阻，适于制造大规模集成电路。全部由 N 沟道 MOS 场效应晶体管组成的集成门电路称为 NMOS 门电路。由于 NMOS 集成电路结构简单、尺寸小、工作速度快以及 NMOS 工艺水平的不断提高和完善，目前许多高速 LSI 数字集成电路产品仍采用 NMOS 工艺制造。

1. NMOS 反相器

NMOS 反相器是整个 NMOS 逻辑门电路的基础，它的工作管常用增强型器件，而负载管可以是增强型也可以是耗尽型。现以增强型器件作为负载管的 NMOS 反相器为例来说明它的工作原理。

图 2.2.24 所示电路为 NMOS 反相器电路结构图，其中 VF_{N1} 为工作管，VF_{N2} 为负载管，二者均属增强型器件。若 VF_{N1} 和 VF_{N2} 在同一工艺过程中制成，它们必将具有相同的开启电压 U_T。从图中可见，负载管 VF_{N2} 的栅极与漏极同接电源 V_{DD}，因而 VF_{N2} 总是工作在它的恒流区，处于导通状态。

当输入电压 u_I 为低电平（低于管子的开启电压 U_T）时，VF_{N1} 截止，输出 u_O 为高电平。由于负载管 VF_{N2} 总是处于导通状态，因此输出高电压值约为（$V_{DD} - U_{T2}$）。

当输入 u_I 为高电平（超过管子的开启电压 U_T）时，VF_{N1} 导通，输出 u_O 为低电平。输出低电平的值由 VF_{N1}、VF_{N2} 两管导通时所呈现的电阻值之比决定。通常 VF_{N1} 管导通时的等效电阻 R_{DS1} 为 $3 \sim 10k\Omega$，而 VF_{N2} 管的导通等效电阻 R_{DS2} 在 $100 \sim 200k\Omega$ 之间，因此可以保证输出低电平的值小于 1V。负载管导通电阻是随工作电流而变化的非线性电阻。

2. NMOS 与非门

在 NMOS 反相器的基础上，可以制成 NMOS 门电路。两输入端的 NMOS 与非门电路如图 2.2.25 所示。当输入 A、B 均为高电平时，所有工作管都导通，输出为低电平。只要输入 A、B 中有一个为低电平，则工作管 VF_{N1}、VF_{N2} 中必有一个截止，输出为高电平。由此可见，图 2.2.25 所示电路实现的是与非逻辑功能，即：$Y = \overline{AB}$。

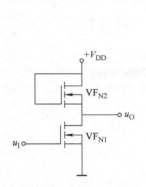

图 2.2.24　NMOS 反相器

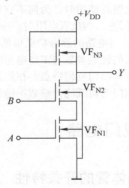

图 2.2.25　NMOS 与非门

和 NMOS 反相器一样，NMOS 与非门输出低电平的值也和负载管的导通电阻与各工作管的导通电阻之和的比值有关，因此对于 NMOS 与非门，其串联的工作管个数不应太多，否则会使输出低电平的值偏高，通常工作管的个数不要超过 3 个。

3. NMOS 或非门

两输入端的 NMOS 或非门电路如图 2.2.26 所示。当输入 A、B 均为低电平时，所有工作管都截止，输出为高电平。只要输入 A、B 中有一个为高电平，则工作管 VF_{N1}、VF_{N2} 中必有一个导通，输出为低电平。由此可见，图 2.2.26 所示电路实现的是或非逻辑功能，即：$Y = \overline{A + B}$。

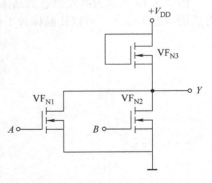

图 2.2.26　NMOS 或非门

对于 NMOS 或非门来说，其工作管都采用并联连接，工作管的个数不会影响其输出低电平的逻辑关系，因此 NMOS 逻辑门电路大多采用或非门电路的形式。

> **价值观：优胜劣汰**
>
> 超大规模集成电路的发展要求每个逻辑单元电路结构简单、功耗低，CMOS逻辑门电路具有制造工艺简单、芯片面积小、功耗低等优点，已成为占主导地位的数字逻辑电路。而TTL电路难以满足集成电路的高集成度、极低功耗要求，渐渐被后来出现的CMOS电路所取代，现在中小规模的集成数字系统中还有应用。
>
> "物竞天择，优胜劣汰，适者生存"原指自然界生物优胜劣汰的自然规律，后也被广泛用于人类社会的发展。例如，为了保证现代企业的顺利发展，通常采用优胜劣汰的用人原则，积极引进、培养、重用各类优秀人才，让他们得到与其付出贡献相匹配的报酬。建立"能者上，平者让，庸者下"的淘汰机制，让能力一般的人让出重要岗位，从事一般性的工作，而让落后不认真工作的员工出局。因此，在大学阶段认真学习，掌握科学理论与技能，具备高级人才的工作能力与创新潜质，则将来个人的就业竞争力强、发展机会好，能为国家社会做出较大的贡献。

思 考 题

2.2.1　CMOS门电路在使用时，为何不宜将输入端悬空？

2.2.2　MOS逻辑门输入端接有电阻时，应视为高电平还是低电平？

2.2.3　为何CMOS门电路的静态功耗很低？

2.2.4　CMOS电路的性能参数与工作电源电压有何关系？

2.2.5　CMOS漏极开路门有何特点？在使用中需要注意哪些问题？

2.2.6　CMOS传输门为何既能传输数字信号也能传输模拟信号？

2.3　TTL 集成门电路

2.3.1　双极型晶体管的开关特性

1. 双极型晶体管开关电路

图2.3.1a所示为共发组态的晶体管放大电路，图2.3.1b是晶体管输出特性曲线。通过设置合适的静态工作点，可以使晶体管工作于放大、饱和、截止状态。

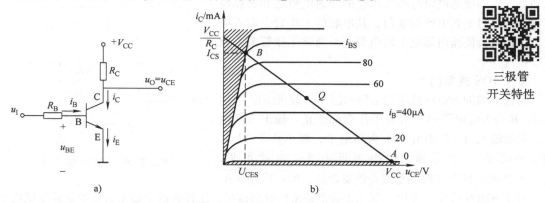

三极管
开关特性

图 2.3.1　晶体管电路及输出特性曲线

a）共发组态晶体管电路　b）输出特性曲线

在数字系统中，晶体管通常不是工作在放大状态，而是工作在饱和或截止状态，本小节将讨论晶体管作开关使用时的特性。晶体管作为开关时，要求导通时压降趋于零、截止时漏电流趋于零。

对于硅 NPN 管，只要电压 $U_{BE} < 0.5V$，就可以认为电流 $i_B \approx 0$，此时，输出 $u_{CE} \approx V_{CC}$，$i_C \approx 0$，如图 2.3.1b 中 A 点的情况。但为了使晶体管可靠截止，应使 BE 结处于反偏，所以，$U_{BE} \leqslant 0$ 是晶体管截止的必要条件。晶体管截止时，集电结和发射结均为反偏，集电结 C 和发射结 E 之间可等效为一个断开的开关，通常也称晶体管处于"关断"状态，如图 2.3.2 所示。

图 2.3.1b 中工作点 B 是饱和区和放大区的交界点，这时晶体管工作在临界饱和状态。此时的 i_B 值叫作临界饱和基极电流 I_{BS}，相应的集电极电流 i_C 值叫作临界饱和集电极电流 I_{CS}，且此点上的 i_B 与 i_C 仍维持 β 倍的关系，即：$I_{BS} = \dfrac{I_{CS}}{\beta} \approx \dfrac{V_{CC}}{R_C \cdot \beta}$

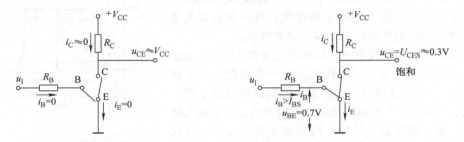

图 2.3.2　晶体管截止　　　　　　　图 2.3.3　晶体管饱和

若继续减小基极电阻 R_B，使 $i_B > I_{BS}$，工作点将进入饱和区。在这个区域里 i_C 随 i_B 的变化很小，可以近似认为不变，i_C 接近最大值 V_{CC}/R_C，U_{CE} 等于 C、E 极之间的饱和压降 U_{CES}，约为 0.3V。这时，晶体管 C、E 极之间电压降很小，可以近似等效成一个闭合的开关，通常也称晶体管处于"开通"状态，如图 2.3.3 所示。

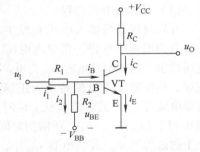

为了使晶体管可靠地饱和导通，应使 $i_B > I_{BS}$，所以 $i_B > I_{CS}/\beta$ 是晶体管饱和导通的必要条件。

由上述讨论可知，只要适当设计晶体管开关电路的参数，使它满足饱和、截止条件，晶体管就可作为开关使用，常用

图 2.3.4　改进型晶体管开关电路

的晶体管开关电路如图 2.3.4 所示。它比图 2.3.1a 所示的电路增加了一个负电源 $-V_{BB}$，这样，就可以保证当输入低电平的值即使高于某一正值，晶体管也能可靠截止。

根据饱和、截止条件，当电路输入高电平 U_{IH} 时，应有：$i_1 - i_2 \geqslant I_{BS}$；当电路输入低电平 U_{IL} 时，应有：$U_{BE} \leqslant 0$。

故电路中的参数应满足下式：

$$\frac{U_{IH} - 0 \cdot 7}{R_1} - \frac{0 \cdot 7 - (-V_{BB})}{R_2} \geqslant \frac{V_{CC} - U_{CES}}{\beta R_C} \tag{2.3.1}$$

$$U_{IL} - \frac{U_{IL} - (-V_{BB})}{R_1 + R_2} \cdot R_1 \leqslant 0 \tag{2.3.2}$$

在设计时，一般先选定 R_C，然后适当选取 R_1、R_2，就可以使式（2.3.1）、式（2.3.2）两不等式同时成立。

2. 双极型晶体管开关的动态特性

图2.3.4所示的晶体管开关电路，当输入电压 u_I 为低电平 U_{IL} 时，晶体管 VT 截止，输出电压 u_O 为高电平 V_{CC}，记作 U_{OH}；当输入电压 u_I 为高电平 U_{IH} 时，晶体管 VT 饱和导通，输出电压 u_O 为低电平 0.3V，记作 U_{OL}。由于输出电压 u_O 与输入电压 u_I 的波形总是相反的，故图2.3.4所示的开关电路常被称为"反相器"。

在动态情况下，亦即晶体管在截止和导通两种状态间迅速转换时，晶体管内部电荷的建立和消散都需要一定的时间，因而集电极电流 i_C 的变化将滞后于输入电压 u_I 的变化。在接成晶体管开关电路以后，开关电路的输出电压 u_O 的变化也必然滞后于输入电压 u_I 的变化，这种滞后现象也可以用晶体管的极间都存在结电容效应来理解。

由于晶体管基极与发射极之间存在结电容 C_{BE}，集电极与基极之间存在结电容 C_{CB} 以及基区有一定的宽度 W，所以，晶体管与 MOS 管相似，其开关状态的转换过程也需一定的时间，如图2.3.5所示。从图中可以看出，对于输入脉冲的阶跃，输出脉冲总是滞后一段时间才发生变化，这段时间实际上是晶体管开关转换的过渡过程。下面分别就开启和关闭两个过程讨论其产生的原因。

（1）晶体管开启过程

开启过程是当输入电压 u_I 发生正跳变，使晶体管从截止转变到饱和的过程。在输入电压 u_I 上跳的瞬间，突变的电压提供一电流给结电容 C_{BE} 充电，从而减小发射结的势垒宽度，使发射结由反偏转变为正偏。在这一段时间里，集电极电流 $i_C \approx 0$。通常将 u_I 从上跳时刻至集电极电流 i_C 上升到 $0.1I_{CS}$（$I_{CS} \approx V_{CC}/R_C$）所需的时间称为延迟时间 t_d。由 t_d 产生的过程可知，若结电容 C_{BE} 小，或正向驱动电流 i_B 大，都可减小 t_d。若发射结反偏大，t_d 就要增大。

当晶体管的结电容 C_{BE} 充电至 0.7V 时，发射区不断地向基区注入电子，电子在基区积累，并开始向集电区渡越，其中一部分对结电容 C_{CB} 充电，另一部分在电源电压 V_{CC} 的吸引下形成集电极电流 i_C，随着基区积累的电子增多，集电极电流 i_C 不断增大，直至 $i_C \approx I_{Cmax}$。通常将集电极电流 i_C 从 $0.1I_{Cmax}$ 上升至 $0.9I_{Cmax}$ 所需要的时间称为上升时间 t_r，在这段过程中，正向驱动电流 i_B 越大，基区电荷积累越快，t_r 就越小。整个开启过程所需的时间 $t_{on} = t_d + t_r$ 称为晶体管开关的开启时间。在建立 I_{CS} 的过程中，基区存贮了大量的电荷 Q，并且基极驱动电流 i_B 越大，存贮的电荷越多。基区存贮的电荷可分为两部分：一部分对应于 $i_B = \dfrac{I_{CS}}{\beta}$，记作 Q_C；另一部分对应于 $i_B > \dfrac{I_{CS}}{\beta}$，记作 Q_S，Q_S 这部分存贮电荷称为过剩存贮电荷。

（2）晶体管关闭过程

关闭过程是当输入电压 u_I 发生负跳变时，使晶体管从饱和转变为截止的过程。当输入电压 u_I 下跳瞬间，在反向基极电压的作用下，首先形成一个反向的基极电流 $-i_B$，它力图将基区的存贮

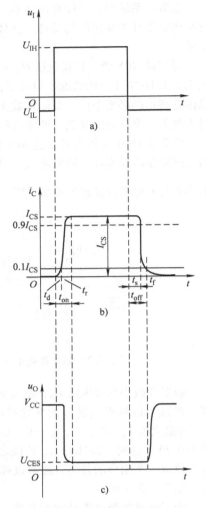

图2.3.5 双极型晶体管开关特性
a）输入电压波形 b）输出电流波形
c）输出电压波形

电荷抽出，但是由于基区大量的存贮电荷不能马上消失，这时过剩的存贮电荷 Q_S 仍能维持 $i_C \approx I_{CS}$，直到 $Q_S = 0$。通常将 u_I 下跳瞬间到 i_C 下降至 $0.9I_{CS}$ 所需的时间称为存贮时间 t_s。可见，存贮电荷 Q_S 少，t_s 就短。若加大基极的反向电流 $|-i_B|$，t_s 也会减小。

随着存贮电荷 Q_S 的减少，i_C 开始下降，同时结电容 C_{BE}、C_{CB} 放电，直至 $i_C \approx 0$，输出电压 $u_O \approx V_{CC}$，发射结及集电结均反偏。通常将 i_C 从 $0.9I_{CS}$ 下降至 $0.1I_{CS}$ 所需的时间称为下降时间 t_f。显然，反向驱动电流 $|-i_B|$ 越大，存贮电荷消失越快，t_f 也就越短。整个关断过程所需要的时间 $t_{off} = t_s + t_f$ 称为晶体管开关的关闭时间。

结合上面的讨论，提高晶体管开关速度可从两方面入手：一方面，选取结电容较小、基区宽度较窄、t_{on} 和 t_{off} 时间短的开关管；另一方面，改进电路设计，寻求更为有效的电路结构。

2.3.2　TTL 反相器

1. TTL 反相器电路与工作原理

典型的 TTL 反相器电路如图 2.3.6 所示。晶体管 VT_1 是电路的输入级，VT_2 是中间驱动级，用以驱动输出级，TTL 反相器的输出级是由 VT_3、VT_4、VT_5 组成的推拉式电路。下面首先讨论电路的工作原理。

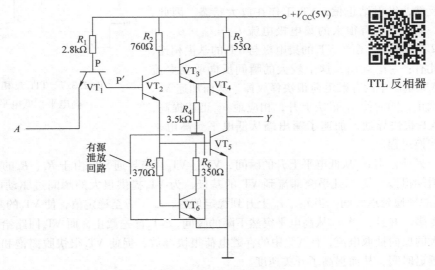

TTL 反相器

图 2.3.6　典型的 TTL 反相器

当输入 A 为低电平 $0.3V$ 时，VT_1 管的发射结导通，使 P 点电位 $u_P = 0.3 + 0.7 = 1V$，而要使 VT_5 管导通，P 点电位必须达到 $2.1V$（使三个 PN 结导通）。因此，当 $u_P = 1V$ 时，VT_2、VT_5 管都截止，这时 VT_1 的集电极电流 i_{C1} 等于 VT_2 的集电极反向漏电流，所以 i_{C1} 很小，$i_{B1} \gg i_{C1}/\beta_1$，$VT_1$ 处于深度饱和。P'点的电位近似为 $0.3 + 0.1 = 0.4V$（深饱和时 $U_{CES} \approx 0.1V$），保证了 VT_2、VT_5 截止。由于 VT_2 截止，u_{C2} 接近 V_{CC} 高电平，故必有 VT_3、VT_4 导通。可以计算出输出端 Y 的电位为

$$u_Y = V_{CC} - i_{R2}R_2 - u_{BE3} - u_{BE4} \approx 5V - 0.7V - 0.7V = 3.6V$$

故此时输出 Y 为高电平。

当输入 A 为高电平 $3.6V$ 时，可使 P 点电位高于 $2.1V$，从而使 VT_1 的集电结和 VT_2、VT_5 的发射结正偏，将 P 点的电位钳位在 $2.1V$，使 VT_1 的发射结处于反偏，因此 VT_1 是工作在反向运用的放大状态，发射结反偏，集电结正偏，i_{C1} 由 P 点流入 P'点，为 VT_2 提供基极驱动电流，只要

R_1、R_2选择合适，就可使 VT_2 工作在饱和状态，因此可计算出 VT_2 的集电极电位为

$$u_{C2} = u_{BE5} + U_{CES2} = 0.7V + 0.3V = 1V$$

u_{C2} 电压加到 VT_3 的基极，使 VT_3 导通，其发射极电位为

$$u_{E3} = u_{C2} - u_{BE3} = 1V - 0.7V = 0.3V$$

可见 VT_4 的基极电位为 0.3V，所以 VT_4 截止，$i_{E4} = i_{C5} \approx 0$。但这时 VT_5 的基极由 VT_2 发射极提供较大的电流，因此，VT_5 饱和，输出端 Y 的电位为

$$u_Y = u_{CE5} = 0.3V$$

此时，输出 Y 为低电平。

可见，图 2.3.6 所示的 TTL 集成电路是完成"非"逻辑功能，即

$$Y = \overline{A}$$

2. TTL 反相器的特性

（1）工作速度

当输入端 A 为高电平使 VT_2、VT_5 饱和时，$u_{C1} = u_{BE5} + u_{BE2} = 1.4V$。若输入端 A 变换到低电平 0.3V，u_P 就会降至 1V，即在此瞬间有 $u_{C1} > u_{B1}$，VT_1 的集电结反偏，发射结正偏，VT_1 工作在放大状态。因此，这一瞬间 VT_1 有很大的集电极电流 $i_{C1} = i_{B1} \cdot \beta$，如图 2.3.7 所示。由于 VT_1 的集电极与 VT_2 的基极相连，因此有：$-i_{B2} = i_{C1}$，这个较大的瞬间反向驱动电流使 VT_2 基区中的存贮电荷很快释放掉，从而加速 VT_2 的截止，同时使 u_{C2} 很快上升，相应地 u_{E3} 迅速提高，使 VT_4 很快导通，加速了输出端从低电平到高电平的转换过程。

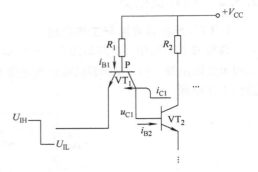

图 2.3.7 TTL 反相器输入端从高电平到低电平的情况

另外，当 u_{C1} 从低电平上升的瞬间，VT_5、VT_6 都将导通，但由于 R_5、R_6 的存在，i_{B6}、i_{C6} 要比 i_{B5} 增加得慢，使 i_{E2} 几乎全部流到 VT_5 的基极，为 VT_5 提供很大的瞬间过驱动电流，从而缩短了 VT_5 的导通延迟时间。当 i_{C6}、i_{B6} 上升到稳定值后，i_{B5} 下降至稳定值，使 VT_5 的基区存贮电荷 Q_s 不致太多。并且，当 u_{C1} 从高电平突然下降的瞬间，VT_2 首先截止，而 VT_6 回路给 VT_5 基极提供一个很大的反向抽取电流，使 VT_5 中的存贮电荷很快释放，促使 VT_5 很快脱离饱和，缩短了 VT_5 的截止延迟时间，从而提高了开关速度。

为了进一步提高开关速度，许多 TTL 门电路还采用了抗饱和电路，使 TTL 门中的晶体管导通时处于浅饱和状态，以减少甚至基本上消除存贮电荷，从根本上消除因存贮电荷引起的传输延迟时间。

抗饱和电路是采用肖特基势垒二极管 SBD（Schottky Barrier Diode）钳位的方法，限制晶体管的饱和深度。

这种方法的原理是根据晶体管饱和越深，则 u_{BC} 越大、u_{CE} 越小。因而限制 u_{BC} 的大小，就可以限制晶体管的饱和深度。为了维持饱和压降 $u_{CE} = 0.3V$ 不再下降，又因 $u_{BE} = 0.7V$，故需控制 $u_{BC} = u_{BE} - u_{CE} = 0.4V$。在晶体管的 B、C 极之间并联一个肖特基二极管，如图 2.3.8a 所示，它的开启电压为 0.4V 左右。当肖基特二极管导通时，钳制 $u_{BC} = 0.4V$。

当输入电流 i_1 增加时，u_{CE} 下降。但经肖特基二极管 SBD 反馈必使 u_B 下降，迫使 i_B 下降接近原来的大小，而 i_1 增加的部分电流就通过 SBD 直接流向集电极，使 i_B 不增大，晶体管处于浅饱和状态。通常把肖特基二极管和晶体管合在一起，当作一个元件看待，叫作抗饱和晶体管，用

图 2.3.8b 所示符号表示。

若将图 2.3.6 所示的 TTL 反相器中的晶体管均换成抗饱和晶体管，则电路的工作速度就可以大大提高。

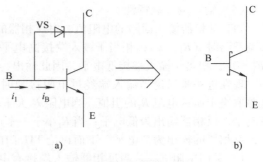

（2）负载驱动能力

图 2.3.6 所示 TTL 反相器的输出级采用了推拉式电路。当 VT_5 截止时，VT_3、VT_4 导通，且 VT_3、VT_4 管工作在射极输出组态，呈现较低的输出阻抗；而当 VT_5 导通时，VT_4 截止，由于 VT_5 管工作在饱和状态，则输出阻抗很小。由此可

图 2.3.8　抗饱和晶体管

见，无论是高电平输出，还是低电平输出，该电路的输出阻抗都很小，电路能提供较大的拉电流和允许较大的灌电流，即电路具有较强的负载驱动能力。

（3）电压传输特性及抗干扰能力

图 2.3.9 是典型的 TTL 反相器的电压传输特性，它表示输出电压 u_O 随输入电压 u_I 变化的规律。根据电压传输特性，就能够了解反相器的抗干扰能力。在数字集成电路中，常常以噪声容限值来定量地说明门电路抗干扰能力的大小。

在逻辑电路中，本级非门的输入信号往往是前一级同类门的输出信号，由图 2.3.9 的电压传输特性可知，当本级非门输入信号从 0 开始上升，超过前一级同类门输出低电平的上限值（U_{OLmax}）以后，输出电平并不会马上发生变化。这就表明：如果在输入低电平信号上叠加一个噪声（干扰）电压时，只要噪声电压的幅度在一

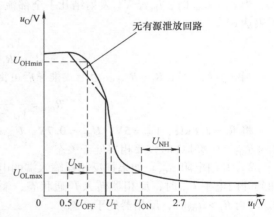

图 2.3.9　TTL 反相器的电压传输特性

定的范围内，就不会影响电路输出的逻辑状态。这样在保证输出高电平不低于高电平的下限值 U_{OHmin}（这时允许的最大输入低电平值 U_{ILmax}，称为关门电平 U_{OFF}）的前提下，所允许的最大干扰电压，称为低电平噪声容限，记作 U_{NL}，如图 2.3.9 所示。

$$U_{NL} = U_{ILmax} - U_{OLmax} = U_{OFF} - U_{OLmax}$$

同理，在输入为高电平时，能保证输出低电平不高于低电平的上限值 U_{OLmax}（这时允许的最小输入电压值 U_{IHmin}，称为开门电平 U_{ON}）的前提下，所允许的最大干扰电压，称为高电平噪声容限，用 U_{NH} 表示，如图 2.3.9 所示。

$$U_{NH} = U_{OHmin} - U_{IHmin} = U_{OHmin} - U_{ON}$$

由图 2.3.9 还可以得知，当输入电压 $u_I = 1.4V$ 时，输出电压 u_O 正对应高、低电平的转折处，为此，经常形象化地将这时的输入电压称为门槛电压，用 U_T 表示。

在数字电路中，为了提高电路的可靠性，一方面需要把噪声限制在一定的范围之内，另一方面，则必须设法提高 TTL 门的抗干扰能力。图 2.3.6 点画线框内的有源泄放回路也起到了提高低电平噪声容限的作用。在无有源泄放回路时，TTL 反相器的电压传输特性如图 2.3.9 中虚线所示，它的低电平噪声容限较小，而增加有源泄放回路后，U_{NL} 得到了提高。

（4）输入端负载特性

TTL 反相器输入回路的电阻值，对反相器的状态有很大的影响。我们知道，当 TTL 反相器输入端开路时（$R_I = \infty$），相当于输入端接高电平，因此输出为低电平 U_{OL}；当输入端对地短路时（$R_I = 0$），相当于输入端接低电平，因此输出为高电平 U_{OH}。

现在进一步讨论当输入端经过电阻接地时（见图 2.3.10a），输出端是高电平还是低电平？这要取决于所接电阻 R_I 的阻值，当电阻 R_I 大于一个被称为开门电阻 R_{ON} 的电阻时，输入相当于接高电平，反相器输出为低电平；当 R_I 小于一个被称为关门电阻 R_{OFF} 的电阻时，输入相当于接低电平，反相器的输出为高电平。下面讨论 TTL 门的开门电阻 R_{ON} 和关门电阻 R_{OFF} 的概念。

1）关门电阻 R_{OFF}。当反相器输入端接有电阻 R_I 时，如果 $R_I = 0$，则该支路中的电流即为输入端短路电流。当 R_I 稍有增加时，R_I 上的压降也稍有增加，但这个压降 u_I 很小，仍能保持输入为低电平的状态。随着 R_I 的增加，u_I 不断增加，当增加到某一数值时，R_I 上的电压达到关门电平 U_{OFF}。输出电压就要开始从 U_{OHmin} 下降，此时对应的电阻值称为关门电阻 R_{OFF}。当 $R_I < R_{OFF}$ 时，反相器处于关断状态。

当 $R_I < R_{OFF}$ 时，i_{R1} 经 VT_1 发射结几乎全部流入 R_I，VT_2 此时处于截止状态。此时可以得出如下表达式

$$u_I = \frac{V_{CC} - U_{BE1}}{R_1 + R_I} R_I \tag{2.3.3}$$

当 $u_I = U_{OFF}$ 时，$R_I = R_{OFF}$。由上式推导后可得

$$R_{OFF} = \frac{R_1 U_{OFF}}{V_{CC} - U_{BE1} - U_{OFF}} \tag{2.3.4}$$

将 $R_1 = 2.8k\Omega$、$V_{CC} = 5V$、$U_{BE1} = 0.7V$、$U_{OFF} = 1V$ 代入上式可得关门电阻 R_{OFF} 为 $0.85k\Omega$。当 $R_I < R_{OFF} = 0.85k\Omega$ 时，反相器处于关态。

2）开门电阻 R_{ON}。如果把反相器输入端的电阻 R_I 继续加大，输入电压 u_I 随之增加，当 u_I 增加到开门电平 U_{ON} 时，反相器转入开通状态，输出低电平。此时，对应的电阻值就是开门电阻 R_{ON}。当 $R_I > R_{ON}$ 时，反相器处于开态。

由图 2.3.10a 可知，当 $u_I = U_{ON}$ 时，i_{R1} 这个电流将有一部分被分到 VT_2 的基极，由于反相器的状态刚刚由关态转为开态，因此分流到 VT_2 基极的电流还不算大。为了简化计算，可忽略 VT_2 的基极电流，仍可列出式（2.3.3）。

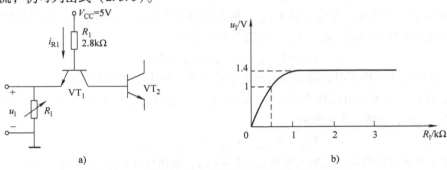

图 2.3.10　输入端电阻对反相器工作状态的影响

a）电路　b）输入端负载特性

当 $u_I = U_{ON}$ 时，$R = R_{ON}$。代入式（2.3.3）后可推导出

$$R_{ON} = \frac{R_1 U_{ON}}{V_{CC} - U_{BE1} - U_{ON}} \tag{2.3.5}$$

将 $R_1 = 2.8\text{k}\Omega$、$V_{CC} = 5\text{V}$、$U_{BE1} = 0.7\text{V}$、$U_{ON} = 1.8\text{V}$ 代入式（2.3.5）可得开门电阻 $R_{ON} = 2\text{k}\Omega$。当 $R_I > R_{ON} = 2\text{k}\Omega$ 时，反相器处于开态。实际上由于有 VT_2 基极电流的分流，当 $R_I = 2\text{k}\Omega$ 时，其上的压降要小于 1.8V，为了保证反相器可靠地开启（输出低电平），R_I 常取得比 $2\text{k}\Omega$ 稍大些。一般常选 $R_{ON} = 2.5\text{k}\Omega$。

当 R_I 从零开始逐渐增大，则 u_I 也将不断增加，这一关系可用图 2.3.10b 所示的输入端负载特性曲线来描绘。需要注意的是，不同系列的逻辑门，其开门电阻和关门电阻的具体数值可能差别很大，所以取以上计算的临界数值往往并不可靠。

3. TTL 反相器的主要参数

在讨论了 TTL 反相器的特性之后，下面给出表示电路性能的主要参数，这些参数是选择使用 TTL 门的重要依据。

（1）输入低电平最大值 U_{ILmax}（通常也称为关门电平 U_{OFF}）

当反相器的输出电压不低于规定的输出高电平的下限值时，相应的输入电平就叫作关门电平 U_{OFF}，它是使反相器关断的最大输入电平。从图 2.3.9 所示的电压传输特性上看，U_{OFF} 约为 0.8V。

（2）输入高电平最小值 U_{IHmin}（通常也称为开门电平 U_{ON}）

在额定负载下，为使反相器的输出电平保持为低电平，输入应接高电平，这个高电平的下限值，就叫作开门电平 U_{ON}，它是使反相器开通的最小输入电平。从图 2.3.9 的电压传输特性上可看出，U_{ON} 约为 2.0V，稍大于门槛电压 U_T。

（3）输出低电平上限值 U_{OLmax}

当反相器的输入端接高电平时，输出应为低电平。U_{OLmax} 规定了输出低电平的下限值，通常器件手册中给出的 U_{OLmax} 的典型值为 0.5V。

（4）输出高电平下限值 U_{OHmin}

当反相器的输入端中有任何一个接低电平时，输出应为高电平。数字电路中高电平一般是某一电压范围，TTL 器件手册中通常给出输出高电平的下限值 U_{OHmin}，典型的 U_{OHmin} 值为 2.7V。

（5）输入短路电流 I_{IS}

I_{IS} 表示当 TTL 反相器输入端接地时，流过这个输入端的电流。根据图 2.3.6 可知，I_{IS} 的值应为

$$I_{IS} = \frac{V_{CC} - U_{BE1}}{R_1} = \frac{5\text{V} - 0.7\text{V}}{2.8\text{k}\Omega} \approx 1.5\text{mA}$$

通常可以近似认为输入低电平电流 $I_{IL} \approx I_{IS}$，它反映了 TTL 反相器对前级驱动门灌电流的大小。

（6）高电平输入电流 I_{IH}

当 TTL 反相器输入端接高电平时，流过该输入端的电流称为高电平输入电流 I_{IH}，通常也被称为输入漏电流。这个电流实际是由于 VT_1 管处于倒置工作状态所造成的，典型产品指标为：$I_{IH} \leqslant 20\ \mu\text{A}$。输入漏电流的大小反映了对驱动它的门拉电流的多少。

（7）扇出系数 N_0

一个反相器能够驱动同类反相器的最大数目，称为扇出系数 N_0。因此一个反相器工作在开通状态和关断状态的最大负载电流分别为 $N_0 I_{IS}$ 和 $N_0 I_{IH}$。TTL 门扇出系数的计算方法和 CMOS 门的计算方法一样，这里不再赘述。

（8）平均传输时间 t_{pd}

平均传输时间 t_{pd} 是表示开关速度的参数。反相器输入为方波信号时，其输出波形的变化相

对于输入波形有一定的延时，如图2.3.11所示。这是由TTL门中的晶体管开关特性及电路中的分布电容所致。

和CMOS门电路一样，规定从输入电压u_I正跳变达到最大值的50%开始，到输出电压u_O下降为最大值的50%这一段时间称为导通传输时间t_{PH}。从输入电压u_I负跳变达到最大值的50%开始，到输出电压u_O上升至最大值的50%这段时间，称为截止传输时间t_{PL}。则平均传输时间为

$$t_{pd} = \frac{1}{2}\left(t_{PH} + t_{PL}\right) \tag{2.3.6}$$

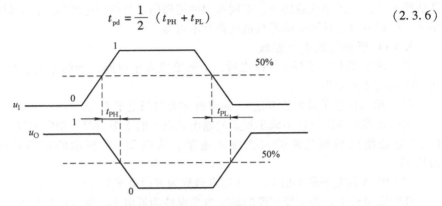

图2.3.11 平均传输延迟时间

2.3.3 其他类型TTL门电路

与CMOS电路类似，TTL系列逻辑门电路中，除了上面讨论的反相器外，还有与门、或门、与非门、或非门、集电极开路门和三态门等其他门电路，下面将分别加以简单介绍。

1. 其他逻辑功能的TTL门电路

（1）与非门

将TTL反相器的输入级的普通单射极晶体管VT₁改为多发射极的晶体管，就构成了TTL与非门，TTL与非门电路如图2.3.12所示。除了有多个输入端外，其工作原理与TTL反相器完全相同，实现与非的逻辑功能。其逻辑表达式为：$Y = \overline{ABC}$。

（2）或非门

TTL或非门电路如图2.3.13所示。A、B为输入端，Y为输出端，V_{CC}为电源电压。它是在反相器电路的基础上，增加了由VT'_1、VT'_2、R'_1组成的结构形式和VT_1、VT_2、R_1相同的电路。中间驱动级晶体管VT_2和VT'_2的输出并联连接。

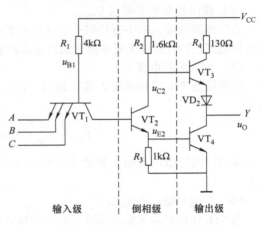

图2.3.12 TTL与非门电路

当输入端A、B有一个为高电平时，就可使VT_2或VT'_2饱和导通，进而使输出晶体管VT_4饱和导通，输出Y为低电平。

当输入端A、B均为低电平时，晶体管VT_2和VT'_2同时截止，其集电极电位接近V_{CC}高电平，从而必有VT_3导通，输出Y为高电平。

由上述分析可知，电路实现了或非的逻辑功能，其逻辑表达式为：$Y = \overline{A + B}$。

利用TTL与非门、TTL或非门和TTL反相器又可组成与门、或门、与或非门、异或门等，这

里就不一一列举了。

2. 集电极开路门（OC 门）

前面所讨论的各种 TTL 门电路都是采用推拉式输出的，所以不论输出高电平还是低电平，输出端的等效电阻都很低。这样，若需要将几个与非门的输出端连在一起使用时就会出现问题。为了使与非门的输出端能并联在一起使用，还要保证电路逻辑关系正常，且与非门不损坏，可行的方法是去掉每个门的推拉式输出中的负载电路，让输出管的集电极开路，然后采用一个公共负载电阻来组合电路。

这种去掉负载管的与非门，就称为集电极开路与非门，或叫 OC（Open Collector）门，其形式如图 2.3.14a 所示。

这里，电路的输出与输入之间仍为与非关系，但缺少集电极电阻。故这种门的逻辑符号仍为与非门的符号，所不同的是在方框内多加了一个标记，以表示集电极是开路的，如图 2.3.14b 所示。

与 CMOS 漏极开路门相比，OC 门可以承受较高的电压和较大的电流。与 OD 门电路一样，OC 门也必须外接上拉电阻，电路才能正常工作。外接上拉电阻的计算方法与 OD 门类似，此处不再赘述。

图 2.3.13　TTL 或非门电路

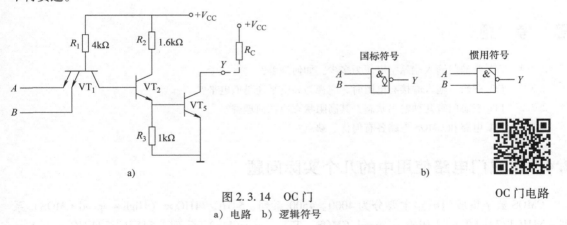

a)

图 2.3.14　OC 门
a）电路　b）逻辑符号

OC 门电路

3. 三态（TSL）输出门电路

与 CMOS 三态门一样，TTL 三态门也是在普通门电路的基础上，增加控制电路构成的。前述的各种 TTL 门电路，其输出端都不可能呈现高阻状态。所以，必须增加一个控制端，使得电路在某一信号控制下，输出端能出现工作管与负载管都截止的状态，此时输出端就会呈现高阻。

图 2.3.15 中主电路（含 VT_1、VT_2、VT_3、VT_4）是 TTL 与非门。如果对图中 Q 点进行控制，使某一时刻该点的电位低于 1V，就会出现 VT_3、VD_2 不能同时处于导通状态。从输出端看，负载管 VT_3、VD_2 是截止的，这时，若对 VT_1 的发射极也加低电平输入，将使工作管 VT_4 处于截止状态，这样，从输出端看，Y 点就像悬浮着一样，称为"高阻"态。

为了同时控制 Q 点和 VT_1 发射极电压，可采用一个结构较简单的电路（含 VT_5、VT_6、R'_1、

R_2），其输出 P 同时控制上述两点。当 $\overline{EN}$ 端接低电平时，VT_6 管截止，其集电极电压（即 P 点）为高电平，VD_1 截止。这时电路功能与普通 TTL 与非门相同，实现 $Y=\overline{AB}$；当 $\overline{EN}$ 端接高电平时，VT_6 管集电极电压为低电平，这时 VD_1 导通，将 Q 点钳位在 1V 左右，使 VT_3 截止。同时 VT_1 发射极接低电平，使 VT_2、VT_4 都截止，电路输出呈高阻状态。

可见电路输出与输入之间仍是与非关系，只是增加了一个控制端，其逻辑符号和 CMOS 三态门一样。当 $\overline{EN}$ 为低电平时，实现 $Y=\overline{AB}$。当 $\overline{EN}$ 为高电平时，Y 为高阻输出。在其他逻辑功能的门电路中，也可以采用三态输出结构，这里就不一一列举了。

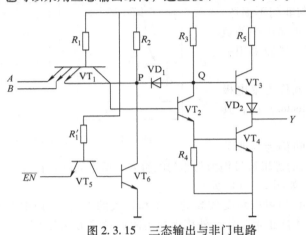

TTL 三态门电路

图 2.3.15　三态输出与非门电路

思 考 题

2.3.1　TTL 与非门输入端悬空电压为多少？如何理解？

2.3.2　TTL 逻辑门输入端接有电阻时，应视为高电平还是低电平？

2.3.3　TTL 三态门有几种输出状态？其高阻状态应如何理解？

2.3.4　TTL 电路和 CMOS 电路各有何优、缺点？

2.4　集成门电路使用中的几个实际问题

CMOS 数字集成门电路主要分为 4000、4500 系列、54HC/74HC×（High – speed CMOS）系列、54HCT/74HCT×（High – speed CMOS，TTL compatible）系列、54VHC/74VHC×（Very High – speed CMOS）系列、54VHCT/74VHCT×（Very High – speed CMOS，TTL compatible）系列等。4000 系列电路具有功耗低的优点，但是其工作速度低，而且和 TTL 逻辑不易匹配。近年来，在多数应用中被 HC、HCT 等其他的 CMOS 系列所替换。

TTL 集成门系列可分为以下几类：54/74×标准系列、54/74H×（High – speed）系列、54/74L×（Low – Power）系列、54/74S×（Schottky）系列、54/74LS×（Low – Power Schottky）系列、54/74AS×（Advanced Schottky）系列、54/74ALS×（Advanced Low – Power Schottky）系列等。最广泛使用且价格最低的 TTL 系列是 74LS 系列，而 74ALS 比 74LS 系列功耗更低、速度更高，近年来获得了广泛的应用。

对于不同系列的同一序号（即×相同）集成门，其引脚功能、排列顺序是相同的，只是某些参数不同而已。前缀"74"只是一个数字，它最先由德州仪器公司所用，表示是民用产品。前缀"54"的含义同"74"一样，只是使用的温度范围和电源电压更大，用于军事应用。

2.4.1 集成门电路的使用

1. 选用集成门电路的一般原则

在实际应用中，一般是根据数字逻辑电路设计要求来选用合适的逻辑器件。在明确选用集成芯片的功能之后，主要由器件的技术参数来决定，通常考虑的指标包括：电源电压，输入和输出高、低电平的最大值和最小值，噪声容限，扇出系数，工作频率和功耗等。表 2.4.1 列出了常用的 CMOS 系列和 TTL 系列逻辑门电路的典型技术参数。

集成门电路
技术指标

表 2.4.1 CMOS 和 TTL 逻辑门电路的典型技术参数

名称			类别（系列）			
			CMOS		TTL	
			74HC	74HCT	74LS	74ALS
			参数			
输入和输出电流	I_{IHmax}/mA		0.001	0.001	0.02	0.02
	I_{ILmax}/mA		−0.001	−0.001	−0.4	−0.1
	I_{OHmax}/mA	CMOS 负载	−0.02	−0.02	−0.4	−0.4
		TTL 负载	−4	−4		
	I_{OLmax}/mA	CMOS 负载	0.02	0.02	8	8
		TTL 负载	4	4		
输入和输出电压	U_{IHmin}/V		3.5	2	2	2
	U_{ILmax}/V		1.5	0.8	0.8	0.8
	U_{OHmin}/V	CMOS 负载	4.9	4.9	2.7	3
		TTL 负载	3.84	3.84		
	U_{OLmax}/V	CMOS 负载	0.1	0.1	0.5	0.5
		TTL 负载	0.33	0.33		
电源电压	V_{DD} 和 V_{CC}/V		4.5~5.5		2~6	
平均传输延迟时间	t_{pd}/ns		10	13	9	4
功耗	P_D/mW		0.56	0.39	2	1.2
扇出系数	$N_0$①		≥20	≥20	20	20
噪声容限	U_{NH}/V		1.4	2.9	0.7	1
	U_{NL}/V		1.4	0.7	0.3	0.3

注：参数的测试条件为 $V_{CC}=5V$，$C_L=15pF$，$R_L=500\Omega$，$T_a=25℃$。74HC 和 74HCT 的测试频率为 1MHz。
① N_0 指带同类门的扇出系数，如果保证 CMOS 驱动门的高电平输出为 4.9V，74HC 和 74HCT 的 N_0 为 20。

2. 门电路使用的注意事项

CMOS 门电路具有电源电压工作范围宽、逻辑摆幅大、抗干扰能力强、功耗低、输入阻抗高等显著优点，使得其应用越来越广泛。使用 CMOS 门电路的注意事项如下：

1）不允许用万用表测量芯片阻值，因为万用表电阻档是电压输出的。

2）芯片不用的输入端一定要接 V_{DD} 或地。

3）操作者不要穿绸或尼龙衣服，以免摩擦产生静电击穿电路，芯片最好用金属屏蔽材料包装。

4）对 MOS 芯片一般不要直接在其引出脚上焊接，以免烙铁漏电击穿芯片。

使用 TTL 门电路的注意事项如下：

1）不用的输入端不要悬空，理论上悬空就相当于高电平，但易受干扰。应根据逻辑关系来处理，在或逻辑电路中将不用的输入端接地，在与逻辑电路中将不用的输入端通过 $2k\Omega$ 电阻接电源，有时也可把不用的输入端与有用端并联（会加重前级负载）。

2）普通的 TTL 电路输出端不能并接在一起，但 OC 门和 TS 门例外。

3）电源电压 V_{CC} 不得超过 7V，当 $V_{CC}=5V$ 时，最大输入电压不得超过 5.5V。

4）在同一系列的 TTL 电路中，其最大扇出系数为 20 个门，TTL 电路带灌电流负载能力优于带拉电流负载能力。

5）如负载不是 TTL 器件，应注意负载电流方向、大小及是否有容性、感性负载。时间常数大于 1s 的容性负载应加限流电阻。

6）应用系统中，每片 TTL 电路的 V_{CC} 与地之间需接入 $0.01\sim0.1\mu F$ 滤波电容。

2.4.2 CMOS 门电路与 TTL 门电路的接口

CMOS 和 TTL 是目前应用最广泛的两种集成门电路。在实际的数字电路中，常常需要将两种系列的逻辑器件混合使用。然而，由于两种器件的电压和电流参数各不相同，因此就出现了两种门电路之间的接口问题。

CMOS 和 TTL 电路之间连接时，为了达到匹配，必须满足两个条件：一是逻辑电平要匹配，也就是说作为驱动门的电路，其输出的低电平要小于负载门的输入低电平的上限值，而驱动门输出的高电平要大于负载门输入的高电平的下限值；二是电流要匹配，即驱动门必须为负载门提供足够的灌电流或者拉电流，驱动电流要大于所有负载门的电流之和。

1. CMOS 门电路驱动 TTL 门电路

CMOS 器件中的 74HCT 系列和 74ACT 系列与 TTL 电路完全兼容．只要两种器件都采用 5V 的电源电压，两者的逻辑电平参数就能满足要求，可以直接混合使用，但需要考虑驱动电流能力。即如何提高 CMOS 门电路在输出低电平时带灌电流负载的能力。其解决方法有如下几种：第一种方法是将同一封装内两个或两个以上 CMOS 门并联使用，可提高驱动电流；第二种方法是在 CMOS 输出端增加一级 CMOS 同相输出缓冲器电路作为驱动门，如图 2.4.1a 所示；第三种方法是在没有合适的驱动器情况下，使用由晶体管构成的电流放大器作为接口电路，如图 2.4.1b 所示。只要合理选取放大器的电路参数，就能使电流放大器的低电平输出电流 $I_{OL}>nI_{IL}$（TTL 门）。

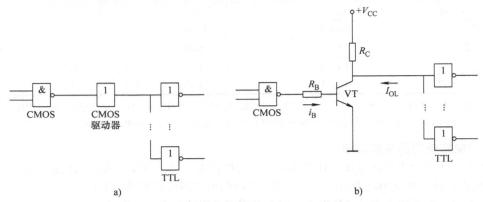

图 2.4.1 CMOS 驱动 TTL 的接口电路

2. 用 TTL 门电路驱动 CMOS 门电路

如果 TTL 和 CMOS 电路采用相同工作电源，当用 TTL 电路驱动 74HC 系列 CMOS 器件时，

TTL 门电路输出低电平的最大值约为 0.5V 而 74HC 系列 CMOS 门电路输入的低电平上限值约为 1.5V，符合电平匹配原则。但当 TTL 电路输出高电平时，其值仅为 2.7V，而 74HC 系列 CMOS 器件输入高电平的最小值则需要 3.5V，显然不符合电平匹配原则，此时需要考虑驱动问题。常采用图 2.4.2 所示的方法，图中上拉电阻 R_P 的值取决于负载器件的数目以及 TTL 和 CMOS 的电流参数，可以采用 OC 门上拉电阻的计算方法进行计算。但是必须保证负载门输入高电平的要求，应将公式（2.2.3）中的 U_{OHmin} 换成 U_{IHmin} 进行计算。当 TTL 门电路输出为高电平时，有

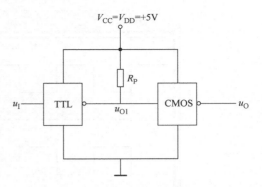

图 2.4.2　TTL 驱动 CMOS 的接口电路

$$U_{OH} = V_{DD} - R_P (nI_{OH} + mI_{IH}) \tag{2.4.1}$$

式中，nI_{OH} 为 TTL 电路输出高电平时，输出管截止时的漏电流；mI_{IH} 为流入全部 CMOS 负载门电路的电流。这两个电流值都很小，如果 R_P 取值太小，u_{O1} 将被提高至接近 V_{DD}。不同系列的 TTL 电路，应选取不同的上拉电阻值，一般取值 3～5kΩ。

如果 CMOS 门电路的电源电压较高，可采用 OC 门作为驱动门。由于 OC 门电源可以取值达 30V 以上，因此可通过电平转换来达到匹配。同样地，也可以采用晶体管接口电路。而对于 74HCT 系列的 CMOS 器件，可以由 TTL 电路直接驱动，无须外加任何元器件。

2.5　用 Multisim 分析门电路

示波器是电子实验中使用最频繁的仪器之一，可以显示电信号波形的幅度、频率等众多参数。Multisim 中提供了专门的示波器虚拟仪器。

例 2.5.1　分析 CMOS 反相器电路逻辑功能。

解：在 Multisim 中创建电路，如图 2.5.1 所示。

由 NMOS 管 Q1 和 PMOS 管 Q2 构成 CMOS 反相器。为观测反相器电路逻辑输出，选择两通道示波器，仪器图标上有 6 个端子，分别为 A 通道的正负端、B 通道的正负端和外触发的正负端。连接时需要注意 A、B 两个通道的正端分别只需要一根导线与待测点相连，表示测量该点相对于地之间的波形。若测量器件两端的信号波形，可将 A 或 B 通道的正负端与器件两端相连。时钟信号源、VDD、GND 和示波器选择如图 2.5.1 所示。本例中示波器 A 通道显示反相器输出波形，B 通道显示时钟信号源波形。

门电路
仿真分析

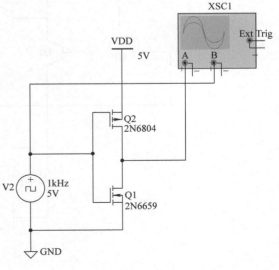

图 2.5.1　CMOS 反相器分析电路

图 2.5.2 所示为仿真结果波形，表明 CMOS 反相器电路逻辑关系正确。

例 2.5.2　分析 TTL 反相器电路逻辑功能。

解：在 Multisim 中创建电路，如图 2.5.3 所示。所用的 TTL 晶体管和电阻与图 2.3.6 相同。

61

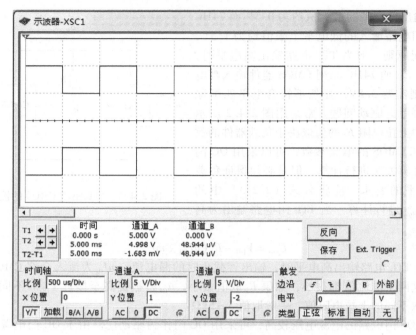

图2.5.2　CMOS反相器输入、输出波形

示波器A通道显示反相器输出波形，B通道显示时钟信号源波形。

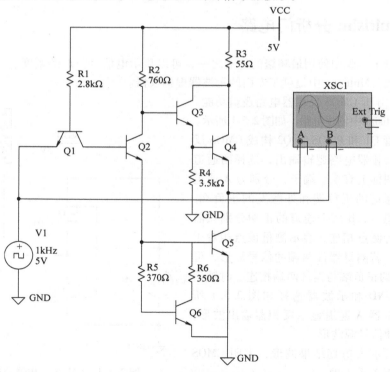

图2.5.3　TTL反相器分析电路

图2.5.4所示为仿真结果波形，表明TTL反相器电路逻辑关系正确，由于中间级电路元器件

较多，输出高电平电压值有误差，但不影响分析逻辑关系的正确性。

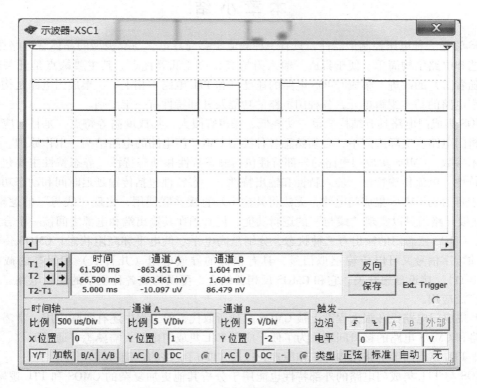

图 2.5.4　TTL 反相器输入、输出波形

价值观：大厦之成，非一木之材

　　数字门电路是能完成基本逻辑运算和复合逻辑运算的基本电子电路，常用的门电路有与门、或门、非门、与非门、或非门、与或非门、异或门等，这些数字门电路是组成数字电子系统的底层基本单元。

　　俗话说"大厦之成，非一木之材也；大海之润，非一流之归也"，这两句话的大意是：宏伟的大厦，不只靠一棵树的木材，是一砖一瓦建起来的；辽阔的大海，不单凭一条水流的汇归，是众多的河流涓滴不息汇聚而成。可用于形容众人拾柴火焰高、团结就是力量。也用于比喻集众思广议而谋大事，集百家之长而成学问，同时也说明只有量的积累才会达到质的变化。新时期的工科大学生除了具备专业技术能力之外，还应有活泼开朗的性格、积极向上的情感、以及团队合作精神。团队成员之间相互尊重、相互信任、团结协作，共同提高各自的专业素质，提高自身的价值。在科研工作中，既要有只争朝夕的干劲，也要有咬定青山不放松，爬坡迈坎、攻坚克难的决心与耐性，防止毕其功于一役的浮躁、只求短平快的功利、大干快上的盲目，下一番苦功真功才可能有新突破。积跬步至千里，积小胜为大胜，逐步攀上成功之巅峰。

本 章 小 结

MOS 管是一种电压控制型器件，只有一种载流子参与导电。与双极型的晶体管电路相比较，具有工艺和电路结构简单、便于集成、输入阻抗高、功耗低等优点。其主要缺点是开关速度较低。但随着工艺的改进，集成 CMOS 电路的速度已和 TTL 电路不相上下。集成门电路是构成各种复杂数字电路的基本逻辑单元，各种门电路的功能及外部特性有一定差别。

CMOS 集成门电路具有结构简单、功耗低、噪声容限大、集成度高等特点，是目前应用最广泛的逻辑门电路。实际应用中，必须熟悉各种类型 CMOS 门电路的电路结构、工作原理、外部特性和技术参数。CMOS 集成门电路的外部特性包括静态特性和动态特性。静态特性主要包括：电压传输特性、电流传输特性、输入特性和输出特性。动态特性包括传输延迟时间和动态功耗等。

对于普通的 CMOS 集成门电路，无法将其输出端直接并联使用，实现"线与"的逻辑功能。CMOS 漏极开路门可以实现"线与"的逻辑功能，但必须在其输出端和电源之间接一个合适的上拉电阻；CMOS 三态门的输出有三种状态，分别是高电平、低电平和高阻状态；CMOS 传输门既可以传输数字信号又可以传输模拟信号，具有很低的导通电阻（几百欧）和很高的截止电阻（大于 $10^9\Omega$），接近理想开关。它和 CMOS 反相器结合，可以构成各种复杂的逻辑电路，在数字系统中广泛应用。

TTL 集成门电路已在很大程度上被 CMOS 系列所取代，但工程中还有实际应用，常需要处理 TTL 电路和 CMOS 电路的接口问题。为了便于应用 TTL 集成门电路，需熟悉普通 TTL 门、集电极开路门、TTL 三态门等电路结构与工作原理，以及 TTL 门电路的性能指标。

CMOS 与 TTL 集成门电路的外部特性也能用于分析其他更加复杂的 CMOS 和 TTL 逻辑电路。在集成门电路的使用中，应特别注意多余输入端的处理。在不同类型的集成门电路连接时，也需要考虑电平和电流的匹配问题，应通过合适的接口电路才能将它们连接起来。

习 题

题 2.1 说明图 2.6.1 中各 CMOS 门电路的输出是高电平、低电平还是高阻态。

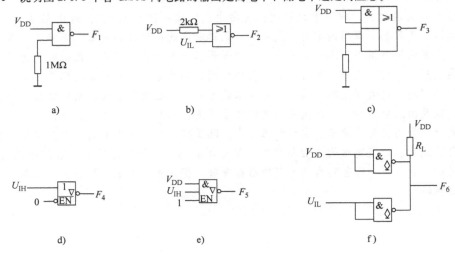

图 2.6.1 题 2.1 图

题 2.2 说明图 2.6.2 中各 TTL 门电路的输出是高电平、低电平还是高阻态。

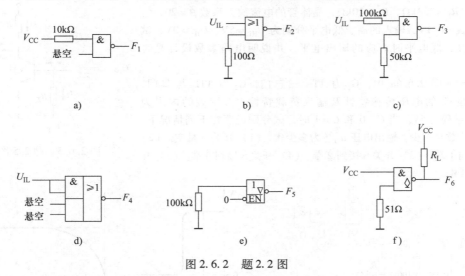

图 2.6.2 题 2.2 图

题 2.3 CMOS 电路如图 2.6.3a、b 所示。试分析电路的功能，并写出输出 F_1、F_2 的逻辑表达式。

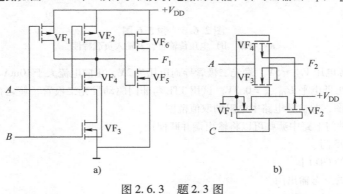

图 2.6.3 题 2.3 图

题 2.4 在图 2.6.4a ～ h 所示的 TTL 逻辑门电路中，集成逻辑门的输入端 1、2、3 为多余输入端。试问：这些接法中，哪些是正确的？为什么？

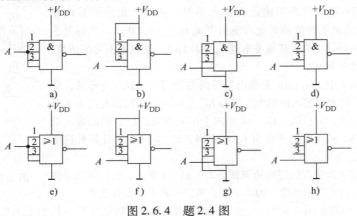

图 2.6.4 题 2.4 图

题 2.5 在图 2.6.5 的反相器电路中，若 $V_{CC} = 5V$，$V_{EE} = -8V$，$R_C = 1k\Omega$，$R_1 = 3.3k\Omega$，$R_2 = 10k\Omega$，晶体管的电流放大系数 $\beta = 20$，饱和压降 $U_{CES} = 0.1V$，输入的高、低电平分别为 $U_{IH} = 5V$、$U_{IL} = 0V$，试计算输入高、低电平时对应的输出电平，并说明电路参数设计是否合理。

题 2.6 图 2.6.6a 中，G_1 为 TTL 三态门，G_2 为 TTL 与非门，图 2.6.6b 是 G_2 的电压传输特性及输入负载特性。万用表的内阻为 $20k\Omega/V$，量程为 $5V$。当 $C = 0$ 和 $C = 1$ 时，试分别说明在下列情况下，万用表的读数是多少？输出电压 u_O 各为多少伏？（1）开关 S 悬空。（2）开关 S 接到①端。（3）开关 S 接到②端。（4）开关 S 接到③端。（5）开关 S 接到④端。

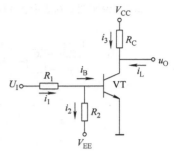

图 2.6.5 题 2.5 图

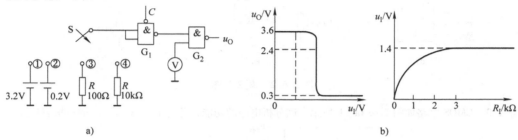

a)　　　　　　　　　　　　b)

图 2.6.6 题 2.6 图
a）电路 b）电压传输特性及输入负载特性

题 2.7 已知电源电压 $V_{CC} = 5V$，发光二极管导通电压为 $2V$，正向电流大于 $10mA$ 才发光；TTL 与非门的 $I_{OLmax} = 16mA$，输出低电平 $U_{OLmax} = 0.3V$。试用 TTL 与非门驱动发光二极管，使之在与非门输出为低电平时发光。画出电路图，并估算电路中电阻的取值范围。

题 2.8 下列各种门电路中哪些可以将输出端并联使用？

（1）普通的 CMOS 门

（2）CMOS 电路的 OD 门

（3）CMOS 电路的三态输出门

（4）推拉式输出的 TTL 门

（5）集电极开路输出的 TTL 门

（6）TTL 电路的三态输出门

题 2.9 某一 74 系列与非门输出为低电平时，其最大允许的灌电流 $I_{OLmax} = 16mA$，输出高电平时的最大允许输出电流 $I_{OHmax} = 400\mu A$，测得其输入低电平电流 $I_{IL} = 0.8mA$，输入高电平电流 $I_{IH} = 1.5\mu A$，试问若不考虑裕量，此门的实际扇出系数为多少？

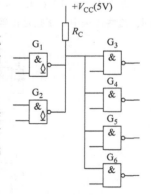

题 2.10 图 2.6.7 中，G_1、G_2 是集电极开路与非门，接成线与形式，每个门在输出是低电平时允许灌入的最大电流为 $I_{OLmax} = 13mA$，输出是高电平时输出电流为 $I_{OH} \leq 25\mu A$。G_3、G_4、G_5、G_6 是四个 TTL 与非门，它们的输入低电平电流 $I_{IL} = 1.6mA$，输入高电平电流 $I_{IH} \leq 50\mu A$，$V_{CC} = 5V$。试计算外接负载 R_C 的取值范围 R_{max} 及 R_{min}。

题 2.11 门电路及所实现的逻辑功能如图 2.6.8a ~ d 所示，试判断图中各电路能否实现逻辑表达式所示功能？如果不能，请指出其中错误并改正。

图 2.6.7 题 2.10 图

题 2.12 CMOS 电路如图 2.6.9a ~ c 所示，试写出其输出逻辑函数 F_1 ~ F_3 的表达式。

题 2.13 电路如图 2.6.10a ~ f 所示，试写出各电路的逻辑函数表达式。

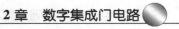

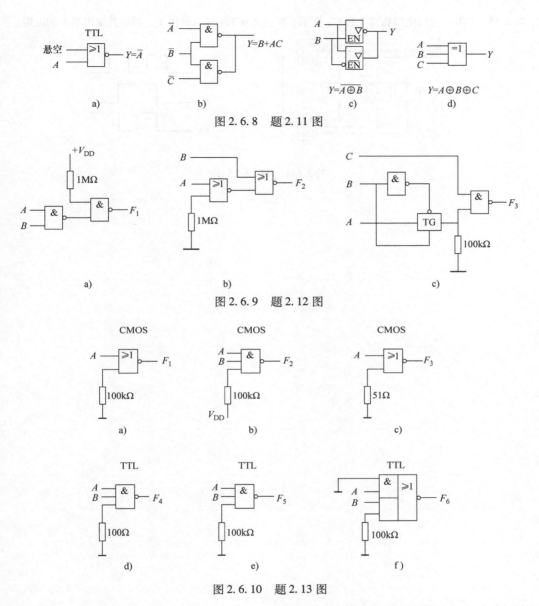

图 2.6.8 题 2.11 图

图 2.6.9 题 2.12 图

图 2.6.10 题 2.13 图

题 2.14 CMOS 电路如图 2.6.11a 所示，已知输入 A、B 及控制端 C 的电压波形如图 2.6.11b 所示，试画出 F 端的波形。

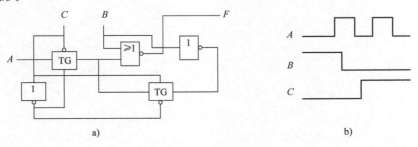

图 2.6.11 题 2.14 图

题2.15 TTL三态门电路如图2.6.12a所示，在图2.6.12b输入波形下，画出其输出端 *F* 的波形。

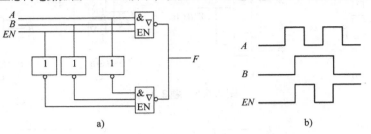

a)　　　　　　　　　　　　　b)

图2.6.12 题2.15图

第 3 章　组合逻辑电路

[内容提要]

本章首先介绍组合逻辑电路的分析与设计方法，然后分析编码器、译码器、数值选择器、数据分配器、加法器、数值比较器等典型中规模组合逻辑电路的原理及应用，接着讨论组合逻辑电路中存在的竞争冒险现象，包括产生原因、判别方法及消除方法，最后给出组合逻辑电路设计与仿真分析实例。

3.1　概述

在数字电路中，根据电路结构和工作原理，可以分为两大类：组合逻辑电路和时序逻辑电路。在组合逻辑电路中，任意时刻的输出仅仅取决于该时刻的输入，与前一时刻的电路状态无关。组合逻辑电路可以用图 3.1.1 所示的框图表示，它有 n 个输入 X_1，X_2，$\cdots$，X_n，m 个输出 Y_1，Y_2，$\cdots$，Y_m，每一个输出变量都是全部或部分输入变量的函数，即有

$$Y_1 = f_1(X_1, X_2, \cdots, X_n)$$
$$Y_2 = f_2(X_1, X_2, \cdots, X_n)$$
$$\vdots \tag{3.1.1}$$
$$Y_m = f_m(X_1, X_2, \cdots, X_n)$$

简记作：
$$Y = F(X) \tag{3.1.2}$$

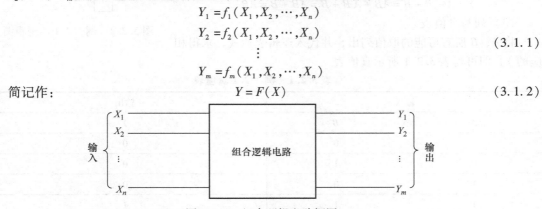

图 3.1.1　组合逻辑电路框图

组合逻辑电路在结构上有如下特点：①输出与输入之间没有反馈通路；②电路中不含具有记忆功能的元件。

通常将根据已知逻辑电路图推导出其工作特性和逻辑功能的过程称为分析。反过来，根据预先确定的逻辑功能要求，给出相应的逻辑电路的过程称为设计。显然，分析和设计是两个相反的过程。

思　考　题

3.1.1　组合电路在结构上和逻辑功能上各有哪些特点？

3.2　组合逻辑电路分析

组合逻辑电路分析，就是根据组合逻辑电路结构来分析其工作特性与逻辑功能。实现步骤

如下：

1）根据电路写出逻辑函数表达式。根据逻辑图，从输入到输出，逐级写出逻辑表达式，直至写出输出与输入之间的逻辑函数式。

2）将逻辑函数表达式进行化简（可用代数法或卡诺图法），求出（最简）逻辑函数式。

3）根据（最简）逻辑函数式列写真值表。

4）根据逻辑函数式或真值表确定逻辑电路的功能。

图 3.2.1 所示为组合逻辑电路的分析过程。

图 3.2.1 组合逻辑电路的分析过程

例 3.2.1 分析图 3.2.2 所示电路的逻辑功能。

解：（1）写出逻辑函数表达式

$$Y = A \oplus B + \overline{B}$$

（2）化简逻辑函数式

$$Y = A \oplus B + \overline{B} = \overline{A}B + A\overline{B} + \overline{B} = \overline{A}B + \overline{B} = AB$$

（3）列写真值表

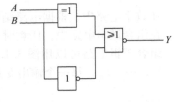

图 3.2.2 例 3.2.1 的逻辑图

将 A、B 所有可能的取值列出，并代入逻辑表达式，求得相应的 Y，即可得表 3.2.1 所示真值表。

表 3.2.1 例 3.2.1 真值表

输入		输出
A	B	Y
0	0	0
0	1	0
1	0	0
1	1	1

由逻辑式与真值表可得，该电路实现与门的功能。

例 3.2.2 分析图 3.2.3 所示电路的逻辑功能。

解：（1）写输出函数的逻辑表达式

第一级各电路逻辑关系式分别为

$$Y_1 = \overline{AB}, \quad Y_2 = \overline{BC}, \quad Y_3 = \overline{AC}$$

则整个逻辑电路的输出为

$$Y = \overline{Y_1 Y_2 Y_3} = \overline{\overline{AB}\,\overline{BC}\,\overline{AC}}$$

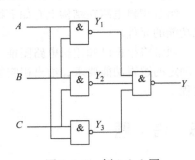

图 3.2.3 例 3.2.2 图

（2）化简逻辑函数表达式

$$Y = \overline{\overline{AB}\,\overline{BC}\,\overline{AC}} = AB + BC + AC$$

（3）列写真值表

将 A、B、C 的所有可能取值列出，并代入逻辑表达式，求得对应的 Y。该逻辑电路的真值表见表 3.2.2。

表 3.2.2　例 3.2.2 逻辑电路的真值表

输入			输出
A	B	C	Y
0	0	0	0
0	0	1	0
0	1	0	0
0	1	1	1
1	0	0	0
1	0	1	1
1	1	0	1
1	1	1	1

（4）分析电路的逻辑功能

该电路的逻辑功能：当 3 个输入变量中有 2 个或 2 个以上为 1 时，输出为 1，否则为 0。

对于组合逻辑电路分析，归纳说明如下：

1）从例 3.2.1 可以看出，一些逻辑功能较为简单的电路在写出最简函数式时即可确定其功能，不必再列写真值表。

2）有时逻辑功能难以用几句话概括出来，在这种情况下，做到列出真值表即可。

3）例 3.2.1、例 3.2.2 中的输出变量只有一个，对于多个输出变量的组合逻辑电路，分析方法亦类似。

方法论：总结归纳

组合电路分析的最后一个步骤是根据真值表总结电路逻辑功能，通过对所有最小项输出值进行总结，归纳出可简明扼要表述的功能，这是非常考验总结归纳能力的。后续内容中，组合电路设计的逻辑抽象步骤，本质是对设计需求的总结归纳，时序逻辑电路分析与设计也有类似环节。

总结，指将知识体系中的重点和难点，简明扼要地表达出来。归纳，指将知识内容归拢并使之有条理，是一种从许多个别的具体事物中概括出一般性概念、原则或结论的推理思维方法，归纳的核心是找到知识间的联系。总结归纳是学习的重要方法和手段，知识通过总结归纳后，将由"繁而杂"变成"少而精"，由"散而乱"结成"知识网"，无论是记忆、理解还是应用，都将变得更容易、轻松。总结归纳能力，是一种非常基础的能力，拥有较强的归纳总结能力，可有效提高学习和工作效率，经过长期训练能有效提高这种能力。

思 考 题

3.2.1　组合逻辑电路分析需要哪些步骤？

3.3　组合逻辑电路设计

组合逻辑电路设计，就是根据给定的实际逻辑设计要求，设计能实现预期逻辑功能的最简逻辑电路。一般设计步骤如下：

1）将实际问题逻辑抽象化。分析问题，确定输入和输出变量，并定义其逻辑状态，即进行逻辑状态赋值。

2）列写真值表。

3）根据真值表写出函数表达式，并根据器件类型化简变换成相应形式的最简逻辑表达式，例如根据已有器件，将逻辑函数变换成与或式、与非式、或非式、与或非式。

4）根据最简表达式画逻辑图。

图3.3.1所示为组合逻辑电路设计过程。

图3.3.1 组合逻辑电路设计过程

3.3.1 不含有约束项的组合逻辑电路设计

例3.3.1 设计一个监视交通信号灯工作状态的逻辑电路。每一组信号灯由红、黄、绿三盏灯组成。在正常工作情况下，任何时刻必有一盏灯点亮，而且只有一盏灯点亮。当出现其他情况时，说明交通信号灯控制电路发生故障，则要求监视电路发出故障信号。

解：（1）逻辑抽象。

取红、黄、绿灯的状态为输入变量，分别用 R、Y、G 表示，并设定灯亮时对应状态为1，灯灭时对应状态为0。取故障信号为输出变量，用 E 表示，并设定正常工作状态下 E 为0，发生故障时 E 为1。

（2）列写真值表。

根据题意及（1）中的状态设定，列出表3.3.1所示的真值表。

表3.3.1 例3.3.1的真值表

输入			输出
R	Y	G	E
0	0	0	1
0	0	1	0
0	1	0	0
0	1	1	1
1	0	0	0
1	0	1	1
1	1	0	1
1	1	1	1

（3）根据真值表写函数表达式：

$$E = \overline{R}\,\overline{Y}\,\overline{G} + \overline{R}YG + R\overline{Y}G + RY\overline{G} + RYG$$

化简得

$$E = \overline{R}\,\overline{Y}\,\overline{G} + YG + RG + RY$$

（4）在不限定器件前提下，根据化简结果画出逻辑图，如图3.3.2所示。

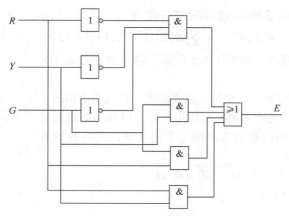

图 3.3.2　例 3.3.1 的逻辑图

3.3.2　含有约束项的组合逻辑电路设计

例 3.3.2　某班有十名学生，学号分别为：0，1，2，…，9，用 4 位二进制数 $ABCD$（其中 A 为最高位）进行编号，分别为 0000，0001，0010，…，1001。规定学号为 3～7 号的学生才允许进实验室。试设计判别能否进实验室的组合逻辑电路。要求用与非门实现。

解：（1）定义输入变量、输出变量。

输入变量 A，B，C，D 已在题目中明确，另输出变量 Y 表示能否进实验室，允许进 $Y=1$，否则 $Y=0$。

（2）根据逻辑要求列出真值表，见表 3.3.2。真值表中的前 10 行序号（$ABCD$ 对应 0000～1001）表示十名学生的学号，很容易得出对应的输出 Y，后 6 行变量取值组合（$ABCD$ 对应 1010～1111）在正常情况下是不可能出现的，因而所对应的 6 个最小项是约束项，对应 Y 既不是 0，也不是 1，填×。

表 3.3.2　例 3.3.2 真值表

输入				输出
A	B	C	D	Y
0	0	0	0	0
0	0	0	1	0
0	0	1	0	0
0	0	1	1	1
0	1	0	0	1
0	1	0	1	1
0	1	1	0	1
0	1	1	1	1
1	0	0	0	0
1	0	0	1	0
1	0	1	0	×
1	0	1	1	×
1	1	0	0	×
1	1	0	1	×
1	1	1	0	×
1	1	1	1	×

（3）根据真值表写出逻辑函数的表达式并化简。

$$Y(A,B,C,D) = \sum m(3,4,5,6,7) + \sum d(10,11,12,13,14,15)$$

这里采用卡诺图化简法，如图 3.3.3 所示，得 Y 的表达式 $Y = B + CD$。

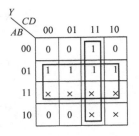

图 3.3.3　例 3.3.2 的卡诺图

（4）根据所用器件的类型，变换表达式形式，并画出逻辑图。

从表达式可以看出，此逻辑电路可以用一个与门和一个或门实现，如图 3.3.4a 所示。但该题目要求用与非门实现，可将逻辑表达式变换成与非 – 与非式。

$$Y = B + CD = \overline{\overline{B + CD}} = \overline{\overline{B} \cdot \overline{CD}}$$

逻辑图如图 3.3.4b 所示。

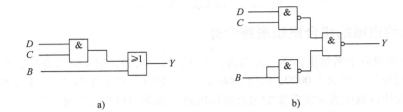

图 3.3.4　例 3.3.2 的逻辑图
a）用与门和或门实现　b）用与非门实现

思　考　题

3.3.1　组合逻辑电路设计需要哪些步骤？

3.3.2　组合逻辑电路设计中为什么要化简？

3.4　典型中规模组合逻辑集成电路

3.4.1　编码器和译码器

1. 编码器

将具有特定意义的信息编成相应二进制代码的过程称为编码。实现编码功能的逻辑电路称为编码器。按照编码对象的不同特点和编码要求，有各种不同的编码器，如二进制编码器、二 – 十进制编码器等。

（1）二进制编码器

图 3.4.1 所示为二进制编码器的框图。对于一般编码器，当输出为 n 位二进制代码时，共有 2^n 个不同的组合，即输入最多可以有 2^n 个编码信号；当输入有 m 个编码信号时，可根据 $2^n \geq m$ 来确定二进制代码的位数。编码器通常分为普通编码器和优先编码器。

图 3.4.1　二进制编码器的框图

1）普通编码器。8 线 – 3 线普通编码器真值表见表 3.4.1。

表 3.4.1　8 线 – 3 线普通编码器真值表

输入								输出		
I_0	I_1	I_2	I_3	I_4	I_5	I_6	I_7	Y_2	Y_1	Y_0
1	0	0	0	0	0	0	0	0	0	0
0	1	0	0	0	0	0	0	0	0	1
0	0	1	0	0	0	0	0	0	1	0
0	0	0	1	0	0	0	0	0	1	1
0	0	0	0	1	0	0	0	1	0	0
0	0	0	0	0	1	0	0	1	0	1
0	0	0	0	0	0	1	0	1	1	0
0	0	0	0	0	0	0	1	1	1	1

由表 3.4.1 可知，8 个输入 $I_0 \sim I_7$ 均为高电平有效信号，输出是 3 位二进制代码 $Y_2Y_1Y_0$。对于该普通编码器而言，任何时刻输入端 $I_0 \sim I_7$ 中都只能有一个要求编码，即引脚为高电平，取值为 1，输出有一组二进制代码与之对应。表格中未出现的其他输入组合作为无关项处理，因此，由真值表可得到逻辑表达式为

$$Y_2 = I_4 + I_5 + I_6 + I_7$$
$$Y_1 = I_2 + I_3 + I_6 + I_7 \qquad (3.4.1)$$
$$Y_0 = I_1 + I_3 + I_5 + I_7$$

由上述逻辑表达式可画出其逻辑图，如图 3.4.2 所示。

上述编码器存在一个问题，如果 $I_0 \sim I_7$ 中有 2 个或 2 个以上同时为高电平时，输出会出现错误编码。例如，设 I_3、I_4 同时为高电平，此时三个输出端 $Y_2Y_1Y_0$ 为 111，输出既不是 I_3 的编码，也不是 I_4 的编码，而是 I_7 的编码。实际应用中，经常会遇到两个以上输入同时为高电平的情况，这时必须对这些输入规定不同的优先级别，这就是优先编码器。

2）优先编码器。8 线 – 3 线优先编码器的真值表见表 3.4.2。

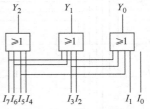

图 3.4.2　8 线 – 3 线普通编码器的逻辑图

表 3.4.2　8 线 – 3 线优先编码器的真值表

输入								输出		
I_0	I_1	I_2	I_3	I_4	I_5	I_6	I_7	Y_2	Y_1	Y_0
1	0	0	0	0	0	0	0	0	0	0
×	1	0	0	0	0	0	0	0	0	1
×	×	1	0	0	0	0	0	0	1	0
×	×	×	1	0	0	0	0	0	1	1
×	×	×	×	1	0	0	0	1	0	0
×	×	×	×	×	1	0	0	1	0	1
×	×	×	×	×	×	1	0	1	1	0
×	×	×	×	×	×	×	1	1	1	1

由表 3.4.2 可见，8 个输入端 $I_0 \sim I_7$ 中 I_7 优先级别最高，I_0 优先级别最低。当 I_7 有效，即为高电平时，无论其他输入端为何种状态，输出均为 111；当 I_0 有效时，只有 $I_1 \sim I_7$ 均为无效，即为低电平时，输出才是 I_0 对应的二进制编码 000。8 个输入端中，从 I_0 到 I_7，优先级别依次增高。

可以写出优先编码器的逻辑表达式：

$$\begin{cases} Y_2 = I_7 + I_6\bar{I_7} + I_5\bar{I_6}\bar{I_7} + I_4\bar{I_5}\bar{I_6}\bar{I_7} = I_7 + I_6 + I_5 + I_4 \\ Y_1 = I_2\bar{I_3}\bar{I_4}\bar{I_5}\bar{I_6}\bar{I_7} + I_3\bar{I_4}\bar{I_5}\bar{I_6}\bar{I_7} + I_6\bar{I_7} + I_7 = I_2\bar{I_4}\bar{I_5} + I_3\bar{I_4}\bar{I_5} + I_6 + I_7 \\ Y_0 = I_1\bar{I_2}\bar{I_3}\bar{I_4}\bar{I_5}\bar{I_6}\bar{I_7} + I_3\bar{I_4}\bar{I_5}\bar{I_6}\bar{I_7} + I_5\bar{I_6}\bar{I_7} + I_7 = I_1\bar{I_2}\bar{I_4}\bar{I_6} + I_3\bar{I_4}\bar{I_6} + I_5\bar{I_6} + I_7 \end{cases} \qquad (3.4.2)$$

由逻辑表达式可以画出其逻辑图，如图 3.4.3 所示。

优先编码器允许有多个输入信号同时请求编码，但电路只对其中一个优先级别最高的信号进行编码。在优先编码器中，是优先级别高的排斥优先级别低的，至于输入编码信号优先级别的高低，由设计者根据实际工作需要事先安排。

3）集成编码器 74LS148。图 3.4.4a 为 8 线 – 3 线集成优先编码器 74LS148 的逻辑图。其中 $\bar{I}_0 \sim \bar{I}_7$ 为信号输入端，低电平有效；$\bar{Y}_0 \sim \bar{Y}_2$ 为编码输出端，也是低电平有效。表 3.4.3 为其功能表。

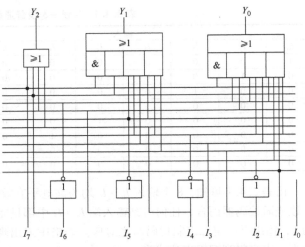

图 3.4.3　8 线 – 3 线优先编码器的逻辑图

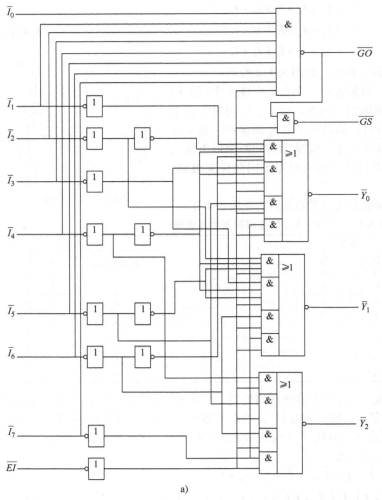

a)

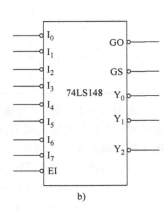

b)

图 3.4.4　74LS148 的逻辑图和逻辑符号

a）逻辑图　b）逻辑符号

76

表 3.4.3　74LS148 的功能表

使能	输入								输出				
$\overline{EI}$	$\overline{I_0}$	$\overline{I_1}$	$\overline{I_2}$	$\overline{I_3}$	$\overline{I_4}$	$\overline{I_5}$	$\overline{I_6}$	$\overline{I_7}$	$\overline{Y_2}$	$\overline{Y_1}$	$\overline{Y_0}$	$\overline{GO}$	$\overline{GS}$
1	×	×	×	×	×	×	×	×	1	1	1	1	1
0	1	1	1	1	1	1	1	1	1	1	1	0	1
0	×	×	×	×	×	×	×	0	0	0	0	1	0
0	×	×	×	×	×	×	0	1	0	0	1	1	0
0	×	×	×	×	×	0	1	1	0	1	0	1	0
0	×	×	×	×	0	1	1	1	0	1	1	1	0
0	×	×	×	0	1	1	1	1	1	0	0	1	0
0	×	×	0	1	1	1	1	1	1	0	1	1	0
0	×	0	1	1	1	1	1	1	1	1	0	1	0
0	0	1	1	1	1	1	1	1	1	1	1	1	0

由表 3.4.3 中容易看出，选通输入端 $\overline{EI}$ 只有在 $\overline{EI}=0$ 时，编码器才能工作，而在 $\overline{EI}=1$ 时，所有的输出端均被封锁在高电平。在 $\overline{EI}=0$ 电路正常工作状态下，优先编码器工作，其中从 $\overline{I_0}$ 到 $\overline{I_7}$ 优先级依次增高。

其输出的逻辑函数式为

$$\overline{Y_2} = \overline{(I_4 + I_5 + I_6 + I_7)EI}$$
$$\overline{Y_1} = \overline{(I_2\,\overline{I_4}\,\overline{I_5} + I_3\,\overline{I_4}\,\overline{I_5} + I_6 + I_7)EI} \qquad (3.4.3)$$
$$\overline{Y_0} = \overline{(I_1\,\overline{I_2}\,\overline{I_4}\,\overline{I_6} + I_3\,\overline{I_4}\,\overline{I_6} + I_5\,\overline{I_6} + I_7)EI}$$

除了 3 个编码输出端，还有选通输出端 $\overline{GS}$ 和扩展端 $\overline{GO}$。这两个输出端用于扩展编码功能。由真值表和逻辑图可以得出：

$$\overline{GO} = \overline{\overline{I_0}\,\overline{I_1}\,\overline{I_2}\,\overline{I_3}\,\overline{I_4}\,\overline{I_5}\,\overline{I_6}\,\overline{I_7}EI}$$
$$\overline{GS} = \overline{\overline{\overline{I_0}\,\overline{I_1}\,\overline{I_2}\,\overline{I_3}\,\overline{I_4}\,\overline{I_5}\,\overline{I_6}\,\overline{I_7}EI}EI} = \overline{(I_0 + I_1 + I_2 + I_3 + I_4 + I_5 + I_6 + I_7)EI} \qquad (3.4.4)$$

由上式可以看出，只有当所有编码输入端都是高电平，即没有编码输入，且选通输入端 $\overline{EI}=0$ 时，$\overline{GO}$ 才是低电平。因此，$\overline{GO}$ 的低电平输出信号表示编码器工作，但无编码输入；只要任何一个编码输入端有低电平信号输入（有效），且选通输入端 $\overline{EI}=0$ 时，$\overline{GS}$ 即为低电平。因此，$\overline{GS}$ 的低电平输出信号表示编码器工作，且有编码输入。利用这两个输出端，可以实现编码器功能的扩展或指示编码器状态。

图 3.4.4b 为 8 线 – 3 线集成优先编码器 74LS148 的逻辑符号。需要注意的是，在 74LS148 的逻辑符号中，框内的 $I_0 \sim I_7$、$Y_0 \sim Y_2$ 以及 EI、GO、GS 分别表示对应的引脚名称，符号图上各引脚上的小圈，表示低电平有效。而逻辑图中带有非号的反变量，则表示该引脚所对应的输入或输出信号变量，其非号表示低电平有效。一般用输入或输出信号变量对芯片的功能进行分析和描

述。在本书中，逻辑符号图框内所有变量均以原变量来表示引脚名称，而符号图框外带小圈的输入或输出信号变量则以对应的引脚名称的反变量形式表示，不带小圈的则以原变量形式表示。

例 3.4.1 试用两片 8 线 – 3 线编码器 74LS148 扩展为 16 线 – 4 线优先编码器，优先级从 $\overline{A}_{15} \sim \overline{A}_0$ 依次降低。

解： 由于每片 74LS148 有 8 个编码输入端，所以需将 16 个输入信号分别接到两芯片的输入信号引脚，即将 $\overline{A}_0 \sim \overline{A}_7$ 接到 $1^\#$ 片的 $\overline{I}_0 \sim \overline{I}_7$，将 $\overline{A}_8 \sim \overline{A}_{15}$ 接到 $2^\#$ 片的 $\overline{I}_0 \sim \overline{I}_7$。由于 $\overline{A}_8 \sim \overline{A}_{15}$ 优先级高于 $\overline{A}_0 \sim \overline{A}_7$，只有当 $2^\#$ 片无有效编码输入时，$1^\#$ 片才能工作，此功能通过 $2^\#$ 片的选通输出端和 $1^\#$ 片的选通输入端实现。另外，当 $2^\#$ 片有编码信号输入时 $\overline{GS}=0$，无编码信号输入时 $\overline{GS}=1$，因此可以用此信号作为输出编码的第 4 位，以区分高 8 位和低 8 位输入编码信号。其扩展图如图 3.4.5 所示。

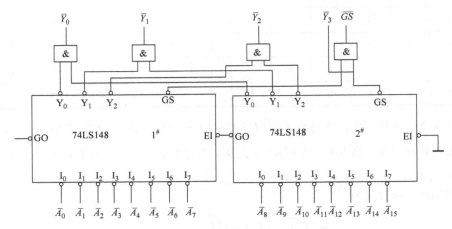

图 3.4.5　用两片 74LS148 构成 16 线 – 4 线优先编码器

（2）二 – 十进制编码器

将十进制的 10 个数码编成二进制代码的逻辑电路称为二 – 十进制编码器。其工作原理与二进制编码器并无本质区别，差别只是它将且仅将 10 个输入信号分别编成 10 个 BCD 代码。现以最常用的 8421BCD 码集成编码器 74LS147 为例说明。图 3.4.6 所示为二 – 十进制优先编码器 74LS147 的逻辑图和逻辑符号。

由逻辑图可得输出表达式为

$$\overline{Y}_3 = \overline{I_8 + I_9}$$

$$\overline{Y}_2 = \overline{I_7\,\overline{I}_8\,\overline{I}_9 + I_6\,\overline{I}_8\,\overline{I}_9 + I_5\,\overline{I}_8\,\overline{I}_9 + I_4\,\overline{I}_8\,\overline{I}_9}$$

$$\overline{Y}_1 = \overline{I_7\,\overline{I}_8\,\overline{I}_9 + I_6\,\overline{I}_8\,\overline{I}_9 + I_3\,\overline{I}_4\,\overline{I}_5\,\overline{I}_8\,\overline{I}_9 + I_2\,\overline{I}_4\,\overline{I}_5\,\overline{I}_8\,\overline{I}_9}$$ 　(3.4.5)

$$\overline{Y}_0 = \overline{I_9 + I_7\overline{I}_8 + I_5\overline{I}_6\overline{I}_8 + I_3\overline{I}_4\overline{I}_6\overline{I}_8 + I_1\overline{I}_2\overline{I}_4\overline{I}_6\overline{I}_8}$$

表 3.4.4 为 74LS147 的功能表。由表可知，输入 $\overline{I}_1 \sim \overline{I}_9$ 分别代表十进制数 1～9，输入低电平有效，输出 $\overline{Y}_3 \sim \overline{Y}_0$ 为 8421BCD 码的反码。输入全 1 时代表 0。编码的输入端按高位优先排队。即 $\overline{I}_9$ 具有最高优先权，当 $\overline{I}_9 = 0$ 时，无论其他编码输入为何值，都只对 "9" 编码，其余类推。

编码器应用

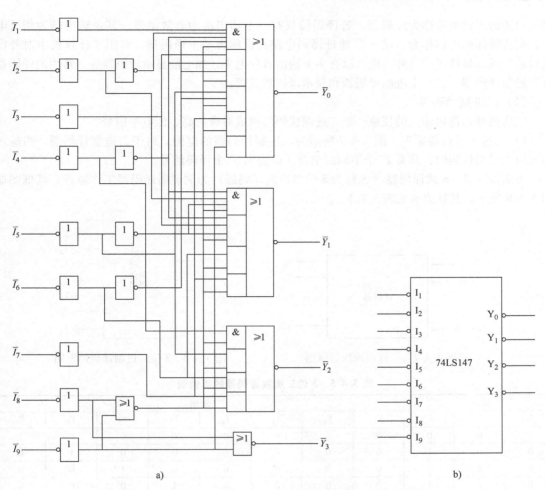

图 3.4.6 二 – 十进制优先编码器 74LS147 的逻辑图和逻辑符号

a) 逻辑图 b) 逻辑符号

表 3.4.4 74LS147 的功能表

输入									输出			
$\overline{I_1}$	$\overline{I_2}$	$\overline{I_3}$	$\overline{I_4}$	$\overline{I_5}$	$\overline{I_6}$	$\overline{I_7}$	$\overline{I_8}$	$\overline{I_9}$	$\overline{Y_3}$	$\overline{Y_2}$	$\overline{Y_1}$	$\overline{Y_0}$
1	1	1	1	1	1	1	1	1	1	1	1	1
×	×	×	×	×	×	×	×	0	0	1	1	0
×	×	×	×	×	×	×	0	1	0	1	1	1
×	×	×	×	×	×	0	1	1	1	0	0	0
×	×	×	×	×	0	1	1	1	1	0	0	1
×	×	×	×	0	1	1	1	1	1	0	1	0
×	×	×	0	1	1	1	1	1	1	0	1	1
×	×	0	1	1	1	1	1	1	1	1	0	0
×	0	1	1	1	1	1	1	1	1	1	0	1
0	1	1	1	1	1	1	1	1	1	1	1	0

2. 译码器

译码是编码的逆过程，它是将具有特定含义的二进制代码转换成相应输出信号的过程。实现译码功能的逻辑电路称为译码器。若译码器只有一个输出端为有效电平,其余输出端为相反电平,则这种译码电路称为"唯一"地址译码电路,也称为基本译码器,常用于计算机中对外设接口芯片的寻址译码。另外,也可以有多个输出有效电平,如七段显示译码器等。常用的译码器有二进制译码器、二 - 十进制译码器和显示译码器三类。

（1）二进制译码器

二进制译码器将输入的任意一组二进制代码转换成对应的高、低电平信号。

1）二进制译码器原理。图 3.4.7 所示为二进制译码器的框图。对于二进制译码器,当输入为 n 位二进制代码时,共有 2^n 个不同的组合,即输出 2^n 个译码信号。

下面以 3 线 - 8 线译码器（也称为 3 位二进制译码器）为例说明译码器工作原理。其框图如图 3.4.8 所示,其真值表见表 3.4.5。

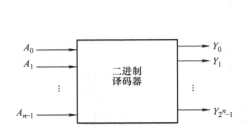

图 3.4.7 二进制译码器框图

图 3.4.8 3 位二进制译码器框图

表 3.4.5 3 位二进制译码器的真值表

输入			输出							
A_2	A_1	A_0	Y_7	Y_6	Y_5	Y_4	Y_3	Y_2	Y_1	Y_0
0	0	0	0	0	0	0	0	0	0	1
0	0	1	0	0	0	0	0	0	1	0
0	1	0	0	0	0	0	0	1	0	0
0	1	1	0	0	0	0	1	0	0	0
1	0	0	0	0	0	1	0	0	0	0
1	0	1	0	0	1	0	0	0	0	0
1	1	0	0	1	0	0	0	0	0	0
1	1	1	1	0	0	0	0	0	0	0

从真值表可以写出该译码器的逻辑函数表达式:

$$Y_0 = \overline{A_2}\,\overline{A_1}\,\overline{A_0} = m_0$$

$$Y_1 = \overline{A_2}\,\overline{A_1} A_0 = m_1$$

$$Y_2 = \overline{A_2} A_1 \overline{A_0} = m_2$$

$$Y_3 = \overline{A_2} A_1 A_0 = m_3 \tag{3.4.6}$$

$$Y_4 = A_2 \overline{A_1}\,\overline{A_0} = m_4$$

$$Y_5 = A_2 \overline{A_1} A_0 = m_5$$

$$Y_6 = A_2 A_1 \overline{A_0} = m_6$$

$$Y_7 = A_2 A_1 A_0 = m_7$$

由逻辑表达式可以画出其逻辑图如图 3.4.9 所示。

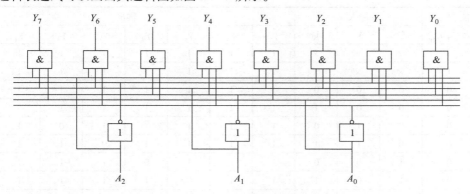

图 3.4.9 3 位二进制译码器逻辑图

2）集成二进制译码器 74LS138。74LS138 是集成二进制 3 线 – 8 线译码器，其逻辑图及逻辑符号如图 3.4.10 所示。A_2、A_1、A_0 为二进制代码输入端；$\overline{Y}_0 \sim \overline{Y}_7$ 为输出端，低电平有效；为了便于扩展译码器的输入变量，带有 3 个选通控制端（也叫使能端或允许端）G_1、$\overline{G}_{2A}$、$\overline{G}_{2B}$，而 G_1 高电平有效，$\overline{G}_{2A}$、$\overline{G}_{2B}$ 均为低电平有效。其功能表见表 3.4.6。

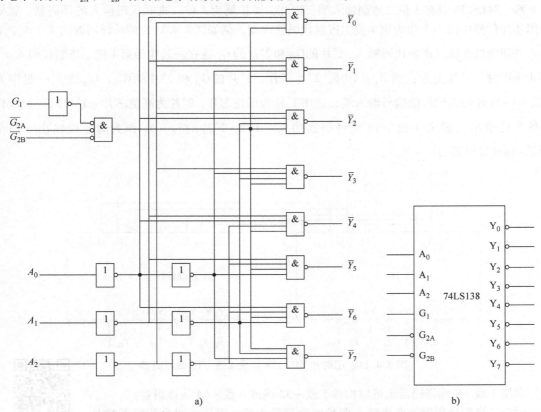

图 3.4.10 74LS138 的逻辑图与逻辑符号
a）逻辑图 b）逻辑符号

表 3.4.6 74LS138 的功能表

使能		输入			输出							
G_1	$\overline{G_{2A}}+\overline{G_{2B}}$	A_2	A_1	A_0	$\overline{Y_7}$	$\overline{Y_6}$	$\overline{Y_5}$	$\overline{Y_4}$	$\overline{Y_3}$	$\overline{Y_2}$	$\overline{Y_1}$	$\overline{Y_0}$
0	×	×	×	×	1	1	1	1	1	1	1	1
×	1	×	×	×	1	1	1	1	1	1	1	1
1	0	0	0	0	1	1	1	1	1	1	1	0
1	0	0	0	1	1	1	1	1	1	1	0	1
1	0	0	1	0	1	1	1	1	1	0	1	1
1	0	0	1	1	1	1	1	1	0	1	1	1
1	0	1	0	0	1	1	1	0	1	1	1	1
1	0	1	0	1	1	1	0	1	1	1	1	1
1	0	1	1	0	1	0	1	1	1	1	1	1
1	0	1	1	1	0	1	1	1	1	1	1	1

由该表可知，G_1、$\overline{G_{2A}}$、$\overline{G_{2B}}$ 为三个输入端使能信号，当 $G_1=1$，且 $\overline{G_{2A}}+\overline{G_{2B}}=0$ 时，译码器处于工作状态；否则，译码器输出被禁止，所有的输出端被禁止在高电平。这三个输入端在单片使用时仅用作使能信号，多片使用时可用来扩展译码器的功能。

例 3.4.2 试将两片 3 线 – 8 线译码器 74LS138 扩展成 4 线 – 16 线译码器。

解：74LS138 只有 3 位二进制输入端，因此，要扩展为 4 位二进制代码输入的译码器，就要利用使能信号中的一个作为第 4 位二进制代码输入端。例如图 3.4.11，两片译码器的 A_2、A_1、A_0 作为共用的低 3 位二进制代码输入，$1^\#$ 片的 $\overline{G_{2A}}$ 和 $2^\#$ 片的 G_1 连在一起作为第 4 位二进制代码入 A_3，当 $A_3=0$ 时，$1^\#$ 片工作；当 $A_3=1$ 时，$2^\#$ 片工作。$1^\#$ 片的 $\overline{G_{2B}}$ 和 $2^\#$ 片的 $\overline{G_{2A}}$、$\overline{G_{2B}}$ 连在一起作为 4 线 – 16 线译码器的使能信号输入端，选用 $1^\#$ 片为低位芯片，$2^\#$ 片为高位芯片。$1^\#$ 片的 $\overline{Y_0}\sim\overline{Y_7}$ 作为低 8 位输出（整个 4 线 – 16 线译码器的 $\overline{Y_0}\sim\overline{Y_7}$），$2^\#$ 片的 $\overline{Y_0}\sim\overline{Y_7}$ 作为高 8 位输出（整个 4 线 – 16 线译码器的 $\overline{Y_8}\sim\overline{Y_{15}}$）。

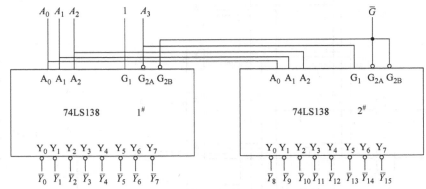

图 3.4.11 用两片 74LS138 构成 4 线 – 16 线译码器

利用 3 线 – 8 线译码器也可以构成 5 线 – 32 线或 6 线 – 64 线译码器。

因为二进制译码器能产生输入变量的全部最小项，而任一组合逻辑函数总能表示成最小项之和的形式，所以，由二进制译码器加上适当的逻辑门即可实现任何组合逻辑函数。

二进制译码器
应用

例 3.4.3 用 74LS138 设计一个 1 位二进制数全减器（全减器功能：实现两个 1 位二进制数相减，且考虑来自低位的借位）。

解：1 位二进制数全减器的真值表见表 3.4.7，其中 A、B 分别为被减数和减数输入，BI 为相邻低位的借位输入，S 为本位差输出，BO 为向相邻高位的借位输出。

从真值表可以直接写出借位输出 BO 和差输出 S 的最小项表达式为

表 3.4.7 全减器的真值表

A	B	BI	BO	S
0	0	0	0	0
0	0	1	1	1
0	1	0	1	1
0	1	1	1	0
1	0	0	0	1
1	0	1	0	0
1	1	0	0	0
1	1	1	1	1

$$S = m_1 + m_2 + m_4 + m_7 = \overline{\overline{m_1}\,\overline{m_2}\,\overline{m_4}\,\overline{m_7}}$$

$$BO = m_1 + m_2 + m_3 + m_7 = \overline{\overline{m_1}\,\overline{m_2}\,\overline{m_3}\,\overline{m_7}}$$

$(3.4.7)$

实现电路如图 3.4.12 所示。

（2）二 – 十进制译码器

8421BCD 码对应于 0 ~ 9 的十进制数，由 4 位二进制数 0000 ~ 1001 构成。由于人们更习惯于使用十进制数，因此采用二 – 十进制译码器来解决。这种译码器有 4 个二进制代码输入端、10 个输出端（二进制译码器有 16 个输出）。下面以常用的二 – 十进制集成译码器 74LS42 为例说明。74LS42 的逻辑图及逻辑符号如图 3.4.13 所示。

由逻辑图可以得出其逻辑表达式为

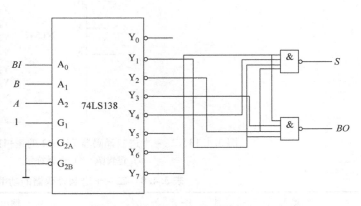

图 3.4.12 用 74LS138 实现全减器

$$\overline{Y_0} = \overline{\overline{A_3}\,\overline{A_2}\,\overline{A_1}\,\overline{A_0}}$$

$$\overline{Y_1} = \overline{\overline{A_3}\,\overline{A_2}\,\overline{A_1}A_0}$$

$$\overline{Y_2} = \overline{\overline{A_3}\,\overline{A_2}A_1\,\overline{A_0}}$$

$$\overline{Y_3} = \overline{\overline{A_3}\,\overline{A_2}A_1A_0}$$

$$\overline{Y_4} = \overline{\overline{A_3}A_2\,\overline{A_1}\,\overline{A_0}}$$

$$\overline{Y_5} = \overline{\overline{A_3}A_2\,\overline{A_1}A_0}$$

$$\overline{Y_6} = \overline{\overline{A_3}A_2A_1\,\overline{A_0}}$$

$$\overline{Y_7} = \overline{\overline{A_3}A_2A_1A_0}$$

$$\overline{Y_8} = \overline{A_3\,\overline{A_2}\,\overline{A_1}\,\overline{A_0}}$$

$$\overline{Y_9} = \overline{A_3\,\overline{A_2}\,\overline{A_1}A_0}$$

$(3.4.8)$

由表达式可得其功能表，见表3.4.8。

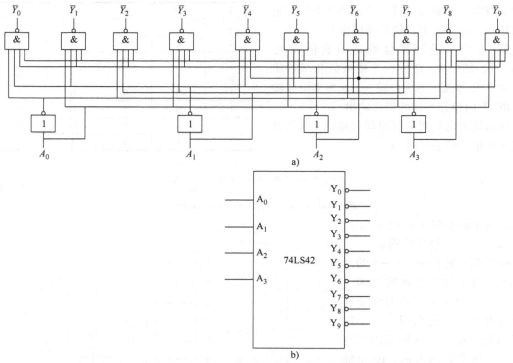

图3.4.13 二-十进制译码器74LS42的逻辑图和逻辑符号

a）逻辑图 b）逻辑符号

表3.4.8 二-十进制译码器的功能表

输入				输出									
A_3	A_2	A_1	A_0	$\overline{Y}_9$	$\overline{Y}_8$	$\overline{Y}_7$	$\overline{Y}_6$	$\overline{Y}_5$	$\overline{Y}_4$	$\overline{Y}_3$	$\overline{Y}_2$	$\overline{Y}_1$	$\overline{Y}_0$
0	0	0	0	1	1	1	1	1	1	1	1	1	0
0	0	0	1	1	1	1	1	1	1	1	1	0	1
0	0	1	0	1	1	1	1	1	1	1	0	1	1
0	0	1	1	1	1	1	1	1	1	0	1	1	1
0	1	0	0	1	1	1	1	1	0	1	1	1	1
0	1	0	1	1	1	1	1	0	1	1	1	1	1
0	1	1	0	1	1	1	0	1	1	1	1	1	1
0	1	1	1	1	1	0	1	1	1	1	1	1	1
1	0	0	0	1	0	1	1	1	1	1	1	1	1
1	0	0	1	0	1	1	1	1	1	1	1	1	1
1	0	1	0	1	1	1	1	1	1	1	1	1	1
1	0	1	1	1	1	1	1	1	1	1	1	1	1
1	1	0	0	1	1	1	1	1	1	1	1	1	1
1	1	0	1	1	1	1	1	1	1	1	1	1	1
1	1	1	0	1	1	1	1	1	1	1	1	1	1
1	1	1	1	1	1	1	1	1	1	1	1	1	1

从该表可以看出，输出为低电平有效。当 4 位二进制代码输入超出 8421BCD 码的表示范围，即当输入代码范围介于 1010 ~ 1111 之间时，所有输出端均为高电平，无有效信号输出。所以，这六个代码被称为伪码。

（3）显示译码器

1）七段显示译码器原理。由于二进制数过于烦琐，而且人们更习惯于用十进制，因此在数字仪表和各种数字系统中，在显示测得的数字量结果时，一般采用十进制字符直观地显示出来，这就要靠专门的译码电路把二进制数译成十进制字符，通过驱动电路由数码显示器显示出来。在中规模集成电路中，常把译码和驱动电路集于一体，用来驱动数码管。目前广泛使用的七段数字显示器的外形图如图 3.4.14a 所示（其中 $a \sim g$ 七段用于显示十进制数字，h 用于显示小数点，COM 是公共端）。七段数字显示器有发光二极管和液晶显示器等类型，这里仅介绍原理较为简单的前一种。由发光二极管构成的七段显示器内部有共阴极接法和共阳极接法两种，如图 3.4.14b、c 所示。在共阴极电路中，所有发光二极管的阴极连在一起接低电平，根据要显示的数字，使对应二极管的阳极接高电平，使该发光二极管发光。共阳极电路则相反。

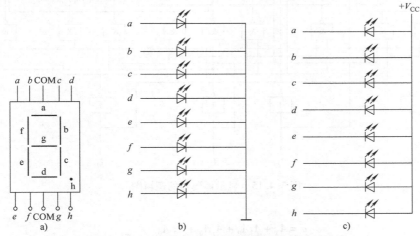

图 3.4.14　七段数字显示器的外形图及其连接方式

a）外形图　b）共阴极　c）共阳极

为了能显示十进制数，必须将十进制的代码经译码器译出，点亮数字显示器对应的段。例如要显示 5，译码器的功能是使对应于 a、c、d、f、g 各段的输出为高电平（输出高电平有效的译码器，适用于共阴极数码管）或低电平（输出低电平有效的译码器，适用于共阳极数码管），则这几段点亮。若采用共阴极的七段显示译码器（高电平有效），其真值表见表 3.4.9。

表 3.4.9　七段显示译码器的真值表

输入					输出						
N_{10}	A_3	A_2	A_1	A_0	a	b	c	d	e	f	g
0	0	0	0	0	1	1	1	1	1	1	0
1	0	0	0	1	0	1	1	0	0	0	0
2	0	0	1	0	1	1	0	1	1	0	1
3	0	0	1	1	1	1	1	1	0	0	1
4	0	1	0	0	0	1	1	0	0	1	1
5	0	1	0	1	1	0	1	1	0	1	1
6	0	1	1	0	0	0	1	1	1	1	1
7	0	1	1	1	1	1	1	0	0	0	0
8	1	0	0	0	1	1	1	1	1	1	1
9	1	0	0	1	1	1	1	0	0	1	1

输入 A_3、A_2、A_1、A_0 是 8421BCD 码，其中 1010 ~ 1111 这 6 种状态没有使用，是无效状态，化简时可作为任意项处理。输出 $a \sim g$ 是驱动七段数码管相应显示段的信号，由于驱动共阴极数码管，故应为高电平有效，即高电平时显示段亮。

从真值表可以发现，显示译码器有一点不同于前面所讲的二进制、二－十进制译码器，后者要求在某时刻只能有一个输出信号有效，而显示译码器在某一时刻有多个输出信号有效。

由真值表可以得出各输出端的表达式见式（3.4.9），并由其得到显示译码器的逻辑图如图 3.4.15 所示。

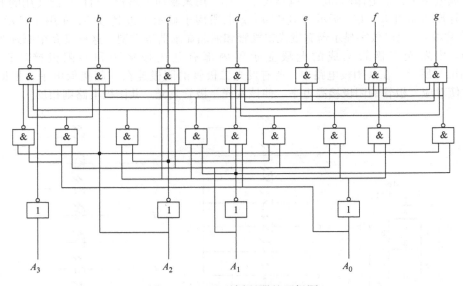

图 3.4.15 显示译码器的逻辑图

$$a = A_3 + A_2 A_0 + A_1 A_0 + \overline{A}_2\, \overline{A}_0$$
$$b = \overline{A}_2 + \overline{A}_1\, \overline{A}_0 + A_1 A_0$$
$$c = A_2 + \overline{A}_1 + A_0$$
$$d = A_2\, \overline{A}_1 A_0 + \overline{A}_2 A_1 + A_1\, \overline{A}_0 + \overline{A}_2\, \overline{A}_0 \tag{3.4.9}$$
$$e = \overline{A}_2\, \overline{A}_0 + A_1\, \overline{A}_0$$
$$f = A_3 + A_2\, \overline{A}_1 + \overline{A}_1\, \overline{A}_0 + A_1\, \overline{A}_0$$
$$g = A_3 + A_1\, \overline{A}_0 + \overline{A}_2 A_1 + \overline{A}_1 A_0$$

2）集成显示译码器。常用的集成七段显示译码器 TTL 型的有 74LS47、74LS48 等，CMOS 型的有 CD4055 液晶显示驱动器等。74LS47 为低电平有效，用于驱动共阳极的 LED 显示器，因为74LS47 为集电极开路（OC）输出结构，工作时必须外接集电极电阻。74LS48 为高电平有效，用于驱动共阴极的显示器，其内部电路的输出级有集电极电阻，使用时可直接接显示器。74LS48 的逻辑图和逻辑符号如图 3.4.16 所示，其功能表见表 3.4.10。

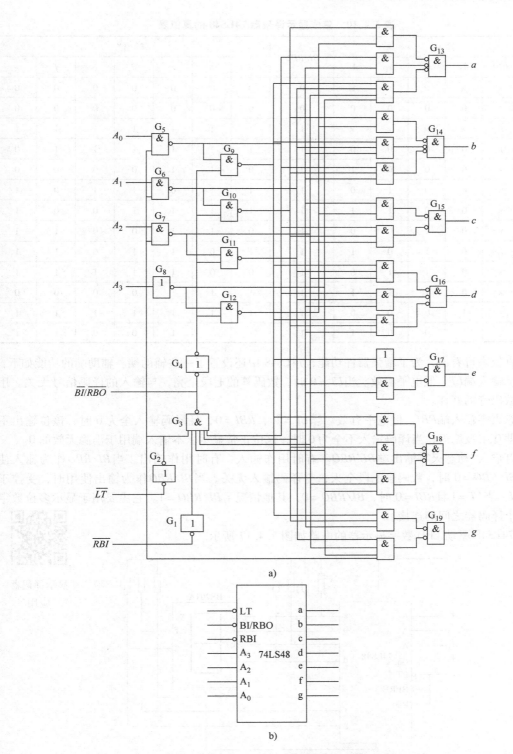

图 3.4.16 74LS48 的逻辑图和逻辑符号

a) 逻辑图 b) 逻辑符号

表 3.4.10　集成显示译码器 74LS48 的真值表

输入						$\overline{BI}/\overline{RBO}$	输出						
$\overline{LT}$	$\overline{RBI}$	A_3	A_2	A_1	A_0		a	b	c	d	e	f	g
×	×	×	×	×	×	0	0	0	0	0	0	0	0
1	0	0	0	0	0	0	0	0	0	0	0	0	0
0	×	×	×	×	×	1	1	1	1	1	1	1	1
1	1	0	0	0	0	1	1	1	1	1	1	1	0
1	×	0	0	0	1	1	0	1	1	0	0	0	0
1	×	0	0	1	0	1	1	1	0	1	1	0	1
1	×	0	0	1	1	1	1	1	1	1	0	0	1
1	×	0	1	0	0	1	0	1	1	0	0	1	1
1	×	0	1	0	1	1	1	0	1	1	0	1	1
1	×	0	1	1	0	1	0	0	1	1	1	1	1
1	×	0	1	1	1	1	1	1	1	0	0	0	0
1	×	1	0	0	0	1	1	1	1	1	1	1	1
1	×	1	0	0	1	1	1	1	1	0	0	1	1

由真值表可看出，为了增强器件功能，74LS48 中还设置了一些辅助端。辅助端的功能如下：

测试输入端$\overline{LT}$。低电平有效。当$\overline{LT}=0$时，数码管的七段全亮，与输入的译码信号无关。用于测试数码管的好坏。

动态灭零输入端$\overline{RBI}$。低电平有效。当$\overline{LT}=1$、$\overline{RBI}=0$，且译码输入全为 0 时，该位输出不显示，即 0 字被熄灭；当译码输入不全为 0 时，该位正常显示。本输入端用于消隐无效的 0。

灭灯输入/动态灭零输出端$\overline{BI}/\overline{RBO}$。有时用作输入，有时用作输出。当$\overline{BI}/\overline{RBO}$作为输入使用，且$\overline{BI}/\overline{RBO}=0$时，数码管七段全灭，与译码输入无关。当$\overline{BI}/\overline{RBO}$作为输出使用时，受控于$\overline{LT}$和$\overline{RBI}$：当$\overline{LT}=1$且$\overline{RBI}=0$时，$\overline{BI}/\overline{RBO}=0$，其他情况下$\overline{BI}/\overline{RBO}=1$。它主要用于显示多位数字时，多个译码器之间的连接。

用 74LS48 驱动 LED 数字显示器的电路如图 3.4.17 所示。

显示译码器
应用

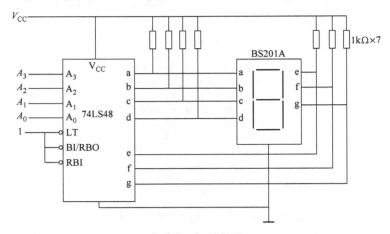

图 3.4.17　74LS48 驱动 LED 数字显示器的电路

3.4.2 数据选择器和数据分配器

1. 数据选择器

数据选择器又称多路选择器，在选择器地址信号的作用下，把多路数据中的某一路传送到公共数据输出线上。2^n 选 1 数据选择器的功能示意图如图 3.4.18 所示，它有 2^n 个数据输入端 D_{2^n-1}，$\cdots$，D_1，D_0，n 个地址选择信号 A_{n-1}，$\cdots$，A_1，A_0 和一个数据输出端 Y。

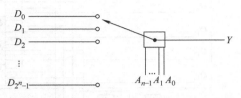

图 3.4.18 数据选择器的示意图

（1）4 选 1 数据选择器

4 选 1 数据选择器有 4 路数据输入 D_0、D_1、D_2、D_3，需要 2 个地址信号 A_1、A_0，其真值表见表 3.4.11。

表 3.4.11 4 选 1 数据选择器的真值表

地址信号		输入				输出
A_1	A_0	D_0	D_1	D_2	D_3	Y
0	0	0	×	×	×	0
0	0	1	×	×	×	1
0	1	×	0	×	×	0
0	1	×	1	×	×	1
1	0	×	×	0	×	0
1	0	×	×	1	×	1
1	1	×	×	×	0	0
1	1	×	×	×	1	1

根据真值表可以写出逻辑函数表达式：

$$Y = (\overline{A_1}\,\overline{A_0})D_0 + (\overline{A_1}A_0)D_1 + (A_1\overline{A_0})D_2 + (A_1A_0)D_3 = \sum_{i=0}^{3} m_i D_i \qquad (3.4.10)$$

式中，m_i 为 A_1、A_0 组成的最小项。

由表达式可以画出其逻辑图，如图 3.4.19 所示。

（2）集成数据选择器

集成数据选择器 74LS153 的逻辑图和逻辑符号如图 3.4.20a、b 所示。它是一种双 4 选 1 数据选择器，即其内部含有两个相同的 4 选 1 数据选择器，两者共用一组地址输入信号 A_1、A_0，各自设置有使能输入 $\overline{S_1}$ 或 $\overline{S_2}$，为低电平有效。当 $\overline{S_i}=0$ 时，数据选择器相应部分工作，对应 Y_i 由地址码决定哪一路输出；当 $\overline{S_i}=1$ 时，数据选

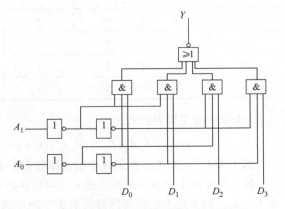

图 3.4.19 4 选 1 数据选择器的逻辑图

择器相应部分被禁止，无论地址码输入为何种状态，对应 $Y_i = 0$。74LS153 的功能表见表 3.4.12。

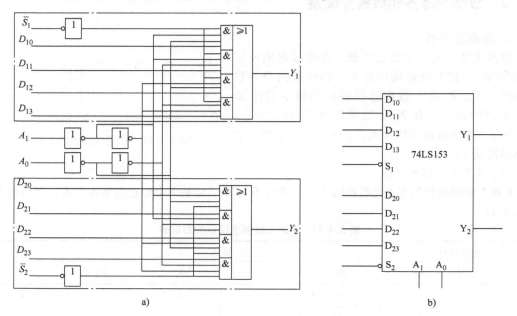

图 3.4.20　74LS153 的逻辑图和逻辑符号

a）逻辑图　b）逻辑符号

表 3.4.12　74LS153 的功能表

使能	地址		数据输入				输出
$\overline{S}_i$	A_1	A_0	D_0	D_1	D_2	D_3	Y_i
1	×	×	×	×	×	×	0
0	0	0	0	×	×	×	0
0	0	0	1	×	×	×	1
0	0	1	×	0	×	×	0
0	0	1	×	1	×	×	1
0	1	0	×	×	0	×	0
0	1	0	×	×	1	×	1
0	1	1	×	×	×	0	0
0	1	1	×	×	×	1	1

74LS153 的逻辑表达式为

$$Y_i = \left[(\overline{A}_1\,\overline{A}_0) D_0 + (\overline{A}_1 A_0) D_1 + (A_1\,\overline{A}_0) D_2 + (A_1 A_0) D_3 \right] S_i \quad (i = 1,2) \tag{3.4.11}$$

例 3.4.4　用双 4 选 1 集成数据选择器 74LS153 扩展成一片 8 选 1 数据选择器。

解：双 4 选 1 共有 8 个数据输入，可以扩展成 8 选 1。但由于 74LS153 只有两个地址选择信号 A_1、A_0，而 8 选 1 数据选择器需要 3 个地址选择信号，因此可扩展一个高位地址选择信号 A_2 来控制这两个 4 选 1 的使能端，无论 A_2 如何取值，这两个 4 选 1 的数据选择器都是一个工作、另一个不工作。由 74LS153 的功能表可知，对于不工作的数据选择器，其对应的输出 Y 为 0，因此整个数据选择器的输出信号 Y 由 Y_1 和 Y_2 共同构成，且 $Y = Y_1 + Y_2$，如图 3.4.21 所示。

数据选择器的输出逻辑函数表达式不仅包含了全部最小项 m_i，而且还有相或功能。而任意一个具有 n 个自变量的函数 $Y = f(A, B, \cdots)$ 也可以化成最小项之和。因此，对于具有 n 个自变量的组合逻辑函数，可以用至少有 $n - 1$ 个地址选择信号的数据选择器实现。

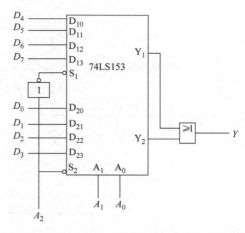

图 3.4.21　用 74LS153 扩展成 8 选 1 数据选择器

例 3.4.5　分别用 4 选 1 数据选择器、8 选 1 数据选择器、16 选 1 数据选择器实现一个三变量的组合逻辑函数 $Y(A, B, C) = AB + \overline{B}C$。

解：将该逻辑函数化为最小项表达式

$$Y(A, B, C) = AB + \overline{B}C = ABC + AB\overline{C} + A\overline{B}C + \overline{A}\,\overline{B}C$$

（1）用 4 选 1 数据选择器实现

4 选 1 数据选择器的逻辑式为

$$Y = (\overline{A}_1\,\overline{A}_0)D_0 + (\overline{A}_1 A_0)D_1 + (A_1\,\overline{A}_0)D_2 + (A_1 A_0)D_3$$

若将 A_1、A_0 和 A、B 对应，要使两式相等，则需令 $D_0 = C$，$D_1 = 0$，$D_2 = C$，$D_3 = 1$，构成的组合逻辑电路如图 3.4.22a 所示。

（2）用 8 选 1 数据选择器实现

8 选 1 数据选择器的逻辑表达式为

$$Y = (\overline{A}_2\,\overline{A}_1\,\overline{A}_0)D_0 + (\overline{A}_2\,\overline{A}_1 A_0)D_1 + (\overline{A}_2 A_1\,\overline{A}_0)D_2 + (\overline{A}_2 A_1 A_0)D_3$$
$$+ (A_2\,\overline{A}_1\,\overline{A}_0)D_4 + (A_2\,\overline{A}_1 A_0)D_5 + (A_2 A_1\,\overline{A}_0)D_6 + (A_2 A_1 A_0)D_7$$

将 A_2、A_1、A_0 分别与组合逻辑函数中的 A、B、C 对应，则要使两式相等，需令 $D_0 = D_2 = D_3 = D_4 = 0$，$D_1 = D_5 = D_6 = D_7 = 1$，构成的组合逻辑电路如图 3.4.22b 所示。

（3）用 16 选 1 数据选择器实现

16 选 1 数据选择器的逻辑表达式为

$$Y = (\overline{A}_3\,\overline{A}_2\,\overline{A}_1\,\overline{A}_0)D_0 + (\overline{A}_3\,\overline{A}_2\,\overline{A}_1 A_0)D_1 + (\overline{A}_3\,\overline{A}_2 A_1\,\overline{A}_0)D_2 + (\overline{A}_3\,\overline{A}_2 A_1 A_0)D_3$$
$$+ (\overline{A}_3 A_2\,\overline{A}_1\,\overline{A}_0)D_4 + (\overline{A}_3 A_2\,\overline{A}_1 A_0)D_5 + (\overline{A}_3 A_2 A_1\,\overline{A}_0)D_6 + (\overline{A}_3 A_2 A_1 A_0)D_7$$
$$+ (A_3\,\overline{A}_2\,\overline{A}_1\,\overline{A}_0)D_8 + (A_3\,\overline{A}_2\,\overline{A}_1 A_0)D_9 + (A_3\,\overline{A}_2 A_1\,\overline{A}_0)D_{10} + (A_3\,\overline{A}_2 A_1 A_0)D_{11}$$
$$+ (A_3 A_2\,\overline{A}_1\,\overline{A}_0)D_{12} + (A_3 A_2\,\overline{A}_1 A_0)D_{13} + (A_3 A_2 A_1\,\overline{A}_0)D_{14} + (A_3 A_2 A_1 A_0)D_{15}$$

逻辑函数中有 3 个变量，而 16 选 1 数据选择器的逻辑表达式中有 4 个地址选择信号，因此可令 A_3 直接接 0 或 1。如果将 A_3 接 0，其余类似 8 选 1 数据选择器的处理方式，则 $D_0 = D_2 = D_3 = D_4 = 0$，$D_1 = D_5 = D_6 = D_7 = 1$，其他的数据输入端 $D_8 \sim D_{15}$ 可任意接，一般直接接 0。构成的组合逻辑电路如图 3.4.22c 所示。

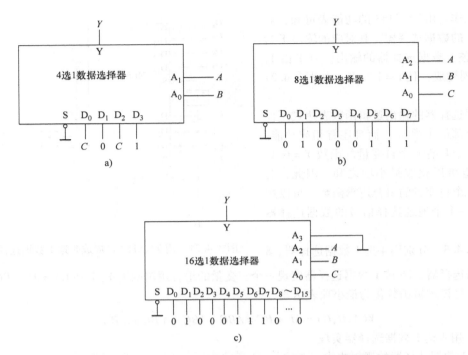

图 3.4.22 用不同输入端数的数据选择器实现组合逻辑函数

a) 用 4 选 1 数据选择器实现　　b) 用 8 选 1 数据选择器实现　　c) 用 16 选 1 数据选择器实现

2. 数据分配器

数据分配器又叫多路分配器。数据分配器的逻辑功能是将 1 个输入数据传送到多个输出端中的 1 个输出端，具体传送到哪一个输出端，也是由一组地址信号确定。由此可见，数据分配器与数据选择器实现的功能相反。1 路 -2^n 路数据分配器的示意图如图 3.4.23 所示，它有 1 根数据输入线 D，n 根地址选择信号线 $A_{n-1} \cdots A_1 A_0$ 和 2^n 根数据输出线 $Y_{2^n-1} \cdots Y_1 Y_0$。

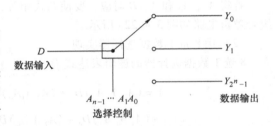

图 3.4.23　数据分配器的示意图

（1）1 路 -4 路数据分配器

1 路 -4 路数据分配器有 1 路输入数据，用 D 表示；2 个地址信号，用 A_1、A_0 表示；4 个数据输出端，用 Y_0、Y_1、Y_2、Y_3 表示。根据 $A_1 A_0$ 的组合状态，D 端的数据送到对应的输出端中。其真值表见表 3.4.13。

表 3.4.13　1 路 -4 路数据分配器的真值表

	输入		输出			
	A_1	A_0	Y_0	Y_1	Y_2	Y_3
D	0	0	D	0	0	0
	0	1	0	D	0	0
	1	0	0	0	D	0
	1	1	0	0	0	D

由真值表可以写出其逻辑表达式为

$$Y_0 = D\,\overline{A_1}\,\overline{A_0} \qquad Y_1 = D\,\overline{A_1}A_0$$

$$Y_2 = DA_1\overline{A_0} \qquad Y_3 = DA_1A_0 \qquad (3.4.12)$$

其逻辑图如图3.4.24所示。

（2）集成数据分配器

数据分配器一般可用集成二进制译码器实现。下面举例介绍用74LS138译码器实现数据分配器的方法。

例 3.4.6 用74LS138译码器实现数据分配器。

解：将数据D加到3线-8线译码器的某个使能控制端，地址选择信号A_2、A_1、A_0对应加到译码器的代码输入端，由A_2、A_1、A_0的状态组合就可以确定数据D的输出通道。图3.4.25所示为用74LS138译码器实现1路-8路数据分配器。当用高电平使能端作为数据输入端时，输入数据反码输出；当用低电平使能端作为数据输入端时，输入数据原码输出。

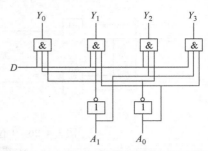

图3.4.24　1路-4路数据分配器的逻辑图

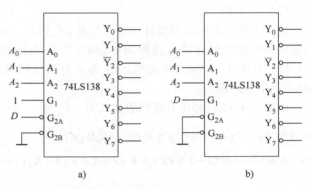

图3.4.25　用74LS138译码器实现1路-8路数据分配器

a）原码输出　b）反码输出

如图3.4.25a中，D加在低电平使能端，设$A_2A_1A_0 = 010$，则当$D = 0$时，$\overline{Y_2} = 0$，当$D = 1$时，74LS138不工作，$\overline{Y_2} = 1$。因此，对应输出端为输入数据的原码。

图3.4.25b中，D加在高电平使能端，设$A_2A_1A_0 = 010$，则当$D = 1$时，$Y_2 = 0$，当$D = 0$时，74LS138不工作，$Y_2 = 1$。因此，对应输出端为输入数据的反码。

3.4.3 加法器

算术运算单元是数字系统的基本单元，更是计算机中不可缺少的组成部分。在计算机中，加法是一种基本运算，其他的算术运算往往是转换为加法进行的。能实现二进制加法运算的逻辑电路称为加法器。

1. 1位加法器

（1）半加器

两个1位二进制数相加时，只考虑本位相加，不考虑来自低位进位的运算电路称为半加器。1位半加器的真值表见表3.4.14。其中A、B为两个加数，S表示和，CO表示进位。

由表3.4.14可写出其逻辑表达式为

$$S = \overline{A}B + A\,\overline{B} = A\oplus B \qquad (3.4.13)$$

$$CO = AB$$

得出其逻辑图如图3.4.26a所示，其逻辑符号如图3.4.26b所示。

表 3.4.14　1位半加器的真值表

输入		输出	
A	B	S	CO
0	0	0	0
0	1	1	0
1	0	1	0
1	1	0	1

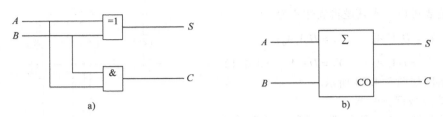

图 3.4.26 1 位半加器的逻辑图和逻辑符号

a) 逻辑图 b) 逻辑符号

（2）全加器

两个 1 位二进制数相加时，不仅考虑本位相加，还要考虑与来自低位的进位相加的运算电路称为全加器。1 位全加器的真值表见表 3.4.15，其中 A、B 为两个加数，CI 为来自低位的进位，S 表示和，CO 表示本位进位。

由表 3.4.15 可得出其逻辑表达式为

表 3.4.15 1 位全加器的真值表				
输入			输出	
A	B	CI	S	CO
0	0	0	0	0
0	0	1	1	0
0	1	0	1	0
0	1	1	0	1
1	0	0	1	0
1	0	1	0	1
1	1	0	0	1
1	1	1	1	1

$$S = \overline{A}\,\overline{B}CI + \overline{A}B\,\overline{CI} + A\,\overline{B}\,\overline{CI} + A B CI = A \oplus B \oplus CI$$

$$CO = A B \overline{CI} + A \overline{B} CI + \overline{A} B CI + A B CI = A B + (A + B)CI = A B + (A \oplus B)CI$$

$$(3.4.14)$$

由逻辑表达式可画出其逻辑图如图 3.4.27a 所示，图 3.4.27b 为其逻辑符号。比较全加器与半加器的逻辑表达式可以发现，1 位全加器可以用两个 1 位半加器组合实现，如图 3.4.28 所示。

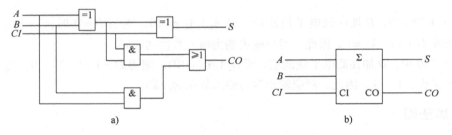

图 3.4.27 1 位全加器的逻辑图和逻辑符号

a) 逻辑图 b) 逻辑符号

2. 多位加法器

两个多位数相加时，每一位相加都要考虑低位进位，所以需使用全加器。而 1 位全加器只能实现 1 位二进制数相加，所以要使用多个 1 位全加器，才能实现多位数相加。按照进位方式的不同，多位加法器分为串行进位加法器和超前进位加法器两种。

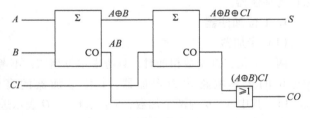

图 3.4.28 用半加器实现全加器

（1）串行进位加法器

把 n 位全加器串联起来，低位全加器的进位输出端 CO 连接到相邻的高位全加器的进位输入端 CI 便构成了 n 位的串行进位加法器。如图 3.4.29 所示为 4 位串行进位加法器。它由 4 个全加器构成，低位全加器的进位输出端 CO 接到高位全加器的进位输入端 CI，最低位的进位输入端 CI 接地。显然，每一位的相加结果都必须等低一位的进位产生以后才能建立起来。因此，串行进位加法器的运算速度慢，但由于其电路结构简单，因而在对速度要求不高的场合，仍然可以使用。当对运算速度要求较高时，必须设法减小或消除由于进位信号逐级传递所耗费的时间，超前进位加法器则可达到要求。

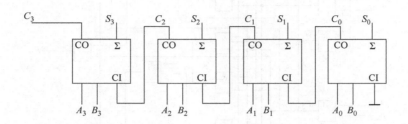

图 3.4.29　4 位串行进位加法器

（2）超前进位加法器

所谓超前进位，是指在进行二进制加法运算时通过快速进位电路同时产生所有全加器的进位信号（最低位全加器除外），消除串行进位加法器逐级传递所耗费的时间，提高加法器的运算速度。下面介绍超前进位产生的原理。

由式（3.4.14）可以看出，在多位二进制加法运算时，第 i 位相加产生的进位输出 $(CO)_i$ 可表达为

$$(CO)_i = A_i B_i + (A_i + B_i)(CI)_i \tag{3.4.15}$$

令

$$G_i = A_i B_i \quad P_i = A_i + B_i \tag{3.4.16}$$

可得

$$\begin{aligned}
(CO)_i &= G_i + P_i(CI)_i = G_i + P_i \left[G_{i-1} + P_{i-1}(CI)_{i-1} \right] \\
&= G_i + P_i G_{i-1} + P_i P_{i-1} \left[G_{i-2} + P_{i-2}(CI)_{i-2} \right] \\
&\qquad\qquad\qquad\vdots \\
&= G_i + P_i G_{i-1} + P_i P_{i-1} G_{i-2} + \cdots + P_i P_{i-1} \cdots P_1 G_0 + P_i P_{i-1} \cdots P_0 (CI)_0
\end{aligned} \tag{3.4.17}$$

$$S_i = \overline{A_i}\,\overline{B_i}\,(CI)_i + \overline{A_i} B_i\,(\overline{CI})_i + A_i \overline{B_i}\,(\overline{CI})_i + A_i B_i\,(CI)_i = A_i \oplus B_i \oplus (CI)_i \tag{3.4.18}$$

式中，$(CI)_{i-1}$ 为来自外部的进位输入，而 $G_i = A_i B_i$、$P_i = A_i + B_i$ 都只与各位的两个加数有关，可以并行产生。由这些表达式可画出 4 位超前进位加法器的逻辑图，如图 3.4.30 所示。

从两个加数送到输入端到完成加法运算，最多只需四级门电路的传输延迟时间。然而，由图 3.4.29 与图 3.4.30 对比可知，超前进位加法器的逻辑电路远比串行进位加法器的复杂。随着位数的增加，电路的复杂程度也迅速增加。故超前进位加法器提高运算速度，是以增加电路的复杂程度为代价的。

（3）集成超前进位加法器 74LS283

4 位超前进位加法器 74LS283 的逻辑图及逻辑符号如图 3.4.31 所示。74LS283 的逻辑函数同式（3.4.15）~式（3.4.18）。

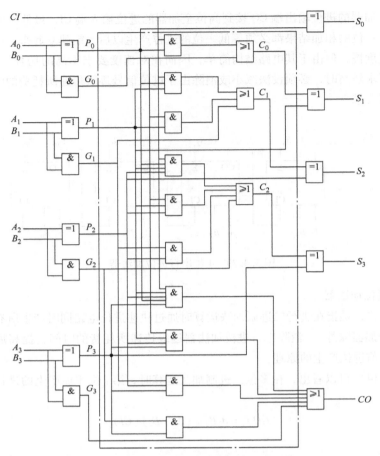

图 3.4.30　4 位超前进位加法器的逻辑图

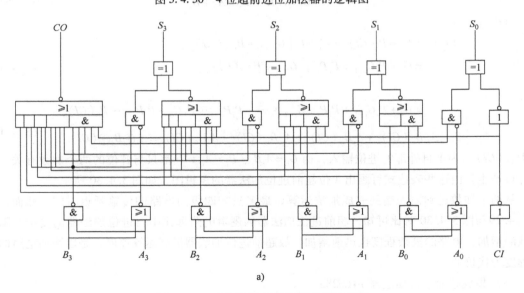

a)

图 3.4.31　74LS283 的逻辑图及逻辑符号

a) 74LS283 的逻辑图

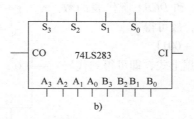

图 3.4.31 74LS283 的逻辑图及逻辑符号（续）

b）74LS283 的逻辑符号

例 3.4.7 用 74LS283 实现两个 7 位二进制数的加法运算。

解： 两个 7 位二进制数的加法运算需用两片 74LS283 才能实现，连接电路如图 3.4.32 所示。低位模块的 CI 需接 0，高位模块的多余输入端 A_3、B_3 也需接 0。

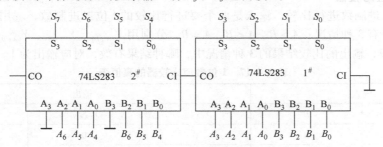

图 3.4.32 7 位二进制加法器

若设计组合逻辑电路的逻辑函数能变换为输入变量 A 与输入变量 B 或者输入变量与常量在数值上相加的形式，则用加法器设计更简单。

例 3.4.8 用集成 4 位二进制加法器 74LS283 设计一个代码转换电路，将 8421BCD 码转换成余 3 码。

解： 以 8421BCD 码为输入，余 3 码为输出，即可列出代码转换电路的真值表，见表 3.4.16。

表 3.4.16 代码转换电路的真值表

N_{10}	8421 码（输入）				余 3 码（输出）			
	D	C	B	A	Y_3	Y_2	Y_1	Y_0
0	0	0	0	0	0	0	1	1
1	0	0	0	1	0	1	0	0
2	0	0	1	0	0	1	0	1
3	0	0	1	1	0	1	1	0
4	0	1	0	0	0	1	1	1
5	0	1	0	1	1	0	0	0
6	0	1	1	0	1	0	0	1
7	0	1	1	1	1	0	1	0
8	1	0	0	0	1	0	1	1
9	1	0	0	1	1	1	0	0

从表 3.4.16 可见，$Y_3Y_2Y_1Y_0$ 和 $DCBA$ 所代表的数始终相差 0011，即十进制数的 3，故可得：

$$Y_3Y_2Y_1Y_0 = DCBA + 0011$$

其实这也正是余 3 码的特征。根据上式，即可得到代码转换电路如图 3.4.33 所示。

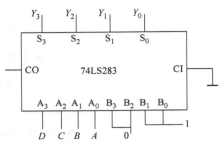

图 3.4.33　例 3.4.8 的代码转换电路

3.4.4　数值比较器

在数字系统中，经常需要对两个二进制数进行大小判别，然后根据判别结果执行某种操作。用来完成两个二进制数的大小比较的逻辑电路称为数值比较器。它的输入是要进行比较的两个二进制数，输出是比较的结果。

1. 1 位数值比较器

两个 1 位二进制数进行比较，输入是两个要进行比较的 1 位二进制数，现用 A、B 来表示，输出的比较结果有 3 种情况：$A > B$、$A < B$、$A = B$，分别用 $Y_{(A>B)}$、$Y_{(A<B)}$、$Y_{(A=B)}$ 表示，则其真值表见表 3.4.17，输出的比较结果的 3 种情况中，哪种结果有效，对应输出为 1。

表 3.4.17　1 位数值比较器的真值表

输入		输出		
A	B	$Y_{(A>B)}$	$Y_{(A<B)}$	$Y_{(A=B)}$
0	0	0	0	1
0	1	0	1	0
1	0	1	0	0
1	1	0	0	1

可写出其逻辑表达式为

$$Y_{(A>B)} = A\,\overline{B}$$
$$Y_{(A<B)} = \overline{A}\,B \tag{3.4.19}$$
$$Y_{(A=B)} = \overline{A}\,\overline{B} + A\,B = \overline{\overline{A}\,B + A\,\overline{B}}$$

由此可画出其组合逻辑图如图 3.4.34 所示。

2. 多位数值比较器

在比较两个多位数大小时，须从高位到低位逐位比较，只有当高位相等时，才需要比较低位。例如两个 4 位二进制数 $A = A_3A_2A_1A_0$ 和 $B = B_3B_2B_1B_0$ 比较大小，先比较 A_3、B_3，若 $A_3 > B_3$，则 $A > B$，无须比较低位；若

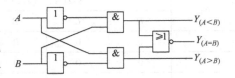

图 3.4.34　1 位数值比较器的逻辑图

$A_3 < B_3$，则 $A < B$；若 $A_3 = B_3$，需比较 A_2、B_2，若 $A_2 > B_2$，则 $A > B$，无须再比较低位；若 $A_2 < B_2$，则 $A < B$，无须再比较低位；若 $A_2 = B_2$，再比较 A_1、B_1，依次类推。

以集成 4 位数值比较器 CC14585（CMOS 器件，功能与 74LS85 相同）为例进行分析。图 3.4.35a 为 CC14585 的逻辑符号，图中 A_3、A_2、A_1、A_0 和 B_3、B_2、B_1、B_0 为比较的两个 4 位二进制数的输入端；$I_{(A>B)}$、$I_{(A<B)}$、$I_{(A=B)}$ 为级联输入端；$Y_{(A>B)}$、$Y_{(A<B)}$、$Y_{(A=B)}$ 为比较结果的输出端。图 3.4.35b 所示为逻辑图。表 3.4.18 为 CC14585 的功能表。

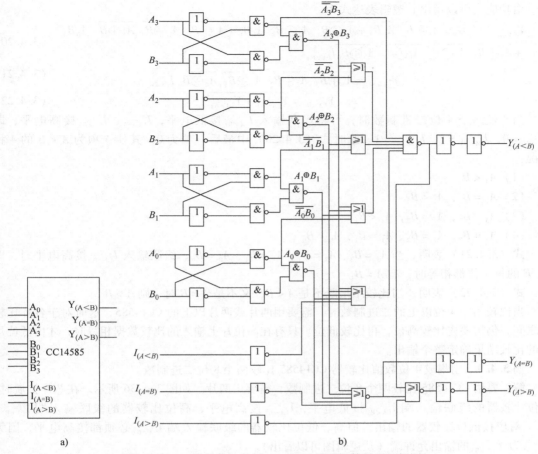

图 3.4.35 4 位数值比较器 CC14585 的逻辑符号和逻辑图

a）逻辑符号 b）逻辑图

表 3.4.18 CC14585 的功能表

输入							输出		
比较				级联					输出
$A_3 \quad B_3$	$A_2 \quad B_2$	$A_1 \quad B_1$	$A_0 \quad B_0$	$I_{(A<B)}$	$I_{(A=B)}$	$I_{(A>B)}$	$Y_{(A<B)}$	$Y_{(A=B)}$	$Y_{(A>B)}$
$A_3 > B_3$	×	×	×	×	×	1	0	0	1
$A_3 = B_3$	$A_2 > B_2$	×	×	×	×	1	0	0	1
$A_3 = B_3$	$A_2 = B_2$	$A_1 > B_1$	×	×	×	1	0	0	1
$A_3 = B_3$	$A_2 = B_2$	$A_1 = B_1$	$A_0 > B_0$	×	×	1	0	0	1
$A_3 = B_3$	$A_2 = B_2$	$A_1 = B_1$	$A_0 = B_0$	0	0	1	0	0	1
$A_3 = B_3$	$A_2 = B_2$	$A_1 = B_1$	$A_0 = B_0$	0	1	1	0	1	0
$A_3 = B_3$	$A_2 = B_2$	$A_1 = B_1$	$A_0 = B_0$	1	0	1	1	0	0
$A_3 = B_3$	$A_2 = B_2$	$A_1 = B_1$	$A_0 < B_0$	×	×	1	1	0	0
$A_3 = B_3$	$A_2 = B_2$	$A_1 < B_1$	×	×	×	1	1	0	0
$A_3 = B_3$	$A_2 < B_2$	×	×	×	×	1	1	0	0
$A_3 < B_3$	×	×	×	×	×	1	1	0	0

由功能表可以得出其逻辑表达式为

$$Y_{(A<B)} = \overline{A_3}B_3 + \overline{A_3 \oplus B_3}\ \overline{A_2}B_2 + \overline{A_3 \oplus B_3}\ \overline{A_2 \oplus B_2}\ \overline{A_1}B_1 + \overline{A_3 \oplus B_3}\ \overline{A_2 \oplus B_2}\ \overline{A_1 \oplus B_1}\ \overline{A_0}B_0 \qquad (3.4.20)$$
$$+ \overline{A_3 \oplus B_3}\ \overline{A_2 \oplus B_2}\ \overline{A_1 \oplus B_1}\ \overline{A_0 \oplus B_0}I_{(A<B)}$$

$$Y_{(A=B)} = \overline{A_3 \oplus B_3}\ \overline{A_2 \oplus B_2}\ \overline{A_1 \oplus B_1}\ \overline{A_0 \oplus B_0}\, I_{(A=B)} \qquad (3.4.21)$$

$$Y_{(A>B)} = \overline{Y_{(A<B)} + Y_{(A=B)}} \qquad (3.4.22)$$

当比较两个 4 位二进制数时，可将级联输入 $I_{(A<B)}$ 接低电平，$I_{(A>B)}$、$I_{(A=B)}$ 接高电平，即 $I_{(A<B)} = 0$，$I_{(A>B)} = 1$，$I_{(A=B)} = 1$。此时式（3.4.20）中最后一项为 0，其他 4 项为 $A < B$ 的 4 种情况：

（1）$A_3 < B_3$

（2）$A_3 = B_3$，$A_2 < B_2$

（3）$A_3 = B_3$，$A_2 = B_2$，$A_1 < B_1$

（4）$A_3 = B_3$，$A_2 = B_2$，$A_1 = B_1$，$A_0 < B_0$

式（3.4.21）表明，当 $A_3 = B_3$、$A_2 = B_2$、$A_1 = B_1$、$A_0 = B_0$、级联输入 $I_{(A=B)}$ 接高电平时，即 A、B 的每一位都相等时，有 $A = B$。

式（3.4.22）表明，当比较结果既不是 $A < B$，又不是 $A = B$ 时，则 $A > B$。

当比较两个 4 位以上的二进制数时，需要用两片或两片以上的 CC14585，这时对于各片比较器之间，仍需要先比较高位，再比较低位。只有在高位片上输入的比较数据相等时，才由低位片上的比较结果确定整个输出。

例 3.4.9　用集成 4 位数值比较器 CC14585 比较两个 8 位二进制数。

解：要用 CC14585 比较两个 8 位二进制数，需要用两片。如图 3.4.36 所示。在芯片扩展时，低位比较器的级联输入端 $I_{(A<B)}$ 接低电平，$I_{(A=B)}$ 接高电平，高位比较器的级联输入端 $I_{(A<B)}$、$I_{(A=B)}$ 对应接低位比较器的输出，但高、低位比较器的级联输入端 $I_{(A>B)}$ 必须都接高电平，因为 $I_{(A>B)}$ 为 $Y_{(A>B)}$ 的输出允许端（从逻辑图可以看出）。

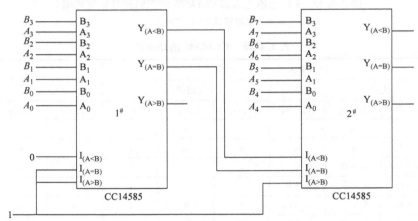

图 3.4.36　两片 CC14585 组成 8 位数值比较器

思　考　题

3.4.1　相对普通编码器，优先编码器有什么优点？

3.4.2　译码器和编码器各实现什么功能？

3.4.3　数据选择器和数据分配器各具有什么功能？

3.4.4　用具有使能端的译码器如何实现数据分配器的功能？

3.4.5　半加器和全加器的区别是什么？

3.4.6　串行进位加法器与超前进位加法器各有什么优缺点？

3.5　组合逻辑电路中的竞争与冒险

3.5.1　产生竞争与冒险的原因

前面介绍的都是在理想情况下的组合逻辑电路，仅讨论电路的输出与输入之间的稳态关系，而没有考虑门电路的延迟时间。实际上，输入信号的变化总是存在一个过渡过程，而且门电路都存在一定的延迟时间，当组合电路输入信号的状态改变时，输出端可能会出现不正常的信号，致使产生错误的输出，这种现象称为竞争冒险。由于竞争冒险产生错误的输出，从而会影响电路的正常工作。为了保证系统工作的可靠性，需要讨论输入信号逻辑电平发生变化时的瞬态情况。

图 3.5.1a 所示是一个简单的与门组合逻辑电路，若不考虑逻辑门的延迟时间，$Y = A\overline{A} = 0$，即稳态情况下，输出 Y 为低电平。若考虑门电路的延迟时间，因为信号 A 直接到达与门的一个输入端，$\overline{A}$ 是 A 经过一个非门才到达与门的另一个输入端，这两个信号到达与门输入端的时刻有先有后，这种现象称为竞争。由于竞争，可能会使输出端产生尖脉冲，如图 3.5.1b 所示，这就是冒险。这种由与门电路产生的冒险的特点是：预期电路有静态 0 输出时却存在产生 1 尖峰的可能，因此这种冒险也称为 0 型冒险。

图 3.5.2a 所示是一个简单的或门组合逻辑电路，若不考虑逻辑门的延迟时间，$Y = A + \overline{A} = 1$，即稳态情况下，输出 Y 为高电平。若考虑门电路的延迟时间，因为信号 A 直接到达或门的一个输入端，而 $\overline{A}$ 是 A 经过一个非门才到达或门的另一个输入端，这两个信号到达或门输入端的时刻有先有后，由于竞争，也可能会使输出端产生尖脉冲，如图 3.5.2b 所示。这种由或门电路产生的冒险的特点是：预期电路有静态 1 输出却存在产生 0 尖峰的可能，因此这种冒险也称为 1 型冒险。

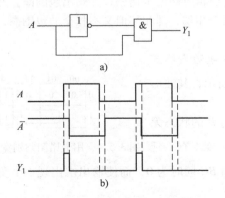

图 3.5.1　与门电路产生竞争冒险

a）产生竞争冒险的与门逻辑电路　b）输出波形

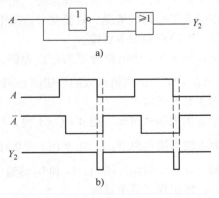

图 3.5.2　或门电路产生竞争冒险

a）产生竞争冒险的或门逻辑电路　b）输出波形

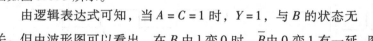

方法论：精雕细琢

组合电路中的竞争现象，起因是短暂的门电路延迟时间，但一旦引起逻辑状态翻转，形成冒险现象，就导致了质变。组合电路中一旦发生冒险现象，危害会很大。

实际生活中因小过失导致严重危害的例子比比皆是，解算过程一个小疏忽，便能导致计算结果云泥之别。组合电路设计时要进行竞争冒险现象消除设计，而我们的学习、生活过程中要想避免发生"差之毫厘谬以千里"现象、导致"一失足成千古恨"的后果，就要养成对待任何事情都精雕细琢、追求精益求精的习惯，本着踏实、较真、不糊弄、追求卓越的理念，养成严谨细致的作风，这正是"工匠精神"核心内涵在学习、生活中的具现。

3.5.2　竞争冒险现象的判别

在输入变量每次只有一个改变的简单情况下，要判别一个组合逻辑电路是否存在竞争冒险现象，通常可以采用下述两种方法实现。

1. 代数法

只要输出端的逻辑函数在一定条件下能简化成 $Y = A\bar{A}$ 或 $Y = A + \bar{A}$ 的形式，则可判定存在竞争冒险现象。

例 3.5.1　试判别图 3.5.3 所示的组合逻辑电路是否存在竞争冒险现象。

解：由逻辑图可得其逻辑函数表达式为 $Y = A\bar{B} + BC$

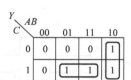

图 3.5.3　例 3.5.1 图

当 $A = 0$，$C = 0$ 时，$Y = 0$，不存在竞争冒险现象；

当 $A = 0$，$C = 1$ 时，$Y = B$，不存在竞争冒险现象；

当 $A = 1$，$C = 0$ 时，$Y = \bar{B}$，不存在竞争冒险现象；

当 $A = 1$，$C = 1$ 时，$Y = B + \bar{B}$，存在竞争冒险现象。

因此，该逻辑函数表达式在 $A = 1$，$C = 1$ 的情况下存在竞争冒险现象。

2. 卡诺图法

用卡诺图法判别竞争冒险现象时，先画出组合逻辑电路的卡诺图，并画出包围圈，然后观察各包围圈有无相切的情况。只要在卡诺图中存在两个相切，即相邻但又不相交的包围圈，则可判定该逻辑电路存在竞争冒险。

仍以例 3.5.1 中的组合逻辑电路为例，其逻辑函数表达式为 $Y = A\bar{B} + BC$。该逻辑函数的卡诺图如图 3.5.4 所示，其波形图如图 3.5.5 所示。

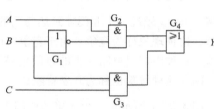

由逻辑表达式可知，当 $A = C = 1$ 时，$Y = 1$，与 B 的状态无

图 3.5.4　用卡诺图判别竞争冒险

关。但由波形图可以看出，在 B 由 1 变 0 时，$\bar{B}$ 由 0 变 1 有一延迟时间，在这个时间间隔内，G_2 和 G_3 的输出 $A\bar{B}$ 和 BC 同时为 0，而使输出端出现一个负跳变的窄脉冲，即出现了竞争冒险。

这种现象反映在卡诺图上，就是当 B 由 1 变 0 时，函数从乘积项 BC 这个圈跨到乘积项 $A\bar{B}$ 那个圈。由此可得，若卡诺图中乘积项的圈之间有相邻但不相交的情况，则有竞争冒险存在。

上述判断方法虽然简单，但局限性太大，因为实际的逻辑电路通常有多个输入变量，而且存在两个以上输入变量同时改变状态的情况，因此很难用上述方法简单地找出所有产生竞争冒险的情况。对于复杂数字电路，可以采用计算机辅助分析的手段，从原理上检查电路的竞争冒险现象，目前已有成熟的软件可供使用。但是在用计算机软件模拟数字电路时，只能采用标准化的典型参数，有时还要做一定的近似，使得模拟结果和实际电路的工作状态有时会有不同，因此，还要通过实验的方法来检查数字电路是否存在竞争冒险现象。实验的检查方法就是在电路的输入端加入信号所有可能的组合状态，用逻辑分析仪或示波器捕捉输出端是否有因为竞争冒险产生的尖峰脉冲，通常将实验检查的结果作为最终的结论。

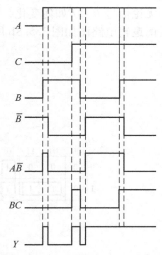

图 3.5.5　产生了竞争冒险的波形图

3.5.3　竞争冒险现象的消除方法

消除冒险的方法主要有三种。下面分别对其加以介绍。

1. 输出端接滤波电容

由于冒险产生的尖峰脉冲宽度一般都很窄（多在几十纳秒以内），所以只要在输出端对地连接一个很小的滤波电容 C_L，如图 3.5.6 所示，就可以把尖峰脉冲的幅度削弱到门电路的阈值电压以下。在 TTL 电路中，C_L 的数值通常在几十到几百皮法。

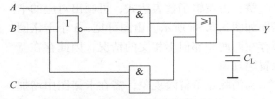

图 3.5.6　输出端接滤波电容

2. 引入选通脉冲

由于冒险现象只发生在电路输入信号状态变化的瞬间，因此，在可能产生冒险脉冲门电路的输入端再加一个选通输入端，利用选通脉冲锁住输出，使组合逻辑电路的输出在输入变化瞬间保持不变，从而来消除冒险现象。仍以例 3.5.1 中的逻辑电路为例，修改其逻辑电路

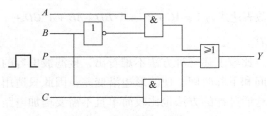

图 3.5.7　引入选通脉冲

如图 3.5.7 所示。在可能发生冒险的时间内，选通脉冲 P 为高电平，此时输出 Y 保持高电平，当达到稳定状态以后，P 为低电平，对输出不产生影响。

3. 修改逻辑设计

在用卡诺图判别冒险的方法中，如果有包围圈相切，就说明有冒险行为。以例 3.5.1 中的逻辑函数为例，消除冒险的方法就是在两个相切的包围圈的相切处再画一个包围圈，如图 3.5.8a 中虚线圈所示。在函数中增加一个对应于新加的包围圈的乘积项 AC，对应图中虚线所示。这个乘积项就是运用冗余律消去的冗余项。这时逻辑函数为

$$Y = A\bar{B} + BC + AC$$

这样，当 $A = C = 1$ 时，有

$$Y = \bar{B} + B + 1 \equiv 1$$

即无论信号 B 和 $\bar{B}$ 如何变化，Y 始终保持为1，这样就消除了 $A=C=1$ 时电路的竞争冒险。修改后的逻辑电路图如图3.5.8b所示。

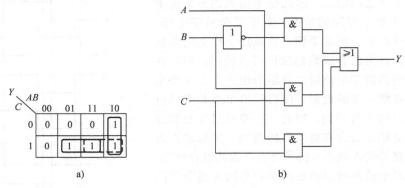

图 3.5.8　修改的逻辑设计
a) 增加冗余项后的卡诺图　b) 修改后的逻辑电路

例 3.5.2　已知某组合逻辑电路的逻辑函数表达式为 $Y=AC+B\bar{C}+\bar{A}\ \bar{B}D$，试用卡诺图法判断是否存在竞争冒险，若存在，通过修改逻辑设计消除。

解：　由逻辑函数表达式，可画出对应的卡诺图如图3.5.9a所示。由图可见，3个卡诺圈都存在两两相邻但不相交的情况，因此存在竞争冒险现象。

为消除竞争冒险现象，需在卡诺图中增加几个冗余卡诺圈，如图3.5.9b中虚线所示，对应乘积项 AB、$\bar{A}\ \bar{C}D$ 和 $\bar{B}CD$，修改后的逻辑函数表达式为 $Y=AC+B\bar{C}+\bar{A}\ \bar{B}D+AB+\bar{A}\ \bar{C}D+\bar{B}CD$。

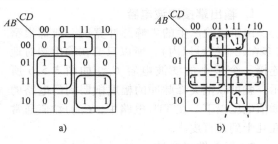

图 3.5.9　例3.5.2卡诺图

比较上述三种方法不难看出，接滤波电容的方法简单易行，但是增加了输出电压波形的上升时间和下降时间，使波形边沿变差，因此只适用于对输出波形的前、后沿无严格要求的场合；引入选通脉冲的方法也比较简单且不需要增加电路元件，但必须设法得到一个与输入信号同步的选通脉冲，而且这个脉冲的宽度及作用时间均有严格要求，增加了电路的复杂性；修改逻辑设计的方法，如能运用得当，有时可收到令人满意的效果，但这种方法能解决的问题有限。各种方法的选择视情况而定。

思 考 题

3.5.1　组合逻辑电路中竞争冒险是怎样产生的？

3.5.2　当门电路的两个输入端同时向相反的逻辑状态转换（即一个从0变成1，另一个从1变成0）时，输出是否一定有干扰脉冲产生？

3.5.3　判别冒险现象有哪些方法？

3.5.4　如何消除冒险现象？

3.6　基于 Multisim 的组合逻辑电路分析与设计

例 3.6.1　用集成 3 – 8 译码器 74LS138D 设计 1 位全加器，完成 2 个 1 位二进制数加法运算。

解：全加器输出的最小项与非 – 与非表达式如式（3.6.1）和式（3.6.2）所示。

$$S(A,B,CI) = \sum m(1,2,4,7) = \overline{\overline{m_1}\ \overline{m_2}\ \overline{m_4}\ \overline{m_7}} = \overline{\overline{Y_1}\ \overline{Y_2}\ \overline{Y_4}\ \overline{Y_7}} \tag{3.6.1}$$

$$CO(A,B,CI) = \sum m(3,5,6,7) = \overline{\overline{m_3}\ \overline{m_5}\ \overline{m_6}\ \overline{m_7}} = \overline{\overline{Y_3}\ \overline{Y_5}\ \overline{Y_6}\ \overline{Y_7}} \tag{3.6.2}$$

创建电路。如图 3.6.1 所示，选择字信号发生器作为信号源，用于产生输入值，字信号发生器能够产生 32 路同步逻辑信号，本例中仅使用最低 3 位分别表示两个加数和低位进位；以探测器观察输入输出值，为 1 则发光，为 0 则不发光。

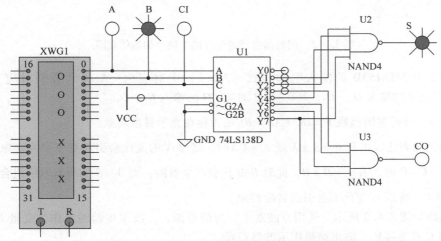

图 3.6.1　用 3 – 8 译码器设计的 1 位全加器仿真图

观测输出。图 3.6.1 为输入 $A=0$，$B=1$，$CI=0$ 时，输出 $S=1$，$CO=0$ 的仿真图。

例 3.6.2　用集成双 4 选 1 数据选择器 74LS153D 设计 1 位全加器，完成两个 1 位二进制数加法运算。

解：全加器输出的最小项与或表达式如式（3.6.3）和式（3.6.4）所示。

$$S(A,B,CI) = \sum m(1,2,4,7) = \overline{A}\ \overline{B}CI + \overline{A}B\ \overline{CI} + A\ \overline{B}\ \overline{CI} + ABCI \tag{3.6.3}$$

$$CO(A,B,CI) = \sum m(3,5,6,7) = \overline{A}BCI + A\ \overline{B}CI + AB\ \overline{CI} + ABCI \tag{3.6.4}$$

双 4 选 1 数据选择器 74LS153D 包含两个 4 选 1 数据选择器，地址输入端共用，分别为 A_1 和 A_0。4 选 1 数据选择器的输出函数表达式如式（3.6.5）所示。

$$Y(A_1,A_0,D_i) = \overline{A_1}\ \overline{A_0}D_0 + \overline{A_1}A_0D_1 + A_1\ \overline{A_0}D_2 + A_1A_0D_3 \tag{3.6.5}$$

由于全加器有 3 个输入信号，可选择 2 个加数 A 和 B 分别对应 A_1 和 A_0，CI 接到数据输入端。对照式（3.6.3）、式（3.6.4）和式（3.6.5）可分别得到 S 和 CO 的数据输入端值。

输出 S 对应的数据输入端为 $D_0=D_3=CI$，$D_1=D_2=\overline{CI}$，输出 CO 对应的数据输入端为 $D_0=0$，$D_1=D_2=CI$，$D_3=1$。

创建电路并观测输出。图 3.6.2 为输入 $A=1$，$B=0$，$CI=1$ 时，输出 $S=0$，$CO=1$ 的仿真图。

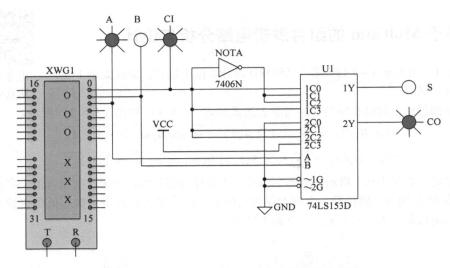

图 3.6.2　用数据选择器设计的 1 位全加器仿真图

图 3.6.2 中 74LS153D 的输入引脚与式（3.6.5）中对应为：A 和 B 分别对应 A_1 和 A_0，$1C0 \sim 1C3$ 对应 S 的输入 $D_0 \sim D_3$，$2C0 \sim 2C3$ 对应 CO 的输入 $D_0 \sim D_3$。

例 3.6.3　分析逻辑函数 $F = BC + \overline{A}B + \overline{B}\overline{C}$ 是否存在竞争冒险现象。

解：当函数表达式出现 $F = X + \overline{X}$ 或 $F = X\,\overline{X}$ 时，变量 X 的变化会引起竞争冒险现象。本例表达式中在 $A = C = 0$ 时，有 $F = B + \overline{B}$，此时 B 变化会产生冒险，而 A、B 的所有取值组合，都不会出现 $F = C + \overline{C}$，所以 C 变化不会引起冒险现象。

创建电路如图 3.6.3 所示。选用方波发生器为信号源，方波发生器输出作为变量 B 的输入，输入端 A 和 C 直接接地。输出结果用示波器观察。

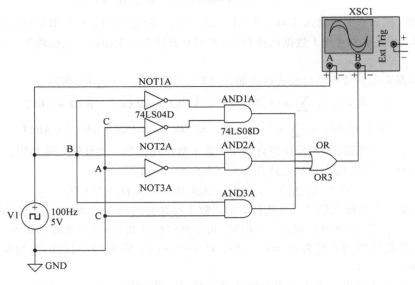

图 3.6.3　例 3.6.3 电路图

示波器输出波形如图 3.6.4 所示。由函数表达式可知，当输入信号 B 由 1 到 0 变化时，$F = 1$（示波器中 B 通道），但输出波形出现短暂的负脉冲，表明发生冒险现象。

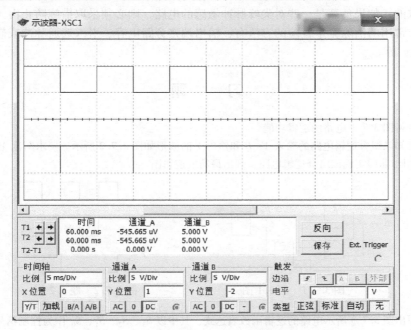

图 3.6.4 例 3.6.3 输入输出波形的示波器显示图

本 章 小 结

对于组合逻辑电路，从电路结构上看，是由若干逻辑门组成；从逻辑功能看，任何时刻的输出信号仅仅取决于该时刻的输入信号，而与电路前一时刻的状态无关。分析组合逻辑电路的目的是确定它的逻辑功能，即根据给定的逻辑电路，找出电路输出信号与输入信号之间的逻辑关系。组合逻辑电路的设计是根据实际逻辑问题，设计出一个能实现该逻辑功能的最简逻辑电路，要求最简是为了节省器件，降低成本，提高可靠性。

在分析给定的组合逻辑电路时，可以逐级地写出输出的逻辑表达式，然后进行化简，力求获得一个最简单的逻辑表达式，以使输出与输入之间的逻辑关系能一目了然。在设计组合逻辑电路时，首先要进行逻辑抽象，列出真值表；接着写出函数表达式，并对表达式进行化简；然后根据最简逻辑表达式画逻辑图。

常用的中规模组合逻辑器件有：编码器、译码器、数据选择器、数据分配器、加法器和数值比较器等。集成逻辑器件通常设有附加控制端，包括输入使能、输出使能、输入扩展、输出扩展端等，合理地运用这些控制端可以最大限度地发挥器件的潜力。灵活地运用集成逻辑器件能够设计出不同逻辑功能的组合逻辑电路。使用中规模集成电路设计组合逻辑电路时，也需要进行逻辑抽象、写出逻辑函数式，但是不要求化为最简，而是要将逻辑函数变换成与所用器件的逻辑函数式类似的形式，再根据逻辑函数式对照比较的结果，即可确定所用的器件各输入端应当接入的变量或常量（1 或 0），以及各片之间的连接方式，最后按要求来连接电路。在设计多输出的组合逻辑电路系统时，译码器通常更具优势。

竞争冒险是组合逻辑电路发生的一种现象。当逻辑门有两个互补变化的信号输入时，其输出端可能产生尖峰脉冲。这主要是由于电路的传输延迟时间不同使两个互补的信号到达输入端的时刻不一样导致的。如果负载是一些对尖峰脉冲敏感的电路，则必须采取措施防止由于竞争而产生的尖峰脉冲。常用的消除竞争冒险的方法有：输出端接旁路电容、引入选通脉冲或修改逻辑设计（增加冗余项）等。

习　　题

题3.1　分析图3.7.1电路的逻辑功能。

题3.2　已知某组合逻辑电路的输入 A、B 和输出 Y 的波形如图3.7.2所示。要求写出 Y 对 A、B 的逻辑表达式，并用与非门实现该组合逻辑电路，画出最简的逻辑图。

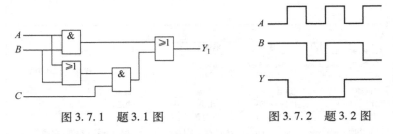

图3.7.1　题3.1图　　　　　　　图3.7.2　题3.2图

题3.3　写出图3.7.3所示电路的逻辑函数表达式，其中以 S_3、S_2、S_1、S_0 作为控制信号，A、B 作为数据输入，列表说明输出 Y 在 $S_3 \sim S_0$ 作用下与 A、B 的关系。

题3.4　组合逻辑电路如图3.7.4所示。求出逻辑函数 Y 的最简与－或表达式，并说明当输入逻辑变量为何种组合取值时，电路的输出为高电平。

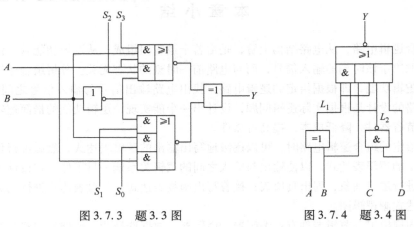

图3.7.3　题3.3图　　　　　　　图3.7.4　题3.4图

题3.5　某多功能组合电路框图如图3.7.5所示，X_2X_1 为2位二进制数输入，G_2G_1 为控制输入，F_1F_2 为输出。

当 $G_2G_1 = 00$ 时，对 X_2X_1 做加1运算；

当 $G_2G_1 = 01$ 时，对 X_2X_1 做减1运算；

当 $G_2G_1 = 10$ 时，对 X_2X_1 做加0运算；

当 $G_2G_1 = 11$ 时，为禁止状态。

试分别画出 F_2、F_1 的卡诺图，并指出其约束条件是什么？

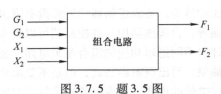

图3.7.5　题3.5图

题 3.6　分析图 3.7.6 所示组合逻辑电路的功能，并用最少（数量最少、品种最少）的门电路实现。

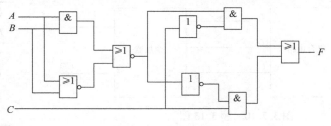

图 3.7.6　题 3.6 图

题 3.7　已知电路的输入 A、B、C 及输出 Y 的波形如图 3.7.7 所示，试用最少的门电路实现输出函数 Y。

题 3.8　分析图 3.7.8 所示组合逻辑电路的功能。

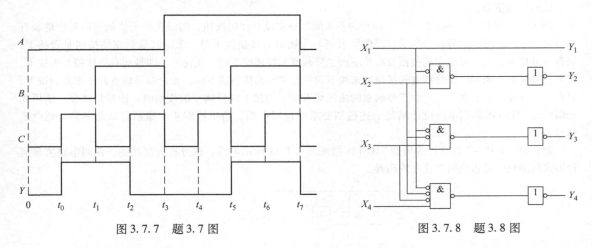

图 3.7.7　题 3.7 图　　　　　　　　　图 3.7.8　题 3.8 图

题 3.9　某雷达站有 3 部雷达 A、B、C，其中 A 和 B 功率消耗相等，C 的功率是 A 的两倍。这些雷达由两台发电机 X 和 Y 供电，发电机 X 的最大输出功率等于雷达 A 的消耗功率，发电机 Y 的最大输出功率是 X 的 3 倍。要求设计一个逻辑电路，能够根据各雷达的启动和关闭信号，以最节约电能的方式起、停发电机。

题 3.10　试设计一个燃油锅炉自动报警器。要求燃油喷嘴在开启状态下，如锅炉水温或压力过高则发出报警信号。要求用与非门实现逻辑电路。

题 3.11　设 A、B、C 为某保密锁的 3 个按键，当 A 键单独按下时，锁既不打开也不报警；只有当 A、B、C 或者 A、B 或者 A、C 分别同时按下时，锁才能被打开，当不符合上述组合状态时，将发出报警信息。试用与非门设计此保密锁逻辑电路。

题 3.12　一热水器如图 3.7.9 所示，图中虚线表示水位，A、B、C 电极被水浸没时会有信号输出。水面在 A、B 间时为正常状态，绿灯 G 亮；水面在 B、C 间或 A 以上时为异常状态，黄灯 Y 亮；水面在 C 以下时为危险状态，红灯 R 亮。试用与非门设计实现该逻辑功能的电路。

题 3.13　一种多功能运算电路如图 3.7.10 所示，共有 5 个输入端，2 个输出端，其中 F_1、F_2 是控制输入，A、B 是数据输入，C 是进位输入，电路功能见表 3.7.1，已知电路输出端为一个全加器，试用与非门完成点画线框内的组合逻辑电路。

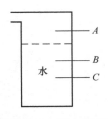

图 3.7.9　题 3.12 图

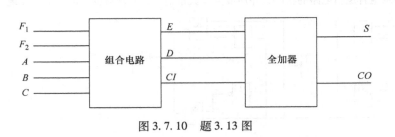

表 3.7.1 电路功能

控制输入		输出
F_1	F_2	S
0	0	$S=0$
0	1	$S=\overline{A}$
1	0	$S=A\oplus B$
1	1	$S=A\oplus B\oplus C$

图 3.7.10 题 3.13 图

题 3.14 设 X、Z 均为 3 位二进制数，X 为输入，Z 为输出，要求二者之间有下述关系：

当 $2\leqslant X\leqslant 5$ 时，$Z=X+2$

当 $X<2$ 时，$Z=1$

当 $X>5$ 时，$Z=0$

试列出真值表。

题 3.15 某医院有一、二、三、四号病室 4 间，每室设有呼叫按钮，同时在护士值班室内对应地装有一号、二号、三号、四号 4 个指示灯。现要求当一号病室的按钮按下时，无论其他病室的按钮是否按下，只有一号灯亮。当一号病室的按钮没有按下而二号病室的按钮按下时，无论三、四号病室的按钮是否按下，只有二号灯亮。当一、二号病室的按钮都未按下而三号病室的按钮按下时，无论四号病室的按钮是否按下，只有三号灯亮。只有在一、二、三号病室的按钮均未按下而按下四号病室的按钮时，四号灯才亮。试用优先编码器 74LS148 和门电路设计满足上述控制要求的逻辑电路，给出控制 4 个指示灯状态的高、低电平信号。

题 3.16 8 线 - 3 线优先编码器 74LS148 接成图 3.7.11 所示电路。试分析电路功能，说明电路实现何种形式的编码，是否仍属于优先编码器。

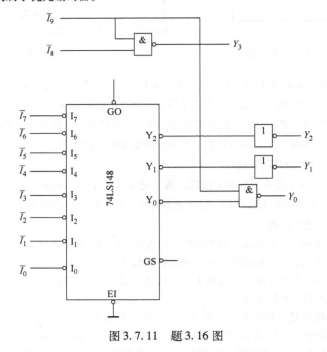

图 3.7.11 题 3.16 图

题 3.17 由 3 线 - 8 线译码器组成的电路如图 3.7.12 所示。试写出函数表达式。

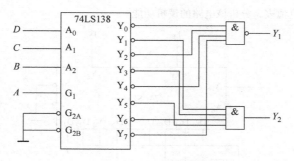

图 3.7.12　题 3.17 图

题 3.18　已知逻辑函数 $Y_1 = \overline{A}\,\overline{B}\,\overline{C} + AB$，$Y_2 = A\overline{B} + \overline{C}$。要求：

（1）写出函数 Y_1 和 Y_2 的最小项表达式。

（2）用一片 3 线 - 8 线译码器 74LS138 加一片与非门实现 Y_1，加一片与门实现 Y_2，画出逻辑图。

题 3.19　8 选 1 数据选择器 CC4512 的电路连接方式和各输入端的波形如图 3.7.13a、b 所示，画出输出端 Y 的波形，CC4512 的功能表见表 3.7.2。

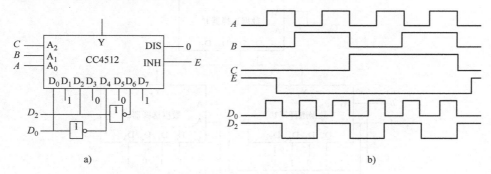

图 3.7.13　题 3.19 图

表 3.7.2　CC4512 的功能表

DIS	INH	A_2	A_1	A_0	Y
0	0	0	0	0	D_0
0	0	0	0	1	D_1
0	0	0	1	0	D_2
0	0	0	1	1	D_3
0	0	1	0	0	D_4
0	0	1	0	1	D_5
0	0	1	1	0	D_6
0	0	1	1	1	D_7
0	1	×	×	×	0
1	×	×	×	×	高阻

题 3.20　由双 4 选 1 数据选择器 74LS153 组成的电路如图 3.7.14 所示。

（1）写出 Y_1、Y_2 的函数表达式；

（2）列出 Y_1、Y_2 的真值表，分析该电路的逻辑功能。

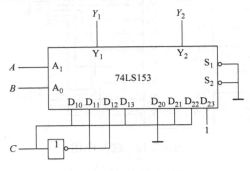

图 3.7.14 题 3.20 图

题 3.21 由 4 选 1 数据选择器组成的电路和输入波形分别如图 3.7.15a、b 所示。试写出逻辑函数表达式，并根据给出的输入波形画出输出函数 Y 的波形。

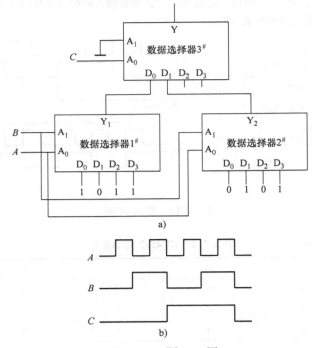

图 3.7.15 题 3.21 图

题 3.22 设计一个多功能电路，其功能见表 3.7.3。请选用一片 8 选 1 数据选择器 CC4512 和少量的与非门实现电路。

题 3.23 用 8 选 1 数据选择器 CC4512 产生逻辑函数：

$$Y = \overline{A}CD + \overline{A}\ \overline{B}CD + BC + \overline{B}\ \overline{C}\ \overline{D}$$

题 3.24 设计用 3 个开关控制一个电灯的逻辑电路，要求改变任何一个开关的状态都能控制电灯由亮变灭或者由灭变亮。要求用数据选择器来实现。

题 3.25 试用两片双 4 选 1 数据选择器 74LS153 和 3 线 - 8 线译码器 74LS138 接成 16 选 1 的数据选

表 3.7.3 电路功能

G_1	G_0	F
0	0	A
0	1	$A \oplus B$
1	0	AB
1	1	$A + B$

择器。

题 3.26　试分析图 3.7.16 所示电路的逻辑功能。

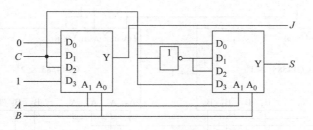

图 3.7.16　题 3.26 图

题 3.27　用全加器 74LS283 设计一个 3 位二进制数的 3 倍乘法运算电路。

题 3.28　试用 4 位并行加法器 74LS283 设计一个加/减运算电路。当控制信号 $M=0$ 时，它将两个输入的 4 位二进制数相加，而当 $M=1$ 时，它将两个输入的 4 位二进制数相减。允许附加必要的门电路。

题 3.29　试分析图 3.7.17 所示电路的逻辑功能，$A_3A_2A_1A_0$ 为 5421BCD 码。

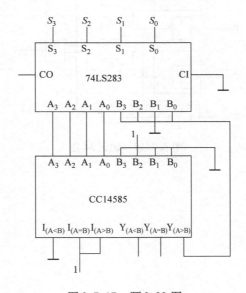

图 3.7.17　题 3.29 图

题 3.30　用五个双输入端或门和一个与门实现当 $A>B$ 时输出为 1 的功能，其中 A、B 均为 2 位二进制数。

题 3.31　在图 3.7.18 所示的电路中，输入 $X=x_3x_2x_1x_0$ 为一个 4 位二进制数，Y_3、Y_2 和 Y_1 为输出，试分析电路的逻辑功能。

题 3.32　试用一片 4 位数值比较器 CC14585 和必要的门电路实现两个 5 位二进制数 $A_4A_3A_2A_1A_0$ 和 $B_4B_3B_2B_1B_0$ 的并行比较电路。

题 3.33　试用两片 CC14585 和必要的门电路实现 3 个 4 位二进制数 A、B、C 的比较电路，并能判别：（1）A、B、C 三个数是否相等；（2）若不等，A 是否最大或最小。

题 3.34　试分析图 3.7.19 电路中是否存在竞争冒险现象，如果存在竞争冒险现象，如何克服？写出克服后电路输出的逻辑表达式。

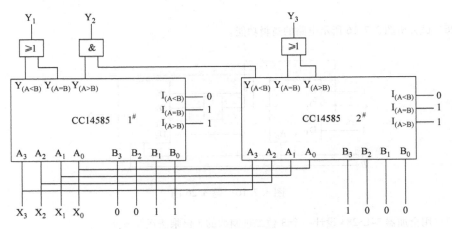

图 3.7.18 题 3.31 图

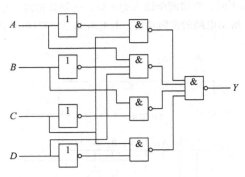

图 3.7.19 题 3.34 图

第4章 触 发 器

[内容提要]

本章分别介绍基本 RS 触发器、同步触发器、主从触发器和边沿触发器的电路结构、工作原理与逻辑功能。详细讨论描述触发器逻辑功能的特性表、特性方程、状态转换图和时序图等各种表示方法，并介绍触发器的逻辑功能分类及相互转换，还给出典型触发器仿真结果分析。

4.1 概述

由前一章可知，组合逻辑电路的输出仅仅取决于该时刻的输入，而与前一时刻的电路状态无关。组合逻辑电路中不含有记忆功能的元件，且电路输出与输入之间没有反馈通路。

所谓具有记忆功能，是指在输入信号作用下，记忆单元的状态能够发生改变，而当输入信号撤销后，记忆单元的状态能够保持，直至下一个输入信号作用后，才再次发生变化。这里所提及的具有记忆功能的元件，就是触发器。

触发器除了具有记忆功能，还能够根据不同的输入信号置 1 或置 0。因此，触发器具有两个能够自行保持稳定的状态：0 状态和 1 状态。触发器有一个或多个输入端和两个互补输出端 Q、$\bar{Q}$，通常将输入信号作用前的触发器状态称为现态，用 Q^n 表示，也可只用 Q 表示；输入信号作用后的触发器状态称为次态，用 Q^{n+1} 表示。

触发器的逻辑功能可以用特性表、特性方程、状态转换图和时序图来描述。

根据逻辑功能不同，触发器可分为 RS 触发器、D 触发器、JK 触发器、T 触发器和 T′ 触发器等。

根据电路结构形式及触发方式的不同，触发器可分为基本 RS 触发器、同步触发器、主从触发器和边沿触发器。

4.2 基本 RS 触发器

基本 RS 触发器（又称 R – S 锁存器）是结构最简单的触发器，也是构成其他触发器的基础。

4.2.1 基本 RS 触发器电路结构及工作原理

1. 电路结构

第 2 章里的各种门电路虽然也有两种不同的状态，即 0 状态（低电平）和 1 状态（高电平），但都不能自行保持，即没有记忆功能。如图 4.2.1a 所示的电路中，若只有一个与非门 G_1，当另一个输入端接高电平时输出 u_{O1} 的状态将随输入 u_{I1} 的状态改变，因此，不具有记忆功能。

如果用另一个与非门 G_2 的输出将 u_{O1} 反相（将 G_2 的另一个输入端接高电平），则 G_2 的输出 u_{O2} 与 u_{I1} 同相。现将 u_{O2} 接至 G_1 的另一个输入端，这时即使原来加在 u_{I1} 上的信号撤销，即 u_{I1} 保持高电平，u_{O1} 和 u_{O2} 的状态也能保持。

由于 G_1、G_2 在电路中的作用完全相同，因此一般将电路画成图 4.2.1b 所示的形式。图 4.2.1c 为其逻辑符号。逻辑电路图中 $\bar{R}$ 和 $\bar{S}$ 为信号输入端（上面的非号表示低电平有效，在逻辑符号中用小圆圈表示），Q 和 $\bar{Q}$ 为输出端，在触发器处于稳定状态时，其输出状态互补（即相反）。定义 $Q=0$、$\bar{Q}=1$ 的状态为触发器的 0 状态（也称复位或置 0），$Q=1$、$\bar{Q}=0$ 的状态为触发器的 1 状态（也称置位或置 1）。

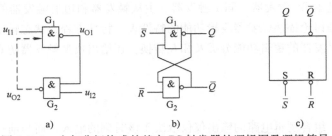

图 4.2.1　由与非门构成的基本 RS 触发器的逻辑图及逻辑符号
a）、b）逻辑图　c）逻辑符号

2. 工作原理

图 4.2.1b 为由与非门构成的基本 RS 触发器的电路结构，下面分析其工作原理，即分析输入信号 $\bar{R}$ 和 $\bar{S}$ 在不同的状态时，输出信号 Q 和 $\bar{Q}$ 的状态。

1）$\bar{R}=0$，$\bar{S}=1$ 时：因为 $\bar{R}=0$，则 G_2 的输出 $\bar{Q}=1$，且 $\bar{Q}$ 反馈到 G_1 的一个输入端，又因为 $\bar{S}=1$，从而 G_1 的输出端 $Q=0$。即，在 $\bar{R}=0$，$\bar{S}=1$ 时，触发器被置 0。可以看出，在这种情况下，$\bar{R}$ 有效（$\bar{R}=0$），因此 $\bar{R}$ 称为置 0 端，也称复位端。

2）$\bar{R}=1$，$\bar{S}=0$ 时：因为 $\bar{S}=0$，则 G_1 的输出 $Q=1$，且 Q 反馈到 G_2 的一个输入端，又因为 $\bar{R}=1$，从而 G_2 的输出端 $\bar{Q}=0$。即，在 $\bar{R}=1$，$\bar{S}=0$ 时，触发器被置 1。可以看出，在这种情况下，$\bar{S}$ 有效（$\bar{S}=0$），因此 $\bar{S}$ 称为置 1 端，也称置位端。

3）$\bar{R}=1$，$\bar{S}=1$ 时：若触发器原来的状态为 $Q=0$，$\bar{Q}=1$，这时 G_1 的输出端 $Q=0$，G_2 的输出端 $\bar{Q}=1$；若触发器原来的状态为 $Q=1$，$\bar{Q}=0$，这时 G_1 的输出端 $Q=1$，G_2 的输出端 $\bar{Q}=0$。所以，当 $\bar{R}=1$，$\bar{S}=1$ 时，触发器保持原来的状态不变。

4）$\bar{R}=0$，$\bar{S}=0$ 时：G_1、G_2 的输出端均为 1，这既不是 0 状态，也不是 1 状态，而且当 $\bar{R}$、$\bar{S}$ 同时由 0 变 1 时，由于 G_1、G_2 电气性能上的差异（即便是同样型号的器件，也不可能做到绝对的相同），其输出状态无法预知，可能是 0 状态也可能是 1 状态（由速度较慢的门决定）。因此，这种情况不允许出现。为了保证基本 RS 触发器的正常工作，不允许 $\bar{R}$ 和 $\bar{S}$ 同时为 0，要求其满足 $\bar{R}+\bar{S}=1$，即 $RS=0$ 的约束条件。

由上述分析可知，触发器的输出（次态）不仅与该时刻的输入信号状态有关，而且还与触发器原来的状态（现态）有关。

RS 触发器
的不定状态

基本 RS 触发器也可以用或非门构成。由两个或非门构成的基本 RS 触发器如图 4.2.2a 所示，图 4.2.2b 为其逻辑符号。R 和 S 为信号输入端（此处高电平有效），Q 和 $\bar{Q}$

为输出端。其工作原理和由与非门构成的基本 RS 触发器类似，这里不再详细分析。

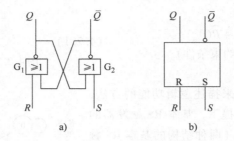

图 4.2.2　由或非门构成的基本 RS 触发器的逻辑图及逻辑符号

a）逻辑图　b）逻辑符号

4.2.2　触发器功能的描述方法

描述触发器的逻辑功能有以下几种方法，这里以基本 RS 触发器为例进行介绍。

1. 特性表（状态转换表）

触发器的原稳定状态（现态）为 Q^n，在输入信号（即 $\bar{R}$、$\bar{S}$）作用下，触发器下一个稳定状态（次态）为 Q^{n+1}，以现态 Q^n 和输入信号为变量，以次态 Q^{n+1} 为函数，用表格形式描述它们之间的函数关系称为特性表（状态转换表）。

根据基本 RS 触发器的工作原理，可得两种结构的基本 RS 触发器的特性表，分别见表 4.2.1 和表 4.2.2。

表 4.2.1　由与非门构成的基本 RS 触发器的特性表

输入		输出		
$\bar{S}$	$\bar{R}$	Q^n	Q^{n+1}	功能
1	1	0	0	保持
1	1	1	1	
0	1	0	1	置1
0	1	1	1	
1	0	0	0	置0
1	0	1	0	
0	0	0	1*	不允许
0	0	1	1*	

注：1* 表示不允许，此时两个输出端均为1。本章后面表格中星号含义同此。

表 4.2.2　由或非门构成的基本 RS 触发器的特性表

输入		输出		
S	R	Q^n	Q^{n+1}	功能
0	0	0	0	保持
0	0	1	1	
1	0	0	1	置1
1	0	1	1	
0	1	0	0	置0
0	1	1	0	
1	1	0	0*	不允许
1	1	1	0*	

注：0* 表示不允许，此时两个输出端均为0。

对比两表，可发现二者在本质上是相同的。

2. 特性方程

根据特性表可画出由与非门构成的基本 RS 触发器的卡诺图（同样适用于由或非门构成的基本 RS 触发器）并化简，如图 4.2.3 所示。

由卡诺图，可写出其特性方程（与或非门构成的基本 RS 触发器特性方程一致）为

$$Q^{n+1} = S + \bar{R}Q^n \qquad (4.2.1)$$
$$RS = 0（约束条件）$$

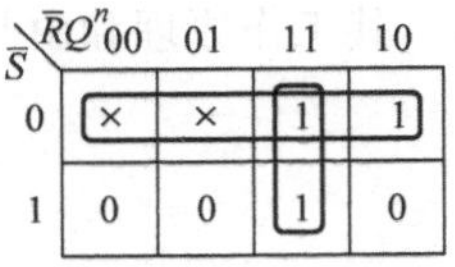

图 4.2.3　基本 RS 触发器的卡诺图

3. 状态转换图

状态转换图是采用图形来描述逻辑功能的方法，在满足约束条件 $RS = 0$ 的前提下，基本 RS 触发器的状态转换图如图 4.2.4 所示（两种结构的基本 RS 触发器一致）。图中圆圈分别代表触发器的两个稳定状态，箭头表示在输入信号作用下状态转换的方向，箭头旁的标注表示状态转换条件。

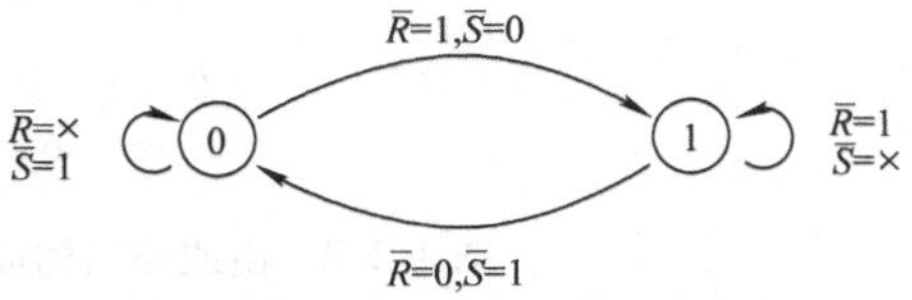

图 4.2.4　基本 RS 触发器的状态转换图

由图 4.2.4 可见，若触发器现态为 $Q^n = 0$，则在输入信号 $\bar{R} = 1$，$\bar{S} = 0$ 的条件下，转换至次态 $Q^{n+1} = 1$；若输入信号 $\bar{S} = 1$，$\bar{R} = 0$ 或 1，则触发器保持在 0 态。若触发器的现态为 $Q^n = 1$，在输入信号 $\bar{S} = 1$，$\bar{R} = 0$ 的作用下，转换至次态 $Q^{n+1} = 0$；若 $\bar{R} = 1$，$\bar{S} = 0$ 或 1，则触发器仍保持在 1 状态。由此可以看出，用状态转换图与用特性表描述触发器的逻辑功能是一致的。

4. 时序图

反映输入信号取值和触发器状态之间在时间上的对应关系的工作波形图叫作时序图。

时序图形象地反映了触发器的动态特性，与实验中用示波器观察到的波形是比较一致的，因此，了解各种触发器的时序图对于工程应用非常重要。基本 RS 触发器的典型时序图如图 4.2.5 所示。在基本 RS 触发器中，输入信号直接加到输出门上，所以输入信号在全部作用时间里，都能直接改变输出端的状态，这就是基本 RS 触发器的动作特点。t_1 到 t_2 之间出现输入信号 $\bar{S} = \bar{R} = 0$，输出端 $Q = \bar{Q} = 1$，不再互补。t_2 时刻 $\bar{S} = 1$（率先撤销），触发器回到正常状态。但 t_3 到 t_4 之间出现输入信号 $\bar{S} = \bar{R} = 0$，输出 $Q = \bar{Q} = 1$，由于 t_4 时刻 $\bar{S} = \bar{R} = 1$（二者同时撤销），由于门的延迟时间不同且不可预知，致使触发器的输出出现逻辑不定状态。因此为了避免出现不定状态，基本 RS 触发器不允许两个输入信号同时有效，即存在一个约束条件 $RS = 0$。

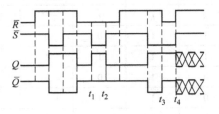

图 4.2.5　基本 RS 触发器的时序图

4.2.3　典型集成基本 RS 触发器 74LS279

图 4.2.6a 所示为集成基本 RS 触发器 74LS279 的逻辑符号。它包含 4 个基本 RS 触发器单元，逻辑符号左侧为 4 个触发器的输入信号，右侧为输出信号（输出信号只有 Q 端输出）。在 4 个基本 RS 触发器单元中，其中第 1 个和第 3 个各有 3 个输入信号，即 1 个 R 信号，2 个 S 信号。对于这两个单元，输入信号 $\bar{S} = \bar{S}_1\bar{S}_2$；第 2 个和第 4 个基本 RS 触发器单元与 4.2.1 节中所介绍的基本 RS 触发器结构完全相同。图 4.2.6b 为第 1、3 单元的结构，图 4.2.6c 为第 2、4 单元的结构。

其功能表见表 4.2.3，与表 4.2.1 相同。

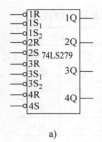

a)

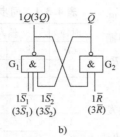

b)

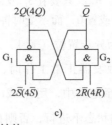

c)

表 4.2.3 74LS279 的功能表

输入		输出	
$\bar{S}$	$\bar{R}$	Q^{n+1}	功能
0	0	1*	不允许
0	1	1	置1
1	0	0	置0
1	1	Q^n	保持

图 4.2.6   74LS279 的逻辑符号及内部结构

a) 逻辑符号 b) 1 (3) 单元的内部结构 c) 2 (4) 单元的内部结构

思 考 题

4.2.1 两种结构的基本 RS 触发器有何异同点？

4.2.2 试用不同方法来描述由或非门组成的基本 RS 触发器的逻辑功能。

4.3 同步触发器

基本 RS 触发器的输出直接受输入信号的控制，也就是说，在输入信号的作用下，输出端在任何时刻都有可能发生翻转。而在同步触发器中，增加了时钟脉冲控制端，只有在时钟脉冲控制端为有效电平的前提下，触发器才会按输入信号进行翻转，否则无论触发器的输入信号怎样变化，其输出都将保持原状态不变。

4.3.1 同步 RS 触发器

1. 电路结构

图 4.3.1a 所示为同步 RS 触发器的逻辑图（虚线所示为异步置位、复位端，即该置位信号 $\bar{S}_D$、复位信号 $\bar{R}_D$ 不受时钟脉冲 CP 的控制，一旦有效，立即使触发器置 1 或置 0），图 4.3.1b 为其逻辑符号。从其电路结构可见，它是在基本 RS 触发器的基础上增加了两个由 CP 脉冲控制的与非门 G_3 和 G_4。

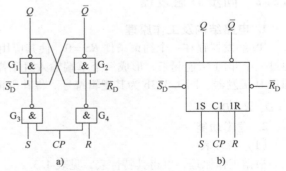

图 4.3.1 同步 RS 触发器的逻辑图及逻辑符号

a) 逻辑图 b) 逻辑符号

2. 工作原理及逻辑功能

当 $CP=0$ 时，门 G_3、G_4 被封锁，输出均为 1，即不管输入信号 R、S 如何变化，触发器的输出端 Q 和 $\bar{Q}$ 的状态都保持不变。

当 $CP=1$ 时，输入信号 R、S 的状态经门 G_3、G_4 反相（此时与由与非门构成的基本 RS 触发器相同），从而影响到整个触发器的输出端 Q、$\bar{Q}$ 的状态。这种触发方式称为电平触发方式。同步 RS 触发器的特性表见表 4.3.1。由表 4.3.1 可知，当 $CP=1$ 时，触发器的输出状态受输入信号的控制，而且 $CP=1$ 时的特性表和基本 RS 触发器的特性表相同，因此其特性方程、状态转换图与基本 RS 触发器相同，且输入信号同样要满足 $RS=0$ 的约束条件。在使用同步 RS 触发器时，有时需要在 CP 信号到来之前将触发器置 1 或置 0，因此一些触发器还设置有异步置位、复位端，如图4.3.1a中虚线所示的 $\overline{S}_D$、$\overline{R}_D$。只要在 $\overline{S}_D$ 或 $\overline{R}_D$ 加上低电平，即可立即将触发器置1或置0，而不受时钟信号和输入信号的控制。因此将 $\overline{S}_D$ 称为异步置位（置1）端，将 $\overline{R}_D$ 称为异步复位（置0）端。触发器正常工作时，需将 $\overline{S}_D$、$\overline{R}_D$ 接高电平。在图4.3.1a所示电路中，用 $\overline{S}_D$ 或 $\overline{R}_D$ 将触发器置位或复位应当在 $CP=0$ 的状态下进行，否则在 $\overline{S}_D$ 或 $\overline{R}_D$ 返回高电平以后预置的状态不一定能保存下来。

表 4.3.1 同步 RS 触发器的特性表

时钟	输入		输出	
CP	S	R	Q^{n+1}	功能
0	×	×	Q^n	保持
1	0	0	Q^n	保持
1	1	0	1	置1
1	0	1	0	置0
1	1	1	1*	不允许

与基本 RS 触发器相比，同步 RS 触发器的时序图除了与输入信号有关，还与时钟信号 CP 的状态有关。当 $CP=0$ 时，门 G_3、G_4 被封锁，不论输入信号 R、S 如何变化，触发器的输出端 Q 和 $\overline{Q}$ 的状态均保持不变；当 $CP=1$ 时，S 和 R 信号都能通过门 G_3 和 G_4 加到基本 RS 触发器上，所以 S 和 R 的变化都将引起触发器输出端状态的变化，这就是同步 RS 触发器的动作特点。

例 4.3.1 已知同步 RS 触发器的输入信号波形如图4.3.2所示，设触发器的初始状态为 $Q=0$，试画出 Q、$\overline{Q}$ 的波形图。

解：当 $CP=0$ 时，触发器保持原来的状态；当 $CP=1$ 时，触发器的状态随输入信号发生变化，由当前输入信号 R、S 的状态决定 Q、$\overline{Q}$ 的状态。

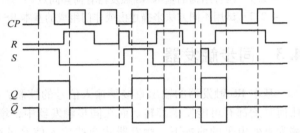

图 4.3.2 例 4.3.1 的波形图

4.3.2 同步 D 触发器

1. 电路结构及工作原理

RS 触发器存在一个约束条件 $RS=0$，使其应用受到了一定的限制，因此，图4.3.3a 把 R、S 通过一个非门 G_5 连起来，形成一个单端输入且不需要约束条件的触发器，其输入端为 D，称为同步 D 触发器。图4.3.3b 为其逻辑符号。将其逻辑图与同步 RS 触发器的逻辑图比较可以看出，$S=D$，$R=\overline{D}$。

2. 逻辑功能

（1）特性表

根据工作原理，可得其特性表，见表4.3.2。

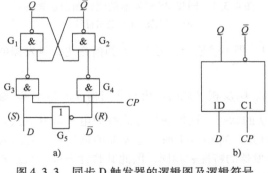

图 4.3.3 同步 D 触发器的逻辑图及逻辑符号
a）逻辑图 b）逻辑符号

表 4.3.2 同步 D 触发器的特性表

时钟	输入	输出		
CP	D	Q^n	Q^{n+1}	功能
0	×	0	0	保持
0	×	1	1	
1	0	0	0	$Q^{n+1}=D$
1	0	1	0	
1	1	0	1	
1	1	1	1	

（2）特性方程

由特性表可得，当 $CP = 1$ 时，其特性方程为 $Q^{n+1} = D$。或者将 $S = D$，$R = \bar{D}$ 代入基本 RS 触发器的特性方程，也可得

$$Q^{n+1} = S + \bar{R}Q^n = D + DQ^n = D \tag{4.3.1}$$

（3）状态转换图

由其特性方程或特性表可得，当 $CP = 1$ 时，其状态转换图如图 4.3.4 所示。

（4）时序图

图 4.3.5 为同步 D 触发器的典型时序图。

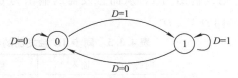

图 4.3.4 同步 D 触发器的状态转换图

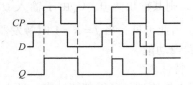

图 4.3.5 同步 D 触发器的时序图

由时序图可以看出，在 $CP = 0$ 时，不论输入信号 D 如何变化，触发器的输出端 Q 和 $\bar{Q}$ 的状态均保持不变。在 $CP = 1$ 期间，同步 D 触发器输出端 Q 的状态随 D 信号的状态发生变化。

4.3.3 同步 JK 触发器

1. 电路结构

为了克服 RS 触发器在 $R = S = 1$ 时可能出现的不确定状态，另一种取消约束条件的方法是将触发器输出端 Q 和 $\bar{Q}$ 的互补输出状态反馈到输入端，如图 4.3.6a 所示，图 4.3.6b 为其逻辑符号。J、K 为其信号输入端，因此称为同步 JK 触发器。将其电路结构图与图 4.3.1a 所示同步 RS 触发器比较可以得出，$S = J\bar{Q}^n$，$R = KQ^n$，所以，不可能出现 $R = S = 1$ 的状态。

2. 工作原理

当 $CP = 0$ 时，门 G_3、G_4 被封锁，输出均为 1，即不管输入信号 J、K 如何变化，触发器的输出端 Q、$\bar{Q}$ 的状态都保持不变。

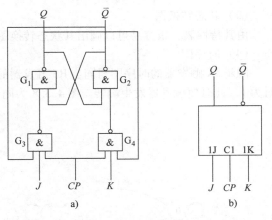

图 4.3.6 同步 JK 触发器的逻辑图及逻辑符号

a）逻辑图　b）逻辑符号

当 $CP = 1$ 时，输入信号 J、K 的状态经门 G_3、G_4 反相，从而影响到整个触发器的输出端 Q、$\bar{Q}$ 的状态。

1）当 $J = K = 0$ 时，G_3、G_4 输出均为 1，触发器保持原来的状态不变，即 $Q^{n+1} = Q^n$。

2）当 $J = 1$，$K = 0$ 时，若 $Q^n = 0$，$\bar{Q}^n = 1$，G_3 的三个输入均为 1，则其输出为 0，G_4 由于输入 $K = 0$，则其输出为 1，从而触发器的输出为 $Q^{n+1} = 1$，$\bar{Q}^{n+1} = 0$；若 $Q^n = 1$，$\bar{Q}^n = 0$，G_3、G_4 输出均为 1，从而触发器的输出为 $Q^{n+1} = Q^n = 1$，$\bar{Q}^{n+1} = 0$。由此可见，无论触发器原来是何状态，在该

输入信号作用下触发器都将置1，即 $Q^{n+1}=1$。

3）当 $J=0$，$K=1$ 时，若 $Q^n=1$，$\overline{Q^n}=0$，G_4 的三个输入均为1，则其输出为0，G_3 由于输入 $J=0$，则其输出为1，从而触发器的输出为 $Q^{n+1}=0$，$\overline{Q}^{n+1}=1$；若 $Q^n=0$，$\overline{Q}^n=1$，G_3、G_4 的输出均为1，从而触发器的输出为 $Q^{n+1}=Q^n=0$，$\overline{Q}^{n+1}=1$。由此可见，无论触发器原来是何状态，在该输入信号作用下触发器都将置0，即 $Q^{n+1}=0$。

4）当 $J=K=1$ 时，若 $Q^n=1$，$\overline{Q}^n=0$，G_4 的三个输入均为1，则其输出为0，G_3 由于输入 $\overline{Q}^n=0$，则其输出为1，从而触发器的输出为 $\overline{Q}^{n+1}=1$，$Q^{n+1}=0$；若 $Q^n=0$，$\overline{Q}^n=1$，G_3 的三个输入均为1，则其输出为0，G_4 由于输入 $Q^n=0$，则其输出为1，从而触发器的输出为 $Q^{n+1}=1$，$\overline{Q}^{n+1}=0$。由此可见，当 $J=K=1$ 时触发器翻转，即 $Q^{n+1}=\overline{Q}^n$。

3. 逻辑功能

（1）特性表

根据工作原理，可得其特性表，见表4.3.3。

（2）特性方程

根据特性表，经卡诺图化简（用与基本 RS 触发器同样的方法）或将 $S=\overline{J}\overline{Q}^n$，$R=KQ^n$ 代入基本 RS 触发器的特性方程，均可得到同步 JK 触发器的特性方程为

$$Q^{n+1}=J\overline{Q}^n+\overline{K}Q^n \qquad (4.3.2)$$

表 4.3.3　同步 JK 触发器的特性表

时钟	输入		输出	
CP	J	K	Q^{n+1}	功能
0	×	×	Q^n	保持
1	0	0	Q^n	保持
1	1	0	1	置1
1	0	1	0	置0
1	1	1	$\overline{Q}^n$	翻转

（3）状态转换图

由其特性表，很容易可以画出其状态转换图如图4.3.7所示。

（4）时序图

同步 JK 触发器的时序图与同步 RS 触发器的时序图类似，只是 JK 触发器允许输入端 J、K 同时为1，此时使触发器发生翻转。图4.3.8为同步 JK 触发器的典型时序图（初始状态为 $Q=1$）。

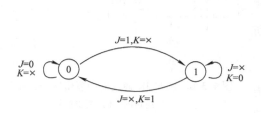

图 4.3.7　同步 JK 触发器的状态转换图

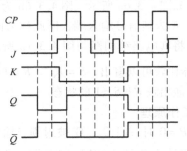

图 4.3.8　同步 JK 触发器的典型时序图

同步触发器在 $CP=1$ 期间，输入信号的多次变化有可能使触发器的输出端在一个 CP 脉冲期间发生多次翻转，形成触发器电路的"空翻"现象。尤其是对于同步 JK 触发器，当 $J=K=1$ 时，即使输入信号保持不变，触发器也会出现连续不停的翻转。在数字电路中，为保证电路稳定可靠地工作，要求一个 CP 脉冲期间，触发器只能动作一次。为防止出现两次或两次以上的翻转，必须严格规定 CP 的持续时间或对电路结构进行改进，以克服上述各种同步触发器均存在的"空翻"问题。

同步触发器
的空翻

4.3.4 典型集成同步触发器 74LS375

1. 集成同步 D 触发器 74LS375

集成同步触发器包括 RS 触发器、JK 触发器和 D 触发器，这里仅介绍一种集成同步 D 触发器 74LS375。

图 4.3.9a 所示为 74LS375 的逻辑符号。它包含 4 个 D 触发器单元，逻辑符号左侧为 4 个触发器的输入信号 D 及时钟脉冲信号（其中 1、2 共用一个时钟信号，3、4 共用一个时钟信号），右侧为输出信号，即各个 D 触发器的 Q、$\overline{Q}$ 端。各 D 触发器单元逻辑图如图 4.3.9b 所示。

从其电路结构可以得到触发器的功能表，见表 4.3.4。

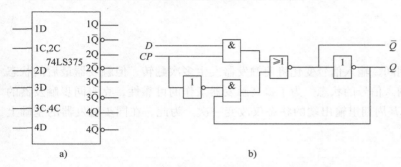

表 4.3.4 74LS375 的功能表

时钟	输入	输出
CP	D	Q^{n+1}
1	0	0
1	1	1
0	×	Q^n

图 4.3.9 74LS375 的逻辑符号与各 D 触发器的逻辑图

a) 逻辑符号 b) 各 D 触发器的逻辑图

2. 集成同步 D 触发器应用——抢答电路

在智力竞赛中进行抢答时，需判断谁最先抢答。图 4.3.10 就是具有这一逻辑功能的电路。其中 A、B、C、D 是 4 个参加竞赛者的按钮。抢答前各按钮均应放开，故 4 个触发器的输入 D 均为 0。S 是主持人的按钮。抢答前，主持人按下 S，使各 CP 端均为 1，D 触发器接收信号，4 个 Q 端为 0，所有发光二极管 LED 都应不亮。如果哪个参赛者的按钮没有松开，对应的发光二极管就会亮，这时主持人应令其松开，使 LED 全部熄灭。宣布抢答开始时，按钮 S 应松开，使或门的该输入端为 0。由于开始时各触发器 $\overline{Q}$ 端均为 1，通过一个 4 输入的与门使或门的另一输入端为 1，故触发器仍处于接收信号的状态。抢答开始后，哪一个抢答者的按钮先按下，则相应触发器

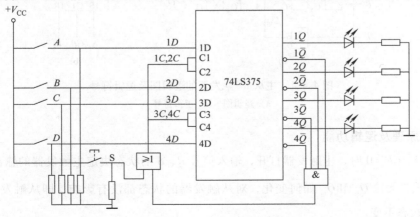

图 4.3.10 抢答电路

Q 变 1，对应 LED 灯亮，同时其 $\bar{Q}$ 变 0，使 4 个触发器不再接收输入信号，都被封锁，以后再有按钮按下，将不起作用。因此可以判断出哪个按钮最先发出信号。该电路也称第一信号鉴别电路。

思 考 题

4.3.1 同步触发器与基本 RS 触发器相比有什么区别和优点？

4.3.2 试写出同步 RS 触发器、D 触发器和 JK 触发器的特性方程。

4.3.3 比较同步 RS 触发器与同步 JK 触发器在结构及逻辑功能上的不同点。

4.4 主从触发器

同步触发器在 CP 有效期间，输入信号变化将使触发器发生多次翻转，但触发器最后的状态仅取决于 CP 变为无效前的输入信号的状态。为了提高触发器工作的可靠性，克服同步触发器的"空翻"现象，希望在每个 CP 周期里输出端的状态仅改变一次。为此，在同步触发器的基础上加以改进，得到主从触发器。

4.4.1 主从 RS 触发器

1. 电路结构

图 4.4.1a 所示为主从 RS 触发器的逻辑图，图 4.4.1b 为其逻辑符号。它由两个同步 RS 触发器串联组成，但这两个触发器的时钟信号相位相反。其中由 $G_5 \sim G_8$ 组成主触发器，$G_1 \sim G_4$ 组成从触发器，因此将其称为主从结构的 RS 触发器或主从 RS 触发器，其中输入信号 R、S 加于主触发器。

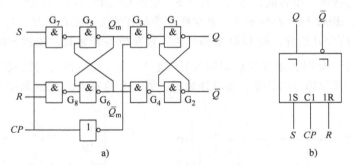

图 4.4.1 主从 RS 触发器的逻辑图及逻辑符号

a）逻辑图 b）逻辑符号

2. 工作原理及逻辑功能

当 $CP=1$，$\overline{CP}=0$ 时，主触发器打开，输入信号 R、S 的状态决定主触发器的输出 Q_m 和 $\bar{Q}_m$，从触发器封锁，无论 Q_m 和 $\bar{Q}_m$ 如何变化，对从触发器的状态都没有影响，即从触发器的输出 Q 和 $\bar{Q}$ 保持原状态不变。

当 CP 由 1 变 0，即 $CP=0$，$\overline{CP}=1$ 时，主触发器封锁，无论输入信号 R、S 如何变化，主触

发器的输出端 Q_m 和 $\overline{Q}_m$ 保持原状态不变；从触发器打开，主触发器原来寄存的状态 Q_m 和 $\overline{Q}_m$ 传送到从触发器的输出端。所以，在 CP 的一个变化周期中，触发器输出端的状态只可能改变一次。主触发器在 $CP=1$ 期间，输入信号 R、S 变化均起控制作用，但从触发器仅接收 CP 下降沿到达时主触发器的状态。

例如：设触发器的初始状态为 $Q=0$，$\overline{Q}=1$，在 $CP=1$ 期间，若 $S=1$，$R=0$，主触发器将被置 1，即 $Q_m=1$，$\overline{Q}_m=0$，而从触发器保持 0 状态不变；当 CP 由 1 变为 0 后，主触发器保持 1 状态不变，从触发器由于 $Q_m=1$，$\overline{Q}_m=0$ 而使其输出置 1。

逻辑符号中的"¬"表示延迟输出，即 CP 由 1 变 0 以后输出状态才发生改变。因此，输出状态的变化发生在 CP 信号的下降沿。

由以上分析可以得到其特性表，见表 4.4.1。

从其特性表可以看出，其特性方程、状态转换图与基本 RS 触发器相同，但其时序图有所不同。从同步 RS 触发器到主从 RS 触发器的这一演变，克服了 $CP=1$ 期间触发器输出状态可能多次翻转的问题。但由于主触发器本身是同步 RS 触发器，所以在 $CP=1$ 期间，R、S 信号的变化仍可造成主触发器的多次翻转，而且输入信号仍需遵守约束条件 $RS=0$，但从触发器保持原来的状态。因此，当 CP 由 1 变为 0 时触发器输出的状态取决于 $CP=1$ 期间主触发器最后一次翻转的状态。

表 4.4.1　主从 RS 触发器的特性表

时钟	输入		输出	
CP	S	R	Q^{n+1}	功能
⊓	0	0	Q^n	保持
⊓	1	0	1	置 1
⊓	0	1	0	置 0
⊓	1	1	1*	不允许

例 4.4.1　已知主从 RS 触发器输入端 R、S、CP 的波形如图 4.4.2 所示，试画出主触发器输出端 Q_m 和从触发器输出端 Q 的波形。设触发器的初始状态为 $Q=0$。

解：在 $CP=1$ 期间，主触发器的状态也会相应地随 R、S 的状态翻转。仅在 CP 下降沿到达时刻，从触发器随主触发器做相应的改变。因此，主从 RS 触发器的输出波形不能从 CP 下降沿前的 R、S 状态去分析，而是从 CP 下降沿前的 Q_m 状态去分析，由此可得完整的输出波形。

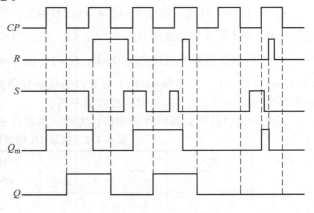

图 4.4.2　例 4.4.1 的波形图

4.4.2　主从 JK 触发器

1. 电路结构

图 4.4.3a 为主从 JK 触发器的逻辑图，图 4.4.3b 为其逻辑符号。可见其电路结构与主从 RS 触发器相似，也是由一个主触发器和一个从触发器组成，因此称为主从 JK 触发器，它与主从 RS 触发器的区别仅在于 JK 触发器将从触发器的输出端 Q、$\overline{Q}$ 的互补输出状态反馈到主触发器的输入端，其输入信号为 J、K，这和同步 RS 触发器与同步 JK 触发器的区别类似。

2. 工作原理及逻辑功能

1）若 $CP=1$ 时输入信号 $J=K=0$，则主触发器的输出 Q_m 和 $\overline{Q}_m$ 保持原状态不变，从而当 CP

由 1 变 0 以后从触发器输出保持原状态不变，即 $Q^{n+1} = Q^n$。

2）若 $CP = 1$ 时输入信号 $J = 0$，$K = 1$，设触发器原输出状态为 $Q = 0$，$\bar{Q} = 1$，G_7、G_8 输出为 1，则主触发器的输出 Q_m 和 $\bar{Q}_m$ 保持原状态不变，从而当 CP 由 1 变 0 以后从触发器输出保持原状态不变，即 $Q^{n+1} = 0$，$\bar{Q}^{n+1} = 1$。设触发器原输出状态为 $Q = 1$，$\bar{Q} = 0$，则 G_7 输出为 1、G_8 输出为 0，那么主触发器的输出 $Q_m = 0$，$\bar{Q}_m = 1$，从而当 CP 由 1 变 0 以后从触发器输出为 $Q^{n+1} = 0$，$\bar{Q}^{n+1} = 1$。因此，在 $CP = 1$ 期间当输入信号 $J = 0$，$K = 1$ 时，触发器输出置 0。

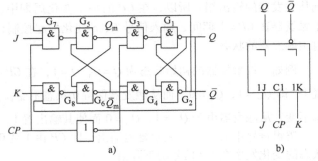

图 4.4.3 主从 JK 触发器的逻辑图及逻辑符号
a）逻辑图 b）逻辑符号

3）若 $CP = 1$ 时输入信号 $J = 1$，$K = 0$，设触发器原输出状态为 $Q = 1$，$\bar{Q} = 0$，G_7、G_8 输出为 1，则主触发器的输出 Q_m 和 $\bar{Q}_m$ 保持原状态不变，从而当 CP 由 1 变 0 以后从触发器输出保持原状态不变，即 $Q^{n+1} = 1$，$\bar{Q}^{n+1} = 0$。设触发器原输出状态为 $Q = 0$，$\bar{Q} = 1$，则 G_7 输出为 0、G_8 输出为 1，那么主触发器的输出 $Q_m = 1$，$\bar{Q}_m = 0$，从而当 CP 由 1 变 0 以后从触发器输出为 $Q^{n+1} = 1$，$\bar{Q}^{n+1} = 0$。因此，在 $CP = 1$ 期间当输入信号 $J = 1$，$K = 0$ 时，触发器输出置 1。

4）若 $CP = 1$ 时输入信号 $J = 1$，$K = 1$，设触发器原输出状态为 $Q = 1$，$\bar{Q} = 0$，G_7 输出为 1，G_8 输出为 0，则主触发器的输出 $Q_m = 0$，$\bar{Q}_m = 1$，从而当 CP 由 1 变 0 以后从触发器输出为 $Q^{n+1} = 0$，$\bar{Q}^{n+1} = 1$。设触发器原输出状态为 $Q = 0$，$\bar{Q} = 1$，则 G_7 输出为 0、G_8 输出为 1，那么主触发器的输出 $Q_m = 1$，$\bar{Q}_m = 0$，从而当 CP 由 1 变 0 以后从触发器输出为 $Q^{n+1} = 1$，$\bar{Q}^{n+1} = 0$。因此，在 $CP = 1$ 期间当输入信号 $J = 1$，$K = 1$ 时，触发器翻转。

因此，很容易得到其特性表和特性方程，其特性表见表 4.4.2。

表 4.4.2 主从 JK 触发器的特性表

时钟	输入		输出			时钟	输入		输出		
CP	J	K	Q^n	Q^{n+1}	功能	CP	J	K	Q^n	Q^{n+1}	功能
⊓	0	0	0	0	保持	⊓	0	1	0	0	置0
⊓	0	0	1	1		⊓	0	1	1	0	
⊓	1	0	0	1	置1	⊓	1	1	0	1	翻转
⊓	1	0	1	1		⊓	1	1	1	0	

利用同步 JK 触发器的分析方法，可以得到相同的特性方程和状态转换图，但其时序图与同步 JK 触发器的有所不同，而且存在一次翻转的问题。

3. 主从 JK 触发器的一次翻转

主从 JK 触发器解决了空翻和状态不定的问题，但由于将 Q 和 $\bar{Q}$ 分别反馈到主触发器的输入端，所以 G_7、G_8 两个门必有一个被封锁，因此造成主触发器的一次翻转，即，在 $CP = 1$ 期间，

无论 J、K 信号如何变化，主触发器的输出端 Q_m 和 $\overline{Q}_m$ 只能翻转一次，一旦翻转了就不会翻回原来的状态，所以主从 JK 触发器的输出状态仅取决于使主触发器第一次发生翻转的状态。但在主从 RS 触发器中，由于没有将 Q 和 $\overline{Q}$ 端接到输入端的反馈线，因此在 $CP=1$ 期间，S 和 R 状态多次改变时主触发器的状态也会随着多次翻转。

设触发器的初始状态为 $Q=0$，$\overline{Q}=1$（很容易得出产生此状态的主触发器的原状态为 $Q_m=0$，$\overline{Q}_m=1$），此时 G_8 封锁，主触发器只能接收置 1 信号 J，若 $J=0$，则主触发器保持原来的状态不变，从而在 CP 由 1 变为 0 时从触发器也保持原状态不变。若 $J=1$，则主触发器置 1，若在此期间 J 又发生变化，由 1 变化为 0，这时主触发器要保持原状态 1（因为它无法接收到置 0 信号，所以不可能由 1 变化为 0），从而在 CP 由 1 变为 0 时使从触发器置 1。所以，在初始状态为 $Q=0$，$\overline{Q}=1$ 的情况下，主触发器或者保持不变，或者发生一次翻转。在触发器初始状态为 $Q=1$，$\overline{Q}=0$ 时（很容易得出产生此状态的主触发器的原状态为 $Q_m=1$，$\overline{Q}_m=0$），G_7 封锁，主触发器只能接收置 0 信号 K，使主触发器或者保持不变，或者翻转一次使 Q_m 置 0。由此可知，主从 JK 触发器的输出端 Q 和 $\overline{Q}$ 的状态仅取决于主触发器第一次变化时的状态。

因此，可以总结主从结构触发器的动作特点如下：当 $CP=1$ 期间输入状态始终保持不变时，用 CP 下降沿到达时的输入信号状态来确定触发器的次态。否则，必须考虑 $CP=1$ 期间输入状态的全部变化过程，才能确定 CP 下降沿到达时触发器的状态。

主从 JK 触发器的一次翻转

例 4.4.2 已知主从 JK 触发器输入端 J、K 和 CP 的波形如图 4.4.4 所示，试画出 Q 端对应的波形。设触发器的初始状态为 $Q=0$。

解：由图可见，在第一个 CP 下降沿时刻，$Q^n=0$，此时 K 被封锁，只需看 $CP=1$ 期间置 1 信号 J 是否出现过有效状态即可（由于主从 JK 触发器的一次翻转），出现置 1 信号 $J=1$，翻转，否则保持；在第二个 CP 下降沿时刻，

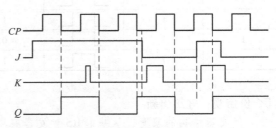

图 4.4.4 例 4.4.2 的波形图

$Q^n=1$，此时 J 被封锁，只需看 $CP=1$ 期间置 0 信号 K 是否出现过有效状态即可，出现置 0 信号 $K=1$，翻转，否则保持。类似方法可得完整的输出波形。

4.4.3 典型集成主从触发器 7476

脉冲触发的集成触发器包括主从 RS 触发器和主从 JK 触发器，这里仅介绍一种集成主从 JK 触发器 7476。

图 4.4.5a 所示为 7476 的逻辑符号。它包含两个主从 JK 触发器单元，且具有异步置 0、置 1 端，这两个输入端不受时钟脉冲的影响，一旦有效，将使整个触发器立刻置 0 或置 1。逻辑符号左侧为两个触发器的输入信号、异步置 0、置 1 信号及时钟脉冲信号，右侧为输出信号，即各个主从 JK 触发器的 Q、$\overline{Q}$ 端。各 JK 触发器单元的逻辑图如图 4.4.5b 所示。

从其电路结构可以看出，当输入时钟信号为高电平时，主触发器开通，J、K 信号送入，主触发器状态发生变化，但从触发器由于两个晶体管关断而不会受到影响。当时钟信号由高变低时，两个晶体管中的一个开通（由主触发器的状态决定哪一个开通），主触发器的输出送入从触发器，整个触发器的状态发生变化。因此，7476 是高电平有效、下降沿触发的集成主从 JK 触发器。

经过以上分析，可得到 7476 的功能表，见表 4.4.3。

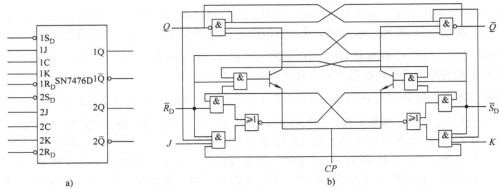

图 4.4.5 7476 的逻辑符号及各单元的逻辑图
a) 逻辑符号 b) 各单元的逻辑图

表 4.4.3 7476 的功能表

异步置位	异步复位	时钟	输入		输出	
$\overline{S}_D$	$\overline{R}_D$	CP	J	K	Q^{n+1}	功能
0	0	×	×	×	1 *	不允许
0	1	×	×	×	1	置1
1	0	×	×	×	0	置0
1	1	⊓	0	0	Q^n	保持
1	1	⊓	1	0	1	置1
1	1	⊓	0	1	0	置0
1	1	⊓	1	1	$\overline{Q^n}$	翻转

价值观：守正出新

触发器结构的演变，从基本 RS 触发器实现存储，到同步触发器实现时钟控制，主从触发器解决输出多次翻转问题，再到 JK 触发器通过反馈实现一次翻转。触发器结构演变过程可概括为：提出一型、针对其结构特性、研究其缺陷、分析已知模块电路的内在规律、找出改进方向、继承已有模块电路、修改创新、形成新型。

辩证唯物主义告诉我们：世界是可知的，自然界是可认识的，但认识客观事物的全貌需要有一个不断深化的过程。认识世界不可能一蹴而就，需要经过长期的继承与发展过程，触发器结构就是在不断继承、发展、创新中不断完善的。社会发展过程中，继承是发展的前提，发展是继承的必然要求。一个民族的优秀传统文化是该民族世世代代的创造和智慧的结晶，是该民族赖以生存的精神力量，一个民族文化的发展和复兴，离不开对优秀传统文化的继承；离开对传统文化的继承，文化发展就是无源之水、无根之木。继承的目的是为了发展，不是原封不动地承袭，必须要把握时代的脉搏，与时俱进，有所淘汰，有所发扬，实现创新性发展，在"守正"基础上做到"出新"。

思 考 题

4.4.1 比较同步触发器与主从触发器在结构上的不同点。

4.4.2 比较主从 RS 触发器与主从 JK 触发器输入信号对输出的影响有什么不同。

4.5　边沿触发器

为了提高触发器工作的可靠性，增强其抗干扰能力，要求触发器输出状态的变化仅取决于 CP 信号下降沿（或上升沿）到达时刻输入信号的状态，而在此之前和之后输入状态的变化对触发器的输出没有影响，这就是边沿触发器。

4.5.1　利用门电路传输延迟时间的边沿触发器

1. 电路结构

利用门电路传输延迟时间的边沿触发器如图 4.5.1a 所示，它为负边沿（下降沿）触发的边沿 JK 触发器。它由四个与门和两个或非门 $G_3 \sim G_8$ 构成基本 RS 触发器，由与非门 G_1、G_2 构成触发导引电路；其中 $\overline{R}_D$、$\overline{S}_D$ 为异步复位、置位信号，它们与 CP 无关。

该电路的特点为，门 G_1 与 G_2 的平均延迟时间比 $G_3 \sim G_8$ 构成的基本 RS 触发器的平均延迟时间要长，在制造过程中确保该条件。

从 Q 和 $\overline{Q}$ 端引出的反馈线是为了实现 $CP = 1$ 时 Q 值不变。

图 4.5.1b 为其逻辑符号，在 CP 输入端处有动态符号 "^" 和小圆圈，表明它是下降沿触发方式（若为上升沿触发，则只有 "^" 号）。

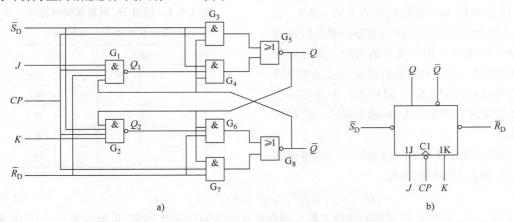

图 4.5.1　边沿 JK 触发器的逻辑图及逻辑符号
a）逻辑图　b）逻辑符号

2. 工作原理及逻辑功能

（1）$CP = 0$ 时，触发器的状态不变

$CP = 0$ 时，G_3、G_7 被 CP 信号封锁，另一方面，G_1、G_2 也被 CP 信号封锁，无论 J、K 为何状态，Q_1、Q_2 均为 1，于是 G_4 和 G_6 打开，使 G_5 和 G_8 形成交叉耦合的保持状态，触发器的输出 Q、$\overline{Q}$ 状态不变。

（2）CP 由 0 变 1 时，触发器状态不变

在 CP 由 0 变 1 后瞬间，G_3、G_7 两门传输延迟时间较短，抢先打开，使 G_5 和 G_8 继续处于锁定状态，输出仍保持不变。经过一段延迟 Q_1、Q_2 才反映出 J、K 信号的作用。设 CP 由 0 到 1 跳变前触发器的状态为 Q^n，根据图 4.5.1a，在此后的 $\overline{CP = 1}$ 期间

$$Q = CP\,\overline{Q^n} + Q_1\,\overline{Q^n} = Q^n \tag{4.5.1}$$

$$\overline{Q} = \overline{\overline{CPQ^n} + Q_2 \overline{Q^n}} = \overline{Q^n} \qquad (4.5.2)$$

显然，触发器状态与 CP 跳变前相同。经过一段延迟时间

$$Q_1 = \overline{CPJ\,\overline{Q^n}} = \overline{J\,\overline{Q^n}} \qquad (4.5.3)$$

$$Q_2 = \overline{CPK\,\overline{Q^n}} = \overline{K\,\overline{Q^n}} \qquad (4.5.4)$$

由式 (4.5.3)、式 (4.5.4) 可以看出，无论 J、K 为何值，若 $Q^n = 1$，则 $Q_1 = 1$；反之，若 $Q^n = 0$，则 $Q_2 = 1$，即 Q_1、Q_2 不可能同时为 0。此时电路已接收输入信号 J、K，为触发器的状态转换做好准备。

（3）CP 由 1 变 0，触发器状态根据输入信号 J、K 翻转

CP 由 1 变 0 后的瞬间，G_3、G_5 抢先关闭，而 G_1、G_2 的延迟使 $Q_1 = \overline{J\,\overline{Q^n}}$、$Q_2 = \overline{K Q^n}$ 仍作用于 G_4、G_6 的输入端。在 Q_1、Q_2 尚未来得及变化的期间，由于 G_3、G_7 的输出端均为 0 状态，则由 $G_3 \sim G_8$ 构成的基本 RS 触发器可简化等效为图 4.5.2 所示的电路，其状态由 Q_1、Q_2，即曾经接收到的 J、K 信号决定。于是，触发器由前一状态转换至下一状态。随着 G_1、G_2 延迟的结束，Q_1、Q_2 均为 1，触发器又进入（1）所分析的情况。

该边沿 JK 触发器的特性表见表 4.5.1。

由以上分析可知，该触发器的状态转换发生在时钟脉冲 CP 由 1 变 0 的瞬间，即时钟脉冲的下降沿，而且其状态转换仅仅取决于下降沿时刻的输入信号 J、K 的状态，不存在同步 JK 触发器的空翻及主从 JK 触发器的一次翻转问题。

由图 4.5.2 所示的等效电路，可以得到该边沿 JK 触发器的特性方程

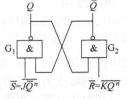

图 4.5.2 CP 由 1 变 0 后瞬间 $G_3 \sim G_8$ 构成的基本 RS 触发器等效电路

表 4.5.1 边沿 JK 触发器的特性表
（不考虑异步置位、复位端）

时钟	输入		输出	
CP	J	K	Q^{n+1}	功能
↓	0	0	Q^n	保持
↓	1	0	1	置 1
↓	0	1	0	置 0
↓	1	1	$\overline{Q^n}$	翻转

$$Q^{n+1} = \overline{\overline{Q_1}\ \overline{Q_2 \overline{Q^n}}} = \overline{\overline{J\,\overline{Q^n}}\ \overline{\overline{K Q^n} Q^n}} = J\,\overline{Q^n} + \overline{K} Q^n \qquad (4.5.5)$$

因此，该边沿 JK 触发器的特性方程、特性表及状态转换图与同步 JK 触发器、主从 JK 触发器的相同。但时序图有所不同，因为其状态转换仅取决于下降沿时刻的输入信号的状态。

例 4.5.1 下降沿触发的 JK 触发器的输入信号 CP、J、K 的波形如图 4.5.3 所示，试画出其输出端 Q 的波形。设触发器的初始状态为 $Q = 0$。

解：根据 CP 下降沿时刻的输入信号 J、K 的状态，由特性表和特性方程即可确定下一个 CP 周期输出端 Q 的状态，由此方法得完整的输出波形。

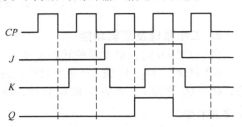

图 4.5.3 例 4.5.1 的波形图

4.5.2 维持阻塞结构的边沿触发器

1. 电路结构

维持阻塞触发器是另一种可以克服"空翻现象"的电路。维持阻塞结构的触发器大部分做成 D 触发器。

图 4.5.4a 所示为维持阻塞 D 触发器的逻辑图，它是一个上升沿触发的边沿触发器，图 4.5.4b 为其逻辑符号。该电路是在同步 RS 触发器的基础上演变而来的。从图中可以看出，如果不存在①、②、③三根线，$G_1 \sim G_6$ 构成同步 D 触发器。为了克服空翻，并具有边沿触发的特性，才引入了①、②、③三根反馈线。

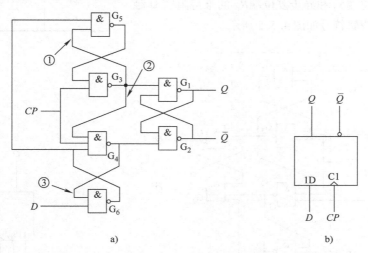

图 4.5.4   维持阻塞结构的边沿 D 触发器的逻辑图及逻辑符号
a）逻辑图   b）逻辑符号

其基本思想是：在触发器翻转的过程中，利用电路内部产生的"0"信号封锁门 G_3 或 G_4。在 CP 信号作用期间，使触发器的输出随输入信号变化一次，而不是变化多次。

2. 工作原理及逻辑功能

下面根据输入信号 D 分两种情况分析触发器的工作原理。

（1）$D = 1$

在 $CP = 0$ 时，G_3、G_4 被封锁，G_3、G_4 输出为 1，G_1、G_2 组成的基本 RS 触发器保持原状态不变，因 $D = 1$，G_6 输出为 0，G_5 输出为 1。当 CP 由 0 变 1 时，G_3 输出为 0，继而 Q 翻转为 1，$\overline{Q}$ 翻转为 0。同时，一旦 G_3 输出为 0，即使 D 信号由 1 变为 0，由于①的作用，G_5 输出仍保持为 1，维持触发器的 1 状态，因此，①称为置 1 维持线。同理，由于②的作用，封锁了 G_4，从而阻塞了置 0 信号，因此②称为置 0 阻塞线。

（2）$D = 0$

在 $CP = 0$ 时，G_3、G_4 被封锁，G_3、G_4 输出为 1，G_1、G_2 组成的基本 RS 触发器保持原状态不变。因 $D = 0$，G_6 输出为 1，G_5 输出为 0。当 CP 由 0 变 1 时，G_4 输出为 0，继而 $\overline{Q}$ 翻转为 1，Q 翻转为 0。同时，一旦 G_4 输出为 0，即使 D 信号由 0 变为 1，由于③的作用，G_6 输出仍保持为 1，阻塞了置 1 信号，维持触发器的 0 状态，因此，③称为置 0 维持线或置 1 阻塞线。

综上所述，该触发器由于采用了维持阻塞结构，不管在 $CP = 1$ 期间输入信号如何变化，对触发器状态都不会产生影响，所以，在一个 CP 脉冲期间，触发器不可能发生多次翻转，即克服了"空翻"。另外，该触发器是在 CP 脉冲的上升沿发生翻转，且触发器的状态取决于 CP 脉冲上升沿时刻输入信号的状态，因此被称为边沿触发器。其特性表见表 4.5.2。

维持阻塞 D 触发器的特性方程和状态转换图与同步 D 触发器相同，但时序图有所不同，因为其状态转换仅取决于 CP 脉冲上升沿时刻输入信号的状态。

具有异步置位端 $\bar{S}_D$ 和异步复位端 $\bar{R}_D$ 的维持阻塞 D 触发器的逻辑图和逻辑符号如图 4.5.5 所示。

表 4.5.2　维持阻塞 D 触发器的特性表

时钟	输入	输出
CP	D	Q^{n+1}
↑	1	1
↑	0	0

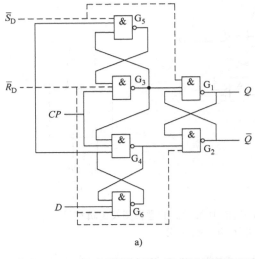

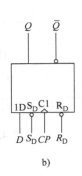

图 4.5.5　具有异步置位、复位端的维持阻塞 D 触发器的逻辑图及逻辑符号
a）逻辑图　b）逻辑符号

例 4.5.2　已知维持阻塞 D 触发器（上升沿触发）的 CP 脉冲及输入信号 D、异步置 0 信号 $\bar{R}_D$、异步置 1 信号 $\bar{S}_D$ 的波形如图 4.5.6 所示，试画出触发器输出端 Q 的波形。设触发器的初始状态为 $Q=1$。

解：由对维持阻塞结构触发器的分析可知，触发器状态翻转仅取决于 CP 脉冲上升沿时刻输入信号的状态，由此可画出触发器输出端 Q 的波形。

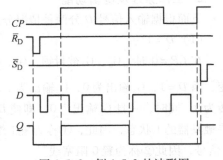

图 4.5.6　例 4.5.2 的波形图

4.5.3　由 CMOS 传输门构成的边沿触发器

1. 电路结构

图 4.5.7 是由 CMOS 传输门构成的边沿 D 触发器，反相器 G_1、G_2 和传输门 TG_1、TG_2 组成主触发器，反相器 G_3、G_4 和传输门 TG_3、TG_4 组成从触发器。虽然其电路结构也为主从结构，但其动作特点与 4.4 节中的主从触发器有所不同。

2. 工作原理

当 $CP=0$、$\overline{CP}=1$ 时，TG_1 导通，TG_2 截止，D 端的输入信号送入主触发器中，使 $Q_m=D$，且随 D 端的状态发生变化。同时，由于 TG_3 截止、TG_4 导通，使从触发器不受主触发器影响且保持原状态不变。

当 CP 的上升沿到达时，即 $CP=1$、$\overline{CP}=0$ 时，TG_1 截止，TG_2 导通，输入端 D 的信号被阻

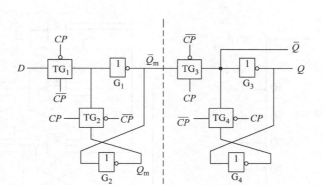

图 4.5.7　由 CMOS 传输门构成的边沿触发器

断，Q_m、$\overline{Q}_m$ 经 TG_2 保持原状态不变，Q_m 的值为 CP 上升沿时刻的 D 值。同时由于 TG_3 导通、TG_4 截止，主触发器的输出 $\overline{Q}_m$ 经 TG_3 送至输出端，使 $Q = Q_m = D$。

　　触发器输出端状态的变化仅发生在 CP 的上升沿，且触发器输出的状态仅取决于 CP 上升沿到达时的输入信号的状态，因此该触发器为边沿触发器。其特性表、特性方程、状态转换图及时序图与 4.5.2 节中维持阻塞结构的 D 触发器完全相同。

　　具有异步置位端 S_D 和异步复位端 R_D 的由 CMOS 传输门构成的边沿 D 触发器的逻辑图如图 4.5.8 所示。S_D 和 R_D 的内部连线在图中以虚线示出。

触发器的
触发方式

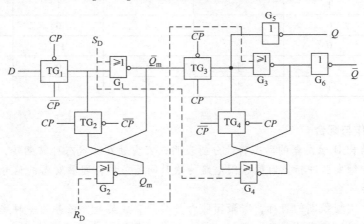

图 4.5.8　具有异步置位端和复位端的由 CMOS 传输门构成的边沿触发器的逻辑图

4.5.4　典型边沿触发的集成触发器 74LS74

　　图 4.5.9a 所示为 74LS74 的逻辑符号。它包含两个边沿 D 触发器单元，且具有异步置 0、置 1 端。逻辑符号左侧为两个触发器的输入信号、异步置 0、置 1 信号及时钟脉冲信号，右侧为输出信号，即各个 D 触发器的 Q、$\overline{Q}$ 端。各 D 触发器单元的逻辑图如图 4.5.9b 所示。

　　从电路结构可以看出，该触发器即为 4.5.2 节中所介绍的维持阻塞结构的边沿 D 触发器。这里不再分析其工作原理，只给出功能表，见表 4.5.3。用边沿触发器还可以构成数据锁存器、计

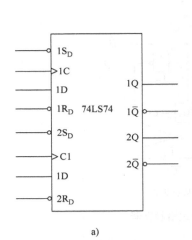

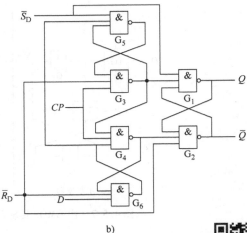

图 4.5.9 74LS74 的逻辑符号及各 D 触发器单元的逻辑图

a）逻辑符号 b）各 D 触发器单元的逻辑图

触发器
应用

数器等电路，详细内容将在第 5 章介绍。

表 4.5.3 74LS74 的功能表

异步置位	异步复位	时钟	输入	输出	
$\overline{S}_D$	$\overline{R}_D$	CP	D	Q^{n+1}	功能
0	1	×	×	1	置1
1	0	×	×	0	置0
0	0	×	×	1*	不允许
1	1	↑	0	0	$Q^{n+1} = D$
1	1	↑	1	1	

📝 价值观：协作与配合

　　维持阻塞结构 D 触发器的动态特性分析表明，实现触发器状态可靠翻转，需要满足输入信号建立时间、触发脉冲持续时间、门电路传输时间等条件，即触发器的信号和电路要做到共同协作与精准配合。

　　协作是指为实现预期的目标，凝聚团队力量共同完成某一件任务的一种手段，采用协作方式可完成个人难以完成的任务，良好的协作，能给团队带来远高于个人努力总和的成果，即常说的团队力量，其核心就是协作。达成良好协作，需要个体间建立严谨的结构和密切的联系，需要相互有力的配合来支撑。随着现代科学技术的发展，专业化、综合化程度越来越高，一项目标往往需要多个部门、多个岗位共同努力、互相支援才能实现，团队协作能力已成为衡量人才的标志性指标之一。

思 考 题

4.5.1　边沿触发器与主从触发器、同步触发器及基本 RS 触发器相比有什么优点？

4.6 触发器的逻辑功能分类及相互转换

本节按照逻辑功能将触发器进行分类,并介绍不同逻辑功能的触发器之间的转换。

4.6.1 触发器的逻辑功能分类

按照逻辑功能的不同,可以将触发器分为如下几种:RS 触发器、JK 触发器、D 触发器、T 触发器和 T′触发器。

1. RS 触发器

特性方程:
$$Q^{n+1} = S + \overline{R}Q^n$$
$$RS = 0\,(约束条件)$$
(4.6.1)

状态转换图:

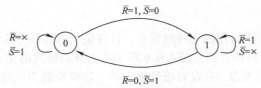

图 4.6.1　RS 触发器的状态转换图

2. JK 触发器

特性方程:
$$Q^{n+1} = J\,\overline{Q}^n + \overline{K}Q^n$$
(4.6.2)

状态转换图:

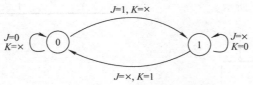

图 4.6.2　JK 触发器的状态转换图

3. D 触发器

特性方程:
$$Q^{n+1} = D$$
(4.6.3)

状态转换图:

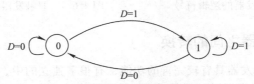

图 4.6.3　D 触发器的状态转换图

4. T 触发器

T 触发器是逻辑设计中常用的一种触发器,但是,集成触发器产品中并没有 T 触发器,但它可由 JK 触发器或 D 触发器转换得到。图 4.6.4 所示为上升沿触发的 T 触发器的逻辑符号,T 为输入端。逻辑功能为:当 $T=0$ 时,CP 作用后,其输出状态 Q 保持不变;当 $T=1$ 时,CP 作用后,触发器输出状态

表 4.6.1　T 触发器的特性表

时钟	输入	输出	
CP	T	Q^{n+1}	功能
↑	0	Q^n	保持
↑	1	$\overline{Q}^n$	翻转

Q 发生翻转。其特性表见表4.6.1。

由其逻辑功能或特性表可推出其特性方程为

$$Q^{n+1} = T\overline{Q^n} + \overline{T}Q^n = T\oplus Q^n \tag{4.6.4}$$

状态转换图如图4.6.5所示。

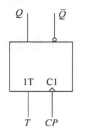

图4.6.4 T触发器的逻辑符号

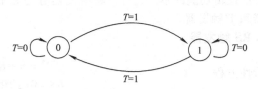

图4.6.5 T触发器的状态转换图

5. T′触发器

T′触发器也是逻辑设计中常用的一种触发器，且在集成触发器产品中也没有T′触发器，但它可由 JK 触发器或 D 触发器转换得到。图4.6.6所示为上升沿触发的 T′触发器的逻辑符号，可以看出，T′触发器只有脉冲输入端，并没有信号输入端。逻辑功能为：每来一个 CP 脉冲，触发器输出端状态翻转一次。其特性表见表4.6.2。

由其逻辑功能或特性表可推出其特性方程为

$$Q^{n+1} = \overline{Q^n} \tag{4.6.5}$$

状态转换图如图4.6.7所示。

表4.6.2 T′触发器的特性表

时钟	输出		
CP	Q^n	Q^{n+1}	功能
↑	0	1	翻转
↑	1	0	

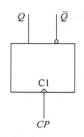

图4.6.6 T′触发器的逻辑符号

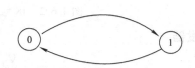

图4.6.7 T′触发器的状态转换图

4.6.2 不同类型触发器之间的转换

由于 D 触发器和 JK 触发器具有较完善的功能，有很多独立的中、小规模集成电路产品。在必须使用其他逻辑功能的触发器时，可通过逻辑功能转换的方法，很容易地用这两种类型的触发器转换得到。当然，这种转换方法也适用于任意两种逻辑功能触发器之间的转换。这里介绍如何利用 JK 和 D 两种触发器转换成其他逻辑功能的触发器。

1. 转换方法

由已有触发器转换为待求触发器的方法如下：

1）写出已有触发器和待求触发器的特性方程。

2）变换待求触发器的特性方程，使其在形式上与已有触发器的特性方程一致。

3）比较两种触发器的特性方程，根据"变量相同，对应系数相等，则方程一定相等"的原则，求出转换逻辑。

4）画逻辑图。

2. 具体转换实例

例 4.6.1 请实现 JK 触发器到 D 触发器的转换。

已有触发器——JK 触发器的特性方程为

$$Q^{n+1} = J\,\bar{Q}^n + \bar{K}Q^n \tag{4.6.6}$$

待求触发器——D 触发器的特性方程为

$$Q^{n+1} = D \tag{4.6.7}$$

变换该特性方程的形式，使其与 JK 触发器的特性方程形式一致

$$Q^{n+1} = D(Q^n + \bar{Q}^n) = D\,\bar{Q}^n + DQ^n \tag{4.6.8}$$

将该式与式（4.6.6）相比较，可以得出

$$J = D, \ K = \bar{D} \tag{4.6.9}$$

由此可以画出逻辑图如图 4.6.8 所示。

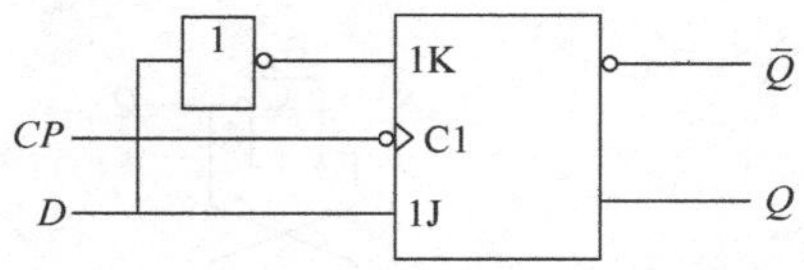

例 4.6.2 请实现 D 触发器到 T 触发器的转换。

已有触发器——D 触发器的特性方程为

$$Q^{n+1} = D \tag{4.6.10}$$

待求触发器——T 触发器的特性方程为

$$Q^{n+1} = T\,\bar{Q}^n + \bar{T}Q^n = T \oplus Q^n \tag{4.6.11}$$

将该式与式（4.6.10）相比较，可以很容易看出，只要令

$$D = T\,\bar{Q}^n + \bar{T}Q^n \tag{4.6.12}$$

两式特性方程即可一致，由此可以画出逻辑图如图 4.6.9 所示。

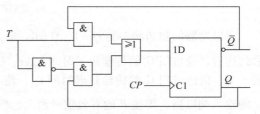

图 4.6.8 JK 触发器转换成 D 触发器

图 4.6.9 D 触发器转换成 T 触发器

思 考 题

4.6.1 触发器逻辑功能相互转换的方法是什么？

4.6.2 怎样利用 JK 触发器实现 RS 触发器、D 触发器、T 触发器和 T′触发器？

4.6.3 怎样利用 D 触发器实现 RS 触发器、JK 触发器、T 触发器和 T′触发器？

4.7 触发器的动态特性

为了保证触发器在工作时可靠地翻转，需要分析其动态翻转过程，即动态特性。时序图是分析时序电路动态特性的主要工具，它可清晰地描述电路的动作过程。本节分别介绍基本 RS 触发器、同步 RS 触发器、主从 RS 触发器和维持阻塞 D 触发器的动态特性。

4.7.1 基本 RS 触发器的动态特性

本小节以由与非门构成的基本 RS 触发器为例，分析其动态特性。

1. 输入信号宽度

首先分析考虑门电路存在传输延迟时间后，图 4.7.1a 中基本 RS 触发器的翻转过程，假设所

有门电路的平均传输时间相等，用 t_{pd} 表示。

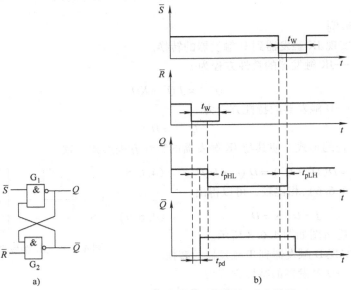

图 4.7.1　基本 RS 触发器的逻辑图与动态波形

a）逻辑图　　b）动态波形

设触发器的初始状态为 $Q=1$，$\bar{Q}=0$，输入信号波形如图 4.7.1b 所示。当置 0 信号 $\bar{R}$ 的下降沿到达后，经过门 G_2 的传输延迟时间 t_{pd} 后，$\bar{Q}$ 才变为高电平，即 $\bar{Q}=1$，这个高电平加到门 G_1 的输入端，再经过门 G_1 的传输延迟时间 t_{pd}，使 Q 变为低电平，即 $Q=0$。当 Q 的低电平反馈到门 G_2 的输入端以后，即使 $\bar{R}$ 的有效信号消失，变回到 $\bar{R}=1$ 的高电平状态，触发器依然能保持 $\bar{Q}=1$，$Q=0$ 的状态。可见，为保证触发器可靠翻转，必须等到 $Q=0$ 的状态反馈到 G_2 的输入端以后，$\bar{R}=0$ 的信号才可以撤销。因此，$\bar{R}$ 输入的低电平信号宽度 t_W 应满足

$$t_W \geqslant 2t_{pd}$$

同理，如果从 $\bar{S}$ 端输入置 1 信号，也须保证其宽度 $t_W \geqslant 2t_{pd}$。

2. 传输延迟时间

从输入信号到达到触发器输出端新状态稳定建立起来的时间定义为传输延迟时间。t_{pHL} 是输出从高电平到低电平的延迟时间，t_{pLH} 则是输出从低电平到高电平的延迟时间。由以上分析可以看出，$t_{pHL}=2t_{pd}$，而 $t_{pLH}=t_{pd}$，二者并不相等。应用中有时取其平均延迟时间 $t_{pd}=\dfrac{t_{pLH}+t_{pHL}}{2}$。

由或非门构成的基本 RS 触发器可用同样的方法分析。

4.7.2　同步 RS 触发器的动态特性

这里以同步 RS 触发器为例分析其动态特性。

1. 输入信号宽度

同步 RS 触发器的逻辑图如图 4.7.2a 所示，图 4.7.2b 为其动态波形。为了保证由门 G_1 和 G_2 组成的基本 RS 触发器可靠翻转，要求输入信号 $\bar{S}$ 和 $\bar{R}$ 的宽度大于 $2t_{pd}$。这里 $\bar{S}=\overline{SCP}$，$\bar{R}=\overline{RCP}$，因此要求 S（或 R）和 CP 同为高电平的时间须满足 $t_{W(S \cdot CP)} \geqslant 2t_{pd}$。

2. 传输延迟时间

从 S（或 R）和 CP 均为高电平开始到输出端新状态稳定建立起来的时间为同步 RS 触发器的传输延迟时间。由图 4.7.2b 中的波形可知，$t_{pLH} = 2t_{pd}$，而 $t_{pHL} = 3t_{pd}$。

4.7.3 主从 RS 触发器的动态特性

由前面的分析可知，主从结构的触发器分两步动作：$CP = 1$ 期间主触发器工作，它按输入信号的状态发生翻转，从触发器保持原来的状态不变；当 CP 由 1 变为 0 时，主触发器的输入信号封锁，保持原状态不变，从触发器工作，它按主触发器的输出状态翻转。在此基础上，以主从 RS 触发器为例分析其动态特性。

1. 建立时间

输入信号先于 CP 动作沿到达的时间定义为建立时间，用 t_{set} 表示。主从 RS 触发器的电路图如图 4.7.3a 所示，可以看出，主触发器是一个同步 RS 触发器，由 4.7.2 节

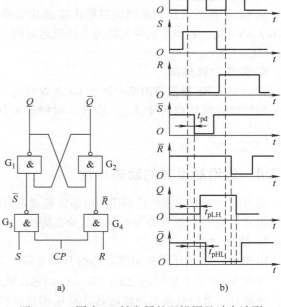

图 4.7.2　同步 RS 触发器的逻辑图及动态波形
a）逻辑图　b）动态波形

中分析的对输入信号宽度的要求，为保证 CP 下降沿（由 1 变 0）时刻主触发器能可靠翻转，S 或 R 至少应在 CP 下降沿以前 $2t_{pd}$ 时间已稳定建立，并在 CP 下降沿到达前保持不变，即有 $t_{set} \geq 2t_{pd}$。

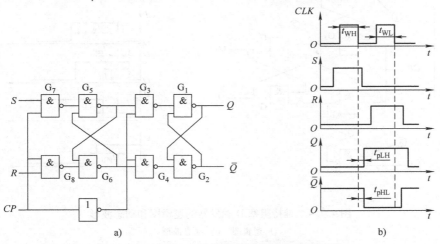

图 4.7.3　主从 RS 触发器的逻辑图和动态波形
a）逻辑图　b）动态波形

2. 保持时间

CP 下降沿到达后输入信号仍需保持不变的时间定义为保持时间，用 t_H 表示。若 $CP = 1$ 期间 S、R 的状态保持不变，由于 CP 下降沿到达后主触发器已完成翻转，此时输入信号可以撤销。但为了避免 CP 下降沿到达时门 G_7、G_8 的输入产生竞争现象，须保证 CP 在完成由 1 到 0 的变化以

后才允许输入信号 S、R 变化。因此，保持时间必须大于 CP 的下降时间 t_f，即 $t_H \geqslant t_f$。

3. 传输延迟时间

从 CP 下降沿开始到从触发器输出端新状态稳定建立起来的时间定义为传输延迟时间，由图4.7.3b可见，相当于从触发器的传输延迟时间，因此与同步 RS 触发器的传输延迟时间相同，$t_{pLH} = 2t_{pd}$，而 $t_{pHL} = 3t_{pd}$。

4. 最高时钟频率

因为主从 RS 触发器由两个同步 RS 触发器组成，为保证主、从触发器可靠翻转，CP 高、低电平的持续时间均应大于 $3t_{pd}$。因此，时钟信号的最小周期为 $T_{cmin} = 6t_{pd}$，则最高时钟频率为

$$f_{cmax} = \frac{1}{T_{cmin}} = \frac{1}{6t_{pd}}。$$

4.7.4 边沿触发器的动态特性

边沿触发的触发器包括利用门电路传输延迟时间的触发器和维持阻塞结构的触发器，这里以维持阻塞结构的 D 触发器为例分析其动态特性。

1. 建立时间

由图4.7.4a 所示维持阻塞结构的 D 触发器电路可见，由于 CP 信号是加到门 G_3 和 G_4 的输入端，因而在 CP 上升沿到达之前门 G_5、G_6 的输出状态必须稳定地建立起来。输入信号到达 D 端以后，要经过一级门电路的传输延迟时间 G_6 的输出状态才能建立起来，而 G_5 的输出状态必须需要经过两级门电路的传输延迟时间才能建立，因此 D 端的输入信号必须先于 CP 的上升沿到达，而且建立时间应满足 $t_{set} \geqslant 2t_{pd}$。

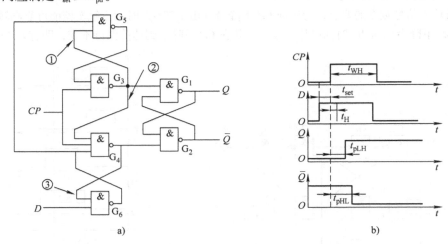

图4.7.4 维持阻塞 D 触发器的逻辑图和动态波形
a) 逻辑图 b) 动态波形

2. 保持时间

由图4.7.4a 可知，为实现边沿触发，应保证 $CP = 1$ 期间 G_6 的输出端不受输入信号 D 的影响，保持不变。

在 $D = 0$ 的情况下，当 CP 上升沿到达后要等 G_4 输出端的低电平返回到 G_6 输入端以后，D 端的低电平信号才允许撤销，因此输入低电平信号的保持时间 $t_{HL} \geqslant t_{pd}$。同理，在 $D = 1$ 的情况下，由于 CP 上升沿到达后要等 G_3 输出端的低电平返回到 G_4，将 G_4 封锁，D 端的高电平信号才允许

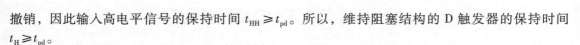

撤销，因此输入高电平信号的保持时间 $t_{HH} \geq t_{pd}$。所以，维持阻塞结构的 D 触发器的保持时间 $t_H \geq t_{pd}$。

3. 传输延迟时间

由图 4.7.4b 分析可知，从 CP 上升沿时刻到输出端由低电平变为高电平的传输延迟时间 $t_{pLH} = 2t_{pd}$，由高电平变为低电平的传输延迟时间 $t_{pHL} = 3t_{pd}$。

4. 最高时钟频率

一方面，为保证由 $G_1 \sim G_4$ 组成的同步 RS 触发器可靠翻转，CP 高电平的持续时间应大于 t_{pHL}，所以时钟信号高电平宽度 $t_{WH} \geq t_{pHL} = 3t_{pd}$；另一方面，为了在下一个 CP 上升沿到达之前确保 G_5、G_6 新的输出电平达到稳定，CP 低电平的持续时间不小于门 G_4 的传输延迟时间 t_{pd} 和建立时间 t_{set} 之和，即时钟信号低电平的宽度 $t_{WL} \geq t_{pd} + t_{set} = 3t_{pd}$。因此，时钟信号的最小周期为 $T_{cmin} = 6t_{pd}$，则最高时钟频率为 $f_{cmax} = \dfrac{1}{T_{cmin}} = \dfrac{1}{6t_{pd}}$。

思 考 题

4.7.1 比较不同结构的触发器的传输延迟时间。

4.8 基于 Multisim 的触发器分析

逻辑分析仪是分析数字系统逻辑关系的重要仪器，属于数据域测试仪器中的总线分析仪，可同时对多条数据线上的数据流进行观察，对复杂数字系统的测试和分析十分有效。逻辑分析仪根据时钟从测试设备上采集和显示数字信号，不像示波器那样需要很多电压等级，它只显示两个电压（分别对应逻辑 1 和 0），因此，逻辑分析仪只需要将被测信号与参考电压进行比较。Multisim 中的逻辑分析仪用于对数字逻辑信号进行高速采集和时序分析，可同步记录和显示 16 路数字信号。

例 4.8.1 用逻辑分析仪观察 JK 触发器 74LS73N 的逻辑功能。

解：创建电路如图 4.8.1 所示。图中 J、K 和复位信号输入均为 1。

触发器仿真
分析

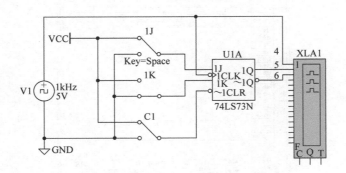

图 4.8.1 例 4.8.1 电路图

通过三个开关改变输入值，分别观察不同 J、K 输入情况下输出波形，可分析 JK 触发器逻辑功能正确性，具体波形如图 4.8.2 所示。每个仿真波形中，JK 触发器初始输出为 0 状态。

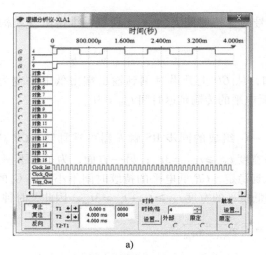

a)

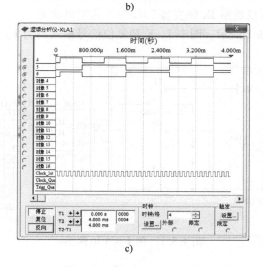

b)

c)

图 4.8.2 例 4.8.1 输出波形

a) 复位信号 C1 = 0 时或 C1 = 1, J = 0, K 取任意值时的输出波形　b) J = 1, K = 0 时的输出波形

c) J = K = 1 时的输出波形

本 章 小 结

触发器为构成时序逻辑电路的基本单元。其特点是具有记忆功能，可以保存 1 位二进制信息（0 或 1）。这是与组合逻辑电路最本质的不同。

按逻辑功能不同，触发器可分为 RS 触发器、D 触发器、JK 触发器、T 触发器和 T′ 触发器几种类型。触发器的逻辑功能可以用特性表、特性方程、状态转换图和时序图描述；根据触发方式及电路结构形式的不同，触发器又分为基本 RS 触发器、同步触发器、主从触发器和边沿触发器，边沿触发器包括利用门电路传输延迟时间的边沿触发器、维持阻塞结构的边沿触发器和利用 CMOS 传输门构成的边沿触发器。不同触发方式及电路结构的触发器，其工作原理及动作特点不同。

基本 RS 触发器是构成其他触发器的基础，触发器的输出端随输入信号的状态随时翻转。

同步触发器在基本 RS 触发器的基础上增加了同步脉冲控制端，触发器输出端仅在同步脉冲控制端有效时随输入信号的状态翻转，提高了抗干扰能力。但由于同步脉冲采用电平触发方式，会产生空翻现象。

主从触发器由于采用了主从结构，克服了空翻现象，从触发器的输出端在一个时钟周期内仅翻转一次，其抗干扰能力又进一步增强。但主从 RS 触发器的主触发器输出会发生多次翻转，从触发器的输出取决于主触发器最后一次翻转的状态；而主从 JK 触发器则由于引入了输出反馈，其输出状态取决于主触发器第一次变化时的状态。

边沿触发器的输出状态仅仅取决于边沿时刻的输入信号，使得触发器的抗干扰能力得到极大提高。

触发器的电路结构及其对应的触发方式和逻辑功能是两个不同的概念，两者没有固定的对应关系。同一种逻辑功能的触发器可以用不同的电路结构实现；同一种电路结构的触发器也可以做成不同的逻辑功能。尤其需要注意的是，触发器逻辑功能的转换不会改变其触发方式。

为了保证触发器在动态工作时可靠地翻转，输入信号、时钟信号以及它们在时间上的相互配合应满足一定的要求。这些要求表现在对建立时间、保持时间、时钟信号的宽度和最高工作频率的限制上。

习 题

题 4.1 画出图 4.9.1a 由与非门组成的基本 RS 触发器输出端 Q、$\overline{Q}$ 的波形。输入信号 $\overline{S}$、$\overline{R}$ 的波形如图 4.9.1b 中所示。

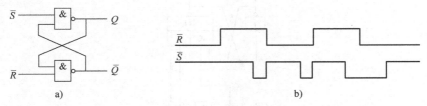

图 4.9.1 题 4.1 图

题 4.2 分析图 4.9.2 所示两个与或非门构成的同步触发器，写出其状态转换表、特征方程及状态转换图。

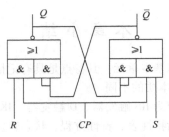

图 4.9.2　题 4.2 图

题 4.3　在图 4.9.3a 所示的同步 RS 触发器电路中，若 CP、R、S 的波形如图 4.9.3b 中所示，试画出 Q、$\bar{Q}$ 端与之对应的波形。设触发器的初始状态为 $Q=0$。

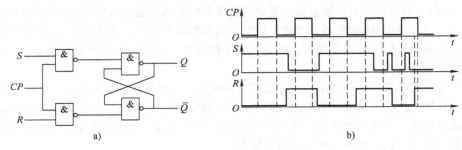

图 4.9.3　题 4.3 图

题 4.4　在图 4.9.4a 所示电路中，其输入端 A、u_I 的波形如图 4.9.4b 所示，试画出电路输出端 u_O 的波形。设初始状态 $u_O=0$。

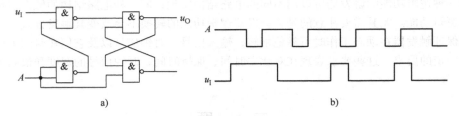

图 4.9.4　题 4.4 图

题 4.5　分析图 4.9.5 所示电路的逻辑功能，列出真值表，写出特性方程及状态转换图。

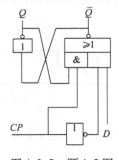

图 4.9.5　题 4.5 图

题 4.6 图 4.9.6a 的主从结构 RS 触发器各输入端的波形如图 4.9.6b 中所示，$\overline{S}_D = 1$，试画出 Q、$\overline{Q}$ 端与输入信号对应的波形。

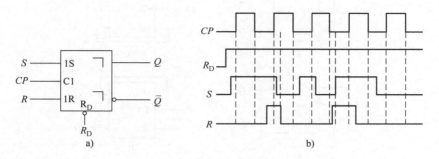

图 4.9.6 题 4.6 图

题 4.7 在图 4.9.7a 的主从结构 JK 触发器中，输入端 CP、J、K、$\overline{S}_D$、$\overline{R}_D$ 的波形如图 4.9.7b 所示，试画出 Q、$\overline{Q}$ 端与输入信号对应的波形。

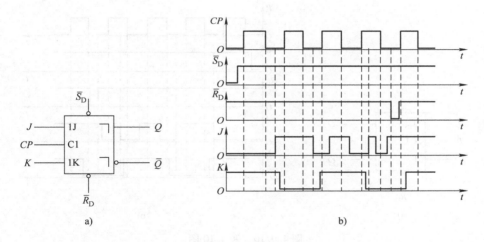

图 4.9.7 题 4.7 图

题 4.8 电路如图 4.9.8a 所示，触发器为主从 JK 触发器，CP 信号如图 4.9.8b 所示，试画出电路在 CP 信号作用下，Q、$\overline{Q}$、P_1、P_2 端的波形。设触发器的初始状态为 0。

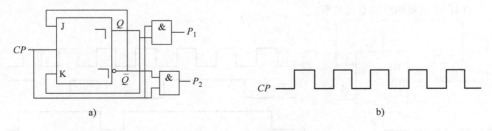

图 4.9.8 题 4.8 图

题4.9 写出图4.9.9所示各电路的状态方程。

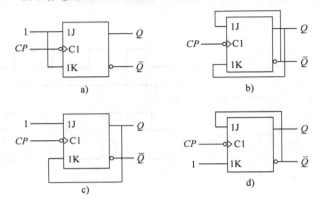

图4.9.9 题4.9图

题4.10 边沿触发器如图4.9.10a所示，各输入端信号CP、$\overline{R}_D$、$\overline{S}_D$、J、K的波形如图4.9.10b所示，试画出输出端Q的波形。

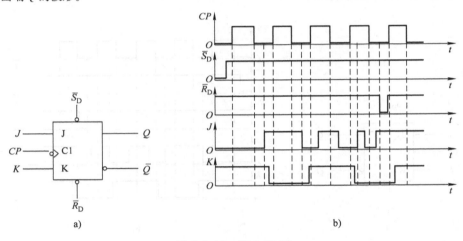

图4.9.10 题4.10图

题4.11 已知维持阻塞D触发器组成的电路及输入波形如图4.9.11所示。要求：

（1）写出Q端的逻辑表达式；

（2）说明B端的作用；

（3）试画出触发器输出端Q的波形。

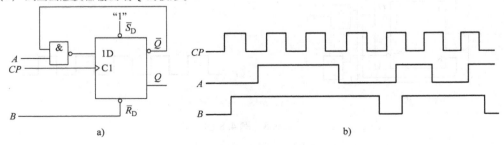

图4.9.11 题4.11图

题4.12 试写出图4.9.12a 所示各电路中触发器 Q_1^{n+1}、Q_2^{n+1}、Q_3^{n+1}、Q_4^{n+1} 的次态函数，并画出在图4.9.12b所示的输入信号作用下 Q_1、Q_2、Q_3、Q_4 的波形。设触发器的初始状态均为0。

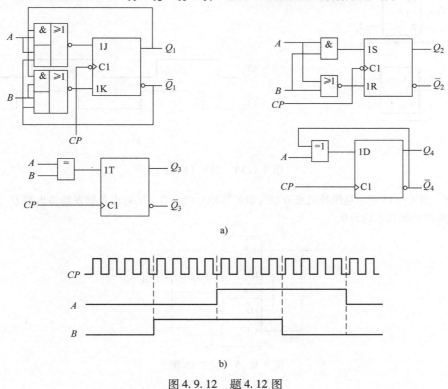

a)

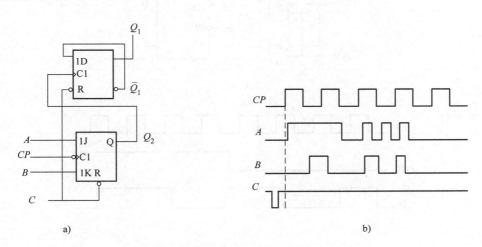

b)

图 4.9.12 题 4.12 图

题4.13 逻辑电路和各输入信号波形分别如图4.9.13a、b所示，试画出各触发器输出端的波形。设触发器的初始状态均为1。

a)   b)

图 4.9.13 题 4.13 图

题4.14 逻辑电路和输入波形分别如图4.9.14a、b所示，试画出各触发器输出端的波形。设触发器的初始状态均为0。

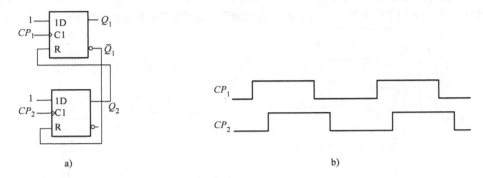

图 4.9.14 题 4.14 图

题 4.15 图 4.9.15 所示是维持阻塞 D 触发器的脉冲分频电路，试画出各触发器输出端 Q_1 和 Q_2 的波形。设触发器的初始状态均为 0。

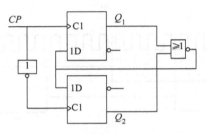

图 4.9.15 题 4.15 图

题 4.16 图 4.9.16a 所示是具有极性选择控制端（POL）的触发器，已知 CP、POL、D 的波形如图 4.9.16b 所示，试画出 Q 端的波形。设触发器的初始状态为 0。

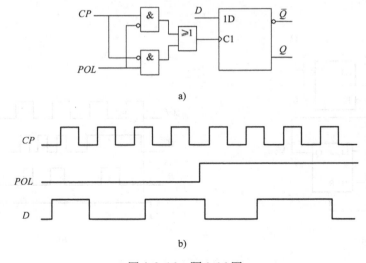

图 4.9.16 题 4.16 图

题 4.17 已知 D 触发器构成的时序电路及输入波形分别如图 4.9.17a、b 所示，试画出 Q_1、Q_2 的波形图。设触发器的初始状态均为 0。

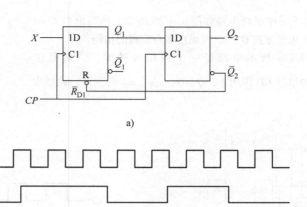

图 4.9.17　题 4.17 图

题 4.18　电路如图 4.9.18a 所示，触发器为主从 JK 触发器，设其初态为 0，输入信号 CP、A、B、C 的波形如图 4.9.18b 所示，试画出 Q 端的波形。设触发器的初始状态为 0。

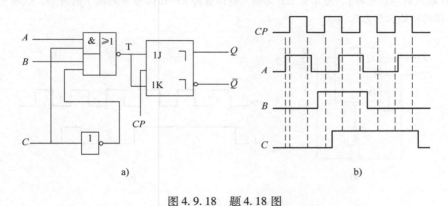

图 4.9.18　题 4.18 图

题 4.19　图 4.9.19a 所示电路是一个单次脉冲产生电路。每按一下开关，则在 Q_1 端得到一个标准脉冲，试按照图 4.9.19b 给定的输入信号波形，画出 Q_1、Q_2 端的波形。设触发器的初始状态均为 0。

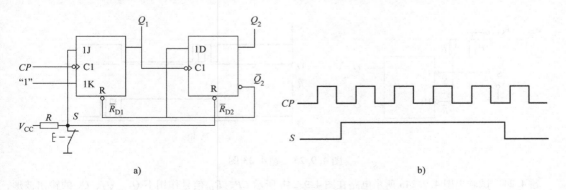

图 4.9.19　题 4.19 图

149

题 4.20 有一简单时序逻辑电路如图 4.9.20 所示，试写出当 $C=1$ 和 $C=0$ 时电路的下一状态方程 Q^{n+1}，并说出各自实现的功能。

题 4.21 图 4.9.21a 所示电路是一个两相时钟源，试画出在图 4.9.21b所示的时钟信号 CP 作用下，Q、$\bar{Q}$、u_{O1}、u_{O2} 的波形。设触发器的初始状态为 0。

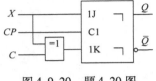

图 4.9.20 题 4.20 图

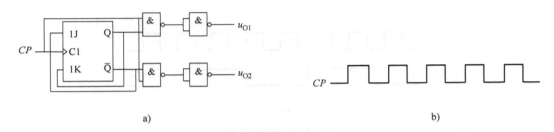

a)   b)

图 4.9.21 题 4.21 图

题 4.22 图 4.9.22a 所示为由 JK 触发器和与非门组成的"检 1"电路（所谓"检 1"，就是只要输入为逻辑 1，Q 端就有输出脉冲），图 4.9.22b 为输入时钟脉冲 CP 和信号输入端 J 的波形，试画出 Q 端的波形。设触发器的初始状态为 0。

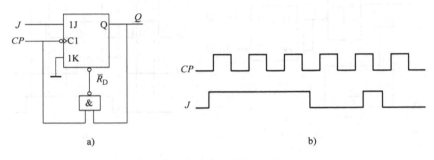

a)   b)

图 4.9.22 题 4.22 图

题 4.23 图 4.9.23a 所示为一个防抖动输出的开关电路。当拨动开关 S 时，由于开关触点接触瞬间发生振颤，$\bar{S}$、$\bar{R}$ 的波形如图 4.9.23b 所示，试画出 Q、$\bar{Q}$ 的波形。设触发器的初始状态为 0。

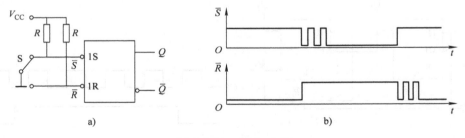

a)   b)

图 4.9.23 题 4.23 图

题 4.24 试画出图 4.9.24a 所示电路在图 4.9.24b 所示 CP、$\bar{R}_D$ 信号作用下 Q_1、Q_2、Q_3 的输出波形，并说明 Q_1、Q_2、Q_3 输出信号的频率与 CP 脉冲频率之间的关系。

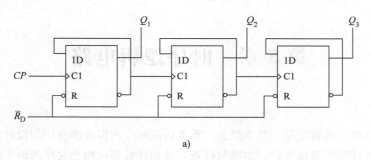

a)

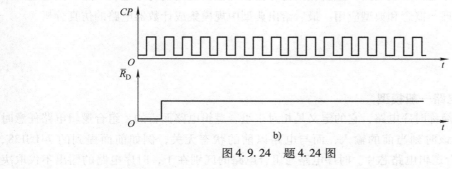

b)

图 4.9.24　题 4.24 图

第5章　时序逻辑电路

[内容提要]

本章首先阐述时序逻辑电路的基本概念，重点讨论时序逻辑电路分析与设计方法。其次介绍部分典型中规模时序逻辑集成电路，主要包括寄存器和计数器这两类时序逻辑电路。阐述这些中规模集成电路的原理、概念和典型应用。最后给出典型中规模集成计数器电路的仿真分析。

5.1　概述

1. 时序逻辑电路一般模型

时序逻辑电路简称时序电路，它的定义是相对于组合逻辑电路而言的。组合逻辑电路任意时刻输出仅仅取决于该时刻当前的输入，而与电路以前的状态无关，例如前面提到的74LS138、74LS153等都是组合逻辑电路芯片。时序电路与组合电路的区别在于，时序电路的输出不仅取决于电路的当前输入，还与电路的原来状态有关。现实生活中，时序电路也很常见，比如交通灯就是典型的时序电路。交通灯颜色的变化、计数状态的改变不仅和当前的输入有关，还和它的上一个状态有关。交通灯的计数、状态转变、逻辑控制都可以用本章的知识来解释和实现。当然现实生活中交通灯控制的实现也可以采用其他方面的知识和器件（比如可编程逻辑器件、单片机等），但其基本原理都是一样的。

下面以串行加法器为例说明时序逻辑电路的特点，其逻辑结构简图如图5.1.1所示。在串行加法器中，相加的两个数是从低位到高位依次相加，每次运算只能处理一次二进制的加法运算。其中 A_i、B_i 表示相加的两个加数，C_{i-1} 表示低一位相加后的进位，S_i 表示和，C_i 表示进位。可以看出，相加后的结果，不仅决定于该位相加的两个加数 A_i、B_i，还与低一位相加的进位 C_{i-1} 有关。因此在串行加法器中必须包含存储电路，将前一次低一位相加的进位 C_{i-1} 记忆下来，才能实现多位二进制数加法。

串行加法器就是时序电路的一个典型实例，通过以上分析可知，时序电路由两部分组成：组合电路和存储电路，一般存储电路选用触发器实现。同时可以总结出时序电路的一般工作原理，如图5.1.2所示，图中 $X = [x_0 \cdots x_i]$ 表示外部输入，$Z = [z_0 \cdots z_j]$ 表示外部输出，$D = [d_0 \cdots d_k]$ 表示触发器的控制输入，$Q = [q_0 \cdots q_m]$ 表示触发器的输出，$CP = [cp_0 \cdots cp_l]$ 表示时钟脉冲。它们都是向量，表示有多个分变量同时作用。当然，当输入、输出等只是包含一个变量的标量或根本没有输入或输出等特例也包含在上述模型中。X，Z，D，Q 之间的关系可描述为

$$Z^n = F_1(x_0^n, \cdots, x_i^n, q_0^n, \cdots, q_m^n) \tag{5.1.1}$$

$$D^n = F_2(x_0^n, \cdots, x_i^n, q_0^n, \cdots, q_m^n) \tag{5.1.2}$$

$$Q^{n+1} = F_3(d_0^n, \cdots, d_k^n, q_0^n, \cdots, q_m^n) \tag{5.1.3}$$

其中，n 及 $n+1$ 代表两个相邻的离散时间 t_n 及 t_{n+1} 时刻，因此 Z^n 表示 t_n 时刻变量 Z 的值，Q^{n+1} 表示 t_{n+1} 时刻变量 Q 的值。

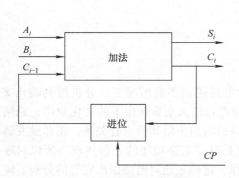

图 5.1.1　串行加法器结构简图

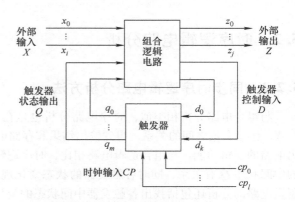

图 5.1.2　时序电路一般结构框图

式（5.1.1）是电路输出的表达式，称为输出方程。式（5.1.2）表示各触发器输入控制端的表达式，称为驱动方程，也叫激励方程。它们所描述的是各变量之间的组合逻辑关系，故 n 时刻的输出由 n 时刻的输入所决定。表示时间的上标 n 一般可以省略，本章中就采用这种省略形式的表达方式。式（5.1.3）表示各触发器输入和输出之间的关系，称为状态方程，由于表达式中存在时间顺序关系，有时也叫作次态方程，它是描述触发器 $n+1$ 时刻的输出 Q^{n+1} 与前一时刻的输出 Q^n 及控制输入信号 D 之间的关系，状态方程表示的是时序电路的关系，体现了时序电路与组合电路的根本区别。当等式的左边和右边都是表示同一时刻的状态量时，可以同时省去表示时序关系的上标 n。则上述三个公式可简化为

$$Z = F_1(X, Q) \tag{5.1.4}$$

$$D = F_2(X, Q) \tag{5.1.5}$$

$$Q^{n+1} = F_3(D^n, Q^n) \tag{5.1.6}$$

2. 时序逻辑电路的分类

时序逻辑电路可分为多种类型，下面简单介绍两种分类方法及其电路特点。根据电路中各触发器动作特点，时序电路可分为同步时序电路和异步时序电路。在同步时序电路中存储单元的状态变化都是同步发生的，它是由一个同步信号控制，一般为同步时钟脉冲，用 CP（Clock Pulse）表示。在异步时序电路中，存储单元状态的变化不全部是同时发生，有先后顺序。对于同步时序电路和异步时序电路，一般前者速度高于后者，但实现相同的功能前者电路结构一般比后者更复杂。

根据输出信号的特点，时序电路分为摩尔（Moore）型和米勒（Melay）型两大类。摩尔型电路的输出 Z 仅与电路中存储单元（触发器）的状态 Q 有关，而与外部输入 X 无关。米勒型电路的输出 Z 不仅与电路中存储单元（触发器）的状态 Q 有关，还与外部输入 X 有关。故对米勒型电路来说，输出方程可用式（5.1.4）来描述，而对于摩尔型电路来说输出方程式（5.1.4）中的 X 可略去。由此可见米勒型是时序逻辑电路的一般形式，摩尔型电路是它的一种特殊形式。

思 考 题

5.1.1　与组合逻辑电路相比，时序逻辑电路有何特点？

5.1.2　根据输出信号的特点，时序逻辑电路可分为哪几类？它们有何关系？

5.2 时序逻辑电路分析

5.2.1 同步时序逻辑电路分析方法

与组合电路分析相类似，时序电路分析也是在已知电路逻辑图的情况下，分析得到输出 Z 与 X、Q 等变量之间的关系。得到输出结果和存储电路状态在输入变量作用下的变化规律，总结出电路的逻辑功能。与组合逻辑电路相比，时序逻辑电路的输出不但和输入有关系，还和触发器的中间状态 Q 有关，同时各触发器的状态变化规律也是时序电路功能的一种体现。所以时序逻辑电路的分析还包括找出各触发器中间状态的变化规律，这样才能对电路做出完整的分析。时序逻辑电路分析方法的基本步骤如下：

1）根据时序电路列出各触发器输入端的表达式，即驱动方程。

2）将驱动方程代入到各触发器的特性方程，得到触发器的状态方程及输出方程。

3）根据输出方程和各触发器的状态方程画出次态卡诺图。

4）根据次态卡诺图，可画出状态转换表、状态转换图、时序图。

5）分析电路的逻辑功能，给出总结性文字说明。

在时序电路的分析中，得到电路的驱动方程、状态方程和输出方程后，电路的逻辑功能就可以确定。对于比较简单的时序电路，根据上述方程式可以直接看出电路的逻辑功能，但在很多情况下（尤其是电路比较复杂时），仅仅根据上述方程式很难直观地得出电路功能。因此，在分析时序电路时要用到新的电路描述工具，这里主要有次态卡诺图、状态转换表、状态转换图、时序图。由于这些图表的概念单独讲述比较抽象，难以理解，本章将结合具体的时序电路分析例子逐步阐述。

5.2.2 时序逻辑电路分析方法及描述工具

时序逻辑电路的应用和分析需要熟悉和使用一些电路描述工具，如次态卡诺图、状态转换表、状态转换图、时序图等。由于同步时序逻辑电路相对比较简单和常用，比较容易理解，下面以具体例题来分析同步时序逻辑电路。同时在分析过程中要用到一些新的时序逻辑电路描述工具，在例题中对这些概念和方法进行逐步说明和阐述。分析过程中主要强调分析方法和分析步骤，同时熟悉时序电路的描述工具及其使用方法。

例 5.2.1 在图 5.2.1 摩尔型时序逻辑电路中，FF_0、FF_1 是边沿 JK 触发器，下降沿触发。写出它的驱动方程、状态方程、输出方程，画出状态转换表、状态转换图、时序图，最后分析该时序逻辑电路的功能。

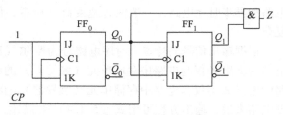

图 5.2.1 例 5.2.1 逻辑电路图

解：由图可知电路的存储部分由两个触发器 FF_0、FF_1 组成，组合电路部分为一个与门，输出信号 Z 只与触发器的状态有关。每个触发器都由同一个 CP 控制，因此它是同步摩尔型时序逻辑电路。

（1）根据逻辑电路列出各触发器输入端的表达式即驱动方程

其结果如式（5.2.1）所示。

$$\begin{cases} J_0 = K_0 = 1 \\ J_1 = K_1 = Q_0 \end{cases} \tag{5.2.1}$$

（2）将驱动方程代入到各触发器的特性方程，得到触发器的状态方程及输出方程

将各触发器的驱动方程代入 JK 触发器的特性方程 $Q^{n+1} = \overline{K}Q^n + J\,\overline{Q^n}$，得电路的状态方程（也称次态方程）及输出方程如式（5.2.2）所示。

$$\begin{cases} Q_0^{n+1} = \overline{K_0}Q_0^n + J_0\,\overline{Q_0^n} = \overline{1} \cdot Q_0^n + 1 \cdot \overline{Q_0^n} = \overline{Q_0^n} \\ Q_1^{n+1} = \overline{K_1}Q_1^n + J_1\,\overline{Q_1^n} = \overline{Q_0^n}Q_1^n + Q_0^n\,\overline{Q_1^n} \\ Z = Q_1 Q_0 \end{cases} \qquad (5.2.2)$$

（3）根据各触发器的状态方程画出次态卡诺图

如果已知电路的初态 $Q_1^n Q_0^n$，根据电路的状态方程（5.2.2）可以得到各触发器的次态 $Q_1^{n+1} Q_0^{n+1}$ 的值。图 5.2.2 即为电路的次态卡诺图，图中各小方格的二进制编号 $Q_1^n Q_0^n$ 是该卡诺图的最小项编号，它代表电路的初态，各小方格中填入的二进制值 $Q_1^{n+1} Q_0^{n+1}$ 是电路的次态。如 m_3 小方格中的代码是 00，则表明当电路的初态 $Q_1^n Q_0^n$ 是 11 时，在下一个 CP 出现时，相应的次态 $Q_1^{n+1} Q_0^{n+1}$ 是 00。根据状态方程，按上述方法可以画出次态卡诺图，如图 5.2.2 所示。

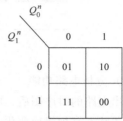

图 5.2.2　例 5.2.1 次态卡诺图

（4）根据次态卡诺图得到电路的状态转换表、状态转换图、时序图

1）状态转换表。初态 $Q_1^n Q_0^n$ 与次态 $Q_1^{n+1} Q_0^{n+1}$ 和输出 Z 按时间转换关系填入制定好的表格，即为电路的状态转换表，见表 5.2.1。其中 t_n 时刻 $Q_1 Q_0$ 的值是在次态卡诺图中各表格的编号即 m_i，t_{n+1} 时刻 $Q_1 Q_0$ 的值表示各初态对应的次态。状态转换表是次态卡诺图的另一种形式，它们之间可以互相转换，一般情况下，状态转换表更适合描述状态连续变化的时序电路，而次态卡诺图则更加简洁。

表 5.2.1　例 5.2.1 状态转换表

m_i	t_n		t_{n+1}		t_n
	Q_1	Q_0	Q_1	Q_0	Z
0	0	0	0	1	0
1	0	1	1	0	0
2	1	0	1	1	0
3	1	1	0	0	1

2）状态转换图。状态转换图是较直观地展示时序电路状态转换规律和外部输出变化规律的重要描述工具。根据表 5.2.1 可方便地获得电路的状态转换图，其具体方法是：先设 $Q_1 Q_0 = 00$ 为初态（也可根据具体情况设定初态），在状态转换表同一行找出其对应的次态，把初态和次态用箭头连接起来，连线旁标上同一行的输入值和输出值，直至遍历全部状态，得到状态转换图如图 5.2.3 所示。图中 Z 表示电路的输出，$Q_1 Q_0$ 表示电路中各触发器的状态。

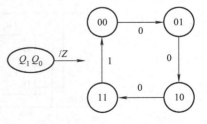

图 5.2.3　例 5.2.1 状态转换图

3）时序图。采用波形图的方法描述时序电路工作过程和功能的方法称为时序图或波形图。时序图能直观地看出各信号之间的变化关系，尤其能反映各信号在时间顺序上的关系，比如在时

钟的上升沿时刻各信号的变化规律。这一点状态转换图和状态转换表难以表述，所以电路的时序图反映的信息最多，是描述时序电路的重要工具，该例题中时序如图5.2.4所示。

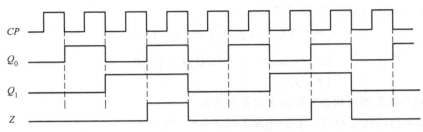

图5.2.4 例5.2.1时序图

（5）分析电路功能

画出电路的时序图后，电路的功能显得更加清楚，即该电路是一个计数电路（输入一个 CP 脉冲，各状态有规律地变化一次，也称为计数器），其计数周期为4，且有加法计数规律。该电路在计满4个脉冲后，送出一个进位输出信号 Z。综合上述，该电路是一个带进位功能的同步四进制加法计数器电路。

5.2.3 时序逻辑电路分析过程中常见问题

1. 米勒型时序逻辑电路的分析

由于米勒型时序逻辑电路带有输入控制信号，电路的输出结果不但和各触发器的状态有关，还和电路的输入信号有关。如何处理电路的输入信号是米勒型时序电路分析的关键，一般采用状态扩展方法来解决，其基本过程是：在列电路的次态卡诺图时把输入信号当作和各触发器状态量一样的变量来处理，也就是说电路的次态卡诺图多扩展了一个状态变量，电路的状态转换表和时序图时处理方法和次态卡诺图方法相似。但在作电路的状态转换图和分析电路具体逻辑功能时把输入信号当作有别于触发器状态的一个输入控制变量来处理。下面举一个具体例子来说明如何分析米勒型时序逻辑电路。

例5.2.2 分析图5.2.5所示的同步时序逻辑电路图，写出它的驱动方程、状态方程、输出方程。画出状态转换表、状态转换图、时序图。最后分析该同步时序逻辑电路功能。

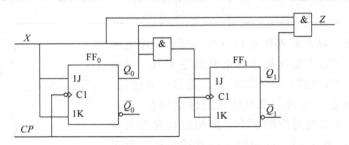

图5.2.5 例5.2.2逻辑电路图

解：存储部分由两个触发器 FF_0、FF_1 组成，组合电路部分由两个与门构成，输出信号不但与触发器的状态 Q_1、Q_0 有关，而且还与输入信号 X 有关，该电路是同步米勒型时序逻辑电路。

（1）根据逻辑电路列出各触发器输入端的表达式即驱动方程，结果如式（5.2.3）所示

$$\begin{cases} J_0 = K_0 = X \\ J_1 = K_1 = XQ_0 \end{cases} \tag{5.2.3}$$

（2）将驱动方程代入到各触发器的特性方程，得到触发器的状态方程及输出方程

把上式各触发器的驱动方程代入 JK 触发器的特性方程 $Q^{n+1} = J\overline{Q^n} + \overline{K}Q^n$，得到电路的状态方程和输出方程如式（5.2.4）所示。

$$\begin{cases} Q_0^{n+1} = \overline{X}Q_0^n + X\overline{Q_0^n} \\ Q_1^{n+1} = \overline{XQ_0^n}Q_1^n + XQ_0^n\overline{Q_1^n} \\ Z = XQ_1Q_0 \end{cases} \tag{5.2.4}$$

（3）根据各触发器的状态方程作出其次态卡诺图

根据电路的状态方程作出次态卡诺图，如图 5.2.6 所示。把输入信号 X 和触发器的状态 Q_1、Q_0 当作卡诺图的状态变量。图中各小方格的二进制编号 $XQ_1^nQ_0^n$ 是该卡诺图的最小项编号，它代表电路的初态，各小方格中填入的二进制值 $ZQ_1^{n+1}Q_0^{n+1}$ 是电路状态 $XQ_1^nQ_0^n$ 的次态，由于 Z 是组合逻辑电路，表格中填写的 Z 和 $XQ_1^nQ_0^n$ 之间没有时间顺序关系，是组合逻辑电路关系。

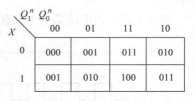

X \ $Q_1^n Q_0^n$	00	01	11	10
0	000	001	011	010
1	001	010	100	011

图 5.2.6　例 5.2.2 次态卡诺图

（4）电路状态转换表、状态转换图、时序图

1）状态转换表。电路的状态转换表可由次态卡诺图和输出方程求得，把次态卡诺图中初态 $XQ_1^nQ_0^n$ 与次态 $Q_1^{n+1}Q_0^{n+1}$ 和输出 Z 按时间转换关系填入制定好的表格，即为电路的状态转换表，见表 5.2.2。其中 t_n 时刻 XQ_1Q_0 的值是在次态卡诺图中各表格的编号即 m_i，t_{n+1} 时刻 Q_1Q_0 值表示各初态对应的次态。

表 5.2.2　例 5.2.2 状态转换表

m_i	t_n			t_{n+1}		t_n
	X	Q_1	Q_0	Q_1	Q_0	Z
0	0	0	0	0	0	0
1	0	0	1	0	1	0
2	0	1	0	1	0	0
3	0	1	1	1	1	0
4	1	0	0	0	0	0
5	1	0	1	1	0	0
6	1	1	0	1	1	0
7	1	1	1	0	0	1

2）电路状态转换图。状态转换图也可由次态卡诺图、状态转换表直接得到。具体方法是先设 $Q_1Q_0 = 00$ 为初态，在卡诺图中确定输入值 X 及次态，把初态和次态用箭头连接起来，连线旁标上所确定的输入值和对应的输出值 X/Z；再以已找出的次态为初态，重复上述步骤，直至找完所有状态，即可获得转换图，如图 5.2.7 所示。

3）时序图。根据状态转换图、状态转换表可直接作出电路的时序图，时序图如图 5.2.8 所示。从时序图上可以进一步看出各信号之间的变化关系和各状态之间的转换规律。

（5）分析电路的逻辑功能

根据电路的状态转换图、状态转换表、时序图等，可以总结归纳出电路的功能。

1）当 $X = 1$ 时，电路的状态变化是以递加规律计数，即 $00 \rightarrow 01 \rightarrow 10 \rightarrow 11 \rightarrow 00$。

2）当 $X = 0$ 时，无论电路处于何种状态，在 CP 作用后仍保持原状态不变，说明 $X = 0$ 时停止计数。

3）当电路从 00 状态开始，前 3 个状态中，输出 Z 皆为 "0"；当状态 $Q_1Q_0 = 11$，输出 Z 为 "1"，产生一个进位脉冲。

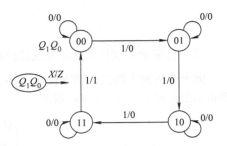

图 5.2.7　例 5.2.2 状态转换图

综合上述，该电路是一个带有进位输出功能的可控四进制加法计数器。

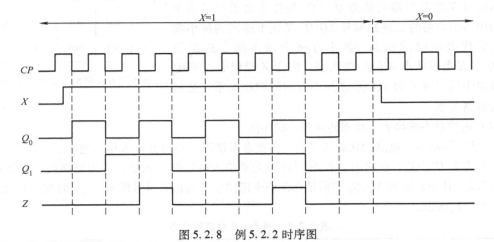

图 5.2.8　例 5.2.2 时序图

2. 异步时序逻辑电路的分析

异步时序逻辑电路的分析步骤和同步时序逻辑电路的分析基本一样。因为各触发器的 CP_i 脉冲并不都是取自同一脉冲 CP，所以需增加步骤（1），即根据给定逻辑电路图，写出各触发器 CP 的表达式。由于 CP_i 可以互不相同，填写次态卡诺图的方法与同步电路的填法稍有差别，下面举例说明。

例 5.2.3　分析图 5.2.9 所示的异步时序逻辑电路图，写出它的驱动方程、状态方程、输出方程，画出状态转换表、状态转换图、时序图，最后分析该异步时序逻辑电路的功能。

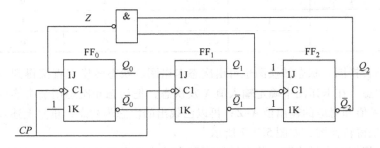

图 5.2.9　例 5.2.3 逻辑电路图

解：（1）根据给定逻辑电路图，写出各触发器 CP 的表达式

式中 CP_2、CP_1、CP_0 为各触发器的时钟脉冲，CP 为外部输入脉冲，表达式如下：

$$\begin{cases} CP_0 = CP_1 = CP \\ CP_2 = \overline{Q_1} \end{cases} \tag{5.2.5}$$

根据逻辑电路列出各触发器输入端的表达式即驱动方程，表达式如下：

$$\begin{cases} J_0 = \overline{\overline{Q_2} \cdot \overline{Q_1}} = Q_2 + Q_1 \qquad K_0 = 1 \\ J_1 = K_1 = \overline{Q_0} \\ J_2 = K_2 = 1 \end{cases} \tag{5.2.6}$$

（2）将驱动方程代入到各触发器的特性方程，得到触发器的状态方程及输出方程

$$\begin{cases} Q_0^{n+1} = \overline{\overline{Q_2^n} \cdot \overline{Q_1^n} \cdot \overline{Q_0^n}} & CP_0 = CP \\ Q_1^{n+1} = Q_2^n Q_1^n + \overline{Q_0^n} \cdot \overline{Q_1^n} & CP_1 = CP \\ Q_2^{n+1} = \overline{Q_2^n} & CP_2 = \overline{Q_1^n} \\ Z = \overline{\overline{Q_2^n} \cdot \overline{Q_1^n}} \end{cases} \tag{5.2.7}$$

（3）根据各触发器的状态方程作出其次态卡诺图

先填 Q_0^{n+1} 和 Q_1^{n+1} 的卡诺图，由于 $CP_0 = CP_1 = CP$，由式（5.2.5）可知填 Q_0^{n+1} 及 Q_1^{n+1} 值的方法与同步时序电路填 Q_i^{n+1} 的方法相同，它们的时钟信号相同，由输入时钟 CP 决定。因为触发器状态的改变，首先决定于有无同步 CP_i 的作用，因此在卡诺图的方格中填 Q_2^{n+1} 时，首先要确定哪些小方格有同步脉冲 CP_2 的作用。由于 CP_2 对应于 Q_1 的正跳变（即对应于 $Q_1^n = 0$，$Q_1^{n+1} = 1$ 的时刻），故卡诺图中 $Q_1^n = 0$ 范围内 $Q_1^{n+1} = 1$ 的小方格内有 CP_2 作用，即 $Q_2^n Q_1^n Q_0^n$ 编号为 0 和 4 的格内有 CP_2 的下降沿。在此两格 Q_2^{n+1} 位置上标虚线方框记号，Q_1^{n+1} 标有上升沿记号。其余各格中，因无 CP_2 作用，Q_2 值不变，即 $Q_2^{n+1} = Q_2^n$。根据上述方法作出电路的次态卡诺图，如图 5.2.10 所示。

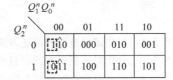

图 5.2.10　例 5.2.3 状态卡诺图

（4）根据次态卡诺图得出电路的状态转换表、状态转换图、时序图

根据次态卡诺图各状态的转换规律，作状态转换表，见表 5.2.3，作状态转换图如图 5.2.11 所示，作时序图如图 5.2.12 所示。电路无外部输入输出，所以在图上不加输入输出标注，电路是摩尔型电路。

表 5.2.3　例 5.2.3 状态转换表

m_i	t_n			t_{n+1}		
	Q_2	Q_1	Q_0	Q_2	Q_1	Q_0
0	0	0	0	1	1	0
1	0	0	1	0	0	0
2	0	1	0	0	1	1
3	0	1	1	0	1	0
4	1	0	0	0	1	1
5	1	0	1	1	0	0
6	1	1	0	1	1	1
7	1	1	1	1	1	0

（5）分析电路功能

根据电路的状态转换图、状态转换表、时序图可以看出，该电路是一个由 7 个状态构成的循环电路，每一个 *CP* 脉冲的下降沿，电路的状态代码减1，通常称这种电路为七进制减法计数电路。由于电路的不使用状态（无效状态）111 在 *CP* 作用下可自动进入使用的循环状态 110，故称该电路具有

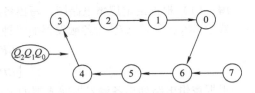

图 5.2.11 例 5.2.3 状态转换图

自启动功能，其工作波形如图 5.2.12 所示。由此可得该电路是一个异步七进制减法计数器，计数器输出的计数状态个数称为计数器的模。

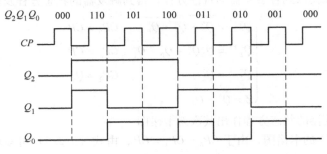

图 5.2.12 例 5.2.3 电路工作波形

思 考 题

5.2.1 时序逻辑电路的描述方式有哪几种？试分析不同方法的特点和优点。

5.2.2 分析时序逻辑电路的目的是什么？试简要阐述同步时序逻辑电路分析的主要步骤。

5.2.3 异步时序逻辑电路与同步时序逻辑电路分析方法的主要区别是什么？

5.3 时序逻辑电路设计

5.3.1 同步时序逻辑电路设计方法

设计与分析在实现步骤上正好相反，是根据给定的功能要求，设计出满足该要求的时序逻辑电路。由于时序电路在结构上包含了带有记忆功能的触发器，其输出不仅与当前的输入变量有关，还与电路原来的状态有关，因此时序电路设计的关键是确定电路各状态应有的转换规律。然后根据各状态变化规律及触发器特性，倒推出各触发器的输入端（如 *J*、*K*）表达式，从而得出逻辑电路图。本节主要讨论用触发器与逻辑门电路设计时序电路的一般方法，其设计步骤可归纳为如下几点：

（1）逻辑抽象

根据电路的实际要求，明确电路的逻辑功能。根据电路的逻辑功能，确定电路的输入变量、输出变量、触发器中间状态变量。定义各状态的含义，并对整个变化过程中各状态进行编号。然后根据这些定义画出电路原始状态转换图或状态转换表。

（2）状态化简、状态分配

原始状态转换图或状态转换表是根据电路的逻辑功能设计的，定义的各状态按所需的逻辑功

160

能变化。原始状态转换图、表往往不是最简即状态数最少的，而电路的状态数越少，设计出的电路就越简单。有时两个不同状态在相同输入的条件下输出相同，而且次态相同，这时这两个状态可合并成一个状态。根据化简后的状态及变化规律画出电路的状态转换图或状态转换表。给化简后的每个状态分配一个二进制编码叫状态分配（也称为状态编码），分配后的各状态二进制编码和次态的编码变化越少，设计的复杂性也会相应地变小。

（3）状态图、表及次态卡诺图

根据化简后的状态转换图及各状态的编码，可得出所需中间状态的个数及其变化规律。把这些变化规律用次态卡诺图表示出来，根据需要，也可以用状态转换图或状态转换表表示。

（4）选择触发器，求状态方程、输出方程、驱动方程

根据设计的要求选择合适的触发器，依据分配后状态二进制编码位数选择触发器个数。画出次态卡诺图并进行化简可得到每个触发器的状态方程。根据触发器的状态方程即特性方程反过来可得到各触发器的驱动方程，同时可求出电路的输出方程。

（5）检查自启动功能

在对电路的各状态进行二进制代码分配的过程中，有可能存在用不到的无效编码。由于电路的初始状态有时无法确定，如果电路的初始状态刚好是上述步骤中没有用到的无效编码，电路状态的下一个状态有时就无法确定，或能确定但进入不了按上述步骤设计的有效状态中去。电路在任何情况下能否自行进入有效状态循环的特性称为电路的自启动特性。把这种任何情况下都能自行进入有效状态循环的电路称为具有自启动功能，否则就称该电路没有自启动功能。设计的电路一般都要有自启动功能，如果电路没有自启动功能则要重新考虑无效编码的分配或限定电路的初始状态，使所设计的电路具有自启动功能。

（6）画逻辑电路图

根据选取触发器的类型和个数可画出触发器电路，根据各触发器的驱动方程得到各触发器的输入端信号，根据输出方程可画出输出信号，从而实现电路的逻辑功能。

相比较而言，同步时序逻辑电路的设计较容易，更具有代表性，下面将举例说明同步时序电路的具体设计方法。

例 5.3.1　用 JK 触发器设计一个同步五进制计数电路，当计数到最后一个状态时电路输出 1，其余状态电路输出 0。

解：（1）逻辑抽象建立原始的状态转换图

根据设计要求，该电路不需设计输入控制，可选用同步计数脉冲 CP 为计数控制，所以确定采用 Moore 型电路。另外，五进制意味着需要 5 个状态，而这 5 个状态可任意选择，也可按某一计数规律选择。如定义 S_0 为初始状态，当接收一个计数脉冲后即转到状态 S_1，输出为"0"；接收第二个计数脉冲后就转到 S_2，输出为"0"；……；接收第 5 个脉冲后状态应回到 S_0，且输出为"1"。

同步计数器
设计

根据上面的分析可作原始状态转换图，如图 5.3.1 所示。

（2）状态化简、状态分配

一般原始状态转换图都是考虑较全面的，所以也较复杂，需要进行化简。由于该设计是个无输入的计数电路，每个设定状态都是必要的，并没有多余状态，因此没有状态简化问题，该问题在后面的例子中将会讨论。下面对各状态进行分配及编码。

因为计数电路的模 $K = 5$，而每一位触发器可描述两个不同的状态，故触发器的个数应根据 $n \geqslant \log_2 5$，取 $n = 3$，因此可选用 3 个 JK 触发器来设计电路。三个触发器有 8 个状态 000～111，从中任意选择 5 个，如 000～100 分别配给 $S_0 \sim S_4$（状态分配应尽可能使相邻的两个状态所分配

的状态编码逻辑相邻，当然也可根据计数器的计数规律来分配编码）。分配后可得到如图 5.3.2 所示的编码状态转换图。

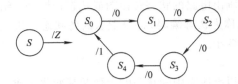

图 5.3.1　例 5.3.1 原始状态转换图

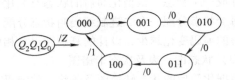

图 5.3.2　例 5.3.1 编码状态转换图

（3）状态图、表及次态卡诺图

根据各状态的变化规律可以得出它的状态转换图，如图 5.3.1 所示。将图 5.3.1 中的各状态编码后得到其编码状态转换图，如图 5.3.2 所示。同时也可根据状态转换图列出其状态转换表，见表 5.3.1，表中 N 代表计数脉冲；t_{n+1} 栏内的 $Q_2 Q_1 Q_0$ 值为计数器的次态；m_i^n 是计数器初态的最小项编号。

表 5.3.1　例 5.3.1 状态转换表

N	m_i^n	t_n			t_{n+1}			t_n
		Q_2	Q_1	Q_0	Q_2	Q_1	Q_0	Z
0	0	0	0	0	0	0	1	0
1	1	0	0	1	0	1	0	0
2	2	0	1	0	0	1	1	0
3	3	0	1	1	1	0	0	0
4	4	1	0	0	0	0	0	1

由于任何一行 t_n 时刻 $Q_2 Q_1 Q_0$ 的值作为计数器的初态时，上表同一行 t_{n+1} 时刻 $Q_2 Q_1 Q_0$ 的值便是相应的次态，因此同一行的 $Q_2^n Q_1^n Q_0^n$ 与 $Q_2^{n+1} Q_1^{n+1} Q_0^{n+1}$ 值，便分别代表计数器的初态和各位触发器的次态值。根据状态转换表可分别作出 Q_2^{n+1}、Q_1^{n+1}、Q_0^{n+1}、Z 的次态卡诺图，如图 5.3.3 所示。

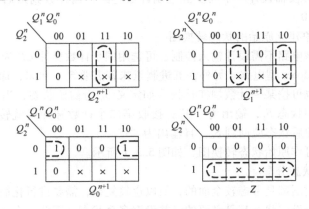

图 5.3.3　例 5.3.1 次态卡诺图

三个触发器有 8 个不同的状态，其中 101、110、111 3 个状态为无效状态，计数器正常工作时，这 3 个状态不应该出现，因此在卡诺图中可作任意项处理。先在图 5.3.3 中各图的相应位置上填任意项×；然后根据表 5.3.1 中同一行初态 $Q_2^n Q_1^n Q_0^n$ 与各触发器次态 Q_i^{n+1} 值填写 Q_i^{n+1} 的卡诺

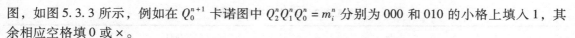

图，如图 5.3.3 所示，例如在 Q_0^{n+1} 卡诺图中 $Q_2^n Q_1^n Q_0^n = m_i^n$ 分别为 000 和 010 的小格上填入 1，其余相应空格填 0 或 ×。

（4）选择触发器，求状态方程、输出方程、驱动方程

首先对次态卡诺图进行化简，写出其次态方程及输出方程，得到各触发器的状态方程和输出方程，如式（5.3.1）所示。

$$
\begin{cases}
Q_2^{n+1} = Q_1^n Q_0^n \\
Q_1^{n+1} = \overline{Q_1^n} Q_0^n + Q_1^n \overline{Q_0^n} \\
Q_0^{n+1} = \overline{Q_2^n}\, \overline{Q_0^n} \\
Z = Q_2
\end{cases}
\tag{5.3.1}
$$

在该设计电路中，若触发器选用 JK 触发器，根据 JK 触发器的特性方程 $Q^{n+1} = J \overline{Q^n} + \overline{K} Q^n$ 对电路的状态方程进行整理，把它整理成 JK 触发器特性方程的形式，如式（5.3.2）所示。

$$
\begin{cases}
Q_2^{n+1} = Q_1^n Q_0^n (Q_2^n + \overline{Q_2^n}) = Q_1^n Q_0^n \overline{Q_2^n} + Q_1^n Q_0^n Q_2^n \\
Q_1^{n+1} = \overline{Q_1^n} Q_0^n + Q_1^n \overline{Q_0^n} = Q_0^n \overline{Q_1^n} + \overline{Q_0^n} Q_1^n \\
Q_0^{n+1} = \overline{Q_2^n}\, \overline{Q_0^n} = \overline{Q_2^n}\, \overline{Q_0^n} + 0 \cdot Q_0^n
\end{cases}
\tag{5.3.2}
$$

JK 触发器的特性方程为 $Q^{n+1} = J \overline{Q^n} + \overline{K} Q^n$，该式中存在两个时刻 t_n 和 t_{n+1}，每个时刻对应的值分别叫作初态和次态，时间状态的变化由时钟信号 CP 控制。因为输入信号 J、K 的值不受时钟信号 CP 的直接控制，所以 J、K 的值在上述特征方程中没有时间上标 n 或 $n+1$。JK 触发器特征方程表达的是 t_n 时刻的 J、K 值（姑且用 J^n、K^n 表示）和 t_n 时刻触发器的状态值 Q^n 与下一时刻 t_{n+1} 时触发器的状态值 Q^{n+1} 之间的关系。从时间意义上说 JK 触发器的状态方程可表示为 $Q^{n+1} = J^n \overline{Q^n} + \overline{K^n} Q^n$。如果知道各触发器特性方程，根据电路的次态方程如 $Q_2^{n+1} = Q_1^n Q_0^n (Q_2^n + \overline{Q_2^n}) = Q_1^n Q_0^n \overline{Q_2^n} + Q_1^n Q_0^n Q_2^n = J_2^n \overline{Q_2^n} + \overline{K_2^n} Q_2^n$ 可以得到该触发器的驱动方程 $J_2^n = Q_1^n Q_0^n$、$\overline{K_2^n} = Q_1^n Q_0^n$，在该式中 J、K、Q 都表示 t_n 时刻的值，也可以说是同一时刻的值，即单纯组合电路的逻辑关系。所以求 JK 触发器的驱动方程时，J、K 和 Q 之间不存在时间上的状态转变关系，可以统一去掉表示时间的上标 n，即 $J_2 = Q_1 Q_0$、$\overline{K_2} = Q_1 Q_0$。这一点从物理意义上也很容易理解，因为 J、K 是触发器的输入引脚，自己不会产生信号，它们均随接在该引脚上信号的变化而变化，在触发器时序电路的设计过程中 J、K 引脚上所接的信号往往是各触发器的输出信号 Q 的组合电路信号。根据上面的分析可以得到各触发器的次态方程和电路的输出方程，如式（5.3.3）所示。

$$
\begin{cases}
J_2 = Q_1 Q_0 & K_2 = \overline{Q_1 Q_0} \\
J_1 = Q_0 & K_1 = Q_0 \\
J_0 = \overline{Q_2} & K_0 = 1 \\
Z = Q_2
\end{cases}
\tag{5.3.3}
$$

（5）检查自启动功能

由于 3 个 JK 触发器的输出 $Q_2 Q_1 Q_0$ 可以表示 8 个状态 000～111，其中状态 101、110、111 这 3 个状态没有分配使用，在上述的次态卡诺图中也没有列出无效状态的次态。当系统的初态处在这 3 个无效状态的一个时，系统可能不能进入主循环状态。根据设计电路的状态方程和次态方程可以写出无效状态的次态，见表 5.3.2。根据无效状态表画出全状态转换图，如图 5.3.4 所示。

表 5.3.2   无效状态转换表

m_i	t_n			t_{n+1}			t_n
	Q_2	Q_1	Q_0	Q_2	Q_1	Q_0	Z
5	1	0	1	0	1	0	1
6	1	1	0	0	1	0	1
7	1	1	1	1	0	0	1

从图 5.3.4 可以看出，系统具有自启动功能，当 $Q_2Q_1Q_0 = 101$ 时，它的下一个状态是 010，110 的下一个状态是 010，111 的下一个状态是 100。如果某电路按上述步骤设计出的计数器没有自启动功能，这时可以调整无效状态的次态，重新设计电路，修正各触发器的驱动方程，使电路具有自启动功能，其具体方法将在下节内容中阐述。

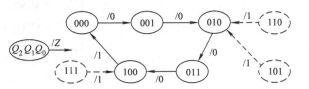

图 5.3.4   例 5.3.1 状态转换图

（6）画逻辑电路图

根据控制方程和输出方程可画出逻辑电路图，如图 5.3.5 所示。

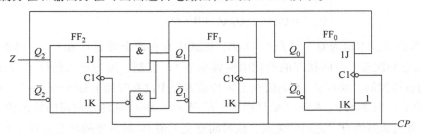

图 5.3.5   例 5.3.1 逻辑电路图

> **⬛ 方法论：具体问题具体分析**
>
> 　　根据次态卡诺图写出触发器的状态方程，是时序电路设计的一个重要步骤，若仅仅直接引用含无关项化简方法，即对无关项的应用只局限在电路结构简化，就可能忽略电路自启动问题。时序电路设计步骤中，检查自启动环节，就是根据自启动情况，确定部分无关项的值，通过增加部分电路资源的方式换取自启动能力。这说明在方法理论应用时，不能是简单的一成不变照搬照抄，而要具体问题具体分析，结合实际有所变通才能取得好效果，否则可能引发新的问题，导致新的矛盾。我们在学习和工作过程中，引用和借鉴相关理论和方法时，不仅要理解理论内涵，更要充分了解理论与实际问题的内在联系，做到对症精准下药，才能实现药到病除，避免差之毫厘谬以千里。

5.3.2   时序逻辑电路设计过程中常见问题

上一节介绍了时序电路设计的基本方法和步骤，并举例说明。但在时序电路的设计过程中，由于设计对象的复杂性，有时会出现一些采用上述基本方法难以直接解决的设计问题。下面介绍时序电路设计过程中部分常见的问题，主要介绍电路自启动问题、状态化简及状态分配问题、触发器选型及求解驱动方程问题、异步时序逻辑电路设计问题。通过对这些问题的分析和解决，加深对时序电路设计方法的理解，尤其是次态卡诺图意义及其在设计过程中的使用方法。

自启动
设计

1. 电路自启动问题

利用触发器设计时序逻辑电路时，如果各触发器所涉及的状态没有全部使用，就会存在电路能否自启动问题。比如所设计的电路用到 4 个触发器，能构成 0000 ~ 1111 这 16 个状态，而电路只用到其中部分状态比如 0000 ~ 1110 这 15 个状态。正常情况下电路在这 15 个状态当中互相进行有规律的切换，其变化规律按规定的状态转换图变化。但当电路进入到无效状态 1111 时，按上述电路设计方法，该状态的次态（即下一时刻状态）按无关项处理。如果无效状态 1111 的次态还是 1111，则电路无法进入主循环中去，这时需要对上述设计进行调整，使电路具有自启动特性。

下面举例具体说明如何解决电路自启动和选用不同触发器实现时序逻辑电路的设计。

例 5.3.2 设计一个同步时序逻辑电路，要求电路的状态按照 1→3→7→5 的状态进行循环。电路要具有自启动性能，并用边沿 D 触发器实现该电路。

解： （1）逻辑抽象建立原始的状态转换图

根据设计要求，该电路可选用同步计数脉冲 CP 为计数控制，不需另设输入信号。电路有 4 个状态，但 4 个状态的顺序是确定的。根据上面的分析可作原始状态转换图，如图 5.3.6 所示。

（2）状态化简、状态分配

该电路虽然只有 4 个状态，但每个状态的编码数都确定了。其中第四个状态所分配的数字是 7，所以要选用 3 个触发器实现该电路。各状态分配一个 3 位的二进制编码 001、011、111、101。

（3）状态表及次态卡诺图

将图 5.3.6 中的各状态编码后，可以画出其编码状态转换图，如图 5.3.7 所示。同时也可根据状态转换图列出其状态转换表，见表 5.3.3，表中 N 代表计数脉冲；t_{n+1} 栏内的 $Q_2Q_1Q_0$ 值为计数器的次态；m_i^n 是计数器初态的最小项编号。

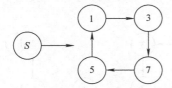

图 5.3.6 例 5.3.2 原始状态转换图

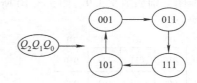

图 5.3.7 例 5.3.2 编码状态转换图

表 5.3.3 例 5.3.2 状态转换表

N	m_i^n	t_n			t_{n+1}		
		Q_2	Q_1	Q_0	Q_2	Q_1	Q_0
0	1	0	0	1	0	1	1
1	3	0	1	1	1	1	1
2	5	1	0	1	0	0	1
3	7	1	1	1	1	0	1

由于任何一行 t_n 时刻 $Q_2Q_1Q_0$ 的值作为计数器的初态时，上表同一行 t_{n+1} 时刻 $Q_2Q_1Q_0$ 的值便是相应的次态，因此同一行的 $Q_2^n Q_1^n Q_0^n$ 与 Q_i^{n+1} 值，便分别代表计数器的初态和各位触发器的次态。三位触发器有 8 个不同的状态，其中 000、010、100 、110 这 4 个状态是无效状态，在次态卡诺图中用无关项 × 表示。把 $Q_2^{n+1} Q_1^{n+1} Q_0^{n+1}$ 总的次态卡诺图分解成 3 个分别表示 Q_2^{n+1}、Q_1^{n+1}、Q_0^{n+1} 的次态卡诺图，如图 5.3.8 所示。

（4）选择触发器，求状态方程、输出方程、驱动方程

1）对次态卡诺图进行化简。根据 Q_2^{n+1}、Q_1^{n+1}、Q_0^{n+1} 的次态卡诺图分别对其化简，其中无关

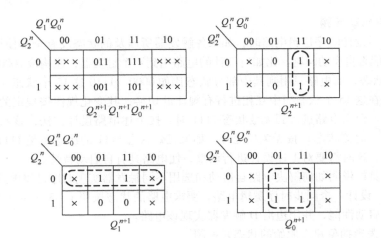

次态卡诺图

图 5.3.8 例 5.3.2 次态卡诺图

项×可以当作1也可以当作0。在图5.3.8的卡诺图中，被圈的部分取1，其余未被圈上的部分取0。在化简过程中，对于用 D 触发器，Q_2^{n+1}、Q_1^{n+1}、Q_0^{n+1} 应在考虑无关项×的情况下化为最简，这样设计出来的电路最简单。但为了说明电路的自启动问题，在电路的化简过程中，Q_2^{n+1}、Q_0^{n+1} 并未化简到最简。虽然这种化简不影响设计结果的正确性，但会影响简洁性，采用这种方法是为了说明自启动问题的修改过程。

2）整理化简后的次态卡诺图。根据次态卡诺图化简后得到的各触发器的状态方程肯定能满足所有使用状态主循环的要求，但由于对无效状态的任意处理，导致电路可能不具备自启动特性。考虑到无效状态的次态通过化简后已经明确规定了它的次态，整理后得到新的次态卡诺图和状态转换图分别如图5.3.9、图5.3.10所示。

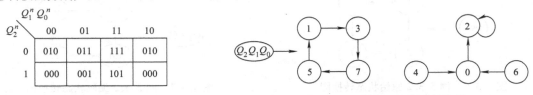

图 5.3.9 例 5.3.2 次态卡诺图   图 5.3.10 例 5.3.2 状态转换图

3）检查化简后的状态转换图，调整电路自启动功能。由图5.3.10可知，状态010的次态还是010，当电路进入到000、010、100 、110这4个无效状态后，最终状态都会停留在010这个状态，无法进入电路的有效主循环状态，所以电路没有自启动功能。

对无效状态的任意处理是导致电路无自启动功能的原因，如果对状态图5.3.10进行修改，把010的次态改为011，如图5.3.11所示，修改后状态转换图和次态卡诺图如图5.3.12所示。这样修改后的电路就具有自启动功能，同时对无效状态的次态做了新的调整，当然也可以采用其他的状态修改上述无效状态的次态。

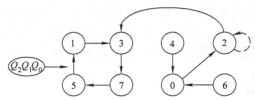
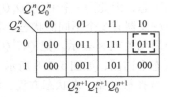

图 5.3.11 例 5.3.2 修改后状态转换图   图 5.3.12 例 5.3.2 修改后次态卡诺图

4）化简调整后的次态卡诺图。把修改后的次态卡诺图分解成 3 个次态卡诺图，分别为 Q_2^{n+1}、Q_1^{n+1}、Q_0^{n+1}，如图 5.3.13 所示。对分解后的次态卡诺图直接化简，得到系统的状态方程见式（5.3.4）。

$$\begin{cases} Q_2^{n+1} = Q_1^n Q_0^n \\ Q_1^{n+1} = \overline{Q_2^n} \\ Q_0^{n+1} = Q_0^n + \overline{Q_2^n} Q_1^n \end{cases} \tag{5.3.4}$$

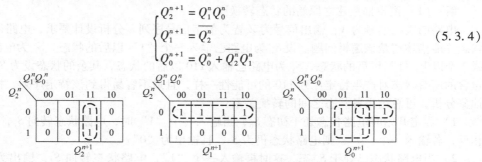

图 5.3.13　例 5.3.2 修改后次态卡诺图

根据 D 触发器的特性方程 $Q^{n+1} = D^n$，可直接根据电路的状态方程，写出各触发器的驱动方程，见式（5.3.5）。

$$\begin{cases} D_2 = Q_1 Q_0 \\ D_1 = \overline{Q_2} \\ D_0 = Q_0 + \overline{Q_2} Q_1 \end{cases} \tag{5.3.5}$$

（5）画逻辑电路图

根据各触发器的驱动方程可画逻辑电路图，如图 5.3.14 所示。

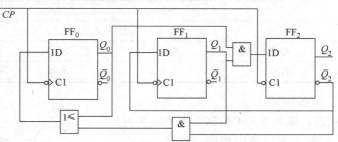

图 5.3.14　例 5.3.2 逻辑电路图

2. 状态化简及状态分配问题

在设计时序逻辑电路中，有时会出现等价状态。两个等价状态可以合并成一个状态，合并后电路的状态数减少了，但有效状态没有减少。状态合并与否对实现电路的功能没有影响，但合并状态后设计出的电路更简单，减少了电路成本，增加了电路可靠性。

当确定了电路的状态转换图后，需对每个状态分配一个二进制编码，称为状态分配，也叫状态编码。如前面的五进制计数器的例子已经对每个状态的含义做了明确的规定，每个状态都有一个编号，状态编码就按该编号来分配。有时电路各状态没有特定的编号限制，状态的编码理论上可以任意分配，但不同分配的结果对电路的设计有一定的影响。在没有特殊规定的情况下，状态编码最好遵守逻辑相邻的原则（即满足相邻的两个状态编码只有一位码元不同），使得相邻的两个状态能逻辑相邻，这样设计出来的电路可以最大限度地减少各触发器变化的次数，减少电路的复杂性，提高电路的可靠性。下面举例说明状态化简和状态编码问题。

例 5.3.3　试设计一个串行数据检测器，该电路具有一个输入端 X 和一个输出端 Z，输入 X 为一串行随机信号，当出现 110 序列时检测器能识别并使

串行数据检测
器设计

输出信号 Z 输出 "1"，对于其他任何输入序列，输出皆为 "0"。例如，输入出现 0101101110 序列，输出将出现 0000010001 序列。

解：（1）逻辑抽象建立原始的状态转换图

电路的输入信号为 X，输出信号为 Z 皆为数字信号序列。分析设计要求，电路须设下列几个状态才能描述清楚该逻辑问题。设 S_1 为电路已输入一个 "1" 以后的状态，S_2 为电路已输入 2 个或 2 个以上 "1" 以后的状态，S_3 为电路已输入 110 以后的状态，其余的状态设为 S_0，因为 S_0 所包含的所有状态对产生特定序列 110 的可能性一样，且最不容易得到该特定序列。根据以上逻辑抽象分析，可总结出各状态之间的转换关系：

1）假定开始时电路状态处于初态 S_0，当输入一个 "1" 时，电路状态转向 S_1，输出为 "0"；相反，若输入一个 "0"，则电路状态仍为 S_0，且输出为 "0"。

2）当电路状态已处于 S_1 态，这时再输入一个 "1"，电路状态转向 S_2，输出为 "0"；若输入一个 "0"，则返回 S_0，输出为 "0"。

3）当电路状态已处于 S_2，若再输入一个 "1"，维持 S_2，输出为 "0"；若输入一个 "0"，则转向 S_3，输出为 "1"。

4）当电路状态已处于 S_3，若再输入一个 "1"，则转向 S_1，输出为 "0"；若输入 "0"，则转向 S_0，输出为 "0"。

根据上述分析可得状态转换表，见表 5.3.4，同时可以画出原始状态转换图如图 5.3.15 所示。

表 5.3.4 例 5.3.3 原始状态转换表

X	S_i^n			
	S_0	S_1	S_2	S_3
	S_i^{n+1}/Z			
0	$S_0/0$	$S_0/0$	$S_3/1$	$S_0/0$
1	$S_1/0$	$S_2/0$	$S_2/0$	$S_1/0$

（2）状态化简、状态分配

从电路的原始状态转换表 5.3.4 的第 2 列和第 5 列可以看出，S_0 和 S_3 的输入输出响应相同。也就是说它们在相同的输入激励下，将转换到同样的状态，并得到相同的输出，这样的两个状态称为等价状态。显然等价状态在状态转换中是重复的，所以可以合并成一个状态 S_0，可得化简后状态转换图。从物理概念上也不难理解 S_0 和 S_3 两个状态为等价状态，可以合并：当电路在状态 S_3 时，也就是说当电路输入 110 信号后，此时无论电

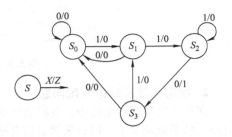

图 5.3.15 例 5.3.3 原始状态转换图

路是输入 0 或 1 电路能出现 110 这个特定序列的可能性和 S_0 状态下输入得到的可能性一样。也就是说 S_3 和 S_0 一样属于最不容易得到特定序列的状态。根据上述分析，可以对电路的原始状态转换图进行化简得到新的状态转换图，如图 5.3.16 所示。

化简后只有三个状态，可用两个触发器来实现（选用 JK 触发器），$Q_1 Q_0$ 有状态 00，01，10，11。状态分配就是在上面的 4 种编码中选取 3 种分配给状态 S_0、S_1、S_2，可取 $S_0 = 00$，$S_1 = 01$，$S_2 = 11$。从上面的状态分配中可以看到 $S_2 = 11$，而不是 10，这是因为电路所涉及的状态 S_0、S_1、S_2 和电路状态的编码 00，01，10，11 并没有一一对应的关系和特定含义，状态编码最好能遵守逻辑相邻的原则，这样设计出的电路通常会更简单一些。全状态转换图如图 5.3.17 所示。

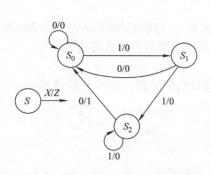

图5.3.16 例5.3.3简化后状态转换图

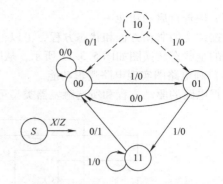

图5.3.17 例5.3.3全状态转换图

（3）状态图、表及次态卡诺图

根据电路化简后的状态转换图及各状态所分配的编码可做出该电路的状态转换表，见表5.3.5。

表5.3.5 例5.3.3状态转换表

m_i	t_n			t_{n+1}		t_n
	X	Q_1	Q_0	Q_1	Q_0	Z
0	0	0	0	0	0	0
1	0	0	1	0	0	0
3	0	1	1	0	0	1
4	1	0	0	0	1	0
5	1	0	1	1	1	0
7	1	1	1	1	1	0

根据状态转换表可作次态卡诺图，如图5.3.18所示。

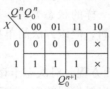

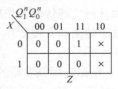

图5.3.18 例5.3.3次态卡诺图

（4）选择触发器，求状态方程、输出方程、驱动方程

对电路的各个次态卡诺图分别进行化简，可以得到电路的状态方程如式（5.3.6）所示。根据所选触发器的特性方程和系统的状态方程可以求出其驱动方程，如式（5.3.7）所示。

$$
\begin{cases}
Q_1^{n+1} = X^n Q_0^n \\
Q_0^{n+1} = X^n \\
Z = \overline{X^n} Q_1^n
\end{cases}
\tag{5.3.6}
$$

$$
\begin{cases}
J_1 = XQ_0 \quad K_1 = \overline{X} + \overline{Q}_0 \\
J_0 = X \qquad K_0 = \overline{X} \\
Z = \overline{X}Q_1
\end{cases}
\tag{5.3.7}
$$

169

（5）检查自启动功能

根据系统的驱动方程和状态方程，可以得到无效状态 10 的状态转换情况，同时画出带有无效状态的全状态转换图如图 5.3.17 所示，从图中可以看出电路具有自启动功能。

（6）画电路图实现电路逻辑功能

根据电路的驱动方程和所选触发器类型可以画出设计后的电路，如图 5.3.19 所示。

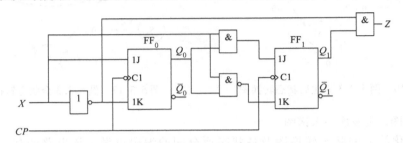

图 5.3.19　例 5.3.3 逻辑电路图

通过该例子可以看出，合理的状态化简和状态分配可以简化时序逻辑电路的设计，得到更加合理的设计结果，另一方面，这些技巧的使用使得设计过程更加复杂。

3. 触发器选型及求解驱动方程问题

触发器的种类很多，常用的有 D 触发器、JK 触发器、T 触发器等。对于实现相同功能的时序逻辑电路设计问题，可以用不同的触发器实现。其中 JK 触发器功能最全，在设计中经常用到，选用 D 或 T 触发器实现，在设计中求电路的驱动方程这一步略有不同。对于上述触发器，如何根据次态卡诺图得出正确、合理的驱动方程，有很多方法，下面简单介绍两种求驱动方程的方法。

1）方法一：先不考虑选用触发器的种类及其特性方程的形式，对电路的次态卡诺图直接化简，直接得到各触发器的最简状态方程。然后根据选用触发器的特性方程，对电路的状态方程进行整理，得出和该触发器特性方程形式一样的状态方程。用该方法虽然得到了最简的状态方程，所求得的各触发器的驱动方程却并不最简，但该方法简单易懂，容易掌握，本书也是采用该方法设计电路。

2）方法二：根据选用触发器的特性方程，对次态卡诺图合理分区化简，得出和触发器特性方程形式一样的状态方程，然后直接写出触发器的驱动方程。该方法的优点是能直接写出触发器的驱动方程，而且是最简表达式，但对次态卡诺图的合理分区化简方法比较难掌握和理解。本书就不详细阐述了，有兴趣可参考其他资料，同时也可结合前面的例子，比较两种方法的设计结果。

4. 异步时序逻辑电路设计问题

和同步时序逻辑电路相比，在异步时序逻辑电路中各触发器的时钟脉冲 CP 不是来自同一信号。因此在异步时序电路的设计过程中，除了要完成同步时序逻辑电路设计的各项工作外，还需对各触发器的时钟信号进行设计。由于各触发器的时钟信号不一样，有的触发器选用的时钟信号来自外部输入，有的来自其他触发器的输出。对于来自外部输入的时钟信号，该触发器的设计和同步时序电路设计类似，但对于时钟信号来自其他触发器输出的情况，设计方法有一些差别。异步时序逻辑电路的设计方法可参考同步时序逻辑电路设计方面的内容，同时增加关于各触发器时钟信号 CP 的设计及其对次态卡诺图的影响，下面举例说明。

例 5.3.4　用边沿 JK 触发器设计一个异步七进制计数器，并要求带有进位输出，写出设计过程，画出逻辑电路图。

解：（1）逻辑抽象建立原始的状态转换图

根据设计要求，该电路不需设计输入控制，采用异步计数脉冲 CP 为计数控制，七进制意味着需要 7 个状态，而这 7 个状态可任意选择，根据上面的分析可作原始状态转换图，如图 5.3.20 所示。

（2）状态化简、状态分配

选用 3 个下降沿 JK 触发器来设计电路，3 个触发器有 8 个状态 000～111，从中选择 7 个状态 $000 \rightarrow 001 \rightarrow 010 \rightarrow 011 \rightarrow 100 \rightarrow 101 \rightarrow 110 \rightarrow 000$，分别配给 $S_0 \sim S_6$，分配后可得到如图 5.3.21 所示的编码状态转换图。

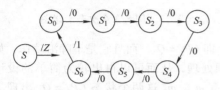

图 5.3.20　例 5.3.4 原始状态转换图

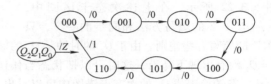

图 5.3.21　例 5.3.4 编码状态转换图

（3）设计各触发器时钟

对于异步时序逻辑电路的设计，需要对各触发器选择合适的时钟。触发器选择时钟信号的原则是：触发器状态需要翻转时，必须要有时钟信号的翻转沿送到；触发器状态不需翻转时，"多余的"时钟信号越少越好。根据这个原则，得到各触发器的时钟如下：

$$\begin{cases} CP_0 = CP \\ CP_1 = CP \\ CP_2 = Q_1 \end{cases} \qquad (5.3.8)$$

（4）状态图、表及次态卡诺图

根据各状态变化规律可得出它的状态转换图，如图 5.3.20 所示。将图 5.3.20 中的各状态编码后得到其编码状态转换图，如图 5.3.21 所示。同时也可根据状态转换图列出其状态转换表，见表 5.3.6，表中 N 代表计数脉冲；t_{n+1} 栏内的 $Q_2 Q_1 Q_0$ 值为计数器的次态；m_i^n 是计数器初态的最小项编号。

表 5.3.6　例 5.3.4 状态转换表

m_i	t_n			t_{n+1}			t_n
	Q_2	Q_1	Q_0	Q_2	Q_1	Q_0	Z
0	0	0	0	0	0	1	0
1	0	0	1	0	1	0	0
2	0	1	0	0	1	1	0
3	0	1	1	1	0	0	0
4	1	0	0	1	0	1	0
5	1	0	1	1	1	0	0
6	1	1	0	0	0	0	1

由于任何一行 t_n 时刻 $Q_2 Q_1 Q_0$ 的值作为计数器的初态时，上表同一行 t_{n+1} 时刻 $Q_2 Q_1 Q_0$ 的值便是相应的次态，因此同一行的 $Q_2^n Q_1^n Q_0^n$ 与 $Q_2^{n+1} Q_1^{n+1} Q_0^{n+1}$ 值，便分别代表计数器的初态和各位触发

器的次态值。根据状态转换表可分别作出 Q_2^{n+1}、Q_1^{n+1}、Q_0^{n+1}、Z 的次态卡诺图，如图 5.3.22 所示。

三位触发器有 8 个不同的状态，其中 111 为无效状态，计数器正常工作时，这个状态不应该出现，因此在卡诺图中可作任意项处理。先在图 5.3.22 中各图的相应位置上填任意项 ×；然后根据表 5.3.6 中同一行初态 $Q_2^n Q_1^n Q_0^n$ 与各触发器次态 Q_i^{n+1} 值填写 Q_i^{n+1} 的卡诺图，如图 5.3.22 所示。在上述次态卡诺图中，Q_1^{n+1}、Q_0^{n+1}、Z 的填写方法和同步的一样，只

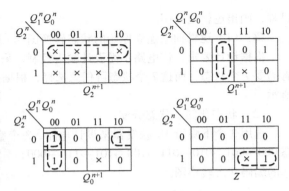

图 5.3.22 例 5.3.4 次态卡诺图

是 Q_2^{n+1} 的填写有些差别。由于 Q_2 的时钟是 Q_1 的输出，即 $CP_2 = Q_1$，而且它是下降沿动作，如果 $CP_2 = Q_1$ 没有出现下降沿，这时可以把状态当作任意项处理，从而可以得出较为简单的设计结果。从状态转换表或 Q_1 的次态卡诺图中可以看出，只有 m_3、m_6 这两个状态 $CP_2 = Q_1$ 出现了有效触发信号（下降沿），这两个状态的次态保留，其余都当作无关项来处理。

（5）选择触发器，求状态方程、输出方程、驱动方程

对次态卡诺图进行化简，写出其次态方程及输出方程，得到各触发器的状态方程和输出方程，如式（5.3.9）所示。

$$\begin{cases} Q_2^{n+1} = \overline{Q_2^n} \\ Q_1^{n+1} = \overline{Q_1^n} Q_0^n + \overline{Q_2^n} Q_1^n \overline{Q_0^n} \\ Q_0^{n+1} = \overline{Q_1^n}\, \overline{Q_0^n} + \overline{Q_2^n}\, \overline{Q_0^n} \\ Z = Q_2 Q_1 \end{cases} \tag{5.3.9}$$

根据 JK 触发器的特性方程 $Q^{n+1} = J\,\overline{Q^n} + \overline{K} Q^n$ 对电路的状态方程进行整理，把它整理成 JK 触发器特性方程的形式，如式（5.3.10）所示。

$$\begin{cases} Q_2^{n+1} = \overline{Q_2^n} = 1 \cdot \overline{Q_2^n} + \overline{1} \cdot Q_2^n \\ Q_1^{n+1} = \overline{Q_1^n} Q_0^n + \overline{Q_2^n} Q_1^n \overline{Q_0^n} = Q_0^n\, \overline{Q_1^n} + \overline{Q_2^n \cdot \overline{Q_0^n}}\, Q_1^n \\ Q_0^{n+1} = \overline{Q_1^n}\, \overline{Q_0^n} + \overline{Q_2^n}\, \overline{Q_0^n} = \overline{Q_1^n Q_2^n}\, \overline{Q_0^n} + 0 \cdot Q_0^n \end{cases} \tag{5.3.10}$$

对上式化简，可以得到各触发器的次态方程和电路的输出方程，如式（5.3.11）所示。

$$\begin{cases} J_2 = 1 & K_2 = 1 \\ J_1 = Q_0 & K_1 = Q_1 + Q_0 \\ J_0 = \overline{Q_2 Q_1} & K_0 = 1 \\ Z = Q_2 Q_1 \end{cases} \tag{5.3.11}$$

（6）检查自启动功能

由于 3 个 JK 触发器的输出 $Q_2 Q_1 Q_0$ 可以表示 8 个状态 000 ~ 111，其中状态 111 没有分配使用，是无效状态。根据设计电路的状态方程和次态方程可以写出无效状态 111 的次态是 000，这时可以画出全状态转换图，如图 5.3.23 所示，系统具有自启动功能。

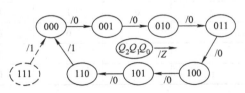

图 5.3.23 例 5.3.4 状态转换图

（7）画逻辑电路图

根据控制方程和输出方程可画逻辑电路图，如图 5.3.24 所示。

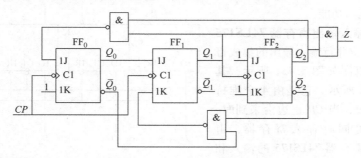

图 5.3.24　例 5.3.4 逻辑电路图

思 考 题

5.3.1　时序逻辑电路设计的目的是什么？试说明同步时序逻辑电路设计的主要步骤。

5.3.2　在时序逻辑电路设计中，次态卡诺图表示的含义是什么？在时序电路设计中起到何种作用？

5.3.3　自启动的含义是什么？在什么情况下会出现自启动问题？解决自启动的主要思路是什么？

5.3.4　等价状态的定义是什么？在时序逻辑电路的设计过程中如何处理等价状态？这样处理有何意义？

5.4　典型中规模时序逻辑集成电路

5.4.1　寄存器和移位寄存器

存储数码的部件称为数码寄存器，简称为寄存器，同时能实现数码移位的寄存器称为移位寄存器。它们的共同之处是都具有接收、暂存和传送数码的功能。

按输出稳定状态的不同，一般可将寄存器或移位寄存器分为静态和动态两种。用固定的"1"和"0"电平来表示寄存器输出状态的称为静态。若以时钟脉冲信号的有或无来表示其输出的"1"和"0"电平状态的则称为动态。在数字集成电路中，就每位存储容量所用元件数来说，静态寄存器或静态移位寄存器比动态的要多用两倍的元件。但动态寄存器对时钟脉冲提出的要求多于静态寄存器的要求。常用 TTL 中规模寄存器和移位寄存器产品都属于静态类型，如 74LS175、74LS194。

寄存器还可分为多位边沿触发 D 触发器、锁存器和寄存器三类共几十个品种。移位寄存器有单向和双向移位寄存器两类。根据使用的需要，寄存器和移位寄存器还可以加入很多辅助功能，如并行输入、并行输出；串行输入、串行输出；同步、异步清零、置数；单、双向移位和保持等功能。

寄存器的作用是将数码存放起来，在需要时再取出，必须采用具有记忆作用的元件或电路构成。1 个触发器可以存放 1 位二进制数，N 个触发器就可以组成一个能存放 N 位二进制数的寄存器。用触发器构成数码寄存器的基本思想在于：让第 i 位的数码 D_i，通过某一控制方式作用于寄存器中第 i 位触发器的输入端，使该触发器的输出，即寄存器第 i 位的输出 $Q_i^{n+1} = D_i^n$。因为 D 触

发器的特征方程为 $Q^{n+1} = D^n$，所以最简单的方法就是采用 D 触发器构成数码寄存器，且用 CP 作寄存指令脉冲，下面以 74LS175 芯片为例介绍寄存器的组成与功能。

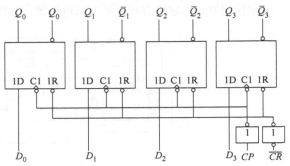

图 5.4.1　74LS175 逻辑图

1. 4 位并行输入输出寄存器 74LS175

74LS175 为 4 位并行输入输出的集成寄存器芯片，其逻辑图如图 5.4.1 所示，其符号图如图 5.4.2 所示。它是由 4 个维持阻塞 D 触发器构成，当 CP 正边沿来到时，$D_3 \sim D_0$ 信息即可同时存入寄存器，由 $Q_3 Q_2 Q_1 Q_0$ 输出。寄存器 74LS175 的输入和输出是同时并行实现的，这种输入输出方式叫作并行输入、并行输出方式。

（1）引脚说明

参考 74LS175 的符号图 5.4.2 及功能表 5.4.1 可以看到，$D_3 D_2 D_1 D_0$ 是寄存器的数据输入端，$Q_3 Q_2 Q_1 Q_0$ 是寄存器的数据输出端，$\overline{Q_3} \cdot \overline{Q_2} \cdot \overline{Q_1} \cdot \overline{Q_0}$ 输出的是 $Q_3 Q_2 Q_1 Q_0$ 的反码；$\overline{CR}$ 是异步清零端，都是低电平有效；CP 是时钟脉冲输入端。下面分别对寄存器 74LS175 的各个引脚功能进行详细说明。

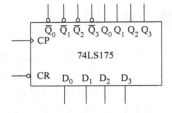

图 5.4.2　74LS175 符号图

（2）异步清零功能

$\overline{CR}$ 为异步清零端，低电平有效。当 $\overline{CR} = 0$ 时将立即对 4 个数据输出端异步清零，这时 $Q_3 Q_2 Q_1 Q_0 = 0000$。也就是说 $\overline{CR}$ 对输出数据清零不受时钟信号 CP 的限制，当 $\overline{CR} = 0$ 时，不管 CP 的情况如何，数据输出端立即为 0。

（3）工作方式说明

74LS175 的功能表见表 5.4.1。当 $\overline{CR} = 1$，正常工作时，寄存器工作在保持状态或读入状态。当读入脉冲 CP 的上升沿到来时，寄存器实现读入功能把输入端的数据读入寄存器，这时 $Q_3 Q_2 Q_1 Q_0 = D_3 D_2 D_1 D_0$。当没有 CP 上升沿的绝大部分时间里，寄存器都处在数据保持阶段，寄存器的输出数据保持不变。

表 5.4.1　74LS175 功能表

输入						输出								功能
CP	$\overline{CR}$	D_3	D_2	D_1	D_0	Q_3	Q_2	Q_1	Q_0	$\overline{Q_3}$	$\overline{Q_2}$	$\overline{Q_1}$	$\overline{Q_0}$	
×	0	×	×	×	×	0	0	0	0	1	1	1	1	异步置零
↑	1	D_3	D_2	D_1	D_0	D_3	D_2	D_1	D_0	$\overline{D_3}$	$\overline{D_2}$	$\overline{D_1}$	$\overline{D_0}$	读入
×	1	×	×	×	×	Q_3	Q_2	Q_1	Q_0	$\overline{Q_3}$	$\overline{Q_2}$	$\overline{Q_1}$	$\overline{Q_0}$	保持

2. 移位寄存器

移位寄存器是具有移位功能的寄存器，它的主要功能是将寄存器中某时刻所存的二进制数码的各个位，在下一个时刻到来瞬间，移至紧邻的左一位或右一位寄存器中。图 5.4.3 是具有左移功能的 N 位移位寄存器，图中 i 为寄存器的编号。当控制 CP 动作一次后，该 N 位移位寄存器各位的数据依次向左移位一次，Q_i 的值移给 Q_{i+1}。D_{SL} 的值移给触发器 Q_0，最高位 Q_{n-1} 的值移

集成移位寄存器应用

给 D_{OUT}。

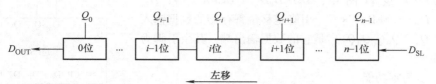

图 5.4.3　N 位移位寄存器结构示意框图

在实际使用中，移位寄存器有时需要将数码左移，有时又需要将数码右移，能满足这种需要的寄存器叫作双向移位寄存器。根据需要，有的移位寄存器还有并行输入、并行输出，串行输入、串行输出，清零、移位、保持等辅助功能。74LS194 是一种 4 位双向移位寄存器，下面以 74LS194 为例对移位寄存器进行介绍。

移位寄存器 74LS194 的逻辑图如图 5.4.4 所示，它是一种常用中规模 4 位双向移位寄存器，其逻辑符号如图 5.4.5 所示，下面描述电路功能。

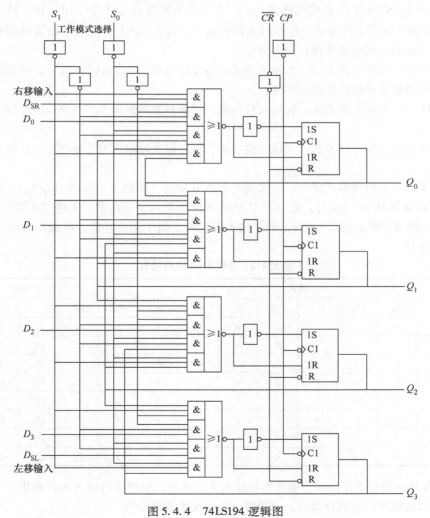

图 5.4.4　74LS194 逻辑图

（1）引脚说明

在 74LS194 逻辑图中，$D_3D_2D_1D_0$（DCBA）和 D_{SR}（SRSER）、D_{SL}（SLSER）这 6 个引脚是移位寄存器的数据输入端，$Q_3Q_2Q_1Q_0$（$Q_DQ_CQ_BQ_A$）是它的数据输出端，其余引脚为控制输入端。

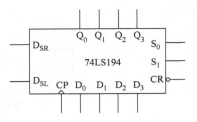

图 5.4.5　74LS194 逻辑符号图

（2）异步清零功能

$\overline{CR}$ 为异步清零端，低电平有效。当 $\overline{CR}=0$ 时将立即对 74LS194 的 4 个数据输出端 $Q_3Q_2Q_1Q_0$ 异步清零，这时 $Q_3Q_2Q_1Q_0=0000$。异步清零的含义是 $\overline{CR}$ 对输出数据 $Q_3Q_2Q_1Q_0$ 清零不受时钟信号 CP 的限制，当 $\overline{CR}=0$ 时，不管 CP 的情况如何，数据输出端立即为 0。异步是相对同步而言的，如果控制信号受时钟影响，只发生在时钟信号的特定时刻时，称该控制信号为同步信号。

（3）工作方式

S_0、S_1 是 74LS194 工作方式选择端，S_1S_0 有四种不同组合方式 00、01、10、11，分别对应 74LS194 的四种不同的工作方式。在 $\overline{CR}=1$ 的前提下，若有 CP 上升沿时可以实现四种不同操作中的一种，下面对这四种操作进行简单介绍。

$S_1S_0=00$ 时：保持工作方式：各触发器 CP 端被置为 0，不接收同步信号，故无操作，实现保持功能，即各触发器保持原状态不变。

$S_1S_0=01$ 时：右移工作方式：实现右移功能，即各触发器输出 $Q_i^{n+1}=Q_{i-1}^n$，Q_0 接收右移串行数据输入 D_{SR}。

$S_1S_0=10$ 时：左移工作方式：实现左移功能，即各触发器输出 $Q_i^{n+1}=Q_{i+1}^n$，Q_3 接收左移串行数据输入 D_{SL}。

$S_1S_0=11$ 时：并行置数工作方式。实现并行置数功能，即四个触发器 $Q_3Q_2Q_1Q_0$ 分别接收并行数据输入端 $D_3D_2D_1D_0$ 的信号，此时 $Q_3Q_2Q_1Q_0=D_3D_2D_1D_0$。应注意：上述"右移""左移"和"并行置数"操作，都是在 CP 上升沿的作用下实现的，属于同步功能。电路的功能见表 5.4.2，便于应用时查找。

表 5.4.2　74LS194 的功能表

输入										输出			
$\overline{CR}$	S_1	S_0	D_{SL}	D_{SR}	CP	D_0	D_1	D_2	D_3	Q_0^{n+1}	Q_1^{n+1}	Q_2^{n+1}	Q_3^{n+1}
0	×	×	×	×	×	×	×	×	×	0	0	0	0
1	×	×	×	×	0	×	×	×	×	Q_0^n	Q_1^n	Q_2^n	Q_3^n
1	1	1	×	×	↑	d_0	d_1	d_2	d_3	d_0	d_1	d_2	d_3
1	0	1	×	1	↑	×	×	×	×	1	Q_0^n	Q_1^n	Q_2^n
1	0	1	×	0	↑	×	×	×	×	0	Q_0^n	Q_1^n	Q_2^n
1	1	0	1	×	↑	×	×	×	×	Q_1^n	Q_2^n	Q_3^n	1
1	1	0	0	×	↑	×	×	×	×	Q_1^n	Q_2^n	Q_3^n	0
1	0	0	×	×	×	×	×	×	×	Q_0^n	Q_1^n	Q_2^n	Q_3^n

74LS194 具有四种工作方式，能够串行输入并行输出，也能串行输入串行输出。与其他组合逻辑电路一起使用可以实现计数器、分频器、序列发生器等功能。

例 5.4.1　图 5.4.6 利用一片 74LS194 和一个与非门构成一个分频器电路，假设电路初态 $Q_3Q_2Q_1Q_0=1111$。试画出电路的状态转换图，不考虑电路的自启动功能。求输出信号 Q_0 和 CP

之间的频率倍数关系。

解：电路中 $\overline{CR}=1$、$S_1S_0=01$，电路工作在右移工作方式。电路的初态 $Q_3Q_2Q_1Q_0=1111$，$Q_3Q_2=11$ 通过与非门后为 0 并输入给 D_{SR}。根据以上的功能表可以看出，当第 1 个 CP 上升沿来到后，$D_{SR}=0$ 移给 Q_0，Q_2 移给 Q_3，这时 $Q_3Q_2Q_1Q_0=1110$。根据以上分析，可以画出电路的状态转换图如图 5.4.7 所示。从图上可知，Q_0 在 7 个 CP 周期中变化一次形成一个计数周期，所以 Q_0 频率只有 CP 频率的 $1/7$，即 $f_{Q_0}=f_{CP}/7$。

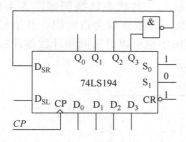

图 5.4.6　例 5.4.1 逻辑电路图

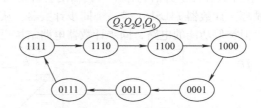

图 5.4.7　例 5.4.1 状态转换图

5.4.2　计数器

计数器是常用的数字电路之一，也是典型时序电路。计数器电路可以对脉冲计数，还可以用于定时和对输入脉冲分频。计数器的种类比较多，按不同的标准有不同的分类：按照计数周期（或称"模"，用符号 K 表示）分，有二进制计数器、十进制计数器、任意进制计数器和可变进制计数器；根据计数器的功能分，有加法计数器、减法计数器和可逆计数器；按计数的权码分，则有 8421 码、5421 码等；按照计数过程中各位触发器的时钟是否取自同一脉冲源，又可分为同步计数器和异步计数器。不同种类的计数器都有其各自的特点和优点，这里介绍计数器的两个基本概念。

（1）计数器的模

1 位触发器有 2 种不同的稳定状态，可表示（或记忆）1 位二进制数，n 位触发器有 2^n 个状态，可表示 $0\sim(2^n-1)$ 共 2^n 个数，如 4 位触发器有 2^4 个状态，可表示 $0\sim15$ 共 16 个数。当然有的计数器并不能把所有可能输出的状态都遍历一遍，只是输出其中的部分状态，计数器输出的计数状态个数称为计数器的模，是描述计数器的一个重要指标。

（2）同步计数器和异步计数器

所谓异步计数器就是输入的时钟脉冲信号只作用于计数单元中的最低位（或某几位）触发器。一般各触发器之间相互串行，由低一位触发器的输出逐个向高一位触发器传递进位信号而使得触发器逐级翻转。由于内部结构是串行工作方式，异步计数器的计数速度慢，但其具有逻辑结构简单、成本低等特点。同步计数器是指同一个输入脉冲信号同时作用到各触发器上，在同一时刻所有触发器能同时翻转，所以同步计数器的计数速度快。由于各触发器同时翻转，对计数器的状态进行译码时不易产生尖峰假信号。同步计数器虽具有上述优点，但由于它的时钟输入信号同时送到各个触发器的时钟输入端，所以输入信号所承受的负载较重。

计数器除了上述分类和概念外，还涉及一些时序逻辑电路的有关知识及应用方法，其中有的内容具有代表性，是很多逻辑电路及器件共有的。计数器是一种常用的时序逻辑电路，器件种类很多。本节主要介绍了几种典型的计数器器件，包括同步十六进制加法计数器 74LS161、十进制加法计数器 74LS160、同步十进制加/减法计数器 74LS192、二－五－十进制异步计数器 74LS290。此外，涉及的相关器件有十进制加法计数器 74LS162、十六进制加法计数器 74LS163（具有同步清零功能）、单时钟十六进制加/减法计数器 74LS290、单时钟十六进制加/减法计数器 74LS191、十六进制加/减法计数器 74LS193 等。

1. 同步计数器

同步计数器应用广泛，下面主要介绍 74LS161、74LS160、74LS192、74LS290 等典型器件。由于 74LS160 和 74LS161 结构原理基本相同，仅功能略有差别，故主要分析一种器件。

集成计数器 74LS161 是一种 4 位二进制同步加法计数器，其逻辑图如图 5.4.8 所示。它有 4 位输出计数端 $Q_3Q_2Q_1Q_0$，可以输出 0 ~ 15 共 16 个计数状态，其状态转换图如图 5.4.9 所示。74LS161 在计数脉冲上升沿的作用下其输出会自动加 1 计数，计数满后会自动回 0 开始另一个新的计数循环。计数器 74LS161 是一个同步计数器，从原理图中也可以看出同步计数器计数速度比异步快，但类似功能的电路，同步计数器电路结构更为复杂。

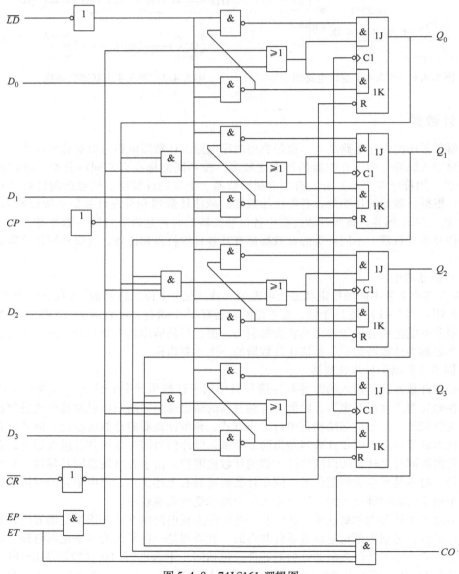

图 5.4.8 74LS161 逻辑图

（1）引脚说明

图 5.4.10 为 74LS161 的符号图，表 5.4.3 为 74LS161 的功能表。$D_3D_2D_1D_0$ 是计数器的数据输入端，$Q_3Q_2Q_1Q_0$ 是计数器的数据输出端。ET、EP 是功能选择输入引脚。$\overline{LD}$ 是同步预置数端，$\overline{CR}$ 是异步清零端，都是低电平有效。CP 是计数脉冲输入端，CO 是计数进位输出端。下面进一步介绍 74LS161 的各个引脚功能。

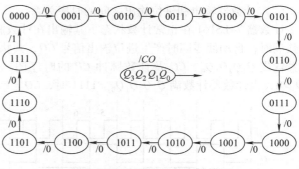

图 5.4.9　74LS161 状态转换图

（2）输出数据说明

$Q_3Q_2Q_1Q_0$ 是数据输出端，数据的格式是 4 位二进制数，由 0000 到 1111。当计数器处于正常加法计数状态时，当计数脉冲 CP 的上升沿来到后，计数器加 1。计数到 1111 后，计数器在计数脉冲 CP 上升沿的作用下会自动回 0，此时计数器输出 0000，计数器进入另一个新的加法计数循环阶段。

（3）异步清零功能

$\overline{CR}$ 为异步清零端，低电平有效。当 $\overline{CR}=0$ 时将立即对 74LS161 的 4 个数据输出端异步清零，这时 $Q_3Q_2Q_1Q_0=0000$。也就是说 $\overline{CR}$ 对输出数据清零不受时钟信号 CP 的限制，当 $\overline{CR}=0$ 时，不管 CP 的情况如何，数据输出端立即为 0。

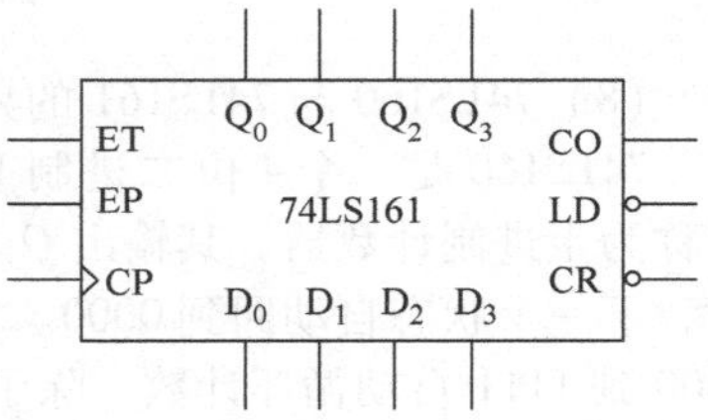

（4）同步预置数功能

$\overline{LD}$ 是同步预置数端，低电平有效。在 $\overline{LD}=0$ 的情况下，74LS161 将把输入数据 $D_3D_2D_1D_0$ 预置给数据输出端 $Q_3Q_2Q_1Q_0$，此时 $Q_3Q_2Q_1Q_0=D_3D_2D_1D_0$。$\overline{LD}$ 的同步预置数表现在，当 $\overline{LD}=0$ 时并不能立即进行预置数操作，只有同时 CP 上升沿来到时才能进行该操作。

图 5.4.10　74LS161 符号图

（5）进位输出功能

CO 是计数进位输出端，高电平有效。一般情况下计数器的进位输出 $CO=0$，当计数器计数满时，也就是计数器的输出为 1111 时，$CO=1$，其中进位输出的表达式如下：

74LS161 进位输出：$\qquad CO=Q_3Q_2Q_1Q_0$

74LS160 进位输出：$\qquad CO=Q_3\overline{Q_2}\cdot\overline{Q_1}Q_0$

（6）工作方式选择

ET、EP 是功能选择输入引脚，它们的组合控制计数器 74LS161 的功能选择。当 $ET\cdot EP=1$ 时，计数器处于正常计数状态，计数器的输出将从 0000 到 1111 计数，当计数满时，计数器会自动回零；当 $ET\cdot EP=0$ 时，计数器处于保持状态，计数器的输出将保持不变，计数器停止计数功能。

表 5.4.3　74LS161 功能表

输入									输出			
CP	$\overline{CR}$	$\overline{LD}$	EP	ET	D_3	D_2	D_1	D_0	Q_3	Q_2	Q_1	Q_0
×	0	×	×	×	×	×	×	×	0	0	0	0
↑	1	0	×	×	D_3	D_2	D_1	D_0	D_3	D_2	D_1	D_0
×	1	1	0	×	×	×	×	×	保持			
×	1	1	×	0	×	×	×	×	保持			
↑	1	1	1	1	×	×	×	×	计数			

（7）计数器输出和进位输出之间的时序关系

计数器74LS161在正常计数状态下其输出在计数脉冲 CP 上升沿的驱动下自动加1计数，当计数满时，自动回零同时产生进位输出信号 CO，其状态转换图如图5.4.9所示。图5.4.11是计数器输出 $Q_3Q_2Q_1Q_0$、CO 及计数脉冲 CP 的时序图，由图可知，当计数输出在 $0 \sim 14$ 之间时，$CO = 0$，当计数器计数满 $Q_3Q_2Q_1Q_0 = 1111$ 时，$CO = 1$ 且其高电平持续一个完整时钟周期。

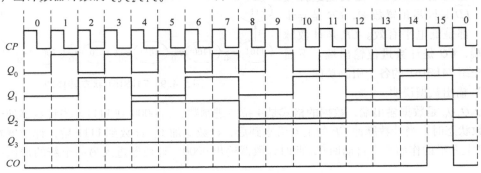

图5.4.11　74LS161输出及 CO 时序图

（8）74LS160与74LS161的异同

74LS160是一个4位二进制BCD码加法计数器，输出的是8421BCD码（简称为BCD码），也称为十进制计数器。其输出 $Q_3Q_2Q_1Q_0$ 从0000到1001自动循环计数，也就是说当计数到1001时，下一个状态自动回到0000。相比较而言，74LS161是一个4位二进制加法计数器，其输出从0000到1111自动循环计数。除了计数模不同外，74LS160和74LS161在引脚、功能、工作方式等各方面都相似。

因此，74LS160的器件符号图、功能表与74LS161相同，状态转换图、时序图与74LS161类似（只是计数的模不同），74LS160的进位输出 CO 有效（即输出高电平"1"）也发生在计数的最后一个周期（但这时计数器的输出状态是1001）。

2. 任意计数器设计

74LS160是十进制计数器，74LS161是十六进制计数器，但在实际应用过程中可能需要构成其他进制计数器，比如七进制、三百六十进制等计数器。可以利用常用集成计数器芯片来构成任意进制的计数器，下面以74LS160/74LS161为例说明。

集成计数器
应用

（1）$M < N$ 情况

对于已有 N 进制计数器集成器件，如果需要构成 M 进制计数器且 $M < N$，这时只需1片器件就可以实现。借助于集成计数器的同步预置数端、异步清零端、进位输出端和适当的门电路，可以用不同的方法构成所需进制的计数器。下面以74LS161为例举例说明。

例5.4.2　用1片74LS161构成五进制加法计数器，可外加必要的门电路。要求用3种方法实现，计数器的初始状态不限，但只能包含5个完整的计数状态。

解：74LS161具有16个计数状态，可以利用功能端，使其跳过11个状态，保留5个状态，从而实现五进制计数器。下面采用3种方法来实现：

方法一：利用计数输出触发预置数端 $\overline{LD}$ 方法构成任意进制计数器

由74LS161功能表可知，预置数控制端 $\overline{LD}$ 具有同步预置数功能，低电平有效。可用计数输出控制一个与非门（见图5.4.12），当计数电路输出为0100时，$\overline{LD}$ 端接收一个低电平，可以实现预置数操作。当状态0100持续一个周期，计数将结束时，计数脉冲 CP 出现上升沿，这时计数

器接收数据输入端 $D_3D_2D_1D_0$ 的数据，使 $Q_3Q_2Q_1Q_0 = D_3D_2D_1D_0 = 0000$。由于 $\overline{LD}$ 的预置数发生 CP 的上升沿，状态 0100 存在一个时钟周期才会消失，是一个稳定状态，其相应的状态转换图如图 5.4.13 所示。

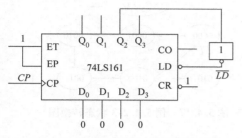

图 5.4.12　例 5.4.2-1 逻辑电路图

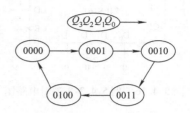

图 5.4.13　例 5.4.2-1 状态转换图

通过改变预置数输入 $D_3D_2D_1D_0$ 值和输出门电路的输入，可以设置计数器的（任意）初始状态。同时注意，当输出为 0100 时，触发所需的门电路可以直接采用一个 4 输入 1 输出的门电路，也可根据实际情况进行化简，使用其他门电路。

方法二：利用进位输出 CO 触发预置数端 $\overline{LD}$ 方法构成任意进制计数器

由 74LS161 功能表可知，CO 是计数器的进位输出端，当计数器计数满时 $CO = 1$，其余时间 $CO = 0$。利用进位输出 CO 触发预置数端 $\overline{LD}$ 构成五进制计数器，如图 5.4.14 所示。

假定计数器的初态为 1011（也可设置其他初态，分析的结果一样，只是开始有一个进入主循环状态的过程状态），计数器在 CP 脉冲信号作用下正常计数，这时 $CO = 0$。当计数满时 $Q_3Q_2Q_1Q_0 = 1111$，有 $CO = 1$，CO 通过非门使预置数输入端 $\overline{LD} = 0$ 有效，但由于 $\overline{LD}$ 动作需要同步脉冲信号，此时预置数功能并没有被触发。直到下一个 CP 上升沿到达时，$\overline{LD}$ 动作，使得输出 $Q_3Q_2Q_1Q_0 = D_3D_2D_1D_0 = 1011$，计数器进入一个新循环。可得该电路的状态转换图如图 5.4.15 所示。

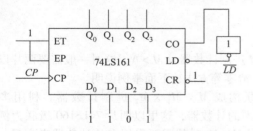

图 5.4.14　例 5.4.2-2 逻辑电路图

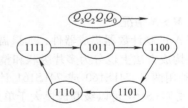

图 5.4.15　例 5.4.2-2 状态转换图

方法三：利用计数输出触发异步清零端 $\overline{CR}$ 方法构成任意进制计数器

图 5.4.16 是一个利用异步清零端 $\overline{CR}$ 功能实现五进制计数的计数器。设计数器初态 $Q_3Q_2Q_1Q_0 = 0000$，在前 4 个计数脉冲 CP 作用下，计数器按 4 位二进制规律正常计数。当状态 0100 计数快结束时，第 5 个计数脉冲上升沿到来，计数状态变为 0101，通过与非门，使 $\overline{CR}$ 从 1 变为 0，$\overline{CR}$ 是异步清零信号。该瞬间（状态 4 结束，状态 5 刚开始，CP 上升沿时刻），借助"异步清零"功能，使 4 个触发器同时被清零，从而中止了计数器的计数，实现了五进制加法计数。必须注意：主循环的 5 个完整状态是 0000 至 0100，而 0101 只是一个瞬态，实际上它一出现，立即清零，所以不是一个稳定计数状态。从图 5.4.17 所示的状态转换图中可看出这一点。需要指出的是，模 n 计数器中的数字 n 并不包含瞬时状态，虽然该瞬态真实出现过，但相对于完整计数状态而言，其持续时间可忽略不计，而计数器的功能往往和计数状态持续的时间密切相关（如交通灯）。

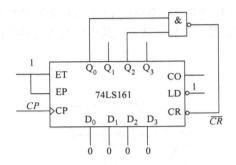

图 5.4.16　例 5.4.2-3 逻辑电路图

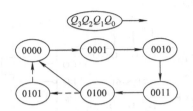

图 5.4.17　例 5.4.2-3 状态转换图

上面分析了用三种方法采用一片 74LS161 来构成模小于 16 的任意进制计数器。用同样的方法，可以用一片 74LS160 构成任意进制计数器，这里就不再赘述，仅指出其异同。它们的主要区别是：74LS160 最多只能构成十进制计数器，而且没有状态 1010 ~ 1111。

> **✍ 方法论：殊途同归**
>
> 　　五进制计数器的设计方法很多，可以利用 74LS160、74LS161 等多种型号计数器，每种计数器还可以用预置数端或清零端进行设计，虽然各实现方法的内部电路多样，但结果是相同的。数字电路设计，往往具有方法多样性的特点，即能够找到多种过程不同但结果相同的设计方法。
>
> 　　认识到数字电路设计方法的多样性特点，有助于我们树立多角度看待问题的意识，面对问题，能够从思想深处坚信解决方法的多样性、多途径特征，坚定朝着发现新方法方向去努力。科学研究是"探索自然现象和社会现象的规律的认知过程，具体工作就包括找出问题的多种解决方法，并通过对比分析确定最优方法的内涵，所以，科学研究的大部分过程是在既定"同归"目标下，努力发掘更多的"殊途"。

（2）$M > N$ 情况

对于 N 进制计数器集成器件，如果需要构成 M 进制计数器且 $M > N$，这时一般需要两片以上芯片。在构成方法上也分为多片级联和整体置数、清零等方法，下面举例说明。

1）利用两片 74LS160 或 74LS161 计数器级联构成 $M = M_1 \times M_2$ 进制计数器。利用多片 74LS160 或 74LS161 可以级联成模大于单片计数范围的计数器，这里以两片 74LS160 级联为例说明。利用 74LS160 计数器构成 M 进制计数器时，当 $M > 10$ 时就需要采用多片计数器来实现。如果 M 可以分解成 $M = M_1 \times M_2$ 的形式，可以利用两片 74LS160 分别构成 M_1 进制和 M_2 进制计数器，然后把它们级联起来构成 $M = M_1 \times M_2$ 进制计数器。

例 5.4.3　利用两片 74LS160 及所需门电路构成八十进制计数器，并画出逻辑电路图。

解：方法一：利用串行进位法实现两片 74LS160 计数器级联

计数器的进位输出端 CO 当计数满时会送出进位信号，对于 74LS160 来说，当计数器输出 1001 时，CO 在计数时钟上升沿来到前的全部时间里都为高电平。利用 CO 对多片计数器级联时要注意 CO 出现上升沿时刻的时序关系。

选用两片 74LS160，其中一片 74LS160 接成十进制计数器，其输出 $Q_A = Q_3 Q_2 Q_1 Q_0$ 设为低位。利用计数输出触发预置数端 $\overline{LD}$ 方法将另一片接成八进制计数器，其输出 $Q_B = Q_7 Q_6 Q_5 Q_4$ 设为高位。然后将它们串接起来，构成了八十进制计数器，如图 5.4.18 所示。计数器级联工作原理说明如下：

设计数器 A 的输出为低 4 位，初态 $Q_A = Q_3Q_2Q_1Q_0 = 0000$，计数器 B 的输出为高 4 位，初态 $Q_B = Q_7Q_6Q_5Q_4 = 0000$。当出现第 1 个 CP 脉冲的上升沿时，计数器 A 正常计数，$Q_A = 0001$。由于计数器 B 的脉冲输入端始终为高电平，因此不计数，$Q_B = 0000$。

当出现第 9 个 CP 脉冲的上升沿时，芯片 A 构成的计数器从 1000 计数到 1001 时，CO 由 0 跳变到 1，出现上升沿，非门 C 输出信号由 1 跳变到 0，出现下降沿。但此时计数器 B 不应得到有效脉冲信号，使其计数，因为状态 1001 还没有持续一个时钟周期。

当出现第 10 个 CP 脉冲的上升沿时，计数器 A 从 1001 计数到 0000 时，CO 由 1 跳变到 0，出现下降沿，非门 C 输出信号 $\overline{C}$ 由 0 跳变到 1，出现上升沿。此时，计数器 B 得到一个计数有效脉冲信号，其输出加 1。由于计数器 B 是上升沿计数，所以计数器 B 的时钟信号 CP 必须接非门 C 的输出信号，这样才能按所需规律正常计数。也就是说当第 9 个 CP 上升沿到来时，计数器 $Q_A = 1001$，$Q_B = 0000$；当第 10 个 CP 上升沿到来时，$\overline{C}$ 刚好也依次出现上升沿，计数器 $Q_A = 0000$，$Q_B = 0001$。但从时间瞬态上看，计数器 A 计数后瞬间计数器 B 才依次计数，这个时间间隔相对于计数稳态持续时间而言很短，一般不考虑。

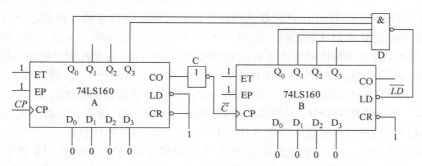

图 5.4.18　例 5.4.3 串行进位法级联逻辑电路图

方法二：利用并行进位法实现两片 74LS160 计数器级联

选用两片 74LS160，将其中一片 74LS160 接成十进制计数器，其输出 $Q_A = Q_3Q_2Q_1Q_0$ 设为低位。计数器 B 仍然利用计数输出触发预置数端 $\overline{LD}$ 方法接成八进制计数器，其输出 $Q_B = Q_7Q_6Q_5Q_4$ 设为高位。将计数器 A 的进位输出 CO 直接输出到芯片 B 的功能控制端 ET、EP 上，两片计数器共用一个时钟 CP，构成并行进位法级联方式，逻辑电路图如图 5.4.19 所示。其工作原理分析如下：

设计数器 A 的输出为低 4 位，设初态 $Q_A = 0000$，计数器 B 的输出为高 4 位，设初态 $Q_B = 0000$。当出现第 1 个 CP 脉冲的上升沿时，计数器 A 正常计数，$Q_A = 0001$。由于计数器 B 的功能选择端 $ET = 0$、$EP = 0$，计数器处于输出保持状态，$Q_B = 0000$。

当出现第 9 个 CP 脉冲的上升沿时，芯片 A 构成的计数器从 1000 计数到 1001 时。CO 由 0 跳变到 1，$ET = 1$、$EP = 1$ 计数器处于正常计数状态，但此时 CP 脉冲的上升沿已过，Q_B 仍然保持不变。

当出现第 10 个 CP 脉冲的上升沿时，芯片 A 构成的计数器从 1001 计数到 0000 时。此时计数器 B 的功能选择端 $ET = 1$、$EP = 1$，其处于正常计数状态，时钟 CP 的上升沿也使其输出同时加 1。也就是说当第 10 个 CP 上升沿到来时，计数器 $Q_A = 0000$，$Q_B = 0001$。

以上举例介绍了如何利用两片 74LS160 计数器使用串行进位和并行进位法实现 $M = M_1 \times M_2$ 进制计数器。例如，要构成 $M = M_1 \times M_2 = 10 \times 10 = 100$ 进制计数器，只要把上述计数器 B 改成计

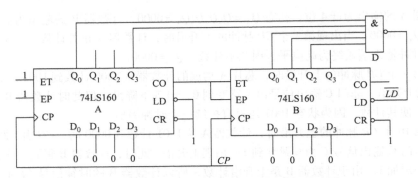

图 5.4.19　例 5.4.3 并行进位法级联逻辑电路图

数器 A 的电路构成即可。上述方法可以推广成把 n 片 74LS160 计数器级联成 10^n 计数器，把 n 片 74LS161 计数器级联成 16^n 计数器。只是级联后多片 74LS161 输出是 $4n$ 位二进制数，而不是 BCD 码。

2）多片 74LS160 或 74LS161 计数器采用整体预置数或整体清零构成任意进制计数器。利用 74LS161 计数器构成 M 进制计数器时，当 $M > 16$ 且 M 是不能分解成 $M = M_1 \times M_2$ 的形式的素数时，可以采用整体置数和整体清零法来构成该计数器。其具体方法是先用计数器级联的方法使多片计数器构成 16^n 计数器，然后把它们的输出当成个整体（看作是一个 16^n 计数器），采取整体置数或整体清零的方法构成所需计数器（类似用一片计数器构成任意进制计数器）。

例 5.4.4　利用两片 74LS161 及所需门电路构成三十七进制计数器，并画出逻辑电路图。

解：方法一：利用整体置数法实现多片 74LS161 构成任意进制计数器

选用两片 74LS161，采用并行进位法把两片计数器级联起来，构成 256 进制计数器，如图 5.4.20 所示。其中输出 $Q_A = Q_3Q_2Q_1Q_0$ 当作低 4 位，输出 $Q_B = Q_7Q_6Q_5Q_4$ 当作高 4 位。整体置数法的工作原理分析如下：

设计数器 A 的输出为低 4 位，初态 $Q_A = 0000$，计数器 B 的输出为高 4 位，初态 $Q_B = 0000$。级联后计数器的输出为 $Q_{AB} = Q_7Q_6Q_5Q_4Q_3Q_2Q_1Q_0$，整体上构成一个 $16 \times 16 = 256$ 进制计数器。

当级联后的计数器输出计数到 $Q_{AB} = 00100100$（二进制数，对应十进制 36），与非门 C 输出低电平，使各计数器的预置数端有效。当下一个 CP 上升沿来到时，计数器把预置数数据 00000000 整体预置给计数器 A、B 的输出，使 $Q_{AB} = 00000000$。这样计数器就完成了从 00000000 ~ 00100100 的三十七进制计数的循环。

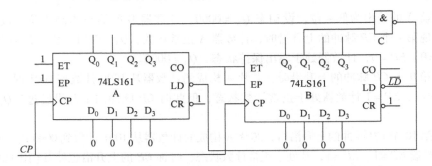

图 5.4.20　例 5.4.4 整体置数法构成任意进制计数器逻辑电路图

方法二：利用整体清零法实现多片 74LS161 构成任意进制计数器

184

选用两片 74LSl61，利用并行进位法把两片计数器级联起来，构成 256 进制计数器，如图 5.4.21 所示。其中输出 $Q_A = Q_3 Q_2 Q_1 Q_0$ 当作低位，$Q_B = Q_7 Q_6 Q_5 Q_4$ 当作高位。下面说明整体清零法的工作原理：

设计数器 A 的输出为低 4 位，初态 $Q_A = 0000$，计数器 B 的输出为高 4 位，初态 $Q_B = 0000$。级联后计数器的输出为 $Q_{AB} = Q_7 Q_6 Q_5 Q_4 Q_3 Q_2 Q_1 Q_0$，整体上构成一个 $16 \times 16 = 256$ 进制计数器。

当级联后的计数器输出计数到 $Q_{AB} = 00100101$（二进制数，对应十进制 37），与非门 C 输出为低电平，使各计数器的异步清零端有效。异步清零端立即对各计数器清零使 $Q_{AB} = 00000000$，其中计数状态 00100101 只是一个瞬态，这样计数器就完成了从 00000000 ~ 00100100 的三十七进制计数器的循环。

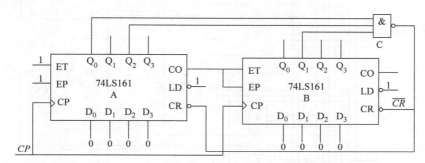

图 5.4.21　例 5.4.4 整体清零法构成任意进制计数器逻辑电路图

以上举例阐述了用多片 74LS161 计数器使用整体预置数或整体清零构成任意进制计数器的方法。上述方法同样适用于 74LS160，具体步骤是：首先用 n 片 74LS160 级联成 10^n 进制计数器，然后整体预置数或整体清零构成所需进制计数器。但需要指出的是，采用多片 74LS161 构成的计数器输出的是二进制数，而采用多片 74LS160 构成的计数器输出的是 BCD 码。

（3）同步加/减法计数器

前面介绍了同步加法计数器 74LS160 和 74LS161，在有的计数器应用场合要求计数器既能进行加法计数又能进行减法计数，能同时进行加法计数和减法计数的计数器叫作加/减法计数器，也称为可逆计数器。下面以同步十进制加/减法计数器 74LS192 为例进行说明。

74LS192 是同步十进制加/减法计数器集成芯片，其逻辑图如图 5.4.22 所示。它有 4 位输出计数端 $Q_3 Q_2 Q_1 Q_0$，可表示 0 ~ 9 的 4 位二进制 BCD 码。其输出触发器都是在同一个时钟的控制下同时动作，属于同步计数器。它有两个计数输入时钟 CP_+、CP_-，能分别进行加法和减法计数，是双时钟计数器。

1）引脚说明。74LS192 的符号图如图 5.4.23 所示，其功能表见表 5.4.4。$D_3 D_2 D_1 D_0$ 是计数器的预置数功能的数据输入端，$Q_3 Q_2 Q_1 Q_0$ 为计数器数据输出端，CP_+、CP_- 是计数时钟输入端。$\overline{LD}$ 是异步预置数端，低电平有效，CR 是异步清零端，高电平有效。$\overline{CO}$ 是计数进位输出端，$\overline{BO}$ 是借位输出端，都是低电平有效。

2）输出数据说明。$Q_3 Q_2 Q_1 Q_0$ 计数器数据输出端，数据输出的格式是 BCD 码，由 0000 到 1001。当计数器处于正常加法计数状态时，当计数脉冲 CP_+ 的上升沿来到时，计数器加 1，当计数到 1001 后，计数器在计数脉冲 CP 上升沿的作用下自动回 0，此时计数器的输出 $Q_3 Q_2 Q_1 Q_0 =$ 0000，计数器进入到另一个新的加法计数循环。

当计数器处于减法计数状态时，当计数脉冲 CP_- 的上升沿来到时，计数器减 1，当计数到 0000 后，计数器在计数脉冲 CP 上升沿的作用下自动回到 1001，此时计数器的输出 $Q_3 Q_2 Q_1 Q_0 =$

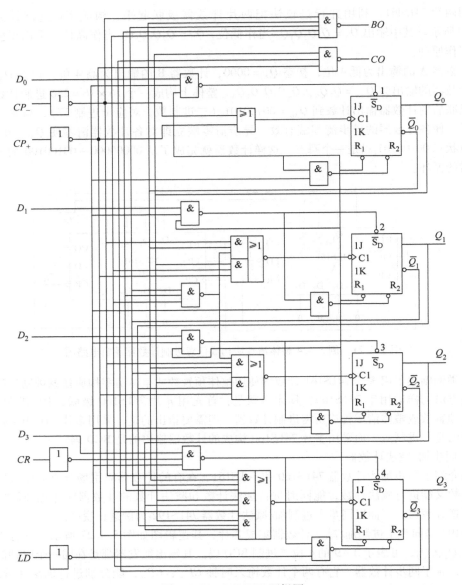

图 5.4.22 74LS192 逻辑图

1001，计数器进入到另一个新的减法计数循环。

3）异步清零功能。由功能表可知，CR 为异步清零端，高电平有效。当 $CR = 1$ 时将立即对 74LS192 的 4 个数据输出端异步清零，使 $Q_3Q_2Q_1Q_0 = 0000$，CR 对输出数据清零与时钟信号无关。

4）异步预置数功能。由功能表可知，$\overline{LD}$ 是异步预置数端，低电平有效。当 $\overline{LD} = 0$ 时计数器立即把输入数据 $D_3D_2D_1D_0$ 预置给数据输出端 $Q_3Q_2Q_1Q_0$，此时 $Q_3Q_2Q_1Q_0 = D_3D_2D_1D_0$。$\overline{LD}$ 是异步预置数端，这一点和 74LS161 的同步预置数功能不同，在后面的应用中也

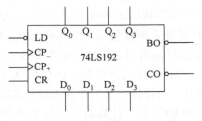

图 5.4.23 74LS192 符号图

要注意。

5）工作方式选择。当 $\overline{LD}=1$，$CR=0$ 都无效时，计数器的工作状态由计数输入脉冲 CP_+、CP_- 决定；当 $CP_+=CP_-=1$ 时，计数器处于加法计数状态，计数器的输出将从 0000 到 1001 计数，当计数满时，计数器会自动回零，进入新的加法计数循环；当 $CP_+=1$、$CP_-=CP$ 时，计数器处于减法计数状态，计数器的输出将从 1001 到 0000 计数，当计数满时，计数器会自动回到 1001 状态，进入新的减法计数循环。

6）进位输出和借位输出功能。$\overline{CO}$ 计数器的进位输出端，低电平有效。当计数器处于加法计数状态，如果计数满（$Q_3Q_2Q_1Q_0=1001$）时，计数器将产生进位输出信号 $\overline{CO}=0$；正常情况下当 $Q_3Q_2Q_1Q_0$ 在 0~8 之间时，$\overline{CO}=1$。

$\overline{BO}$ 是借位输出端，低电平有效。当计数器处于减法计数状态，如果计数满（$Q_3Q_2Q_1Q_0=0000$）时，计数器将产生借位输出信号 $\overline{BO}=0$；正常情况下当 $Q_3Q_2Q_1Q_0$ 在 9~1 之间时，$\overline{BO}=1$。

要特别注意 $\overline{CO}$、CP_+ 及 $\overline{BO}$、CP_- 之间的关系，$\overline{CO}$、$\overline{BO}$ 都只有在计数满同时计数时钟为低电平时才产生低电平的有效信号。

表 5.4.4 74LS192 功能表

	输入							输出			
CR	$\overline{LD}$	CP_+	CP_-	D_3	D_2	D_1	D_0	Q_3	Q_2	Q_1	Q_0
1	×	×	×	×	×	×	×	0	0	0	0
0	0	×	×	D_3	D_2	D_1	D_0	D_3	D_2	D_1	D_0
0	1	1	1	×	×	×	×	保持			
0	1	↑	1	×	×	×	×	加法计数			
0	1	1	↑	×	×	×	×	减法计算			

7）$\overline{CO}$、CP_+ 和 $\overline{BO}$、CP_- 与 $Q_3Q_2Q_1Q_0$ 之间的时序关系。当计数器处于加法计数状态，如果计数满时，计数器进位输出端 $\overline{CO}$ 将产生进位输出信号。当计数器处于减法计数状态，如果计数满时，计数器借位输出端 $\overline{BO}$ 将产生借位输出信号；$\overline{CO}$、CP_+ 和 $\overline{BO}$、CP_- 与 $Q_3Q_2Q_1Q_0$ 之间的关系可用下面的公式表示。

进位输出：$\quad \overline{CO}=\overline{Q_3 Q_0 \overline{CP_+}}$

借位输出：$\quad \overline{BO}=\overline{\overline{Q_3}\cdot\overline{Q_2}\cdot\overline{Q_1}\cdot\overline{Q_0}\cdot\overline{CP_-}}$

从公式上难以直观地看出它们之间在时间上的顺序关系，但从时序图很容易得出它们之间的时序关系。图 5.4.24 是 $\overline{CO}$、CP_+ 与 $Q_3Q_2Q_1Q_0$ 之间的时序图，由图可见计数器工作在加法计数状态，当计数满（$Q_3Q_2Q_1Q_0=1001$）时，同时加法计数脉冲 CP_+ 为低电平时，加法进位输出 $\overline{CO}=0$ 有效，其余的所有时间 $\overline{CO}=1$；图 5.4.25 是 $\overline{BO}$、CP_- 与 $Q_3Q_2Q_1Q_0$ 之间的时序图，从图中可以看出，如果计数器工作在减法计数状态，当计数满（$Q_3Q_2Q_1Q_0=0000$）时，同时减法计数脉冲 CP_- 为低电平时，减法借位输出 $\overline{BO}=0$ 有效，其余的所有时间 $\overline{BO}=1$。

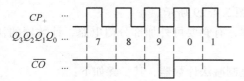

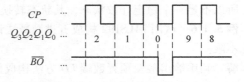

图 5.4.24 $\overline{CO}$、CP_+ 与 $Q_3Q_2Q_1Q_0$ 之间的时序图　　图 5.4.25 $\overline{BO}$、CP_- 与 $Q_3Q_2Q_1Q_0$ 之间的时序图

利用一片 74LS192 可以构成任意进制加/减法计数器，下面举例说明。

例 5.4.5 试用两种方法实现 74LS192 构成的五进制加法计数器，有必要可外加部分门电路。计数器的初始状态不限，但计数器只能有 5 个完整的计数状态。

解： 74LS192 集成计数器具有异步预置数功能、异步清零功能。可以利用这些功能使计数器跳过多余的 5 个状态，保留 5 个状态，并能采用多种方法来实现五进制加法计数器功能。

方法一： 利用计数器输出触发异步预置数端 $\overline{LD}$ 构成任意进制计数器

由 74LS192 功能表可知，异步预置数端 $\overline{LD}$ 是低电平有效，实现预置数功能。$\overline{LD}$ 为低电平有效时立即使 $Q_3Q_2Q_1Q_0 = D_3D_2D_1D_0$。

把 CR 接低电平使其无效，CP_- 接固定电平 1，CP_+ 接时钟信号，使电路工作在正常加法计数状态，如图 5.4.26 所示。

设计数器初态 $Q_3Q_2Q_1Q_0 = 0000$，在前 4 个计数脉冲 CP 作用下，计数器正常计数。而当第 5 个计数脉冲上升沿到来后，计数状态变为 0101。与非门的输出从 1 跳变到 0，$\overline{LD}$ 端接收一个低电平，实现预置数操作。这时计数端立即接收数据输入端数据，使 $Q_3Q_2Q_1Q_0 = D_3D_2D_1D_0 = 0000$。

由于 $\overline{LD}$ 具有异步预置数功能，$Q_3Q_2Q_1Q_0 = 0101$ 时，$\overline{LD}$ 立即置数，使 $Q_3Q_2Q_1Q_0 = 0000$，所以输出 0101 不是一个稳定状态，而是一个瞬态，其状态转换图如图 5.4.27 所示。

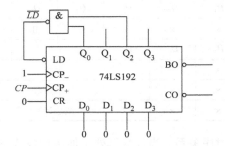

图 5.4.26 例 5.4.5-1 逻辑电路图

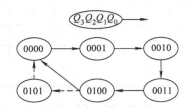

图 5.4.27 例 5.4.5-1 状态转换图

采用该方法时可以改变预置数输入 $D_3D_2D_1D_0$ 的值和输出门电路的构成，从而达到任意设置计数器的初始状态，这里就不举例说明了。不过一定要注意 74LS192 是一个十进制计数器，其输出不会超过 9，如果计数满，计数器会自动回零。

方法二： 利用计数输出触发异步清零端 CR 构成任意进制计数器

把 $\overline{LD}$ 接高电平使其无效，CP_- 接固定电平 1，CP_+ 接时钟信号，使电路工作在正常加法计数状态，如图 5.4.28 所示。

设计数器初态 $Q_3Q_2Q_1Q_0 = 0000$，在前 4 个计数脉冲 CP 作用下，计数器正常计数。而当第 5 个计数脉冲上升沿到来后，计数状态变为 0101，通过与门，使 CR 从 0 变为 1。此时异步清零端有效立即对计数器输出清零，使 $Q_3Q_2Q_1Q_0 = 0000$，实现了模为 5 的加法计数器。

主循环的 5 个状态是 0000 至 0100，而 0101 只是一个瞬态，实际上它一出现，计数器立即清零，所以不是一个稳定计数状态，其状态转换图如图 5.4.29 所示。

例 5.4.6 试用 74LS192 构成五进制减法计数器，有必要可外加部分门电路，计数器的初始状态不限。

解： 利用输出触发预置数端 $\overline{LD}$ 方法构成任意进制减法计数器，其步骤如下：

把 CR 接低电平使其无效，CP_+ 接固定电平 1，CP_- 接时钟信号，使电路工作在正常减法计数状态，如图 5.4.30 所示。

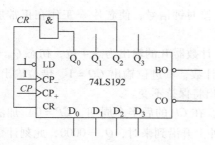

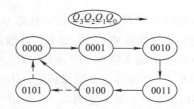

图 5.4.28 例 5.4.5-2 逻辑电路图   图 5.4.29 例 5.4.5-2 状态转换图

$\overline{LD}$ 是异步预置数端，低电平有效。设计数器初态 $Q_3Q_2Q_1Q_0=1000$，在前 4 个计数脉冲 CP 作用下，计数器正常计数。而当第 5 个计数脉冲上升沿到来后，计数状态变为 0011。与非门的输出从 1 跳变到 0，$\overline{LD}$ 端接收一个低电平，实现预置数操作。这时输出立即接收数据输入端数据，使计数输出为 1000。

由于 $\overline{LD}$ 具有异步预置数功能，$Q_3Q_2Q_1Q_0=0011$ 时，$\overline{LD}$ 立即置数，使 $Q_3Q_2Q_1Q_0=1000$，所以输出 0011 一个瞬态，其状态转换图如图 5.4.31 所示。

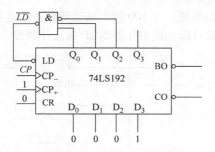

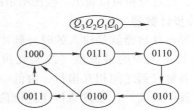

图 5.4.30 例 5.4.6 逻辑电路图   图 5.4.31 例 5.4.6 状态转换图

从以上的分析可知，采用该方法时可以改变预置数输入 $D_3D_2D_1D_0$ 的值和输出门电路的结构，从而达到任意设置计数器的初始状态，该例题中采用的预置数为 1000。

计数器 74LS192 计数满时 $\overline{CO}$（$\overline{BO}$）会送出进位（借位）信号，利用这些信号可对多片 74LS192 芯片进行级联，从而构成 $M=10^n$ 进制加/减法计数器，下面举例说明。

例 5.4.7 利用两片 74LS192 级联构成 100 进制加/减法计数器，并画出逻辑电路图。

解：利用串行进位法实现两片 74LS192 计数器级联，选用两片 74LS192，其输出 $Q_A=Q_3Q_2Q_1Q_0$ 当作低位，输出 $Q_B=Q_7Q_6Q_5Q_4$ 当作高位。利用 $\overline{CO}$（$\overline{BO}$）信号将它们串接起来，就构成了 100 进制计数器，逻辑电路图如图 5.4.32 所示。下面说明计数器级联工作原理。

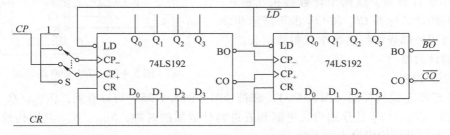

图 5.4.32 例 5.4.7 串行进位法级联构成 100 进制加/减法计数器逻辑电路图

189

当开关 S 向上拨动时，CP_- 接固定电平 1，CP_+ 接时钟信号，使芯片 A 工作在正常加法计数状态。

设计数器 A 的输出为低 4 位，初态 $Q_A = 0000$，计数器 B 的输出为高 4 位，初态 $Q_B = 0000$。

在前 8 个计数脉冲 CP 作用下，计数器 A 正常计数，其进位输出 $\overline{CO} = 1$，借位输出 $\overline{BO} = 1$。计数器 B 的计数输入脉冲 $CP_- = 1$，$CP_+ = 1$，其输出将保持不变。

当第 9 个 CP 脉冲上升沿来到后，$Q_A = 1001$ 时，在 CP 的后半个周期（$CP = 0$）加法计数进位 $\overline{CO}$ 将由正常状态的 1 变为 0。当第 10 个计数脉冲上升到来时，$Q_A = 0000$，此刻计数器 A 的进位输出 $\overline{CO}$ 将由 0 变为 1，$\overline{CO}$ 的上升沿将驱动计数器 B 计数，使 $Q_B = 0001$。这样计数器 A 完成了一个十进制加法计数循环，计数器 B 得到了一个进位计数。

当第 99 个 CP 脉冲上升沿来到后，$Q_A = Q_B = 1001$。当第 100 个 CP 脉冲上升沿来到后，$Q_A = Q_B = 0000$，此时计数器 B 产生了一个进位输出 $\overline{CO}$ 的低电平脉冲。

计数器 A 和计数器 B 共同构成了一个 100 进制的加法计数器：其中 $Q_A = Q_3Q_2Q_1Q_0$ 的 BCD 码是其输出的个位，计数器 B 的输出 $Q_B = Q_7Q_6Q_5Q_4$ 的 BCD 码是计数输出的 10 位；计数器 B 进位输出 $\overline{CO}$ 是 100 进制加法计数器的进位输出；把计数器 A 和计数器 B 的 $\overline{LD}$ 和 CR 对应连接在一起作为 100 进制计数器的异步预置数端和异步清零端。

当开关 S 向下拨动时，计数器 A 和计数器 B 将级联成一个 100 进制减法计数器。这里就不详细分析了，通过分析可以看出，按图所示的方法级联可以构成 100 进制加/减法计数器。

3. 异步计数器

所谓异步计数器就是输入的时钟脉冲信号只作用于计数单元中的最低位（或某几位）触发器。一般各触发器之间相互串行，由低一位触发器的输出逐个向高一位触发器传递进位信号而使得触发器逐级翻转，所以前级状态的变化是下级状态变化的条件，也就是只有低位触发器翻转之后才能产生进位信号使高位触发器翻转。异步计数器在结构和电气性能方面和同步计数器有些区别，前面已经进行了介绍，但在功能方面没什么区别，下面以二－五－十进制异步计数器 74LS290 为例进行说明。

图 5.4.33 是二－五－十进制集成计数器 74LS290 的逻辑图，其中输出 Q_0 构成 1 位二进制加法计数器，输出 $Q_3Q_2Q_1$ 的输出构成异步 421 码的五进制加法计数器。这两个计数器相互独立，分别由不同的计数脉冲 CP_1 和 CP_2 的下降沿驱动计数。也可用外部连线把这两个计数器组合起来构成十进制计数器。

（1）引脚说明

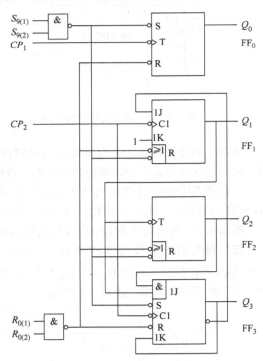

图 5.4.33 74LS290 逻辑图

从 74LS290 的结构框图（图 5.4.34）和符号图（图 5.4.35）可以看到，$Q_3Q_2Q_1Q_0$ 为计数器数据输出端，CP_1、CP_2 是分别为二进制和五进制计数器的时钟，$S_{9(1)}$、$S_{9(2)}$ 共同构成异步置 9 端，$R_{0(1)}$、$R_{0(2)}$ 共同构成异步清零端。

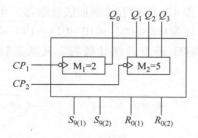

图 5.4.34 74LS290 结构框图

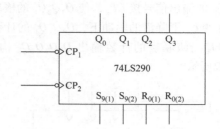

图 5.4.35 74LS290 符号图

（2）异步预置 9 功能

根据 74LS290 的功能表 5.4.5 可知，$S_{9(1)}$、$S_{9(2)}$ 共同构成异步置数端，高电平有效。$S_{9(1)} = S_{9(2)} = 1$ 时，可实现异步置 9 功能，此时 $Q_3 Q_2 Q_1 Q_0 = 1001$，无须时钟配合。

（3）异步清零功能

$R_{0(1)}$、$R_{0(2)}$ 共同构成异步清零端，高电平有效。在计数器的异步置 9 功能无效即 $S_{9(1)} \cdot S_{9(2)} = 0$ 的前提下，当 $R_{0(1)} = R_{0(2)} = 1$ 时，能实现异步清零功能，此时 $Q_3 Q_2 Q_1 Q_0 = 0000$。这个过程也不需要计数时钟的配合，因而称为"异步清零"。

（4）工作方式

由图 5.4.33 所示的逻辑图和表 5.4.5 给出的功能表可知，若计数器的置位端和复位端均无效，计数器正常计数。

如果 CP_1 有计数脉冲输入，输出端 Q_0 构成 1 位二进制加法计数器，也就是说在计数脉冲 CP_1 下降沿的驱动下，Q_0 的状态循环为 0→1→0。

如果 CP_2 有计数脉冲输入，输出端 $Q_3 Q_2 Q_1$ 构成异步 421 码的五进制加法计数器，也就是说在计数脉冲 CP_2 下降沿的驱动下，$Q_3 Q_2 Q_1$ 的状态循环为 000→001→010→011→100→000。

表 5.4.5　74LS290 功能表

输入					输出			
$R_{0(1)}$	$R_{0(2)}$	$S_{9(1)}$	$S_{9(2)}$	CP	Q_3	Q_2	Q_1	Q_0
1	1	0	×	×	0	0	0	0
1	1	×	0	×	0	0	0	0
×	×	1	1	×	1	0	0	1
×	0	×	0	↓	计数			
0	×	0	×	↓	计数			
0	×	×	0	↓	计数			
×	0	0	×	↓	计数			

例 5.4.8　试用一片 74LS290 构成 8421 码十进制计数器，并画出其状态转换图。

解：74LS290 有两个独立的计数器，其中输出 Q_0 构成一位二进制加法计数器，输出 $Q_3 Q_2 Q_1$ 构成异步 421 码的五进制加法计数器。把这两个计数器串行级联起来即可构成一个 8421 码十进制计数器，如图 5.4.36 所示，分析如下：

把 $S_{9(1)}$、$S_{9(2)}$ 和 $R_{0(1)}$、$R_{0(2)}$ 都接低电平，使计数器工作在正常计数状态。

外部计数脉冲 CP 接 CP_1，使输出端 Q_0 构成 1 位二进制加法计数器，也就是说在计数脉冲 CP_1 下降沿的驱动下，Q_0 的计数状态循环为 0→1→0。

把 Q_0 的输出信号接 CP_2，使 $Q_3Q_2Q_1$ 的输出构成异步 421 码的五进制加法计数器，也就是说在计数脉冲 Q_0 下降沿的驱动下，$Q_3Q_2Q_1$ 的计数状态循环为 000→001→010→011→100→000。

这样串行级联后的计数输出 $Q_3Q_2Q_1Q_0$ 构成一个 8421 码十进制计数器，其状态转换图如图 5.4.37 所示。

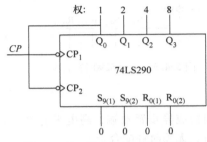

图 5.4.36　例 5.4.8 逻辑电路图

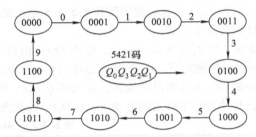

图 5.4.37　例 5.4.8 状态转换图

例 5.4.9　试用一片 74LS290 构成 5421 码十进制计数器，并画出其状态转换图。

解：74LS290 有两个独立的计数器，其中输出 Q_0 构成一位二进制加法计数器，输出 $Q_3Q_2Q_1$ 的输出构成异步 421 码的五进制加法计数器。把这两个计数器串行级联起来即可构成一个 5421 码十进制计数器，如图 5.4.38 所示，分析如下：

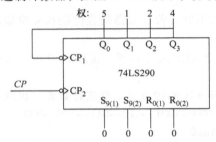

图 5.4.38　例 5.4.9 逻辑电路图

图 5.4.39　例 5.4.9 状态转换图

把 $S_{9(1)}$、$S_{9(2)}$ 和 $R_{0(1)}$、$R_{0(2)}$ 都接低电平，使计数器工作在正常计数状态。

把外部计数脉冲 CP 接 CP_2，使输出 $Q_3Q_2Q_1$ 构成异步 421 码的五进制加法计数器，也就是说在计数脉冲 CP 下降沿的驱动下，$Q_3Q_2Q_1$ 的状态循环为 000→001→010→011→100→000。

把 Q_3 的输出接 CP_1，使输出端 Q_0 构成 1 位二进制加法计数器，也就是说在计数脉冲 Q_3 下降沿的驱动下，Q_0 的状态循环为 0→1→0。

这样串行级联后的计数输出 $Q_0Q_3Q_2Q_1$ 构成一个 5421 码十进制计数器，其状态转换图如图 5.4.39 所示，其中圆圈中表示的是 $Q_0Q_3Q_2Q_1$ 的二进制编码，箭头上的数是其 5421 码对应的十进制数。

思　考　题

5.4.1　同步、异步计数器的主要区别是什么？各有何特点？

5.4.2　计数器的同步、异步清零和预置数方式的主要区别是什么？这些区别在功能表中是如何体现的？

5.4.3　采用 74LS160 和 74LS161 实现十二进制计数器在设计上有何区别？这种区别主要是由什么决定的？

5.5 基于 Multisim 的时序逻辑电路分析与设计

例 5.5.1 用 4 位二进制同步计数器 74LS160D 设计模 7 加法计数器。

计数器
仿真分析

解：74LS160D 是异步清零、同步预置数计数器，本例分别采用异步清零和同步预置数方式设计模 7 计数器。

采用异步清零方式时，清零有效信号需要从计数器输出的 7 （$Q_3Q_2Q_1Q_0 = 0111$）接出，具体方法是输出为 1 的端接与非门，创建电路如图 5.5.1 所示，为观察计数值情况，将计数器输出接数码管进行显示，同时用逻辑分析仪观测。图 5.5.2 所示为逻辑分析仪输出波形。计数器计数状态为 0 ~ 7，74LS160D 不产生进位输出，即 RCO 输出始终为 0。

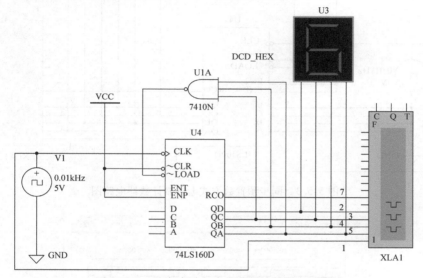

图 5.5.1 异步清零方式七进制计数器电路图

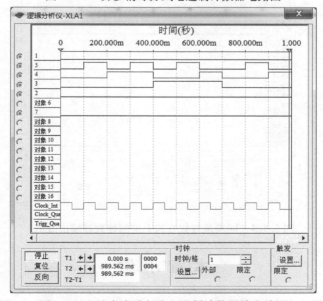

图 5.5.2 异步清零方式七进制计数器输出波形

193

用同步预置数方式，预置数有效信号需要从计数器输出的 6 （$Q_3Q_2Q_1Q_0=0110$）接出，输出为 1 的端接与非门，创建的电路如图 5.5.3 所示，图 5.5.4 所示为逻辑分析仪输出波形，该电路中 74LS160D 也没有进位输出，即 RCO 输出始终为 0，波形与图 5.5.2 中波形相同。

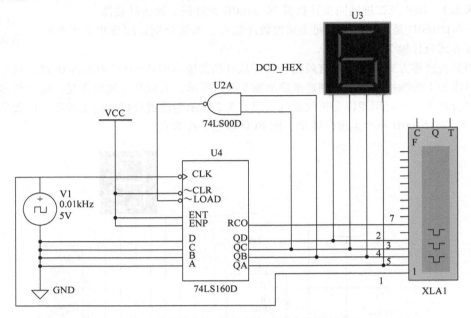

图 5.5.3　同步预置数方式七进制计数器电路图

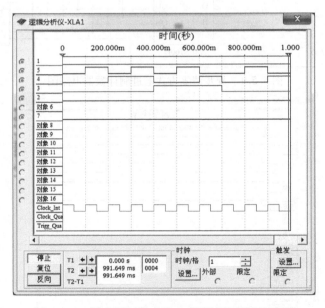

图 5.5.4　同步预置数方式七进制计数器输出波形

本 章 小 结

　　时序逻辑电路的基本内容包括：时序逻辑电路的分析与设计，典型中规模时序逻辑集成电路的原理及应用。时序逻辑电路的分析与设计部分主要包括基本方法和一般步骤，在分析和设计过程中需要用到描述时序逻辑电路的状态方程、状态转换图、次态卡诺图、时序图等描述工具。对于典型中规模时序逻辑集成电路器件及其应用，主要内容涉及逻辑符号、功能表、典型应用电路。解读时序逻辑电路功能是掌握中规模时序电路及其应用的基础，同时通过器件典型应用电路也能进一步全面掌握中规模时序逻辑电路的特点及使用方法。

时序逻辑电路的分析主要从具体的电路着手，依次写出其驱动方程、状态方程、输出方程，然后画出其状态转换图和时序图等，最后对其功能进行概括性描述。其中状态转换图和时序图是描述时序电路的重要工具，它们能形象直观地描述数字电路。状态转换图比较直观地说明电路的变化规律，时序图虽不如状态转换图直观简洁，但它能更为准确地体现各信号变化的先后顺序和变化时刻，能更全面地描述时序电路。

时序逻辑电路的设计和分析过程刚好相反，根据已知功能画出其状态转换图和时序图等，然后得出其次态卡诺图，对次态卡诺图化简可得出电路的状态方程组，从而求出各触发器的驱动方程并画出电路的逻辑图。在时序逻辑电路设计中，应按照设计步骤，把具体的电路问题转换为较为抽象的设计问题，并对次态卡诺图进行适当化简，同时注意自启动、无关项、状态分配等问题。

典型中规模时序逻辑集成电路主要介绍了寄存器和计数器这两种器件。寄存器是对有存储功能一类芯片的总称，包括锁存器、缓冲器、移位寄存器等，其内部逻辑结构一般由若干 D 触发器和部分控制信号组成。集成计数器的种类很多，如同步十六进制加法计数器 74LS161、十进制加法计数器 74LS160，同步十进制加/减法计数器 74LS192，二－五－十进制异步计数器 74LS290。从计数器的输出看一般分为二进制和 BCD 码两种，从结构上分为同步、异步，从功能上分为加法、减法、加/减法计数器，从脉冲控制时间上看可分为功能端的同步动作及异步动作两种动作方式。

习　题

题 5.1　由 D 触发器组成的同步时序逻辑电路如图 5.6.1 所示。分析电路的功能，画出电路的状态转换图。

题 5.2　有控制变量 M 的同步计数器电路如图 5.6.2 所示。分析电路的功能，说明变量 M 是怎样影响电路的功能的，并画出完整的状态转换图。

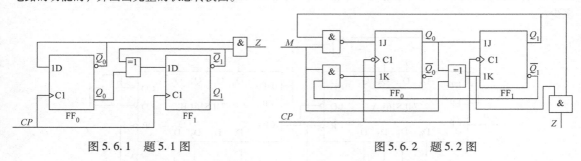

图 5.6.1　题 5.1 图　　　　　图 5.6.2　题 5.2 图

题 5.3　由 D 触发器组成的异步计数器电路如图 5.6.3 所示。分析电路的功能，画出电路的时序图。

题 5.4　由边沿 JK 触发器构成的同步时序电路如图 5.6.4 所示。分析电路的功能，画出状态转换图和时序图。

题 5.5　由边沿 JK 触发器构成的电路如图 5.6.5 所示。分析电路的功能，并画出 $Q_2Q_1Q_0$ 的状态转换图，给出简要的分析步骤。如果仅仅考虑输出信号 Q_2，这时电路的功能如何描述？

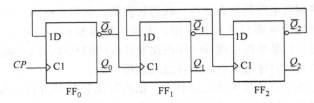

图 5.6.3　题 5.3 图

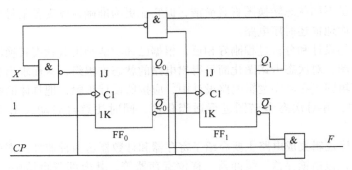

图 5.6.4　题 5.4 图

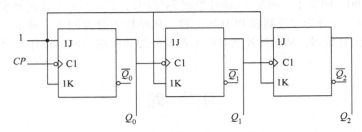

图 5.6.5　题 5.5 图

题 5.6　由两片 74LS161 组成的计数器如图 5.6.6 所示。试分析芯片 A 和芯片 B 计数器的模各是多少？并画出它们的状态转换图。求计数芯片 B 中信号 Q_2 的输出，输入信号 CP 和芯片 B 输出 CO 的频率比是多少？

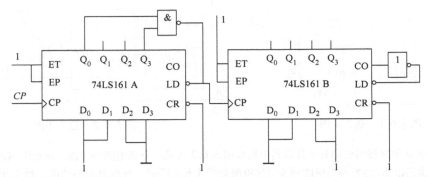

图 5.6.6　题 5.6 图

题 5.7 由计数器 74LS161 及基本 RS 触发器构成的电路如图 5.6.7 所示，输入端×表示任意数字输入，分析该电路能实现几进制计数器，给出简要分析过程，并阐述 RS 触发器的作用。

题 5.8 由移位寄存器 74LS194 组成的环形计数器电路如图 5.6.8 所示，分析电路的功能并画出其状态转换图。

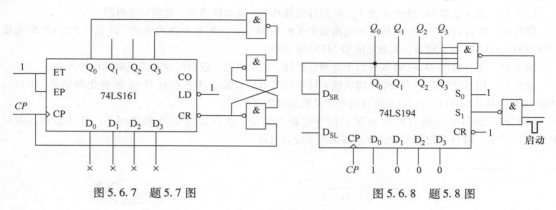

图 5.6.7 题 5.7 图   图 5.6.8 题 5.8 图

题 5.9 由移位寄存器 74LS194 组成的扭环形计数器电路如图 5.6.9 所示，分析电路的功能并画出其状态转换图。

题 5.10 由计数器 74LS290 构成的电路如图 5.6.10 所示，画出其状态转换图，分析该电路的功能，要求给出简要分析步骤和说明。

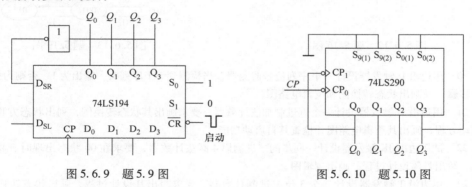

图 5.6.9 题 5.9 图   图 5.6.10 题 5.10 图

题 5.11 由两片 74LS290 构成的电路如图 5.6.11 所示，设芯片 A 为输出低 4 位，芯片 B 为输出高 4 位，分析该电路的功能，要求给出简要分析步骤和说明。

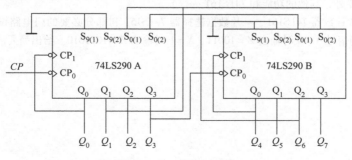

图 5.6.11 题 5.11 图

题 5.12 用一片 74LS192 实现 8421 码十进制加法计数器，画出其状态转换图和逻辑图。

题5.13 用两片74LS192芯片构成八十进制加法计数器，要求采用异步清零法构成该电路，画出其逻辑图。

题5.14 用计数器74LS161实现九进制计数器，要求分别使用异步清零端和预置数端功能实现，并分别画出其逻辑图及状态转换图。

题5.15 用计数器74LS161实现十三进制计数器及100进制计数器，画出其逻辑图。

题5.16 用计数器74LS193构成的电路如图5.6.12所示，分析该电路的功能，并说明f和CP的关系（74LS193是十六进制计数器，其余功能和74LS192相同）。

题5.17 用计数器74LS160实现六十进制计数器，要求画出其逻辑图并简要说明其设计方法。

题5.18 用移位寄存器74LS194构成模4环形计数器，计数器状态$Q_3Q_2Q_1Q_0$的变化规律是：0111→1110→1101→1011→0111→…，画出其时序图及逻辑电路图。

题5.19 设计一个带有控制端M的时序逻辑电路图，在控制信号M的作用下，其状态转换图如图5.6.13所示，用D触发器实现，要求写出简要设计过程。

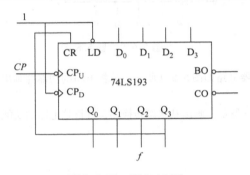

图5.6.12 题5.16图

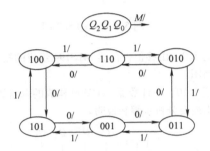

图5.6.13 题5.19图

题5.20 用边沿D触发器设计一个序列信号监测器，当检测到111序列时，输出为1，否则为0。要求给出设计步骤，并画出状态转换图和逻辑电路图。

题5.21 用边沿D触发器设计一个五进制加法计数器。要求画出其状态转换图，列出状态方程、输出方程、驱动方程，画出其逻辑电路图并检查其自启动功能。

题5.22 试用边沿JK触发器设计一同步的二进制模4减法计数器，要求在00状态出现时有高电平的借位输出，写出具体设计过程，画出逻辑图。

题5.23 用边沿T触发器设计一个3位二进制计数器。要求写出其设计过程，画出状态转换图及逻辑图。

题5.24 请根据整体清零法用4位二进制集成计数器74LS163设计一个模为37的二进制加法计数器。（74LS163除同步清零外，其他的功能和74LS161一样）。

题5.25 用一片计数器74LS161、一片数据选择器74LS151和部分必要的门电路设计一个可控序列脉冲发生器。要求控制信号$X=0$时输出$Z=10011$，$X=1$时输出$Z=1011010$。给出简要的设计说明并画出逻辑电路图。

第6章 脉冲波形产生与变换电路

[内容提要]

本章主要介绍典型矩形脉冲波形产生与变换电路。首先，分别分析了可用于波形变换的单稳态触发器和施密特触发器的电路组成、工作原理、集成芯片及应用。其次，介绍由 CMOS 门电路组成的多谐振荡器、由施密特触发器组成的多谐振荡器以及石英晶体多谐振荡器。接着，重点阐述中规模集成电路 555 定时器的工作原理，详细讨论由 555 集成定时器构成的施密特触发器、单稳态触发器和多谐振荡器的典型应用。最后给出典型集成定时器应用电路设计与仿真分析实例。

6.1 概述

在时序逻辑电路中，常常需要用到不同幅度、宽度以及具有陡峭边沿的脉冲信号。事实上，数字系统几乎离不开脉冲信号。所谓脉冲信号泛指所有的离散信号。狭义上，它是对作用时间很短的突变电压信号或突变电流信号的统称。它既可以是周期性变化的，也可以是非周期性或单次变化的。常见的五种脉冲信号波形如图 6.1.1 所示。由图可知，脉冲信号在某一时间内具有突发性和断续性的特点。

矩形脉冲波（简称矩形波）是数字系统中最常用的工作波形。例如，触发器及时序电路中，作为时钟信号的矩形脉冲信号控制与协调着整个系统的工作状态。显然，矩形波的质量直接关系到整个数字系统是否能够正常工作。

矩形波的获取通常有两种途径。一种是采用多谐振荡器等各种形式的脉冲振荡器电路直接产生所需要的矩形脉冲；另一种则是从已有的频率与幅值符合要求的周期性波形变换得到，矩形脉冲波形变换电路常用施密特触发器和单稳态触发器等。脉冲波形变换主要包括脉冲宽度、幅度、相位及上升时间和下降时间等的改变。通过这些变换，使之符合要求。

为了定量分析矩形脉冲信号的特性，通常表征脉冲波形的六个主要特征参数，如图 6.1.2 所示。

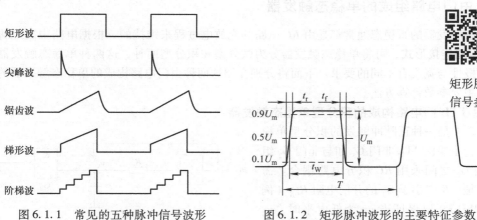

图 6.1.1　常见的五种脉冲信号波形　　　　图 6.1.2　矩形脉冲波形的主要特征参数

这些特征参数定义如下：

1）脉冲周期 T：周期性脉冲序列中，两个相邻脉冲出现的时间间隔。

2）脉冲幅值 U_m：脉冲信号的最大变化值。

3）脉冲宽度 t_w：从脉冲波形上升沿的 $0.5U_m$ 到下降沿的 $0.5U_m$ 所需的时间。

4）占空比 D：脉冲信号的正脉冲宽度与脉冲周期的比值，即 $D = t_w/T$。

5）上升时间 t_r：脉冲波形由 $0.1U_m$ 上升到 $0.9U_m$ 所需的时间，用于反映脉冲信号上升时过渡过程的快慢。

6）下降时间 t_f：脉冲波形由 $0.9U_m$ 下降到 $0.1U_m$ 所需的时间，用于反映脉冲信号下降时过渡过程的快慢。

6.2 单稳态触发器

前面章节中介绍的触发器有"0"和"1"两个稳定状态（简称稳态）。所以，严格意义上讲，该类触发器应被称为双稳态触发器。与双稳态电路不同的是，单稳态触发器仅有一个稳态（0或1），而另一个状态则是暂稳状态（简称为暂稳态）。单稳态触发器是一种典型的脉冲整形电路，在数字电子系统中应用非常广泛，通常用于脉冲信号的展宽、定时、延时和控制。

单稳态触发器既可以由门电路与 RC 延时环节构成，也可以由 555 集成定时器与 RC 延时环节构成。此外，还有集成单稳态触发器。但是，无论哪类电路，RC 延时环节必不可少。因为 RC 延时环节的充放电过程不但维持了暂稳态，而且决定暂稳态的持续时间。另外，单稳态触发器不但可由触发脉冲的上升沿触发翻转，而且也可由下降沿触发翻转。因此，单稳态触发器可分为正脉冲触发与负脉冲触发两种。

归纳单稳态触发器的工作特性，它具有如下特点：

1）单稳态触发器也具有两个互补的状态，但仅有一个稳态，而另一状态则为暂稳态。

2）无外加触发脉冲作用时，单稳态触发器保持在稳态。该特点与双稳态触发器的保持功能类似。

3）一旦受到外加脉冲触发时，单稳态触发器必将由稳态跳变为暂稳态。且电路维持暂稳态一段时间后，自动返回稳态。

4）暂稳态持续时间的长短只取决于电路本身的参数，与外加触发脉冲宽度无关。

6.2.1 由门电路组成的单稳态触发器

单稳态触发器的暂稳态通常都是由 RC 电路的充放电过程来维持的。根据电路中决定暂态时间的 RC 电路连接形式，可将单稳态触发器分为微分型和积分型两种，这两种单稳态触发器对触发脉冲的极性与宽度有不同的要求。下面将分别介绍这两种由门电路构成的单稳态触发器的工作原理及其主要参数计算方法。

1. 由 TTL 门电路构成的积分型单稳态触发器

图 6.2.1 是一种正脉冲触发的积分型单稳态触发器，主要由 TTL 非门 G_1 和与非门 G_2 组成。G_1 与 G_2 之间采用 RC 积分电路耦合。需要注意的是，R 应小于 G_2 的开门电阻 R_{ON}（例如 $R_{ON} = 2k\Omega$），以保证当 u_{O1} 为低电平时，u_C 可下降至 TTL 门 G_2 的 U_{TH} 值（通常为 1.4V 左右）以下。

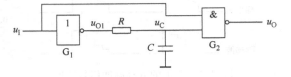

图 6.2.1 积分型单稳态触发器

（1）工作原理分析

电路稳态为 $u_I = 0$、$u_{O1} = u_O = 1$。该单稳态触发器的各点电压波形如图6.2.2所示，其工作原理分析如下。

1）模态1（$0 \sim t_1$）。无外加触发脉冲输入时，单稳态触发器处于稳态。

当 $u_I = 0$ 时，即输入触发脉冲尚未到来时，反相器 G_1 输出高电平，并通过 R 对电容 C 充电，且电容电压的稳态值为 $u_C = U_{OH}$。但 G_2 的另一输入为低电平，则其亦输出高电平。此时，单稳态触发器处于稳定状态，即 $u_I = 0$、$u_O = 1$。

2）模态2（$t_1 \sim t_2$）。输入正触发脉冲后，电路由稳态翻转为暂稳态，且保持一段时间。

当输入触发脉冲信号的上升沿到达时（$t = t_1$），G_2 的输出必将由高电平翻转为低电平，即 $u_O = 0$。与此同时，反相器 G_1 的输出也由高电平翻转为低电平。电容 C 上的电压 u_C 不能突变，这必将导致电容 C 通过 R 及门 G_1 放电，u_C 呈指数规律逐渐下降。但是，只要 $u_C > U_{TH}$，单稳态触发器的输出 u_O 就保持在低电平，即保持于暂稳态一段时间。

3）模态3（t_2 时刻）。电容 C 放电至 $u_C = U_{TH}$，单稳态触发器自动从暂稳态返回稳态。

$t = t_2$ 时，$u_C = U_{TH}$，单稳态触发器的输出 u_O 将由低电平翻转为高电平，即 $u_O = 1$。因此，它自动返回至稳态。

4）模态4（$t_2 \sim t_3$）。输入触发脉冲信号 u_I 仍保持在高电平，电路保持在稳态。

当 $t > t_2$ 后，若 u_I 仍为高电平，则电容 C 继续放电，一直放至 $u_C = U_{OL}$（U_{OL} 为反相器 G_1 的输出低电平）。此时有 $u_{O1} = 0$，$u_O = 1$，即单稳态触发器保持在稳态。

5）模态5（$t_3 \sim t_4$）。输入触发脉冲信号 u_I 翻转为低电平，在此期间电容 C 完成充电过程。

当 $t = t_3$ 时，电容 C 放电结束，有 $u_C = U_{OL}$。此时，u_I 翻转为低电平，u_{O1} 重新翻转为高电平，接着通过 R 向电容 C 充电。u_C 呈指数规律上升，至 $u_C = U_{OH}$ 充电过程完成（此时 $t = t_4$）。至此，为电路再次进入暂稳态做好准备。

（2）主要参数的计算

1）输出脉冲宽度 t_W。由图6.2.2d可见，单稳态触发器的输出 u_O 的脉冲宽度为：$t_W = t_2 - t_1$。根据电路的工作原理可知，t_W 等于电容 C 从放电的那一刻到其端电压值 u_C 下降至 U_{TH} 的时间。图6.2.3给出了电容 C 的放电等效回路。值得注意的是，在模态2中，$u_C > U_{TH}$，即对与非门 G_2 而言，电容电压 u_C 是作为高电平输入的。由TTL门电路特性可知，其高电平输入电流 I_{IH} 很小（74系列门电路的每个输入端的 I_{IH} 在 $40\mu A$

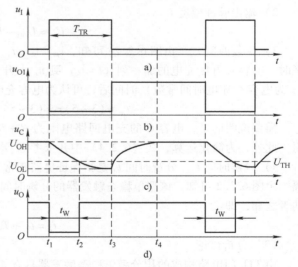

图6.2.2　积分型单稳态触发器中各点电压波形图
a）输入脉冲信号 u_I 波形　b）G_1 输出 u_{O1} 波形
c）积分电容电压 u_C 波形　d）单稳态触发器输出 u_O 波形

以下），所以该放电等效电路可忽略 I_{IH}。因此，电容 C 的放电回路简化为单回路，其放电电阻为 $R + R_{OL1}$，其中 R_{OL1} 为非门 G_1 输出低电平时的输出电阻（R_{OL1} 通常小于 10Ω）。

RC 电路的充放电时间三要素公式为

$$t = \tau \ln \frac{u_O(\infty) - u_O(0_+)}{u_O(\infty) - u_O(t)} \tag{6.2.1}$$

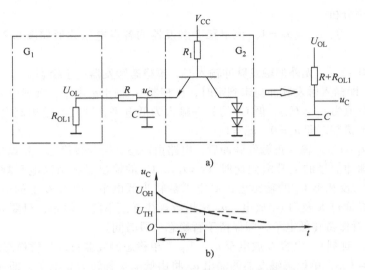

a)

b)

图 6.2.3 电容 C 的放电等效回路和 u_C 波形

a) 电容 C 的放电等效回路　b) 电容电压 u_C 波形

由图 6.2.2c 可知，$u_C(0) = U_{OH}$，$u_C(\infty) = U_{OL}$，代入上式，求得

$$t_W = (R + R_{OL1}) C \ln \frac{U_{OL} - U_{OH}}{U_{OL} - U_{TH}} \qquad (6.2.2)$$

2）输出脉冲幅度 U_m。

$$U_m = U_{OH} - U_{OL} \qquad (6.2.3)$$

3）恢复时间 t_{re}。由图 6.2.2c 可知，$t_{re} = t_4 - t_3$。具体来说，t_{re} 等于模态 5 中 u_I 翻转为低电平时，电容 C 开始充电的那一刻（$t = t_3$）到 u_C 上升至 U_{OH}（$t = t_4$）所需的时间。当经过（$3 \sim 5$）τ（τ 为电容 C 充电时间常数）时间后，可认为电容充电过程结束。因此，可得

$$t_{re} \approx (3 \sim 5)\tau = (3 \sim 5) \cdot (R + R_{OH1}) C \qquad (6.2.4)$$

需要说明的是，电容 C 的充电回路电阻为 $R + R_{OH1}$，R_{OH1} 为非门 G_1 输出高电平时的输出电阻。此外，为简化运算，式（6.2.4）中并未考虑 G_2 输入电流对电容充电过程的影响。

4）分辨时间 t_d。分辨时间 t_d 是指保证电路正常工作的两个相邻触发脉冲之间的最小时间间隔。由图 6.2.2 可知，该型单稳态触发器的分辨时间为触发脉冲信号的正脉宽 T_{TR} 与恢复时间 t_{re} 两者之和，即

$$t_d = t_{re} + T_{TR} \qquad (6.2.5)$$

（3）分析讨论

由 TTL 门电路构成的积分型单稳态触发器具有如下特点：

1）电路中所用的积分电阻 R 不宜过大。一般要求 $R < R_{ON}$，只有这样才能保证单稳态触发器的正常工作。反之，如果 $R > R_{ON}$，由 TTL 门电路的特性可知，当 $u_C > 1.4\text{V}$ 时，会导致 u_{O1}、u_O 随 u_I 变化而变化，从而无法实现单稳态过程。

2）积分型单稳态触发器的输出波形的边沿较差。原因在于电路中的慢充慢放 RC 积分环节，且不存在正反馈过程。因此，与非门的开启和关闭不完全在 1.4V 变化，其形成过程参见图 6.2.4。

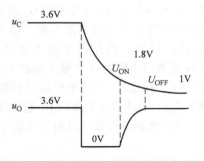

图 6.2.4　输出波形上升沿差的形成过程

3）该类触发器较适用于宽脉冲触发。即触发信号 u_I 的脉冲宽度 T_{TR} 应大于输出脉冲宽度 t_W，这样确保电容 C 放电时，u_C 能够降至 U_{TH}，以便能够实现单稳态过程。

2. 由 CMOS 门电路构成的微分型单稳态触发器

图 6.2.5 给出了两种由 CMOS 门电路构成的微分型单稳态触发器。其中，图 6.2.5a 中的单稳态触发器主要由 CMOS 与非门 G_1 和非门 G_2 组成，而图 6.2.5b 中的单稳态触发器则主要由 CMOS 或非门 G_1 和非门 G_2 组成。但是。两图中的 G_1 与 G_2 之间均采用 RC 微分电路耦合。

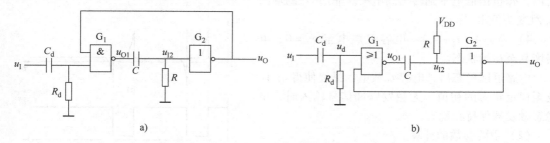

图 6.2.5　微分型单稳态触发器
a）CMOS 与非门 G_1、非门 G_2 组成电路　b）CMOS 或非门 G_1、非门 G_2 组成电路

这里仅以图 6.2.5b 所示的微分型单稳态触发器为例，分析其工作原理。为了方便讨论，将 CMOS 门电路的电压传输特性理想化，且假定有 $U_{OL} \approx 0V$、$U_{OH} \approx V_{DD}$、$U_{TH} \approx \frac{1}{2} V_{DD}$。

（1）工作原理

图 6.2.5b 电路为正脉冲触发的微分型单稳态触发器。设电路起始稳态为 $u_I = 0$、$u_O = 0$，该微分型单稳态触发器的各点电压波形如图 6.2.6 所示。

1）模态 1（$0 \sim t_1$）：无外加触发脉冲信号输入时，电路处于稳态。$u_I = 0$，即输入触发脉冲尚未到达。G_2 输入端通过微分电阻 R 接至 V_{DD}，显然有 $u_O = U_{OL} \approx 0V$。此时，G_1 的两输入端均为低电平输入，则其输出 $u_{O1} = U_{OH} \approx V_{DD}$。此时，电容 C 上几乎没有电压。单稳态触发器处于稳定状态，即 $u_I = 0$、$u_O = 0$。

2）模态 2（$t_1 \sim t_2$）：输入正触发脉冲信号使电路由稳态翻转为暂稳态。当输入触发脉冲信号的上升沿到达时（$t = t_1$），在 R_d 和 C_d 组成的微分电路的输出端得到很窄的正脉冲 u_d。当 u_d 上升至或非门 G_1 的阈值电压 U_{TH} 时，电路中必将引发如下的正反馈过程：

该正反馈过程促使或非门 G_1 瞬间由关门状态变成开门状态，从而其输出 u_{O1} 迅速地由高电平翻转为低电平。鉴于电容 C 两端的电压不可能发生突变，故 u_{I2} 也由高电平翻转为低电平。从而非门 G_2 的输出 u_O 跳变为高电平，电路进入暂稳态。此时，即使正的窄脉冲 u_d 撤除或返回至低电平，u_O 仍将维持在高电平。可得，单稳态触发器的暂稳态为：$u_O = U_{OH} \approx V_{DD}$。

3）模态 3（t_2 时刻）：电容 C 充电至 $u_C = U_{TH}$，电路自动从暂稳态返回稳态。由模态 2（暂稳态期间）的分析可知，可近似认为 $t = t_1$ 时，或非门 G_1 的输出 u_{O1} 为低电平，那么电源 V_{DD} 必将通过电阻 R、或非门 G_1 导通的工作管对电容 C 充电。电容电压值 u_C、非门 G_2 的输入端 u_{I2} 均呈指数规律上升。同理，一旦 u_{I2} 上升至或非门 G_1 的阈值电压 U_{TH} 时，电路又必将引发如下的正反馈过程：

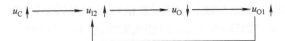

$$u_C \uparrow \longrightarrow u_{12} \uparrow \longrightarrow u_O \downarrow \longrightarrow u_{O1} \uparrow$$

该正反馈过程促使或非门 G_1 瞬间关门、非门 G_2 瞬间开门，从而其输出 u_{O1} 迅速地由低电平翻转为高电平。由于电容 C 两端的电压不可能发生突变，所以，u_{12} 也由低电平翻转为高电平。非门 G_2 的输出 u_O 跳变为低电平。

4）模态 4（$t_2 \sim t_3$）：电容 C 放电至 $u_C = 0$，电路恢复至初始状态。

电路返回稳态后，电容 C 放电，最终使得 u_C 恢复至稳定状态的初值。无触发脉冲信号输入时，单稳态触发器保持在稳态。

（2）主要参数的计算

1）输出脉冲宽度 t_W。由图 6.2.6e 可得，$t_W = t_2 - t_1$。根据前面的工作原理分析可知，t_W 等于从微分电容 C 开始充电的那一刻到其端电压值 u_C 上升至 U_{TH} 的时间。图 6.2.7 为电容 C 的充电等效回路。为简化运算，这里忽略了非门 G_2 的输入电流。图中的 R_{OL1} 是或非门 G_1 输出为低电平时的输出电阻。一般 R_{OL1} 很小（通常 10Ω 以内），因而满足 $R_{OL1} << R$，则该充电等效回路继而简化为 RC 串联电路。

根据电路理论中 RC 串联电路过渡过程的三要素公式，可得

$$t_W = RC\ln \frac{U_C(\infty) - U_C(0)}{U_C(\infty) - U_{TH}} \quad (6.2.6)$$

由图 6.2.7 及假设条件可知，$U_C(\infty) = V_{DD}$，$U_{TH} = \frac{1}{2}V_{DD}$，$U_C(0) = 0$，代入式（6.2.6）可得

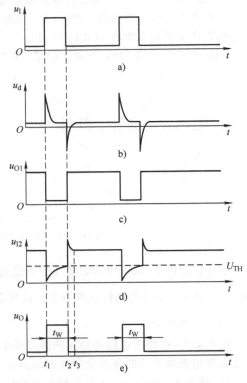

图 6.2.6 微分型单稳态触发器中
各点电压波形图

a）输入正触发脉冲信号 u_1 波形 b）触发脉冲 u_d 波形
c）G_1 输出 u_{O1} 波形 d）G_2 输入 u_{12} 波形
e）微分型单稳态触发器输出 u_O 波形

$$t_W = RC\ln \frac{V_{DD} - 0}{V_{DD} - 0.5V_{DD}} = RC\ln 2 \approx 0.69RC \quad (6.2.7)$$

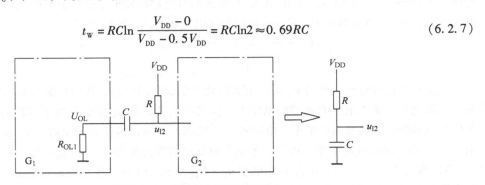

图 6.2.7 电容 C 充电等效回路

2）恢复时间 t_{re}。模态 4 中，电路回到稳态后，电容 C 放电，最终使得 u_C 恢复至稳定状态的初值。同样，可认为经过 $(3 \sim 5)\tau$（τ 为电容 C 放电时间常数）时间后，电容放电过程结束。

电容 C 的放电等效回路如图 6.2.8 所示。

VD 是反相器 G_2 输入保护电路中的二极管。假设 VD 的正向导通电阻非常小（远小于 R），可得

$$t_{re} \approx (3 \sim 5)\tau = (3 \sim 5) \cdot R_{OH1}C \quad (6.2.8)$$

式中，R_{OH1} 为或非门 G_1 输出高电平时的输出电阻。

至于输出脉冲幅度 U_m、分辨时间 t_d 的计算，可参考式（6.2.3）和式（6.2.5）。

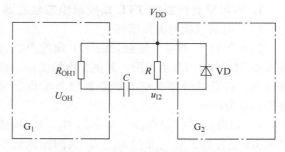

图 6.2.8 电容 C 放电等效回路

（3）分析讨论

由 CMOS 门电路构成的微分型单稳态触发器具有如下特点：

1）与 TTL 门电路构成的积分型单稳态触发器不同，CMOS 微分型单稳态触发器一般对微分电阻 R 没有特殊的取值要求。

2）微分型单稳态触发器较适用于窄脉冲触发。即触发脉冲 u_d 的脉冲宽度应小于输出脉冲宽度 t_w。反之，尽管不会影响暂稳态的自动恢复，但是输出脉冲的边沿较差。在这种情况下，若在输入端增加 R_dC_d 微分环节，可改善输出波形的边沿，如图 6.2.5b 所示。

6.2.2 集成单稳态触发器

尽管由逻辑门构成的单稳态触发器有着电路结构简单的优点，但同时也存在有触发方式单一、输出脉宽稳定性差以及参数调节困难等缺点。目前广泛使用的 TTL、CMOS 两类集成单稳态触发器性能优越，而且使用非常方便，外部只需要很少的连线和元器件。集成器件内部一般附加有控制电路，不但增强了电路功能，而且提高了集成器件使用的灵活性。

根据触发方式的不同，集成单稳态触发器可分为可重复触发和不可重复触发两大类。图 6.2.9a、b 分别给出了这两种集成单稳态触发器的逻辑符号，两者的区别仅在于符号"几"的左面是否有 1。目前，集成单稳态触发器的产品类型非常多。例如，常用的 TTL 结构的集成单稳态触发器有不可重复触发的 74121、74221、74LS221，以及可重复触发的 74122、74LS122、74123、74LS123。另一方面，常用的 CMOS 结构的集成单稳态触发器有不可重复触发的 CC14528、74HC123，以及可重复触发的 4528、4098 等。所谓不可重复触发型单稳态触发器是指在一次触发信号作用后，电路进入暂稳态。在暂稳态没有结束之前，即使再有新的触发脉冲输入，电路也不会产生任何响应。工作波形如图 6.2.10a 所示。

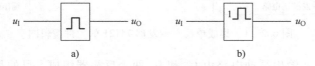

图 6.2.9 集成单稳态触发器的逻辑符号

a）可重复触发型单稳态触发器的逻辑符号 b）不可重复触发型单稳态触发器的逻辑符号

而对于可重复触发型单稳态触发器，情况则有所不同。它在触发信号作用下进入暂稳态后，仍可以接收新的触发信号，受其影响重新开始暂稳态过程。即开始再延迟一个暂稳态时间，电路才能返回稳态。这样可以较易产生较宽脉宽的输出波形，即增大暂态过程时间，如图 6.2.10b 所示。

1. 不可重复触发的 TTL 集成单稳态触发器 74121

（1）电路组成与工作原理

图 6.2.11 为不可重复触发的 TTL 集成单稳态触发器 74121 的内部逻辑图，其主要由触发信号控制电路、普通微分型单稳态触发器以及输出缓冲电路三部分组成。

1）触发信号控制电路。与非门 $G_2 \sim G_3$ 构成基本 RS 触发器，和与非门 G_1、G_4 共同构成触发控制电路，用于实现边沿触发控制。需要用上升沿触发时，触发脉冲从 B 端输入，同时 A_1、A_2 当中至少要有一个接至低电平。反之，需要用下降沿触发时，触发脉冲则应由 A_1 或 A_2 输入（另一个应接高电平），同时将 B 端接高电平。然而，两种触发方式下的工作过程则相同。

2）普通微分型单稳态触发器。若把与或门 G_5、非门 G_6（施密特输入特性）视为一个整体，则得到一或非门。由前面的知识可知，该或非门、非门 G_7、外接电阻 R_{ext} 及外接电容 C_{ext} 共同组成微分型单稳态触发器。

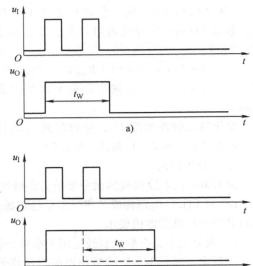

图 6.2.10 集成单稳态触发器的两种工作波形
a) 不可重复触发单稳态触发器的工作波形
b) 可重复触发单稳态触发器的工作波形

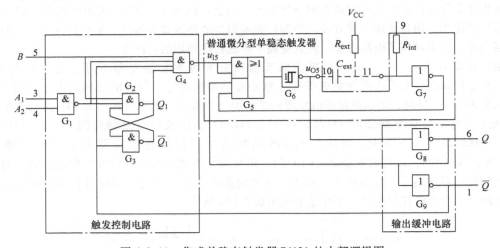

图 6.2.11 集成单稳态触发器 74121 的内部逻辑图

3）输出缓冲电路。输出缓冲电路由 G_8 和 G_9 两个反相器组成，目的是提高电路的带负载能力。

（2）引脚功能与使用方法

图 6.2.12 给出了集成单稳态触发器 74121 的两种外部元件连接方法。图 6.2.12a 是使用外部电阻 R_{ext} 且采用下降沿触发的电路连接方式，图 6.2.12b 则是使用内部电阻 R_{int} 且采用上升沿触发的电路连接方式。

74121 使用非常方便，且电路连接简单。Q 和 $\overline{Q}$ 是两个状态互补的输出端。R_{ext}/C_{ext} 是外接定时电阻和电容的连接端。定时电容 C_{ext} 跨接于引脚 10 与引脚 11 之间。若 C_{ext} 采用电解电容，则其

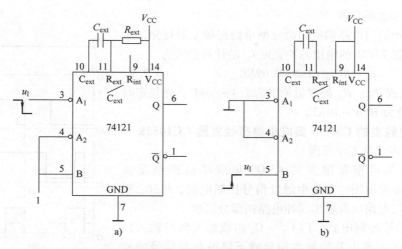

图 6.2.12　集成单稳态触发器 74121 的两种外部元件连接方法
a) 使用外接电阻 R_{ext} 且采用下降沿触发　b) 使用内部电阻 R_{int} 且采用上升沿触发

正极接引脚 10，而负极接引脚 11。从图 6.2.11 可以看出，74121 内部已经集成了一个 $2k\Omega$ 的定时电阻 R_{int}，且引脚 9 为其对外引出端。因此，当使用内部定时电阻时，只需将引脚 9 与引脚 14 连接起来即可；反之，使用外部定时电阻 R_{ext} 时，引脚 9 应悬空。且 R_{ext} 跨接于引脚 14 与引脚 11 之间。

（3）逻辑功能

集成单稳态触发器 74121 的功能表见表 6.2.1。

表 6.2.1　集成单稳态触发器 74121 功能表

输入			输出		工作特征
A_1	A_2	B	Q	$\overline{Q}$	
0	×	1	0	1	保持稳态
×	0	1	0	1	
×	×	0	0	1	
1	1	×	0	1	
1	⊓	1	⊓	⊔	下降沿触发
⊓	1	1	⊓	⊔	
⊓	⊓	1	⊓	⊔	
0	×	⊔	⊓	⊔	上升沿触发
×	0	⊔	⊓	⊔	

依据功能表 6.2.1，图 6.2.13 给出了三种触发脉冲信号作用下 74121 的工作波形图。

207

（4）主要参数的计算

由前面讨论的门电路构成的微分型单稳态触发器可知，集成单稳态触发器 74121 的输出脉冲宽度 t_W 的计算公式为

$$t_W = RC_{ext} \cdot \ln 2 \approx 0.69 RC_{ext} \qquad (6.2.9)$$

式中，R 为 R_{int} 或 R_{ext}，R_{ext} 的取值范围为 $1.4 \sim 40\mathrm{k}\Omega$；外接定时电容 C_{ext} 的取值为 $10\mathrm{pF} \sim 10\mu\mathrm{F}$。

2. 可重复触发的 CMOS 集成单稳态触发器 CC14528

（1）电路组成与工作原理

图 6.2.14 为可重复触发的 CMOS 集成单稳态触发器 CC14528 的内部逻辑图。它是由触发信号控制电路、$R_{ext}C_{ext}$ 积分电路、三态门电路以及输出缓冲电路四部分组成。

1）触发信号控制电路。门 $G_1 \sim G_9$ 组成触发信号输入控制电路。它用于实现上升沿触发信号或下降沿触发信号的控制。当电路需要用上升沿触发时，触发脉冲从 TR_+ 端输入；反之，需要用下降沿触发时，触发脉冲则应由 TR_- 端输入。

2）三态门电路。门 $G_{10} \sim G_{12}$、P 沟道 MOS 管 VF_1 及 N 沟道 MOS 管 VF_2 构成了三态门。$\overline{R_D}$ 为复位输入端，接至非门 G_{11}，在正常工作时应接为高电平。

3）积分电路。R_{ext} 与 C_{ext} 构成积分电路，且与三态门电路及其控制电路构成积分型单稳态触发器。这是该集成单稳态触发器的核心部分。

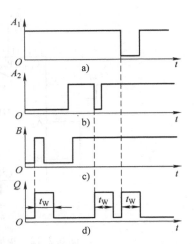

图 6.2.13 集成单稳态触发器 74121 的三种工作波形图
a）负触发脉冲信号 A_1 波形
b）触发脉冲信号 A_2 波形
c）正触发脉冲信号 B 波形
d）输出 Q 波形

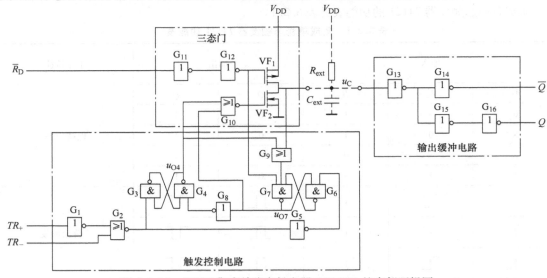

图 6.2.14 CMOS 集成单稳态触发器 CC14528 的内部逻辑图

4）输出缓冲电路。输出缓冲电路由 $G_{13} \sim G_{16}$ 组成，用于提高电路的带负载能力。

（2）引脚功能与使用方法

CC14528 内部集成了两个完全相同的可重复触发的单稳态触发器。与 74121 相同，R_{ext}/C_{ext} 是外接定时电阻和电容的连接端。该触发器工作时，应在 C_{ext} 与 R_{ext}/C_{ext} 两脚间外接定时电容 C_{ext}，同时在 V_{DD} 与 R_{ext}/C_{ext} 两脚间外接电阻 R_{ext}。注意，不用的 TR_+ 应接至 V_{SS}，而不用的 TR_- 则应接至

V_{DD}。具体使用方法可参见 CC14528 的功能表，见表6.2.2。

表 6.2.2 CMOS 集成单稳态触发器 CC14528 的功能表

输入			输出		工作特征
$\overline{R_D}$	TR_+	TR_-	Q	$\overline{Q}$	
0	×	×	0	1	清除
×	1	×	0	1	禁止
×	×	0	0	1	
1	⌐	1	⊓	⊔	上升沿触发
1	0	⌐	⊓	⊔	下降沿触发

（3）逻辑功能

图 6.2.15 给出了正、负两种触发脉冲信号作用下 CC14528 的工作波形图。由图 6.2.15c 可得，输出脉冲宽度 t_W 为外接定时电容 C_{ext} 端电压 u_C 从 U_{TH13} 下降至 U_{TH9} 的放电时间与再从 U_{TH9} 上升至 U_{TH13} 的充电时间之和。

6.2.3 单稳态触发器应用

在数字电子系统中，单稳态触发器常用于脉冲延时、定时控制、系统监控、波形整形以及噪声消除等。

1. 脉冲延时

单稳态触发器常被用于产生滞后于触发脉冲的输出脉冲（即延时功能）。图 6.2.16 分别给出了脉冲的延时与定时选通原理图及工作波形图。由图 6.2.16b 可以看出，u_0' 的下降沿比 u_I 的下降沿滞后了时间 t_W，即实现了时间 t_W 的延时。这种延时作用常被应用于时序控制中。

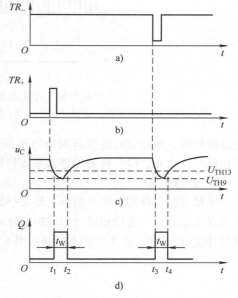

图 6.2.15 集成单稳态触发器 CC14528 的工作波形图

a）下降沿触发信号 TR_- 波形

b）上升沿触发信号 TR_+ 波形

c）电容电压 u_C 波形 d）输出 Q 波形

单稳态触发器应用

2. 定时控制

单稳态触发器用于定时指的是产生固定时间宽度的脉冲信号。

在图 6.2.16b 中，单稳态触发器的输出电压 u_0'，用作与门的输入定时控制信号。当 u_0' 为高电平时，与门被打开，$u_0 = u_F$；反之，当 u_0' 为低电平时，与门将被关闭，u_0 则为低电平。显然，与门开启的时间就是单稳态触发器输出脉冲 u_0' 的脉冲宽度 t_W。因此，调整单稳态触发器的 RC 取值，则调节了与门的开启时间，进而改变了通过与门的脉冲个数。

3. CPU 控制系统的"看门狗"电路

基于 CPU 的控制系统有时会陷入死循环，即发生死机。使用可重复触发的单稳态触发器组成监控器，俗称"看门狗"（Watch Dog），如图 6.2.17 所示。假设 CPU 为低电平复位。正常运行时，CPU 的某一 I/O 位在程序控制下，定时给单稳态触发器输入触发信号。由可重复触发特性可知，只要定时间隔小于暂稳态时间，单稳态触发器便可连续输出高电平，系统正常工作；而一

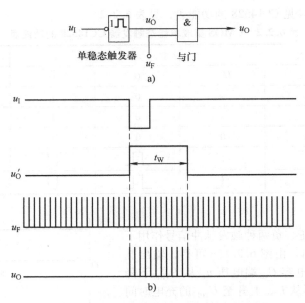

图 6.2.16 单稳态触发器用于脉冲的延时与定时选通
a）原理图 b）波形图

旦系统死机，单稳态触发器会因为得不到连续触发，所以输出端翻转为低电平，从而产生 CPU 复位信号。由此，CPU 将复位进入系统初始化阶段，然后会继续正常工作。

4. 波形整形

单稳态触发器用于波形整形主要是指脉宽调整、噪声滤除等。它能够把不规则的输入信号 u_I 整形成为幅度、宽度均相同的标准矩形脉冲 u_0。u_0 的幅度取决于单稳态电路输出的高、低电平，而脉冲宽度 t_W 则取决于暂稳态时间。图 6.2.18 为单稳态触发器用于波形整形的一个实例。

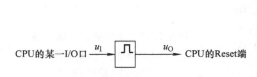

图 6.2.17 单稳态触发器用于 CPU 监控

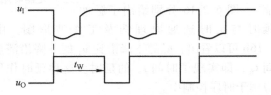

图 6.2.18 单稳态触发器用于波形整形

思 考 题

6.2.1 按电路的结构来分，单稳态触发器可分为几类？且各有什么特点？

6.2.2 单稳态触发器的工作特性有哪些特点？

6.2.3 单稳态触发器为什么能用于定时控制和脉冲整形？

6.2.4 对于非重复触发单稳态触发器 74121，请说明输入触发脉冲宽度、输出脉冲宽度两者之间有什么要求。

6.3 施密特触发器

施密特触发器是一种特殊的双稳态触发器，是一种具有滞后特性的数字传输门。尽管施密特触发器也有两个稳定状态，但是需要依靠输入触发信号来维持。与普通的双稳态触发器相比，施密特触发器具有下述两个重要特点：

1）施密特触发器属于电平触发，而不是脉冲触发。它对触发信号没有特殊要求，只要输入信号幅值达到阈值电压，输出状态就发生翻转，即输出电压发生突变。所以，缓慢变化的输入信号也可以适用，即通过电路内部的正反馈过程促使输出电压波形的边沿变得陡峭。

2）施密特触发器具有回差特性。当输入信号正向增大或负向减小时，施密特触发器的输出电压发生突变的输入阈值电压是不同的，即具有正向阈值电压与负向阈值电压。这就是施密特触发器的滞后电压传输特性，通常也称为回差特性。

6.3.1 由 CMOS 门电路组成的施密特触发器

1. 电路组成

图 6.3.1 所示为由两级 CMOS 反相器构成的施密特触发器。输入信号 u'_1 通过 R_1、R_2 分压获得，用来控制 CMOS 非门的工作状态。

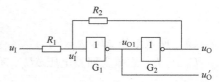

图 6.3.1　两级 CMOS 反相器构成的施密特触发器

2. 工作原理

假设 CMOS 反相器 G_1、G_2 的阈值电压均为 $U_{TH} \approx 0.5V_{DD}$，且 $R_1 < R_2$。下面描述其工作原理。

1）因为 G_1、G_2 接成了正反馈电路，故当 $u_I = 0$ 时，$u_O = U_{OL} \approx 0$。显然，此时 G_1 的输入信号 $u'_1 \approx 0$。

2）随着 u_I 从 0 逐渐升高，一旦出现 $u'_1 = U_{TH}$ 时，G_1 便进入了电压传输特性的转折区（放大区）。鉴于 u'_1 的增加将引起如下的正反馈过程，电路的输出状态 u_O 迅速从低电平翻转为高电平，即 $u_O = U_{OH}$。

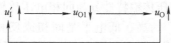

3）随着 u_I 从 V_{DD} 逐渐下降，一旦出现 $u'_1 = U_{TH}$ 时，G_1 便进入了电压传输特性的转折区。同理，u'_1 的下降会引发如下的正反馈，电路的输出状态 u_O 迅速从高电平翻转为低电平，即 $u_O = U_{OL}$。

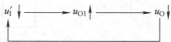

3. 主要参数的计算

（1）正向阈值电压 U_{T+}

正向阈值电压 U_{T+}：在输入信号 u_I 正向增长的过程中，使得电路的输出状态发生翻转时的输入阈值电平。

当 u_I 从 0 逐渐上升到 U_{T+} 时，u'_1 便从 0 逐渐上升至 U_{TH}，从而导致电路的输出状态将发生翻转。显然，在计算该参数时，应考虑电路的输出状态即将发生变化的那个时刻。即 u_O 仍然保持为 0，可得

$$u_{\mathrm{I}}' = U_{\mathrm{TH}} \approx \frac{R_2}{R_1 + R_2} U_{\mathrm{T}+} \qquad (6.3.1)$$

所以
$$U_{\mathrm{T}+} = \frac{R_1 + R_2}{R_2} U_{\mathrm{TH}} = \left(1 + \frac{R_1}{R_2}\right) U_{\mathrm{TH}} \qquad (6.3.2)$$

（2）负向阈值电压 $U_{\mathrm{T}-}$

负向阈值电压 $U_{\mathrm{T}-}$：在输入信号 u_{I} 负向减小的过程中，使得电路的输出状态发生翻转时的输入阈值电平。

当 u_{I} 从 V_{DD} 逐渐下降至 $U_{\mathrm{T}-}$ 时，$u_{\mathrm{I}}' = U_{\mathrm{TH}}$，必将导致电路的输出状态将发生翻转。同理，在计算参数 $U_{\mathrm{T}-}$ 时，也应考虑电路状态即将发生变化的那个时刻，可得

$$u_{\mathrm{I}}' = U_{\mathrm{TH}} \approx V_{\mathrm{DD}} - (V_{\mathrm{DD}} - U_{\mathrm{T}-}) \frac{R_2}{R_1 + R_2} \qquad (6.3.3)$$

所以
$$U_{\mathrm{T}-} = \frac{R_1 + R_2}{R_2} U_{\mathrm{TH}} - \frac{R_1}{R_2} V_{\mathrm{DD}} \qquad (6.3.4)$$

将 $V_{\mathrm{DD}} = 2U_{\mathrm{TH}}$ 代入上式后，可得到

$$U_{\mathrm{T}-} = \left(1 - \frac{R_1}{R_2}\right) U_{\mathrm{TH}} \qquad (6.3.5)$$

（3）回差电压 ΔU_{T}

$U_{\mathrm{T}+}$ 与 $U_{\mathrm{T}-}$ 之差为回差电压 ΔU_{T}，有时也称之为滞后电压。即

$$\Delta U_{\mathrm{T}} = U_{\mathrm{T}+} - U_{\mathrm{T}-} = 2\frac{R_1}{R_2} U_{\mathrm{TH}} \qquad (6.3.6)$$

滞后特性是施密特触发器的固有特性。回差电压越大，电路抗干扰能力越强，但触发灵敏度越差。

根据式（6.3.6）可知，调节 R_1 或 R_2 即可改变 $U_{\mathrm{T}+}$ 与 $U_{\mathrm{T}-}$。但是，应保证满足电路约束条件，即 $R_1 < R_2$。若 $R_1 > R_2$，则有 $U_{\mathrm{T}+} > 2U_{\mathrm{TH}}$ 及 $U_{\mathrm{T}-} < 0$。这就说明，即使 u_{I} 上升到 V_{DD} 或下降到 0，电路的输出状态也不会发生变化。电路处于"自锁状态"，将不能正常工作。

4. 电压传输特性

总的说来，施密特触发器的电压传输特性分为同相电压传输特性与反相电压传输特性两类。这里所谓同相或反相是指 u_{O} 和 u_{I} 的高、低电平是同相或反相的关系。同相电压传输特性如图 6.3.2a 所示，图 6.3.2b 为其逻辑符号。而图 6.3.3 则给出了反相电压传输特性与逻辑符号。

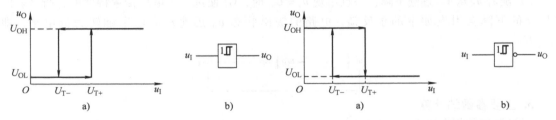

图 6.3.2　输入输出同相的施密特触发器　　　　图 6.3.3　输入输出反相的施密特触发器
　　电压传输特性和逻辑符号　　　　　　　　　　电压传输特性和逻辑符号
　　a）电压传输特性　b）逻辑符号　　　　　　　a）电压传输特性　b）逻辑符号

例 6.3.1　如图 6.3.4a 所示为 CMOS 门电路构成的施密特触发器。已知 $R_1 = 5\mathrm{k}\Omega$，$R_2 = 15\mathrm{k}\Omega$，$V_{\mathrm{DD}} = 15\mathrm{V}$，$U_{\mathrm{TH}} = 7.5\mathrm{V}$。要求：

（1）计算该电路的正向阈值电压 U_{T+}、负向阈值电压 U_{T-} 以及回差电压 ΔU_T；

（2）输入信号 u_I 如图 6.3.4b 所示，试画出电压 u_O 的波形。

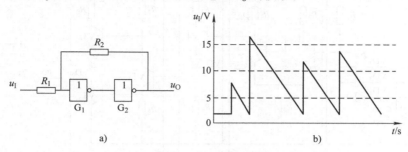

图 6.3.4　CMOS 门电路构成的施密特触发器

a）原理图　b）u_I 波形

解：（1）U_{T+}、U_{T-} 以及 ΔU_T 的求解

$$U_{T+} = \left(1 + \frac{R_1}{R_2}\right)U_{TH} = 10\text{V}$$

$$U_{T-} = \left(1 - \frac{R_1}{R_2}\right)U_{TH} = 5\text{V}$$

$$\Delta U_T = U_{T+} - U_{T-} = 5\text{V}$$

（2）u_O 的波形

输出电压 u_O 的波形如图 6.3.5 所示。

6.3.2　集成施密特触发器

施密特触发器应用十分广泛，所以市场上有专门的电路产品出售，称之为施密特触发门电路。集成施密特触发器比普通的门电路稍微复杂一些。普通门电路由输入级、中间级和输出级组成。假若在普通门电路的输入级和中间级之间插入一个施密特电路，即构成施密特触发器。集成施密特触发器一致性好，且触发阈值稳定，从而使用非常方便。但是，它们的正向阈值电压和反向阈值电压通常都是固定的。

集成施密特触发器种类很多，目前市场上有

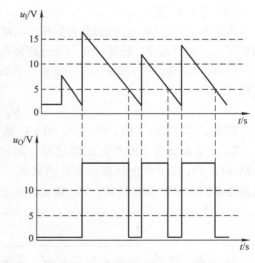

图 6.3.5　输出电压 u_O 的波形

TTL 与 CMOS 型单片集成施密特触发器。常用的典型 TTL 集成施密特触发器有施密特反相器 74LS14、双 4 输入施密特与非门 74LS13、四 2 输入施密特与非门 74LS132、双施密特反相器 74LS18 等。CMOS 集成施密特触发器有四 2 输入施密特与非门 C4093、六施密特反相器 CC40106 等。

1. TTL 集成施密特与非门 74LS13

（1）电路组成

图 6.3.6 为 TTL 结构的 4 输入施密特触发的与非门 74LS13 的内部逻辑图。其片内集成有二极管与门、施密特电路、电平偏移电路以及输出缓冲电路。

1）二极管与门。电阻 R_1 和 $VD_1 \sim VD_4$ 四个二极管构成了最简单的 4 输入与门。

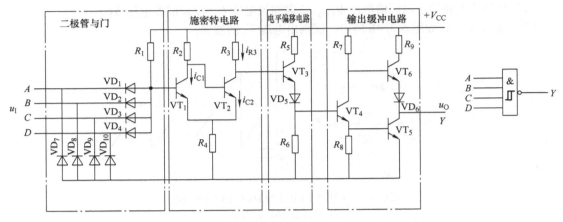

图 6.3.6 集成施密特与非门 74LS13 的内部逻辑图

2）施密特电路。施密特电路是该与非门的核心部分，由 VT_1、VT_2、R_2、R_3 和 R_4 组成。

3）电平偏移电路。电平偏移电路的作用：即使施密特电路的输出低电平较高时，也可以确保 VT_4 能可靠地截止。它由 R_5、R_6、VT_3 及 VD_5 构成。

4）输出缓冲电路。与非门 74LS13 采用推挽输出电路。推挽电路的使用有效地降低了输出级的静态功耗，并提高了驱动能力。

（2）工作原理

由图 6.3.6 可知，通过公共发射极电阻耦合的两级正反馈放大器构成了施密特电路。由前面知识可知，通常假定二极管的正向导通压降与晶体管发射结的导通压降均为 0.7V。

1）u_I' 较小时，VT_1 截止、VT_2 导通。当施密特电路的输入 u_I' 较小时，晶体管 VT_1 不会导通。可得

$$U_{BE1} = u_I' - u_E \tag{6.3.7}$$

因此，u_I' 较小时，$U_{BE1} < 0.7V$。则 VT_1 截止，而 VT_2 饱和导通。

2）u_I' 逐渐升高，出现正反馈过程，促使 VT_1 导通、VT_2 截止。当 u_I' 逐渐升高并使 $U_{BE1} > 0.7V$ 时，VT_1 将由截止状态转为导通状态。与此同时，并伴随如下的正反馈过程发生。继而，电路迅速转为 VT_1 饱和导通、VT_2 截止的状态。

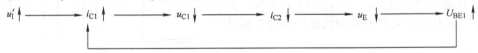

3）u_I' 逐渐降低，出现正反馈过程，促使 VT_1 截止、VT_2 导通。反之，当 u_I' 逐渐下降并使 $U_{BE1} \approx 0.7V$ 时，VT_1 将由导通状态转为截止状态。i_{C1} 开始减小，同时引发如下另一个正反馈过程，继而促使电路迅速返回 VT_1 截止、VT_2 饱和导通的状态。

通过以上分析可知，施密特电路的输出 u_0' 的边沿很陡。因为 VT_2 的导通与截止两种状态的切换均伴随有正反馈过程发生。

（3）施密特触发特性的分析

由于 $R_2 > R_3$，则 VT_2 饱和导通时的 u_E 必大于 VT_1 饱和导通时的 u_E。因此，VT_1 由截止变为

导通时的输入电压 U'_{T+} 与由导通变为截止时的输入电压 U'_{T-} 不相等，且 $U'_{T+} > U'_{T-}$。于是，施密特触发特性得以形成。

如图 6.3.7 所示为 74LS13 的电压传输特性，可见输入输出反相。另外，$U_{T+} = 1.7\mathrm{V}$、$U_{T-} = 0.8\mathrm{V}$，两者是不可以调节的。

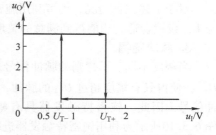

图 6.3.7　施密特与非门 74LS13 的电压传输特性

2. CMOS 集成施密特触发器

CC40106 是典型的 CMOS 集成施密特反相器，其主要静态参数见表 6.3.1。

表 6.3.1　集成施密特反相器 CC40106 的主要静态参数

电源电压 V_{DD}	U_{T+} 最小值	U_{T+} 最大值	U_{T-} 最小值	U_{T-} 最大值	ΔU_T 最小值	ΔU_T 最大值	单位
5	2.2	3.6	0.9	2.8	0.3	1.6	V
10	4.6	7.1	2.5	5.2	1.2	3.4	V
15	6.8	10.8	4	7.4	1.6	5	V

6.3.3　施密特触发器应用

施密特触发器的用途广泛，常用于信号波形变换、波形整形与噪声消除以及脉冲鉴幅。

1. 波形变换

波形变换的原理在于利用施密特触发器状态转换过程中的正反馈作用，把边沿变化缓慢的信号变换为边沿陡峭的矩形脉冲信号。图 6.3.8 所示为施密特触发器将正弦波变换成同频率的矩形脉冲。前提条件为输入信号的幅度大于 U_{T+}。

2. 波形整形与噪声消除

在数字电子系统中，传输后的矩形脉冲往往会发生波形畸变或受到干扰。图 6.3.9 给出了三种常见的情况。

当传输线的电容较大时，矩形波的上升沿和下降沿都会明显地被延缓，如图 6.3.9a 所示。若传输线较长且接收端的阻抗与传输线的阻抗不匹配时，则矩形波的上升沿和下降沿均会产生阻尼振荡，如图 6.3.9b 所示。第三种情况为当其他脉冲信号通过导线间的分布电容或公共电源线叠加到矩形脉冲信号上时，它将出现附加的噪声或干扰，如 6.3.9c 所示。

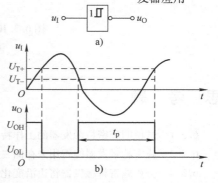

图 6.3.8　施密特触发器用于波形变换
a）符号图　b）工作波形图

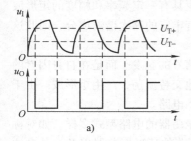

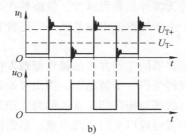

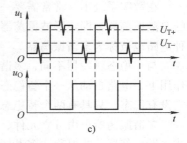

图 6.3.9　施密特触发器用于波形整形与噪声消除
a）传输线的电容较大　b）接收端的阻抗与传输线的阻抗不匹配　c）输入信号上附加噪声

对于上述三种情况，均可利用施密特触发器进行整形或噪声消除。只要施密特触发器的 U_{T+} 与 U_{T-} 设置合适，均能得到满意的整形、噪声消除、抗干扰效果。

3. 脉冲鉴幅

当幅度不同、不规则的脉冲信号加到施密特触发器的输入端时，可通过调整电路的 U_{T+} 和 U_{T-}，使得只有幅度超过 U_{T+} 的脉冲，才能使施密特触发器的状态翻转，从而得到所需的矩形脉冲信号。因此，施密特触发器具有幅值鉴别能力，即只将幅度大于某值的信号输出的能力。图 6.3.10 所示为利用施密特触发器进行脉冲鉴幅的实例。

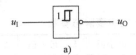

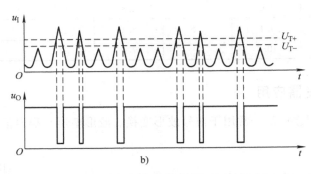

图 6.3.10　施密特触发器用于脉冲鉴幅

a）逻辑符号　b）波形图

思　考　题

6.3.1　试说明施密特触发器的工作特点和主要用途。

6.3.2　施密特触发器能否用来存储二进制数值？请给出解释。

6.3.3　分析施密特触发器将边沿变化缓慢的信号变换成边沿陡峭的矩形脉冲的机理。

6.3.4　如何改变由门电路组成的施密特触发器的回差？

6.4　多谐振荡器

在数字系统中，常常需要一种无需外加触发脉冲，就能够产生具有一定频率和幅度的矩形波的自激振荡器，即矩形波振荡器。由于矩形波中除基波外，还含有丰富的高次谐波成分，因此这种电路也被称为多谐振荡器。

与单稳态触发器不同，多谐振荡器的工作并不依赖外部触发信号的触发。而是在自身因素的作用下，电路自动从一个暂稳态翻转为另一个暂稳态，周而复始地交替振荡，产生矩形波。由于它没有稳态，只具有两个暂稳态，故多谐振荡器又常被称为无稳态电路。

多谐振荡器可由分立元件、集成运放以及门电路组成。多谐振荡器的电路型式多样，如对称式多谐振荡器、非对称式多谐振荡器、环形振荡器、带 RC 延迟环节的环形振荡器以及石英晶体多谐振荡器等。但是，不管哪种型式，它们都是由开关电路和反馈延时环节组成，如图 6.4.1 所示。开关电路可以是逻辑门、电压比较器或者定时器等，其作用是产生高、低电平。反馈延时环节一般为 RC 电路。利用 RC 充放电特性实现延时，将输出电压恰当地反馈给开关器件，使之改变输出状态，以获得所需要的振荡频率。

6.4.1　由 CMOS 门电路组成的多谐振荡器

1. 电路组成

图 6.4.2 给出了一种由两个 CMOS 非门 G_1、G_2、电阻 R 及电容 C 组成的多谐振荡器。

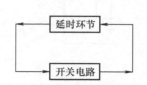

图 6.4.1　多谐振荡器的组成

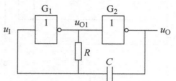

图 6.4.2　由 CMOS 门电路组成的多谐振荡器

多谐振荡
器应用

2. 工作原理

为便于分析上述多谐振荡器，图 6.4.2 中的非门用 CMOS 门电路来代替，进而得到图 6.4.3a 所示的原理图，其中 $VD_1 \sim VD_4$ 为保护二极管。此外，假定 CMOS 门电路的电压传输特性曲线为理想化的折线，即开门电平 U_{ON} 与关门电平 U_{OFF} 相等。多谐振荡器的工作波形如图 6.4.3b 所示。结合图 6.4.3b 来分析工作原理。

（1）第一暂稳态自动翻转至第二暂稳态

当 $t = 0$ 时，多谐振荡器接通电源，电容 C 未充电。因此，多谐振荡器初始状态为 $u_{O1} = U_{\mathrm{OH}}$，$u_{\mathrm{I}} = u_{\mathrm{O}} = U_{\mathrm{OL}}$。可令该状态为第一暂稳态。此后，电源 V_{DD} 必对电容 C 充电，充电回路为非门 G_1 的 PMOS 管 VF_{P1}、R 和非门 G_2 中的 NMOS 管 VF_{N2}，如图 6.4.3a 所示。随着充电过程的进行，电容电压逐渐升高，因此 u_{I} 也逐渐增大。一旦 u_{I} 达到非门 G_1 的阈值电压 U_{TH}，多谐振荡器必将发生如下正反馈过程：

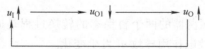

这一正反馈过程促使 G_1 瞬间导通、G_2 瞬间截止，可得 $u_{O1} = U_{\mathrm{OL}}$，$u_{\mathrm{O}} = U_{\mathrm{OH}}$。该状态被定义为第二暂稳态。

（2）第二暂稳态自动翻转至第一暂稳态

当多谐振荡器进入第二暂稳态的瞬间，电路输出 u_{O} 由 0V 翻转为 V_{DD}（$U_{\mathrm{OH}} \approx V_{\mathrm{DD}}$）。鉴于电容两端电压不能突变，所以 u_{I} 本该从 U_{TH} 上升至 $V_{\mathrm{DD}} + U_{\mathrm{TH}}$。但由于保护二极管 VD_1 的钳位作用，u_{I} 仅上升至 $V_{\mathrm{DD}} + U_{\mathrm{VD}}$。此后，电容 C 放电。放电回路为非门 G_2 的 PMOS 管 VF_{P2}、R 和非门 G_1 中的 NMOS 管 VF_{N1}，如图 6.4.3a 所示。随着放电过程的进行，电容电压逐渐降低，因此 u_{I} 也逐渐减小。一旦 u_{I} 达到非门 G_1 的阈值电压 U_{TH}，多谐振荡器又必将发生如下正反馈过程：

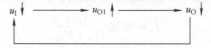

这一正反馈过程促使 G_1 瞬间截止、G_2 瞬间导通，可得 $u_{O1} = U_{\mathrm{OH}}$，$u_{\mathrm{O}} = U_{\mathrm{OL}}$。显然，此时多谐振荡器自动返回至第一暂稳态。

此后，电路重复上述过程，周而复始地在两个暂稳态间来回翻转，从而产生矩形脉冲波。

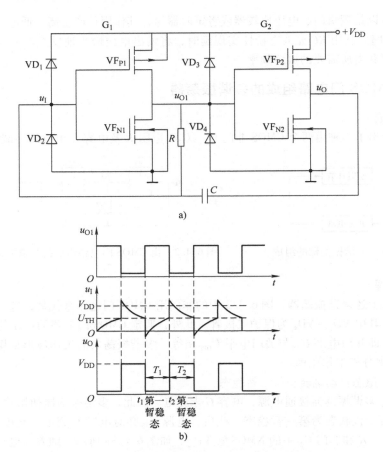

图 6.4.3 多谐振荡器原理图及工作波形图

a）原理图 b）工作波形图

根据上述分析可知，多谐振荡器的两个暂稳态的转换过程是通过电容 C 充、放电作用来实现的，关键在于电容 C 的充、放电作用导致 u_I 发生变化。

3. 振荡周期的计算

由前面分析可知，多谐振荡器的振荡周期为两个暂稳态持续时间的和，而它们分别由电容的充、放电时间所决定。假设 T_1、T_2 分别表示电路的第一暂稳态和第二暂稳态持续时间。根据电路分析中的一阶系统的时间计算公式，并将各个特征值代入，进而可以计算出图 6.4.3b 中的 T_1、T_2。

（1）第一暂稳态持续时间 T_1 的计算

对应于第一暂稳态，令图 6.4.3b 中的 t_1 为时间起点，则 $T_1 = t_2 - t_1$。并且 $u_I(0+) = -U_{VD} \approx 0\text{V}$，$u_I(\infty) = V_{DD}$，$\tau = RC$。根据 RC 电路瞬态响应的分析，可得

$$T_1 = RC\ln\frac{V_{DD}}{V_{DD} - U_{TH}} \qquad (6.4.1)$$

（2）第二暂稳态持续时间 T_2 的计算

对应于第二暂稳态，令图 6.4.3b 中的 t_2 为时间起点，则 $T_2 = t_3 - t_2$。$u_I(0+) = V_{DD} + U_{VD}$，$u_I(\infty) = 0\text{V}$，$\tau = RC$。于是可得

$$T_2 = RC\ln\frac{V_{DD}}{U_{TH}} \qquad\qquad (6.4.2)$$

（3）振荡周期 T 的计算

$$T = T_1 + T_2 = RC\ln\frac{V_{DD}^2}{(V_{DD} - U_{TH}) \cdot U_{TH}} \qquad (6.4.3)$$

将 $U_{TH} = \frac{1}{2}V_{DD}$ 代入式（6.4.3），可得

$$T = RC\ln4 \approx 1.4RC \qquad\qquad (6.4.4)$$

需要说明的是，图 6.4.3 是一种最简单的多谐振荡器。式（6.4.4）仅适用于 $R \gg R_{ON(P)} + R_{ON(N)}$、$C$ 远大于电路分布电容的情况。其中，$R_{ON(N)}$、$R_{ON(P)}$ 分别为 CMOS 门中的 NMOS、PMOS 管的导通电阻。

注意，电源电压的波动会导致振荡频率不稳定，尤其 $U_{TH} \neq 0.5V_{DD}$ 的影响最为严重。为减小电源电压变化对振荡频率的影响，在原先电路上增加一个补偿电阻 R_S 即可，如图 6.4.4 所示。当 $U_{TH} = 0.5V_{DD}$ 时，一般取 $R_S = 10R$，以满足 $R_S \gg R$。

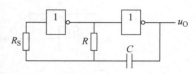

图 6.4.4 加补偿电阻的多谐振荡器

6.4.2 由施密特触发器组成的多谐振荡器

施密特触发器具有回差特性。如果它的输入信号为在 U_{T+} 与 U_{T-} 之间反复变化的电压信号，那么输出 u_O 必为矩形脉冲波。这样，施密特触发器就构成了多谐振荡器。

1. 电路组成

将反相施密特触发器的输出端经 RC 积分电路接回至输入端，就构成简单的多谐振荡器，如图 6.4.5 所示。

2. 工作原理

1）电容 C 充电至 $u_C = U_{T+}$，施密特触发器的输出 u_O 翻转为低电平。电路接通电源后，电容上的初始电压为零，则施密特触发器输出 u_O 的初始电平为高电平。此后，u_O 经电阻 R 向电容 C 充电，电容电压 u_C 逐渐升高。一旦 $u_C = U_{T+}$ 时，u_O 翻转为低电平。

2）电容 C 放电至 $u_C = U_{T-}$，施密特触发器的输出 u_O 翻转为高电平。u_O 翻转为低电平后，电容 C 必经由电阻 R 开始放电。当放电至 $u_C = U_{T-}$ 时，施密特触发器的输出 u_O 又翻转为高电平。此后，电容又重新开始充电。如此反复，电路不停地振荡，就得到矩形波。图 6.4.6 给出了输入 u_I 与输出 u_O 的电压波形。

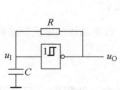

图 6.4.5 由施密特触发器构成的多谐振荡器　　图 6.4.6 施密特触发器构成的多谐振荡器工作波形图

3. 振荡周期的计算

假设施密特触发器的参数为：$U_{OH} = V_{DD}$，$U_{OL} = 0$。根据图 6.4.6 的电压波形，则振荡周期为

$$T = T_1 + T_2 = RC\left(\ln\frac{V_{DD} - U_{T-}}{V_{DD} - U_{T+}} + \ln\frac{U_{T+}}{U_{T-}}\right) = RC\ln\left(\frac{V_{DD} - U_{T-}}{V_{DD} - U_{T+}} \cdot \frac{U_{T+}}{U_{T-}}\right) \tag{6.4.5}$$

显然，通过调节 R 和 C 的大小，即可改变振荡周期。此外，在这个电路的基础上稍加修改就能实现对输出脉冲占空比的调节，电路如图 6.4.7 所示。在该电路中，因为电容的充放电分别经过 R_1、R_2，所以只要改变这两者的比值，就可以很方便地调节输出脉冲占空比。

例 6.4.1 图 6.4.8 所示为 CC40106 构成的多谐振荡器。已知 $V_{DD} = 10V$，$R = 47k\Omega$，$C = 0.1\mu F$，试求该多谐振荡器的振荡周期。

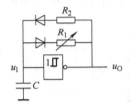　　　　　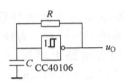

图 6.4.7　脉冲占空比可调的多谐振荡器　　　　图 6.4.8　CC40106 构成的多谐振荡器

解：根据 CC40106 的电压传输特性，可查得 $U_{T+} = 6.3V$，$U_{T-} = 2.7V$。将这两者及 $V_{DD} = 10V$，$R = 47k\Omega$，$C = 0.1\mu F$ 代入式（6.4.5），可得

$$T = RC\ln\left(\frac{V_{DD} - U_{T-}}{V_{DD} - U_{T+}} \cdot \frac{U_{T+}}{U_{T-}}\right) = 40 \times 10^3 \times 0.1 \times 10^{-6} \times \ln\left(\frac{10 - 2.7}{10 - 6.3} \times \frac{6.3}{2.7}\right)s = 6.12ms$$

6.4.3　石英晶体多谐振荡器

许多数字电子系统都要求频率十分稳定的时钟脉冲。例如，数字钟表中的计数脉冲频率的稳定性将直接决定着计时的精度。前面介绍的多谐振荡器的振荡频率主要取决于 RC 电路时间常数，其稳定度不高。引起频率稳定度不高的原因主要有两个：第一，门电路的阈值电平易受温度变化和电源波动的影响；第二，电路状态转换时，电容充、放电的过程比较缓慢，以及转换电平的微小变化或者外界干扰，对振荡周期影响都比较大。因此，在对振荡器频率稳定度要求较高的场合，常常利用石英谐振器（也称石英晶体或晶体）来构成石英晶体多谐振荡。

1. 石英晶体的选频特性

石英晶体的频率特性和符号如图 6.4.9 所示。它有两个谐振频率。当 $f = f_S$ 时，石英晶体发生串联谐振，此时其电抗为 0，即 $X = 0$；当 $f = f_P$ 时，石英晶体发生并联谐振，此时其电抗无穷大，即 $X = \infty$。

石英晶体的振荡频率由本身的特性所决定，即 $f_P \approx f_S \approx f_0$（$f_0$ 为晶体的标称频率）。它的选频特性极好，稳定度可达 $10^{-9} \sim 10^{-10}$。

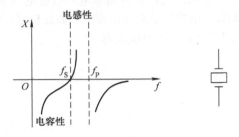

图 6.4.9　石英晶体的电抗频率特性和符号

2. 石英晶体多谐振荡器及其应用

（1）串联式振荡器

串联式石英晶体多谐振荡器如图 6.4.10 所示。R_1、R_2 的作用为：使得两个反相器在静态时都工作在转折区，从而成为具有很强放大能力的放大电路。对于 TTL 门，$R_1 = R_2 = 0.7 \sim 2k\Omega$。

若是 CMOS 门，则 $R_1 = R_2 = 10 \sim 100\text{M}\Omega$。$C_1$ 的作用为抑制高次谐波，以保证输出信号的频率稳定。耦合电容 C_2 实现两个反相器间的耦合。

图 6.4.10 中的石英晶体工作在串联谐振频率 f_S 下，即只有频率为 f_S 的信号才能通过。因此，该电路的振荡频率为 f_S，与外接元件 R、C 无关。所以该振荡电路的频率稳定度很高。

（2）并联式振荡器

并联式石英晶体多谐振荡器如图 6.4.11 所示。R_F 是偏置电阻，保证在静态时使得 G_1 工作在转折区，这样可等效为一个反相放大器。反相器 G_2 起着整形缓冲作用，同时还可以隔离负载对振荡电路工作的影响。

石英晶体工作于 $f_P \sim f_S$，可等效为电感，并与 C_1、C_2 共同构成电容三点式振荡电路。且电路的振荡频率为 f_0。

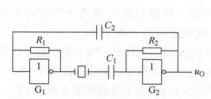

图 6.4.10 串联式石英晶体多谐振荡器

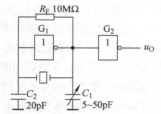

图 6.4.11 并联式石英晶体多谐振荡器

（3）双相时钟发生器

图 6.4.12 给出了一种双相时钟发生器的实例。其中，非门 G_3 用于对晶体振荡器的输出进行整形。

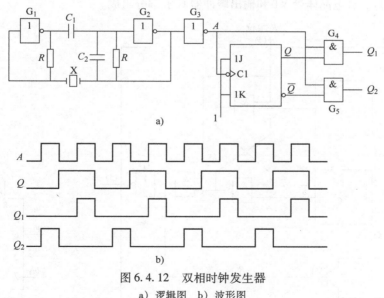

图 6.4.12 双相时钟发生器

a）逻辑图 b）波形图

思 考 题

6.4.1 对双稳态触发器、单稳态触发器、施密特触发器和多谐振荡器的工作特点进行比较分析。

6.4.2 分析多谐振荡器的振荡频率主要取决于哪些元件?

6.4.3 简述石英晶体多谐振荡器的特点,其振荡频率与电路中的 R、C 有无关系?

6.5 555 集成定时器及应用

  555 集成定时器是一种多用途的中规模模/数混合集成电路,它将模拟电路和数字电路有机结合起来,具有定时精度高、温度漂移小、速度快、功能强等优点。该电路使用灵活、方便,只需外接少量的阻容元件就可以构成单稳态触发器、施密特触发器和多谐振荡器。因此,在波形的产生与变换、测量与控制、家用电器和电子玩具等领域中都得到了广泛应用。

  目前市场上的 555 集成定时器有双极型和 CMOS 两种类型,其型号分别有 NE555(或 5G555)和 C7555 等多种。通常双极型产品的最后三位数字都是 555,而 CMOS 产品的最后四位数字都是 7555。这两类定时器的结构及工作原理基本相同,且逻辑符号和功能引脚排列也完全相同,使用时相互兼容。除单定时器外,还有对应的集成双定时器 556/7556。

  通常双极型定时器具有较大的驱动能力,而 CMOS 定时电路具有功耗低、输入阻抗高等优点。555 定时器工作的电源电压很宽,并可承受较大的负载电流。双极型定时器电源电压范围为 5 ~ 16V,最大负载电流可达 200mA;而 CMOS 定时器电源电压变化范围为 3 ~ 18V,最大负载电流在 4mA 以下。

6.5.1 555 集成定时器的组成与功能

1. 电路组成

  图 6.5.1a 给出了双极型 555 集成定时器的内部结构,主要由分压器、比较器、基本 RS 触发器(与非门结构)、放电晶体管 VT 和输出缓冲器 G 五部分组成。

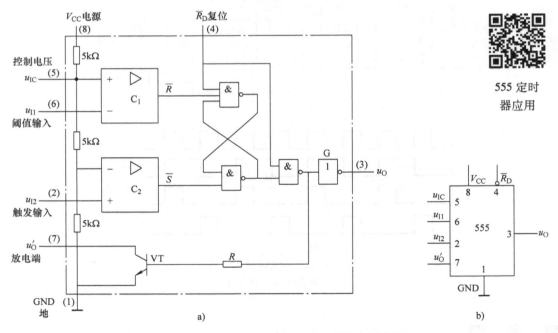

图 6.5.1　555 集成定时器的内部结构图和电路符号

a) 内部结构图　b) 电路符号

分压器由三个 $5k\Omega$ 的等值电阻串联而成，555 定时器也正是因此而得名。C_1、C_2 两个模拟电压比较器的结构完全相同，由差动放大器和恒流源电路构成。由与非门构成的基本 RS 触发器的输出状态取决于比较器 C_1、C_2 输出。放电开关管 VT 是一个晶体管，当基极为高电平时，VT 导通，放电端的外接电容便放电；反之，VT 截止。

555 集成定时器共有 8 个引脚，排列如图 6.5.1b 所示。其引脚功能描述如下。

1）引脚 1：接地端 GND。

2）引脚 2：阈值输入端 u_{I2}，又称为低触发端 TL。

3）引脚 3：输出端 u_O。

4）引脚 4：复位端 $\overline{R_D}$。$\overline{R_D}$ 接低电平时，则 555 定时器不工作。因此，电路正常工作时，该端应接高电平。

5）引脚 5：控制电压输入端 u_{IC}。若此端外接电压，则可改变内部两个比较器的基准电压。当该端不用时，应经 $0.01\mu F$ 电容接地，以防引入干扰。

6）引脚 6：阈值输入端 u_{I1}，又称为高触发端 TH。

7）引脚 7：放电端 u'_O。该端与放电晶体管的集电极相连，用作定时电容的放电。

8）引脚 8：电源端 V_{CC}。

2. 基本功能

由图 6.5.1 可知，当控制电压输入端 u_{IC}（5 脚）悬空时，比较器 C_1、C_2 的比较阈值电压分别为 $U_{R1} = \frac{2}{3}V_{CC}$，$U_{R2} = \frac{1}{3}V_{CC}$；且复位输入端 $\overline{R_D}$ 接至高电平。555 定时器的四种工作模式如下：

1）当 $u_{I1} > \frac{2}{3}V_{CC}$、$u_{I2} > \frac{1}{3}V_{CC}$ 时，比较器 C_1 输出低电平、C_2 输出高电平；基本 RS 触发器被置 0；经反相器取反得高电平，放电晶体管 VT 导通。此时，555 定时器的输出端 u_O 为低电平。

2）当 $u_{I1} < \frac{2}{3}V_{CC}$、$u_{I2} < \frac{1}{3}V_{CC}$ 时，比较器 C_1 输出高电平、C_2 输出低电平；基本 RS 触发器被置 1；经反相器取反得低电平，放电晶体管 VT 截止。555 定时器的输出端 u_O 为高电平。

3）当 $u_{I1} < \frac{2}{3}V_{CC}$、$u_{I2} > \frac{1}{3}V_{CC}$ 时，比较器 C_1、C_2 均输出高电平。此时，基本 RS 触发器的输入 $R = S = 1$，因此，其状态保持不变。同时，555 定时器亦保持原状态不变。

4）当 $u_{I1} > \frac{2}{3}V_{CC}$、$u_{I2} < \frac{1}{3}V_{CC}$ 时，比较器 C_1、C_2 均输出低电平；基本 RS 触发器的两输出端均被置 1；经反相器取反得低电平，放电晶体管 VT 截止。555 定时器的输出端 u_O 为高电平。

另一方面，如果在电压控制端输入端 u_{IC} 施加一个外加电压（取值范围 $0 \sim V_{CC}$），那么比较器的参考电压将发生变化，使得电路相应的阈值、触发电平也将随之变化，并进而影响电路的工作状态。

另外，复位输入端 $\overline{R_D}$ 为低电平时，无论其他输入端的状态如何，555 集成定时器的输出 u_O 都为低电平，即 $\overline{R_D}$ 的控制级别最高。因此，定时器正常工作时，应将其接至高电平。

555 集成定时器的状态可见功能表 6.5.1。

表 6.5.1 555 集成定时器功能表

输 入			输 出	
$\overline{R_D}$	u_{I1}	u_{I2}	u_O	VT
0	×	×	0	导通

（续）

输	入		输	出
1	$> \frac{2}{3}V_{CC}$	$> \frac{1}{3}V_{CC}$	0	导通
1	×	$< \frac{1}{3}V_{CC}$	1	截止
1	$< \frac{2}{3}V_{CC}$	$> \frac{1}{3}V_{CC}$	不变	不变

3. 总结

根据555内部结构图及功能表，可得以下结论。

1）当控制电压输入端 u_{IC}（5脚）悬空时，555定时器有两个阈值，分别是复位电平 $\frac{2}{3}V_{CC}$ 和置位电平 $\frac{1}{3}V_{CC}$。而接至 U_s 时，两个阈值变为 U_s 和 $\frac{1}{2}U_s$。

2）输出端3脚和放电端7脚的状态一致。即555定时器的输出 u_O 的低电平对应着放电管 VT 饱和导通；若放电端7脚接有上拉电阻，其将输出低电平。反之，555定时器的输出 u_O 的高电平对应着放电管 VT 截止；同理，在接有上拉电阻时，放电端7脚将输出低电平。

3）555定时器的输出端 u_O 的状态改变具有滞回特性，且回差电压为 $\frac{1}{3}V_{CC}$。

掌握以上三条结论或规律，就可以十分方便地分析555定时器组成的电路。

6.5.2　555集成定时器应用

1. 用555集成定时器构成单稳态触发器

（1）电路组成及其工作原理

由555集成定时器构成的单稳态触发器如图6.5.2a所示。电阻 R 与电容 C 为外接元件，两者的连接点为6脚7脚，即555集成定时器的6脚和7脚接在一起。外加负脉冲触发信号 u_I 从低触发端 TL 输入。

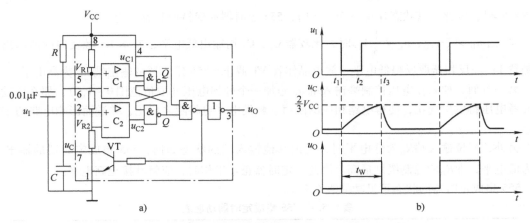

图6.5.2　555集成定时器构成的单稳态触发器及工作波形

a）555集成定时器构成的单稳态触发器　b）工作波形图

图6.5.2b给出了由555集成定时器构成的单稳态触发器的工作波形。工作原理分析如下。

1）模态 1（$0 \sim t_1$）：无触发信号输入时，电路工作在稳定状态。当电路无触发输入信号时，u_I 保持高电平，电路工作在稳定状态，即输出端 u_o 保持低电平。此时，555 定时器内的放电晶体管 VT 饱和导通，使得引脚 7 的电压接近为零，电容电压 u_C 也近似为 0。

2）模态 2（t_1 时刻）：触发信号 u_I 下降沿到来时，电路由稳态转入暂稳态。当 u_I 的下降沿到达时，即 555 定时器的低触发端 TL 由高电平跳变为低电平。电路被触发，u_o 由低电平翻转为高电平，电路由稳态转入暂稳态。

3）模态 3（$t_1 \sim t_2$）：C 不断充电，电路维持暂稳态。在暂稳态期间，555 定时器内的放电晶体管 VT 截止。因此，V_CC 经 R 向 C 充电。其充电回路为 $V_\mathrm{CC} \rightarrow R \rightarrow C \rightarrow$ 地，时间常数 $\tau_1 = RC$。电容电压 u_C 将由 0 开始增大。在电容电压 u_C 上升到阈值电压 $\frac{2}{3}V_\mathrm{CC}$ 之前，电路将保持暂稳态不变。

4）模态 4（$t_3 \sim$）：暂稳态结束，电路自动返回到稳态。当 u_C 上升至阈值电压 $\frac{2}{3}V_\mathrm{CC}$ 时，输出电压 u_o 由高电平跳变为低电平。与此同时，放电晶体管 VT 由截止转为饱和导通，引脚 7 的电压接近为零，使得电容 C 经 VT 对地迅速放电，电压 u_C 由 $\frac{2}{3}V_\mathrm{CC}$ 迅速降至 0V（放电晶体管 VT 的饱和压降约为 0V）。此后，电路将由暂稳态重新翻转为稳态。

暂稳态结束后，电容 C 通过饱和导通的晶体管 VT 放电，放电时间常数 $\tau_2 = R_\mathrm{CES}C$。R_CES 为 VT 的饱和导通电阻，且非常小。因此 τ_2 值亦非常小。经过 $(3 \sim 5)\tau_2$ 后，电容 C 放电完毕，恢复过程结束。

（2）输出脉冲宽度 t_w 的估算

由 555 定时器构成的单稳态触发器的输出脉冲宽度 t_w 就是定时电容 C 的充电时间。由图 6.5.2b 所示电容电压 u_C 的工作波形不难看出，$u_\mathrm{C}(0_+) \approx 0\mathrm{V}$，$u_\mathrm{C}(\infty) = V_\mathrm{CC}$，$u_\mathrm{C}(t_\mathrm{w}) = \frac{2}{3}V_\mathrm{CC}$。将其代入 RC 过渡过程计算公式，可得

$$t_\mathrm{w} = \tau_1 \ln \frac{V_\mathrm{CC} - 0}{V_\mathrm{CC} - \frac{2}{3}V_\mathrm{CC}} = \tau_1 \ln 3 = 1.1RC \qquad (6.5.1)$$

上式说明，输出脉冲宽度 t_w 仅决定于定时元件 R、C 的取值，与输入触发信号 u_I2 和电源电压 V_CC 无关。因此，只需通过调节定时元件 R、C，即可很方便地调节 t_w。

2. 用 555 集成定时器构成施密特触发器

（1）电路组成及其工作原理

将 555 定时器的 2 脚和 6 脚并接在一起作为输入 u_I，就可构成施密特触发器，如图 6.5.3a 所示。

1）由 555 定时器功能表可知，$u_\mathrm{I} = 0\mathrm{V}$ 时，$u_\mathrm{o} = 1$。

2）当 u_I 上升至 $\frac{2}{3}V_\mathrm{CC}$ 时，u_o 翻转为低电平；若 u_I 由 $\frac{2}{3}V_\mathrm{CC}$ 继续上升，u_o 保持不变。

3）当 u_I 逐渐下降时，一旦下降至 $\frac{1}{3}V_\mathrm{CC}$，电路输出 u_o 翻转为高电平。当 u_I 继续下降到 0V 时，电路的这种状态保持不变。

（2）电压传输特性

图 6.5.4 所示为由 555 集成定时器构成的施密特触发器的电压传输特性。不难看出，其输入、输出反相。

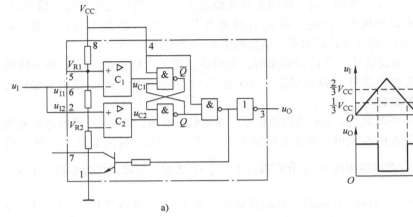

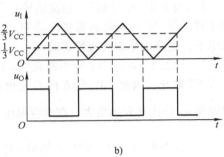

图 6.5.3 555集成定时器构成的施密特触发器

a）电路图 b）工作波形图

由图 6.5.3 可知，$U_{T+} = \dfrac{2}{3}V_{CC}$，$U_{T-} = \dfrac{1}{3}V_{CC}$，$\Delta U_T = \dfrac{1}{3}V_{CC}$。

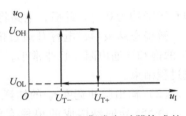

若在电压控制端 U_{IC}（即 5 脚）外加电压 U_S，则有 $U_{T+} = U_S$、$U_{T-} = 0.5U_S$、$\Delta U_T = 0.5U_S$。显然，可改变 U_S 来调整这三个参数。

图 6.5.4 555集成定时器构成的

施密特触发器的电压传输特性

3. 用 555 集成定时器构成多谐振荡器

（1）电路组成及其工作原理

由前面分析可知，只要将用 555 集成定时器构成的反相施密特触发器的输出端经 RC 积分电路接回至其输入端，即可得到 555 定时器构成的多谐振荡器，如图 6.5.5a 所示。图 6.5.5b 给出

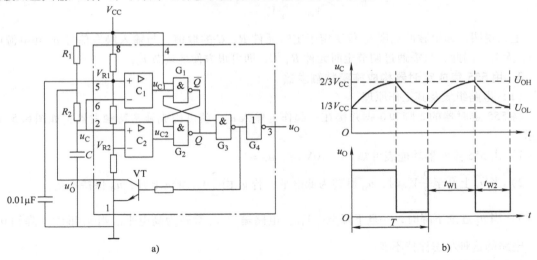

图 6.5.5 555集成定时器构成的多谐振荡器

a）电路图 b）正确的电容电压 u_C 波形图

了由 555 集成定时器构成的多谐振荡器的工作波形。结合图 6.5.5b，简述其工作原理。

初始时，电容 C 上无电压，即输入电压为 0，所以多谐振荡器的输出 u_0 为高电平。当电路接通电源后，V_{CC} 必然通过 R_1 和 R_2 对 C 充电。因此，电容电压 u_C 逐渐增大。当 u_C 上升到 $\frac{2}{3}V_{CC}$ 时，输出 u_0 翻转为低电平，同时放电管 VT 导通。电容 C 必通过 R_2 和 VT 放电，电容电压 u_C 逐渐下降。当 u_C 下降到 $\frac{1}{3}V_{CC}$ 时，输出 u_0 又由低电平翻转为高电平，同时放电管 VT 截止。此后，V_{CC} 又经 R_1 和 R_2 对 C 充电。上述过程如此重复，输出端 u_0 便产生了连续的矩形脉冲。

（2）振荡频率 f 的估算

由图 6.5.5b 所示的工作波形可知，多谐振荡器的周期为电容 C 的充电时间与放电时间之和。从图 6.5.5a 可见，电容 C 充、放电的回路不同，所以时间常数不同。

电容 C 充电时间 t_{w1} 为

$$t_{w1} = (R_1 + R_2)C \cdot \ln \frac{V_{CC} - U_{T-}}{V_{CC} - U_{T+}} = (R_1 + R_2)C \cdot \ln \frac{V_{CC} - \frac{1}{3}V_{CC}}{V_{CC} - \frac{2}{3}V_{CC}} = 0.69(R_1 + R_2)C \quad (6.5.2)$$

同理，电容 C 放电时间 t_{w2} 为

$$t_{w2} = R_2 C \ln \frac{0 - U_{T+}}{0 - U_{T-}} = 0.69 R_2 C \quad (6.5.3)$$

所以，振荡周期 T 为

$$T = 0.69(R_1 + 2R_2)C \quad (6.5.4)$$

振荡频率 f 为

$$f = \frac{1}{T} = \frac{1}{0.69(R_1 + 2R_2)} \approx \frac{1.43}{(R_1 + 2R_2)C} \quad (6.5.5)$$

占空比 D 为

$$D = \frac{t_{w1}}{T} = \frac{0.69(R_1 + R_2)C}{0.69(R_1 + 2R_2)C} = \frac{R_1 + R_2}{R_1 + 2R_2} \quad (6.5.6)$$

例 6.5.1　图 6.5.6 为一通过可变电阻 R_W 实现占空比可调节的多谐振荡器。图中 $R_W = R_{W1} + R_{W2}$，并设二极管 VD 是理想二极管。试分析电路的工作原理，并推导出振荡频率 f 和占空比 D 的表达式。

解：（1）工作原理分析

当多谐振荡器输出端 u_0 为高电平时，放电晶体管 VT 截止，V_{CC} 经 R_1、R_{W1}、VD 向电容 C 充电，充电时间常数为 $(R_1 + R_{W1})C$。电容 C 上的电压 u_C 伴随着充电过程不断增加。当电容电压 u_C 增大至 $\frac{2}{3}V_{CC}$ 时，多谐振荡器的输出端 u_0 由高电平跳变为低电平，放电晶体管 VT 由截止转为导通，电容 C 经 R_2、R_{W2}、放电晶体管集电极（7 脚）放电，放电时间常数为 $(R_2 + R_{W2})C$。此后，电容 C 上的电压 u_C 伴随着放电过程从 $\frac{2}{3}V_{CC}$ 不断下降。当电容电压 u_C 减小至 $\frac{1}{3}V_{CC}$ 时，多谐振荡器输出端 u_0 由低电平跳变为高电平，放电晶体管由导通转为

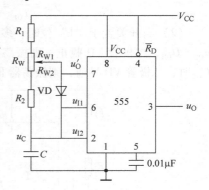

图 6.5.6　555 定时器构成的占空比
可调节的多谐振荡器

227

截止，放电过程结束。此后，V_{CC} 经 R_1、R_{W1}、VD 再次向电容 C 充电，电容电压 u_C 由 $\frac{1}{3}V_{CC}$ 开始增大，继续重复上述过程。

（2）根据式（6.5.2）～式（6.5.5），电容 C 充电时间 t_{W1} 为

$$t_{W1} = (R_1 + R_{W1})C \cdot \ln \frac{V_{CC} - U_{T-}}{V_{CC} - U_{T+}} = (R_1 + R_{W1})C \cdot \ln \frac{V_{CC} - \frac{1}{3}V_{CC}}{V_{CC} - \frac{2}{3}V_{CC}} = 0.69(R_1 + R_{W1})C$$

电容 C 放电时间 t_{W2} 为

$$t_{W2} = (R_2 + R_{W2})C\ln \frac{0 - U_{T+}}{0 - U_{T-}} = 0.69(R_2 + R_{W2})C$$

可得该多谐振荡器的振荡频率为

$$f = \frac{1}{t_{W1} + t_{W2}} = \frac{1.43}{(R_1 + R_2 + R_W)C} = \frac{1}{0.69\ (R_1 + R_2 + R_W)\ C}$$

（3）该多谐振荡器的占空比为

$$D = \frac{R_1 + R_{W1}}{R_1 + R_2 + R_W}$$

例 6.5.2 采用 555 定时器构成的电路如图 6.5.7a 所示。图中 $R_1 = 33k\Omega$，$R_2 = 27k\Omega$，$R_3 = 3.3k\Omega$，$R_4 = 2.7k\Omega$，$C_1 = C_3 = 0.082\mu F$，$C_2 = C_4 = 0.01\mu F$，$V_{CC} = 5V$，VD 为理想二极管。要求：

（1）当开关置于"2"位时，两个 555 定时器分别构成什么电路？且分别计算输出信号 u_{O1}、u_{O2} 的频率 f_{O1}、f_{O2}；

（2）当开关置于"1"位时，画出输出信号 u_{O1}、u_{O2} 的波形。

解：（1）当开关置于"2"位时，两个 555 定时器均构成多谐振荡器。根据式（6.5.5），可得输出信号 u_{O1}、u_{O2} 的振荡频率 f_{O1}、f_{O2} 分别为

$$f_{O1} = \frac{1}{T_{O1}} = \frac{1}{0.69(R_1 + 2R_2)C_1} = \frac{1}{3.44 + 1.55}kHz = 200.4Hz$$

$$f_{O2} = \frac{1}{T_{O2}} = \frac{1}{0.69(R_3 + 2R_4)C_3} = 10f_{O1} = 2004Hz$$

（2）当开关置于"1"位时，多谐振荡器 I 的输出信号 u_{O1} 控制着多谐振荡器II的工作。若 $u_{O1} = U_{OH}$，二极管 VD 截止，则振荡器II起振工作，输出信号 u_{O2} 为 2004Hz 的矩形波；当 $u_{O1} = U_{OL}$ 时，二极管 VD 导通，则振荡器II停振，输出信号 $u_{O2} = U_{OH}$。图 6.5.7b 给出了 u_{O1}、u_{O2} 的波形。

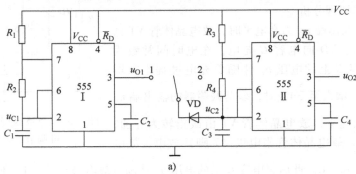

图 6.5.7 555 定时器构成的电路及其工作波形图

a）电路图

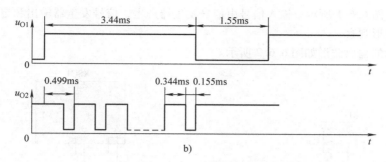

图 6.5.7 555 定时器构成的电路及其工作波形图（续）

b）工作波形图

价值观：出类拔萃，一专多能

利用 555 集成定时器可以构成多种功能的应用电路，例如，单稳态触发器、施密特触发器、多弦振荡器，且能同时输出三角波、矩形波等。这种多功能的集成器件具有较好的应用前景。

科学技术的迅猛发展使多学科交叉融合、综合化的趋势日益增强，各种高科技成果通常都是多学科交叉、知识融合、技术集成的结晶。目前对理工科专业的"复合型"创新人才的需求与日俱增，复合型人才不仅在某一个具体专业技能方面出类拔萃，还具备较高的相关技能，复合型人才包括知识复合、能力复合、思维复合等多方面。例如，具有专业技能的科技人才，能将科技理论成果转化为高科技产品；而技术与推广应用相结合的人才，还要懂经济贸易、经营管理、生产技术等。因此，理工科大学生应该全方位提升综合素质，掌握宽阔的专业知识，养成良好的文化教养，具有多种能力和发展潜能，以在将来的工作领域大显身手。

思 考 题

6.5.1 555 集成定时器主要由哪几部分组成？每部分各起什么作用？

6.5.2 分析由 555 集成定时器组成的施密特触发器的工作原理，并给出调节回差电压的方法。

6.5.3 对于 555 集成定时器组成的单稳态触发器，若输入负触发脉冲的宽度大于输出脉冲宽度，分析该电路能否正常工作。若不能，可以采用什么方法解决该问题？

6.5.4 对于由 555 集成定时器组成的多谐振荡器，在振荡周期不变的情况下，如何改变其输出脉冲的宽度？

6.6 基于 Multisim 的集成定时器应用电路分析与设计

例 6.6.1 用 LM555CM 集成定时器设计施密特触发器。

解：将 LM555CM 集成定时器引脚 THR 和 TRI 连接在一起作为输入端，输出端 OUT 输出，可构成施密特触发器。根据 555 集成定时器内部结构，输入电压大于 $\frac{2}{3}V_{CC}$ 时，输出为低电平；输入电压小于 $\frac{1}{3}V_{CC}$ 时，输出为高电平。

创建电路如图 6.6.1 所示。输入信号由信号发生器产生，信号发生器输出和定时器输出接示波器，可进行波形观察。

示波器显示的输出波形如图 6.6.2 所示。

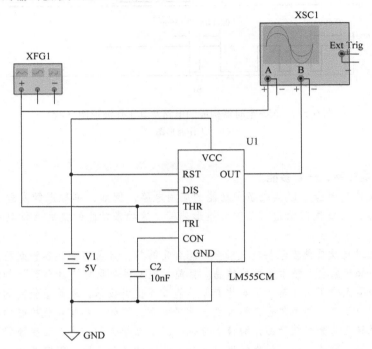

555 定时
器应用仿真

图 6.6.1 例 6.6.1 电路图

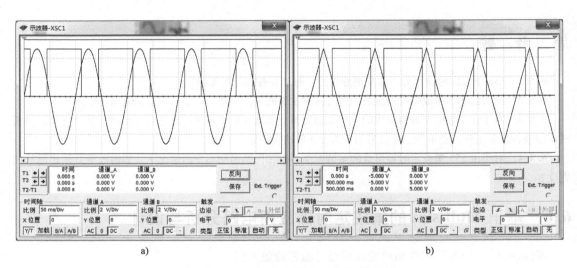

a)   b)

图 6.6.2 例 6.6.1 电路输出的仿真波形图

a）输入信号为正弦波 b）输入信号为三角波

例 6.6.2　用 LM555CM 集成定时器设计多谐振荡器。

解：用 LM555CM 集成定时器设计自激多谐振荡器如图 6.6.3 所示。R_1 和 R_2 是外接电阻，C_2 为外接电容，它们构成充、放电回路，555 集成定时器输入为 u_{C2}，当 $u_{C2} > \dfrac{2}{3}V_{CC}$ 时，555 集成定时器内部晶体管导通，电容 C_2 通过电阻 R_2 放电；当 $u_{C2} < \dfrac{1}{3}V_{CC}$ 时，555 集成定时器内部晶体管截止，电容 C_2 经电阻 R_1 和 R_2 充电。555 集成定时器输出负脉冲宽度为 $t_{WL} = 0.69R_2C_2$，正脉冲宽度为 $t_{WH} = 0.69(R_1 + R_2)C_2$，振荡周期为 $t_W = 0.69(R_1 + 2R_2)C_2$。

多谐振荡器仿真波形图如图 6.6.4 所示。

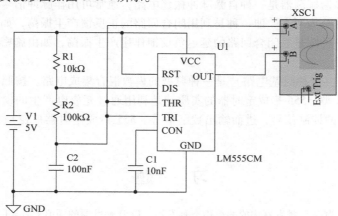

图 6.6.3　例 6.6.2 电路图

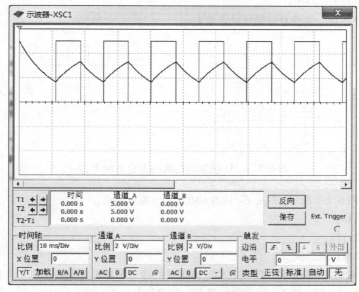

图 6.6.4　多谐振荡器仿真波形图

本 章 小 结

单稳态触发器仅有一个稳态，而另一状态为暂稳态。暂稳态持续时间的长短仅取决于电路中

的 RC 电路时间常数，与外加触发脉冲宽度无关。根据电路中 RC 延时环节的连接形式，单稳态触发器可以分为积分型与微分型两种。按照触发方式，又可以分为不可重复触发和可重复触发两类。单稳态触发器常用于脉冲信号的展宽、定时、延时和控制。

施密特触发器是一种特殊的双稳态触发器，其输出状态由输入电压决定。它具有正向阈值电压与负向阈值电压，并构成独有的回差特性。由于回差特性及其输出电平转换过程中的正反馈作用，施密特触发器的输出波形边沿陡峭。施密特触发器常用于波形变换、脉冲整形和鉴幅。除施密特反相器外，还有施密特与非门、施密特或非门等多种逻辑电路。虽然单稳态触发器、施密特触发器不能自动地产生矩形脉冲，但却可以把其他形状的信号变换成为矩形波，为数字系统提供标准的脉冲信号。多谐振荡器是一种自激脉冲振荡电路，通常可用作脉冲信号源。按照工作原理来分，多谐振荡器可分为两类。即一种是利用闭合回路的正反馈产生振荡，如 CMOS 门电路构成的多谐振荡器；另一种则是靠闭合回路的延迟负反馈作用产生振荡，如由施密特触发器构成的多谐振荡器。

555 集成定时器（又称时基电路）是一种典型的模数混合集成电路。按照工艺来分，它有双极型和 CMOS 型两大类。555 集成定时器的实质就是利用通过充放电产生的模拟电压经比较器来获取基本 RS 触发器的控制信号，进而输出数字信号。555 集成定时器广泛应用于脉冲产生、整形及定时场合。

习　题

题 6.1　图 6.7.1 为由 D 触发器构成的单稳态触发器。设 D 触发器的阈值 $U_{TH} = 1.4V$。要求：

（1）简述该电路的工作原理；

（2）画出 u_C、Q 波形。假设 Q 的初始状态为 1。

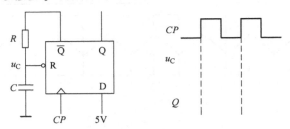

图 6.7.1　D 触发器构成的单稳态触发器

题 6.2　电路如图 6.7.2 所示，G_1、G_2 均为 CMOS 门电路。要求：

（1）说出电路名称；

（2）画出其传输特性；

（3）列出主要参数计算公式。

题 6.3　试分析图 6.7.3 所示的 TTL 与非门电路构成的微分型单稳态触发器的工作原理，并画出 u_{O1}、u_O 波形。设 TTL 与非门开门电平 U_{ON}、关门电平 U_{OFF}、门坎电平 U_{TH} 均为 1.4V。

题 6.4　图 6.7.4 所示的电路是用施密特触发器构成的多谐振荡器，施密特触发器的阈值电压分别为 U_{T+} 和 U_{T-}，试画出电容器 C 两端电压 u_C 和输出电压 u_O 的波形。如要使输出波形的占空比可调，试问电路要如何修改？

题 6.5　如图 6.7.5a 所示为由 CMOS 施密特触发器组成的单稳态电路。触发脉冲信号 u_I 如图 6.7.5b 所示。请分析该电路工作原理，画出 u_O、u_R 波形。并说明对触发脉冲信号 u_I 的要求。

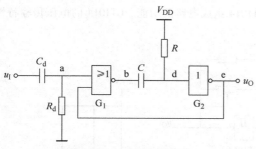

图 6.7.2 CMOS 门电路

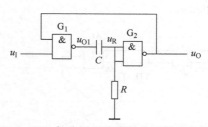

图 6.7.3 TTL 与非门组成的微分型单稳态触发器

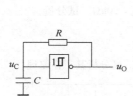

图 6.7.4 施密特触发器构成的多谐振荡器

图 6.7.5 CMOS 施密特触发器构成的单稳态电路

a）电路组成 b）u_I 波形

题 6.6 分析图 6.7.6a 所示电路。已知 TTL 与非门阈值电压 $U_{TH} = 1.1V$，二极管导通压降 $U_{VD} = 0.7V$。试画出电压传输特性，以及图 6.7.6b 所示给定输入 u_I 时的输出 u_O 波形。

题 6.7 图 6.7.7 所示电路为一个回差可调的施密特触发电路。其利用了射极电阻来实现回差的调节。要求：

（1）分析电路的工作原理；

（2）当 R_{E1} 在 50～100Ω 的范围内变动时，求出回差电压的变化范围。

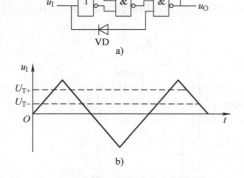

图 6.7.6 TTL 与非门组成的施密特触发器

a）电路组成 b）u_I 波形

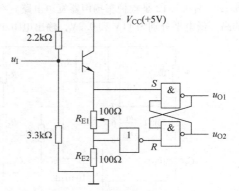

图 6.7.7 施密特触发电路

题 6.8 图 6.7.8 所示为 TTL 门电路构成的施密特触发器。已知 TTL 与非门、非门的阈值电压相等，且 $U_{TH} = 1.1V$，$R_1 = 1k\Omega$，$R_2 = 2k\Omega$，二极管导通压降 $U_{VD} = 0.7V$。试求出 U_{T+}、U_{T-} 以及 ΔU_T。

题 6.9 分析图 6.7.9a 所示集成施密特触发器 CT1014 组成电路的功能。CT1014 的电压传输特性如图 6.7.9b 所示。

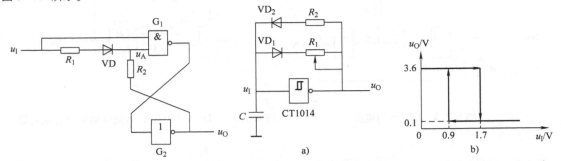

图 6.7.8 TTL 门电路构成的施密特触发器 图 6.7.9 集成施密特触发器 CT1014 传输特性及组成电路

a) 集成施密特触发器 CT1014 b) 传输特性

题 6.10 图 6.7.10 所示为 555 定时器组成的多谐振荡器，其中 $R_B = 20\text{k}\Omega$。试分析：

（1）当 $R_A = 20\text{k}\Omega$ 时，该电路能否产生对称的方波？

（2）要使得电路起振，R_A 最小值应为多少？

题 6.11 图 6.7.11 所示电路为采用 555 定时器构成的触摸定时灯。试分析其工作原理。

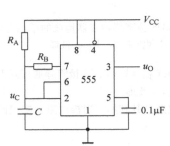

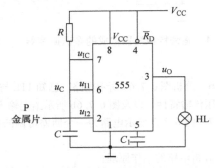

图 6.7.10 555 定时器构成的多谐振荡器 图 6.7.11 555 定时器构成的触摸定时灯

题 6.12 图 6.7.12 是救护车扬声器发声电路。在图中给定的电路参数下，设 $V_{CC} = 12\text{V}$ 时，555 定时器输出的高、低电平分别为 11V 和 0.2V，输出电阻小于 100Ω。试计算扬声器的高、低音的持续时间。

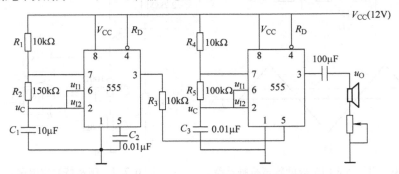

图 6.7.12 救护车扬声器的发声电路

题 6.13 图 6.7.13 所示电路是由两个 555 定时器构成的频率可调而脉宽不变的方波发生器。要求：

（1）试说明其工作原理；

（2）确定频率变化的范围和输出脉宽；

（3）解释二极管 VD 在电路中的作用。

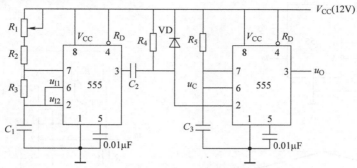

图 6.7.13　方波发生器

题 6.14　图 6.7.14a 为一心律失常报警电路。图 6.7.14b 中 u_I 是经过放大后的心电信号。要求：

（1）说明电路的组成及工作原理；

（2）画出图中 u_{O1}、u_{O2}、u_O 的电压波形。

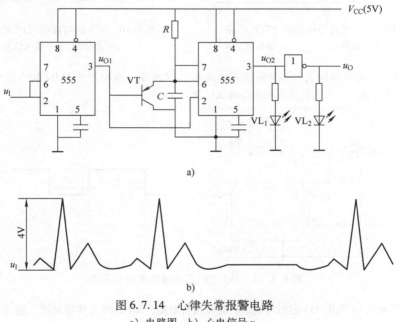

a)

b)

图 6.7.14　心律失常报警电路

a）电路图　b）心电信号 u_I

题 6.15　图 6.7.15a 为由 555 定时器组成的脉冲宽度调制电路。调制信号 u_{IC} 在 $\frac{1}{3}V_{CC} \sim \frac{2}{3}V_{CC}$ 之间变化，如图 6.7.15b 所示，触发信号 u_I 如图 6.7.15c 所示。要求：

（1）求出该电路输出脉冲 u_O 的变化范围；

（2）确定 u_I 的最小周期。

题 6.16　图 6.7.16a 所示电路为由 555 定时器构成的锯齿波发生器。晶体管 VT 和电阻 R_1、R_2、R_E 构成恒流源电路，给定时电容 C 充电。输入负脉冲 u_I 如图 6.7.16b 所示。要求：

（1）画出电容电压 u_C 及 555 输出端 u_O 波形；

（2）计算电容 C 的充电时间。

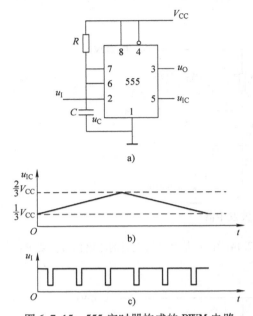

图 6.7.15 555 定时器构成的 PWM 电路

a) 原理图 b) 调制信号 u_{IC} c) 触发信号 u_I

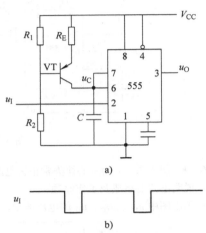

图 6.7.16 555 定时器构成的锯齿波发生器

a) 原理图 b) 输入信号 u_I

题 6.17 由 555 定时器构成的多谐振荡器如图 6.7.17 所示，现要产生 1kHz 的方波（占空比不作要求），确定元器件参数，写出调试步骤和所需测试仪器。

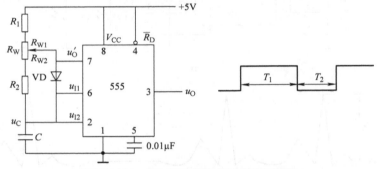

图 6.7.17 555 定时器构成的多谐振荡器

题 6.18 图 6.7.18 为用 555 定时器组成的防盗报警电路，AB 导线为传感导线。请说明此电路的工作原理。

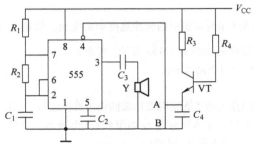

图 6.7.18 555 定时器组成的防盗报警电路

第 7 章　数/模和模/数转换器

[内容提要]

本章介绍数/模转换和模/数转换的基本原理及常用集成电路。在数/模转换电路中，主要阐述权电阻网络数/模转换器、倒 T 形电阻网络数/模转换器、权电流型数/模转换器、具有双极性输出的数/模转换器的工作原理，分析数/模转换器的转换精度和转换速度，讨论常用的集成数/模转换器。在模/数转换电路中，先分析采样－保持电路，再依次介绍并联比较型、逐次渐近型、双积分型、Σ－Δ 型模/数转换器的工作原理及主要技术指标，最后讨论常用的集成模/数转换器组成、指标及应用。

7.1　概述

数字电子系统所处理的信号是不连续的。在自动控制和检测系统中所遇到的许多物理变化量，如温度、压力、速度、流量、发光强度、音频信号等都是随时间连续变化的模拟信号，当数字电子系统（例如微处理器）对这些模拟信号进行处理时，首先将其中的非电物理量通过传感器转换为电量，然后再将传感器输出的模拟电信号转换成相应的数字信号，这一转换称为模/数（Analog to Digital，A/D）转换。当数字电子系统处理完数据后，又经常需要将处理得到的数字信号再转换成相应的模拟信号，作为最后的输出，这一转换称为数/模（Digital to Analog，D/A）转换。常见的数字控制系统组成框图如图 7.1.1 所示。

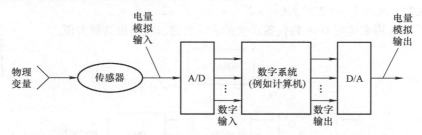

图 7.1.1　数字控制系统组成框图

无论是 A/D 转换还是 D/A 转换，必须具有足够高的转换精度，来保证转换结果的准确性。同时为了适应数字电子系统处理信息的特点，还必须具有足够快的转换速度。转换精度和转换速度乃是衡量数/模转换器（Digital to Analog Converter，DAC）和模/数转换器（Analog to Digital Converter，ADC）性能优劣的主要技术指标。

目前 D/A 转换器的种类很多，根据位权网络的不同，可分为权电阻网络 D/A 转换器、T 形和倒 T 形电阻网络 D/A 转换器、权电流型 D/A 转换器等。

A/D 转换器的种类也很多，按工作原理的不同，可分为直接 A/D 转换器和间接 A/D 转换器两大类。直接 A/D 转换器直接将输入模拟信号转换成数字量，包括并联比较型、计数式反馈比较型、逐次渐近型和可逆式反馈比较型等多种 A/D 转换器；间接 A/D 转换器则先将输入模拟信号转换成时间或频率，然后再把这些中间量转换成数字量，包括积分型和压－频变换型两类，其中前者又可分为单积分型、双积分型和多重积分型等类型。

数/模及模/数转换技术发展非常迅速，特别是大规模的 A/D、D/A 集成电路，已经成为各类数字设备及嵌入式计算机的重要输入输出接口电路。

思 考 题

7.1.1 D/A 转换器和 A/D 转换器完成的分别是什么功能？

7.1.2 试说明 D/A 转换器和 A/D 转换器影响转换器性能优劣的衡量指标。

7.2 D/A 转换器

D/A 转换器可以认为是一种译码电路，它能将按二进制、BCD 码或其他方式编码的数字信号转换成为模拟信号，并以电压 u_O（或电流 i_O）的形式输出。

7.2.1 D/A 转换器工作原理

D/A 转换器的一般结构框图如图 7.2.1 所示。

图 7.2.1 中数码寄存器用来暂时存放输入的 n 位二进制代码 $d_{n-1}d_{n-2}\cdots d_1d_0$。寄存器的输入可以是并行输入，也可以是串行输入，但输出只能是并行输出。输入寄存器的二进制代码 d_{n-1} $d_{n-2}\cdots d_1d_0$ 为有权数码。n 位寄存器的输出分别控制 n 个模拟开关的接通或断开。每个模拟开关相当于一个单刀双掷开关，它们分别与译码电路相连。译码网络是一个加权求和电路，它将输入数字量的各位按权相加转换成与数字量成正比的模拟量。

$$u_O(i_O) = KD_n \qquad (7.2.1)$$

式中，K 为常数，$D_n = d_{n-1} \times 2^{n-1} + d_{n-2} \times 2^{n-2} + \cdots + d_1 \times 2^1 + d_0 \times 2^0$。

基准电压 U_{REF} 用来确定 D/A 转换器产生的满量程输出或输出的最大值。

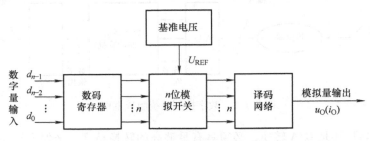

DAC 主要结构

图 7.2.1 D/A 转换器的一般结构框图

7.2.2 权电阻网络 D/A 转换器

图 7.2.2 是 n 位权电阻网络 D/A 转换器的原理图，它由基准电压 $+U_{REF}$、权电阻网络 2^0R、2^1R、$\cdots$、$2^{n-1}R$，电子模拟开关 S_0、S_1、$\cdots S_{n-1}$ 求和运算放大器 A 四部分组成。

二进制代码 $d_{n-1}d_{n-2}\cdots d_1d_0$ 由 n 个输入端并行输入，经 n 个电子模拟开关，接至 n 个由电阻和基准电压 $+U_{REF}$ 组成的权电阻译码网络，从而将输入数字量转换为相应的电流。

模拟开关 S_{n-1}、S_{n-2}、$\cdots$、S_1、S_0 为单刀双掷开关，分别受输入代码 d_{n-1}、d_{n-2}、$\cdots$、d_1、d_0 的状态控制，代码为 1 时，开关将电阻接到基准电压 $+U_{REF}$ 上，$u_{i-1} = +U_{REF}$，$i = 1$，2，$\cdots$，n；

代码为 0 时，开关将电阻接地，$u_{i-1} = 0$，$i = 1$，2，$\cdots$，n。这样流过每个电阻的电流与对应数字位的权成正比。将这些电流相加，其结果必然与输入数字量大小 D_n 成正比。

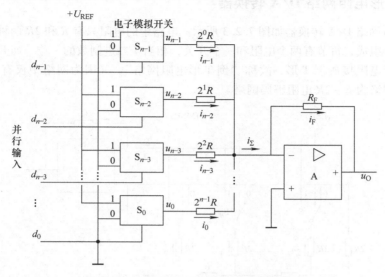

图 7.2.2　n 位权电阻网络 D/A 转换器

理想运算放大器 A 构成反相求和运算电路，根据运放反相输入端虚地的特点，$u_- = u_+ = 0$，可有 $i_0 = \dfrac{d_0 U_{REF}}{2^{n-1} R}$，$\cdots$，$i_{n-2} = \dfrac{d_{n-2} U_{REF}}{2^1 R}$，$i_{n-1} = \dfrac{d_{n-1} U_{REF}}{2^0 R}$。

根据运放虚断的特点，有 $i_F = i_\Sigma$，则输出电压 u_O 为

$$u_O = -i_\Sigma R_F = -(i_{n-1} + i_{n-2} + \cdots + i_1 + i_0) R_F \qquad (7.2.2)$$

将各支路电流代入式（7.2.2）可得

$$
\begin{aligned}
u_O &= -\left(\frac{d_{n-1} U_{REF}}{2^0 R} + \frac{d_{n-2} U_{REF}}{2^1 R} + \cdots + \frac{d_1 U_{REF}}{2^{n-2} R} + \frac{d_0 U_{REF}}{2^{n-1} R} \right) R_F \\
&= -\frac{U_{REF} R_F}{2^{n-1} R} (d_{n-1} \times 2^{n-1} + d_{n-2} \times 2^{n-2} + \cdots + d_1 \times 2^1 + d_0 \times 2^0) \\
&= -\frac{U_{REF} R_F}{2^{n-1} R} D_n \qquad\qquad\qquad\qquad\qquad\qquad\qquad (7.2.3)
\end{aligned}
$$

若取 $R_F = \dfrac{R}{2}$，则

$$u_O = -\frac{U_{REF}}{2^n} D_n \qquad (7.2.4)$$

可见，输出电压 u_O 与二进制数字量 D_n 成正比，从而实现了数字量到模拟量的转换。当 $D_n = 0$ 时，$u_O = 0$；当 $D_n = 11\cdots 11$ 时，$u_O = -\dfrac{2^n - 1}{2^n} U_{REF}$。因此，$u_O$ 的最大变化范围是 $0 \sim -\dfrac{2^n - 1}{2^n} U_{REF}$。

这种 D/A 转换器的结构简单，但电阻阻值的误差、电子开关的内阻以及温度变化都会影响 D/A 转换的结果。特别是当二进制码的位数 n 较多时，权电阻数量就多，各个权电阻的分散性就很大，且对高位电阻的精度要求很高，这是难以保证的，而且也不便于在集成电路中制造这些电

阻。为了克服这一缺点，当二进制码位数 n 较多时，可采用倒 T 形电阻网络构成的 D/A 转换器。

7.2.3 倒 T 形电阻网络 D/A 转换器

倒 T 形电阻网络 D/A 转换器如图 7.2.3 所示。电路中的电阻只有 R 和 $2R$ 两种，整个电路由相同的电路环节组成，每节有两个电阻和一个开关，相当于二进制数的一位，而开关由该位的数码所控制。由于电阻接成倒 T 形，故称"倒 T 形电阻网络"。又因为网络中仅有 R、$2R$ 两种电阻，故又称该网络为 $R - 2R$ 电阻解码网络。

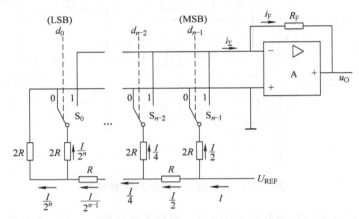

图 7.2.3　倒 T 形电阻网络 D/A 转换器

由图 7.2.3 可见，当代码 $d_i = 0$ 时，开关 S_i 接地；当代码 $d_i = 1$ 时，开关 S_i 接至运算放大器的反相输入端。由于运放 A 工作在线性区，其反相输入端虚地，故无论开关 S_i 接至何种位置，与其相连的 $2R$ 电阻上端总是接地的，即流经每条 $2R$ 电阻支路的电流与开关状态无关。因此倒 T 形电阻网络可等效为图 7.2.4，如果从最左端的端口开始，由每一端口向左看的等效电阻都等于 R。因此，由参考电压源流入倒 T 形电阻网络的总电流 $I = U_{REF}/R$，并保持恒定不变。该电流每向左经过一个节点，被分成均等的两路，故流过 $2R$ 支路的电流依次下降 $1/2$。

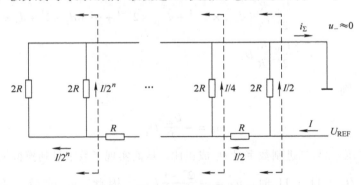

图 7.2.4　倒 T 形电阻网络等效电路

各支路电流之和 i_Σ 为

$$i_\Sigma = \frac{d_{n-1}I}{2^1} + \frac{d_{n-2}I}{2^2} + \cdots + \frac{d_1 I}{2^{n-1}} + \frac{d_0 I}{2^n}$$

$$= \frac{U_{REF}}{R}\left(\frac{d_{n-1}}{2^1} + \frac{d_{n-2}}{2^2} + \cdots + \frac{d_1}{2^{n-1}} + \frac{d_0}{2^n}\right)$$

$$= \frac{U_{REF}}{2^n R}(d_{n-1} \times 2^{n-1} + d_{n-2} \times 2^{n-2} + \cdots + d_1 \times 2^1 + d_0 \times 2^0)$$

$$= \frac{U_{REF}}{2^n R}D_n \tag{7.2.5}$$

输出电压 u_O 为

$$u_O = -i_\Sigma R_F = -\frac{U_{REF}}{2^n R}R_F D_n \tag{7.2.6}$$

可见，输出电压 u_O 与输入的数字量 D_n 成正比。

在倒 T 形电阻网络 D/A 转换器中，由于各支路电流是同时直接流入到运算放大器的反相输入端，所以转换速度快、便于集成，是目前 D/A 转换器中使用最多的电路。

例 7.2.1　如图 7.2.3 所示 n 位倒 T 形电阻网络 D/A 转换器，设 $U_{REF} = -10V$，$R_F = R$，求最小输出电压 u_{Omin} 与最大输出电压 u_{Omax}。

解：当输入数字量只有最低有效位为 1 时，输出电压达到最小值 u_{Omin}，由式（7.2.6）可得

$$u_{Omin} = -\frac{U_{REF}}{2^n R}R_F(0 \times 2^{n-1} + 0 \times 2^{n-2} + \cdots + 0 \times 2^1 + 1 \times 2^0) = \frac{10}{2^n}V$$

当输入数字量所有有效位均为 1 时，输出电压达到最大值 u_{Omax}，有

$$u_{Omax} = -\frac{U_{REF}}{2^n R}R_F(1 \times 2^{n-1} + 1 \times 2^{n-2} + \cdots + 1 \times 2^1 + 1 \times 2^0) = \frac{10(2^n - 1)}{2^n}V$$

可以看出，当 U_{REF} 和 R_F 一定时，输入数字量位数 n 越多，最小输出电压的值越小，最大输出电压的值越大。

D/A 转换器中的电子模拟开关多数为双极型开关，即只能向一个方向传输电流，因此要求基准电压 U_{REF} 为单极性的。如果电子模拟开关改为双向 CMOS 模拟开关，则流经模拟开关的电流方向可以是双向的，基准电压 U_{REF} 的极性无限制。将倒 T 形电阻网络 D/A 转换器中的基准电压 U_{REF} 用模拟电压 u_I 来代替，则可得

$$u_O = -\frac{u_I}{2^n R}R_F(d_{n-1} \times 2^{n-1} + d_{n-2} \times 2^{n-2} + \cdots + d_1 \times 2^1 + d_0 \times 2^0)$$

$$= -\frac{u_I}{2^n R}R_F D_n \tag{7.2.7}$$

可见，转换结果 u_O 实现了模拟量 u_I 与数字量 D_n 的乘法运算，故这种电路称为乘法型 D/A 转换器。

7.2.4　权电流型 D/A 转换器

前面所分析的权电阻网络数/模转换器、倒 T 形电阻网络数/模转换器中，都要用到电子模拟开关，而这些开关具有的导通电阻和导通压降会引起转换误差，会影响转换精度。

图 7.2.5 所示的权电流型 D/A 转换器中用恒流源来代替电阻网络，克服了这种缺点。每条支路电流的大小不再受开关导通电阻和导通压降的影响，从而降低了对电子开关的要求。

每条支路中所接恒流源电流的大小与对应二进制数的位权成正比，相邻低位的电流为相邻高位电流的 1/2。当 $d_i = 0$ 时，开关 S_i 接地；当 $d_i = 1$ 时，开关 S_i 接至运算放大器的反相输入端。各支路电流之和为流向运算放大器反相输入端的总电流 i_Σ，可表示为

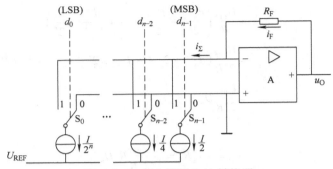

图 7.2.5 权电流型 D/A 转换器

$$i_{\Sigma} = \frac{I}{2^1}d_{n-1} + \frac{I}{2^2}d_{n-2} + \cdots + \frac{I}{2^{n-1}}d_1 + \frac{I}{2^n}d_0$$

$$= \frac{I}{2^n}(2^{n-1}d_{n-1} + 2^{n-2}d_{n-2} + \cdots + 2^1d_1 + 2^0d_0)$$

$$= \frac{I}{2^n}D_n \tag{7.2.8}$$

故输出电压为

$$u_O = i_{\Sigma}R_F = \frac{I}{2^n}R_F D_n \tag{7.2.9}$$

可见，u_O 和输入的数字量 D_n 成正比。

7.2.5 具有双极性输出的 D/A 转换器

前面介绍的几种 D/A 转换器均为单极性输出，即输出电压范围从 0V 到满量程值（正值或负值），例如 0 ~ +12V。计算机中通常将带正、负号的二进制数用补码的形式来表示，因此 D/A 转换器最好能够将以补码形式输入的带符号数分别转换成正、负极性的模拟输出电压，例如 -6 ~ +6V，这就是具有双极性输出的 D/A 转换器。

现以输入为三位二进制补码为例，列出对应的十进制数和要求得到的输出电压，见表 7.2.1。

图 7.2.6 所示电路如果去掉偏移电阻 R_B、U_B 和反相器 G，则为倒 T 形电阻网络 D/A 转换器，取 $U_{REF} = -8V$，则输入为 111 时输出电压 $u_O = 7V$，输入为 000 时输出电压 $u_O = 0V$。将输出电压均偏移 -4V，就可与表 7.2.1 中要求得到的输出电压一致，见表 7.2.2。

表 7.2.1　输入为三位二进制补码时要求的输出

补码输入			对应的十进制数	要求的输出电压
d_2	d_1	d_0		
0	1	1	+3	+3V
0	1	0	+2	+2V
0	0	1	+1	+1V
0	0	0	0	0V
1	1	1	-1	-1V
1	1	0	-2	-2V
1	0	1	-3	-3V
1	0	0	-4	-4V

表 7.2.2　具有偏移的 D/A 转换器的输出

原码输入			无偏移时的输出	偏移 −4V 后的输出电压
d_2	d_1	d_0		
1	1	1	+7V	+3V
1	1	0	+6V	+2V
1	0	1	+5V	+1V
1	0	0	+4V	0V
0	1	1	+3V	−1V
0	1	0	+2V	−2V
0	0	1	+1V	−3V
0	0	0	0V	−4V

在电路中增加 R_B 和 U_B 构成的偏移电路，若要输入代码为 100 时输出电压为零，只要让电流 I_B 和此时的 i_Σ 相等即可，故应满足

$$\frac{U_B}{R_B} = \frac{I}{2} = \frac{-U_{REF}}{2R} \tag{7.2.10}$$

再将表 7.2.1 与表 7.2.2 的代码输入一列相对照可以发现，将表 7.2.1 中补码输入的符号位取反，再加到已有偏移电路的输入端，即可得到表 7.2.1 中所要求的输出电压值。因此，d_2 是经过一级反相器 G 再加到电路中去的，当 $d_2 = 0$ 时，开关 S_2 接至运算放大器的反相输入端；当 $d_2 = 1$ 时，开关 S_2 接地。这样就得到图 7.2.6 所示为具有双极性输出的 D/A 转换器，输入为补码，输出为对应的正负极性的电压。

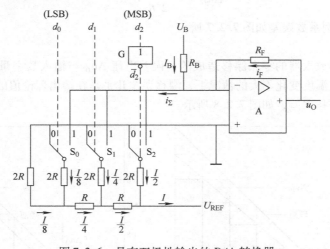

图 7.2.6　具有双极性输出的 D/A 转换器

7.2.6　D/A 转换器的主要技术参数

1. 分辨率

分辨率表示 D/A 转换器在理论上可以达到的转换精度，是 D/A 转换器对输入量微小变化的敏感程度的描述。它是输入数字量中最低位（LSB）d_0 变化所引起的输出电压变化量 u_{LSB} 与满刻

度输出电压 u_m 之比，即

$$分辨率 = \frac{u_{LSB}}{u_m} = \frac{1}{2^n - 1} \tag{7.2.11}$$

例如，10 位 D/A 转换器的分辨率为 $\frac{1}{2^{10} - 1} = \frac{1}{1023} \approx 0.001$。

如果输出电压 u_O 满量程为 +10V，那么 10 位 D/A 转换器能够分辨的最小电压为 10V/1023 = 0.009775V，而 8 位 D/A 转换器能分辨的最小电压为 10V/255 = 0.039215V。可见 D/A 转换器输入数字量的位数越高，分辨输出电压的能力就越强，故也可用输入数字量的位数 n 表示分辨率。大多数 DAC 生产厂家用位数表示分辨率。

2. 转换误差

由于 D/A 转换器的各个环节在性能和参数上都不可避免地与理论值存在误差，D/A 转换器实际能达到的转换精度取决于转换误差的大小。转换误差表示 D/A 转换器实际转换特性与理想转换特性之间的最大偏差，通常用输出电压满刻度（Full Scale Range，FSR）的百分数来表示输出电压误差绝对值的大小。例如 D/A 转换器的转换误差为 0.1% FSR，表示转换误差为输出电压满量程的 1‰。

有时也用最低有效位的倍数来表示，例如给出转换误差为 0.5LSB，则表示输出电压的绝对误差应不大于输入为 00…01 时输出电压的 1/2。

造成转换误差的原因有很多，主要有以下几种：

（1）比例系数误差

该误差是由基准电压 U_{REF} 偏离标准值引起的。例如对 n 位倒 T 形电阻网络 D/A 转换器，当基准电压 U_{REF} 偏离标准值 ΔU_{REF} 时，在输出端会产生误差电压

$$\Delta u_O = -\frac{\Delta U_{REF}}{2^n R} D_n R_F \tag{7.2.12}$$

当 $n = 3$ 时，比例系数误差如图 7.2.7 所示。

（2）漂移误差

该误差是由运算放大器的零点漂移造成的，误差电压 Δu_O 与输入数字量无关。漂移误差受温度的影响较大，在温度变化不大的情况下，漂移误差几乎是在输出理论值的基础上平移一个偏移量，因此也称为平移误差，如图 7.2.8 所示。

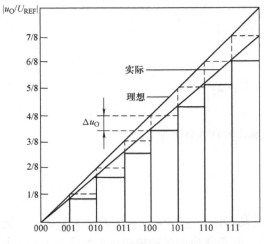

图 7.2.7　三位 D/A 转换器的比例系数误差

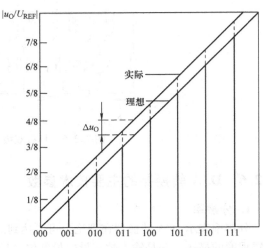

图 7.2.8　三位 D/A 转换器的漂移误差

（3）非线性误差

该误差是由电子模拟开关的导通电阻与导通电压、电阻网络中电阻阻值的偏差等原因形成的。非线性误差没有一定的变化规律，其值可大可小、可正可负。

由此可见，要获得高精度的 D/A 转换器，仅选择高分辨率是不够的，还必须选择高稳定度的基准电压源 U_{REF} 和低零点漂移的运算放大器才能达到要求。

例 7.2.2　某 4 位倒 T 形电阻网络 D/A 转换器，设 $U_{REF} = -10V$，$R_F = R$，为保证 U_{REF} 偏离标准值所引起的误差小于 1/2LSB，试计算 ΔU_{REF} 的范围。

解：由 U_{REF} 偏离标准值所引起的误差 Δu_O 在 $D_n = 1111$ 时达到最大，输出电压变化量的绝对值可表示为

$$|\Delta u_O| = \frac{|\Delta U_{REF}|}{2^4} D_n = \frac{2^4 - 1}{2^4} |\Delta U_{REF}|$$

输入为 1/2LSB 所对应的输出电压为

$$U_{0.5LSB} = \frac{1}{2} \times \frac{1}{2^4} |U_{REF}|$$

由题意，Δu_O 须小于输入最低有效位的 1 所产生的输出电压的 1/2，即

$$|\Delta u_O| < U_{0.5LSB}$$

故可得参考电压 U_{REF} 的相对稳定度为

$$\frac{|\Delta U_{REF}|}{|U_{REF}|} < \frac{1}{2^5} \times \frac{2^4}{2^4 - 1}$$

参考电压的变化范围为 $|\Delta U_{REF}| < 0.33V$。

3. 转换速度

在 D/A 转换器中，通常用建立时间 t_S 和转换速率 S_R 来描述转换速度。

（1）建立时间 t_S

建立时间 t_S 是衡量 D/A 转换速率快慢的一个重要参数，它是指输入数据变化量是满度值（输入由全 0 变为全 1 或全 1 变为全 0）时，其输出电压量达到距终值 $\pm\frac{1}{2}$LSB 时所需的时间，如图 7.2.9 所示。

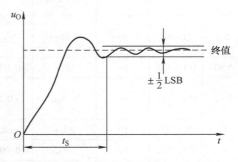

图 7.2.9　D/A 转换器的建立时间

建立时间 t_S 的典型值范围在 50ns ~ 10μs 之间，总地来说，电流输出 D/A 转换器的建立时间比电压输出 D/A 转换器的建立时间短，主要在于电流电压转换器的运算放大器需要响应时间。目前，在不包含参考电压源和运算放大器的单片集成 D/A 转换器中，建立时间最短的可达到 0.1μs 以下。在包含参考电压源和运算放大器的集成 D/A 转换器中，建立时间最短的可达到 1.5μs 以下。

（2）转换速率 S_R

转换速率 S_R 是指输出电压的变化率。在不包含参考电压源和运算放大器的单片集成 D/A 转换器中，转换速率可以做得比较高。如果要求整个 D/A 转换器的转换速率提高的话，须选用转换速率快的运算放大器。

集成 DAC

7.2.7　典型集成 D/A 转换器

D/A 转换器的种类繁多，在目前常用的 D/A 芯片中，按数据传输的方式，可以分为并行输

入 DAC、串行输入 DAC 以及串/并输入 DAC；按输入数字量位数，可分为 8 位、10 位、12 位、16 位 DAC 等；按输出形式，可分为电流输出和电压输出型 DAC；按电子模拟开关的类型，可分为双极性开关型和 CMOS 开关型 DAC；从内部结构上，又可分为含数据输入寄存器和不含数据输入寄存器两类。对内部不含数据输入寄存器的芯片，亦即不具备数据的锁存能力，是不能直接与系统总线连接的。在这类芯片（如 AD7520、AD7521 等）与 CPU 连接时，要在其与 CPU 之间增加数据锁存器（如 74LS273）。而内部已包含数据输入寄存器的 D/A 转换器芯片可直接与系统总线相连，常见的有 DAC0832、DAC1210 等。

在选择集成 DAC 时，除了分辨率、转换误差和转换时间三个主要技术指标外，还需考虑以下几方面的因素。

1）电源。芯片采用单电源还是双电源供电方式。

2）参考电压源。包括参考电压源为单极性还是双极性、芯片内置还是需要外部提供等特点。

3）功耗与散热。包括工作环境温度范围、最大功耗及散热措施等。

4）负载特性。包括负载驱动方式（电流驱动或电压驱动）、最大输出值与满量程误差等。

下面列出一些公司生产的常用集成芯片，见表 7.2.3。

表 7.2.3 常用集成 DAC 芯片性能参数

公司	型号	位数	转换时间	转换误差	参考电压	输出方式	说明
AD	AD667	12	3μs	±0.25LSB	内设	电流输出	高精度，中速
AD	AD7542	12	0.25μs	±0.1%FSR	外接	电流输出	高速，CMOS 工艺制造，与 TTL 电平兼容
AD	AD766	16	1.5μs		内设	电压/电流输出	串行输入方式，带有输入数据串－并转换器
AD	AD1862	20	0.35μs		内设		串行输入方式，带有输入数据串－并转换器
NSC	DAC1138	18	10μs	±0.0002%FSR	内设	电压输出	高分辨率，高精度
PMI	DAC－16	16	0.5μs	±0.5%FSR	外接	电流输出	CMOS 工艺制造，与 TTL 电平兼容
TI	DAC900	10	30ns	±0.5LSB	内设或外接	电流输出	并行输入，高速
TI	DAC7822	12	0.2μs	±0.0015%FSR	外接	电流输出	并行输入，高精度
TI	DAC8554	16	10μs	±0.0122%FSR	外接	电压输出	SPI 串行输入
TI	DAC1220	20	10ms	±0.0015%FSR	外接	电压输出	SPI 串行输入，低功耗

虽然各种不同类型的 DAC 与 CPU 的接口技术有所不同，但集成 DAC 的基本功能和使用方法是类似的。下面介绍实际中应用较多的 DAC0832、DAC1210。

1. DAC0832

DAC0832 是美国国家半导体公司 NSC 生产的采用 CMOS 工艺制成的双列直插式单片 D/A 转换器，它可以直接与 80x86 等微处理器相接。它的原理框图如图 7.2.10 所示。

DAC0832 主要由一个 8 位输入寄存器、一个 8 位 DAC 寄存器以及一个 8 位 D/A 转换器三部分组成。采用两个 8 位寄存器的目的是使输入数字信号有两级缓冲，从而使 DAC 转换器在对 DAC 寄存器的数字信号进行转换的同时，输入寄存器又可以接收新的输入信号。两个寄存器分别受$\overline{LE_1}$和$\overline{LE_2}$控制。例如，当$\overline{LE_1}$端为低电平时，8位输入寄存器的输出跟随输入而变化；当$\overline{LE_1}$端变为高电平时，输入寄存器的数据被锁存。8位乘法型D/A转换器的转换结果用一组差动电流I_{OUT1}和I_{OUT2}输出。由于电路采用CMOS电流开关和控制逻辑，功耗较低，输出漏电流较小。

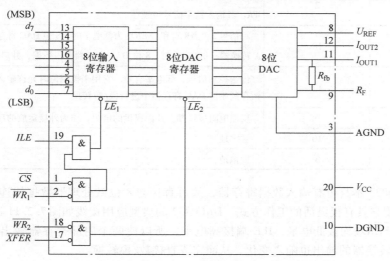

图7.2.10　DAC0832原理框图

DAC0832技术指标如下：

1）分辨率：8位。

2）转换时间：1μs。

3）满量程误差：±1LSB。

4）功耗：20mW。

5）电源V_{CC}：+5~+15V。

6）参考电压U_{REF}：-10~+10V。

DAC0832采用倒T形电阻网络D/A转换器，且是电流输出，使用时需外接运算放大器。但芯片中已经设置了反馈电阻R_F，因此将9脚接到运算放大器的输出端即可。

DAC0832芯片的引脚功能见表7.2.4。

表7.2.4　DAC0832引脚功能

符号	引脚号	功能
$d_7 \sim d_0$	13~16，4~7	数字信号输入端，d_7为最高位
I_{OUT1}	12	模拟电流输出端1，接至运算放大器的反相输入端。当DAC寄存器中各位全为"0"时，电流输出为零
I_{OUT2}	11	模拟电流输出端2，接至运算放大器的同相输入端。电路中保证$I_{OUT1}+I_{OUT2}=$常数
$\overline{CS}$	1	片选输入端。当$\overline{CS}=1$时，输入寄存器被封锁，故该芯片未被选中；当$\overline{CS}=0$，且$ILE=1$，$\overline{WR_1}=0$时，才能将输入数据存入输入寄存器
ILE	19	允许输入锁存。当ILE为高电平，$\overline{CS}$和$\overline{WR_1}$均为低电平时，输入数据锁存于输入寄存器

(续)

符号	引脚号	功能
$\overline{WR_1}$	2	写信号 1。$\overline{CS}$ 和 ILE 均为 0 的条件下，$\overline{WR_1}=0$ 允许写入数字信号；$\overline{WR_1}=1$ 输入数字信号被锁存
$\overline{WR_2}$	18	写信号 2。当 $\overline{WR_2}$ 和 $\overline{XFER}$ 均为低电平时，8 位 DAC 寄存器输出给 8 位 D/A 转换器；$\overline{WR_2}=1$ 时，8 位 DAC 寄存器输入数据，并启动一次 D/A 转换
$\overline{XFER}$	17	传送控制信号，低电平有效。它用来控制何时允许输入寄存器中的数据锁存到 8 位 DAC 寄存器中进行模/数转换
R_F	9	反馈电阻接线端。片内提供的电阻，作为外接运放的反馈电阻
DGND	10	数字地
AGND	3	模拟地

由于 DAC0832 本身带有输入数据寄存器，故可直接与 8 位微处理器数据线连接。两级输入缓冲寄存器，使它具有很灵活的工作方式。DAC0832 的典型应用接线如图 7.2.11 所示。由于 $\overline{CS}$、$\overline{WR_1}$、$\overline{WR_2}$、$\overline{XFER}$ 端均接低电平，ILE 端接高电平，所以使两个内部寄存器输出随数字输入变化，因而 D/A 转换器的输出也随之变化，从而完成直接数/模转换。

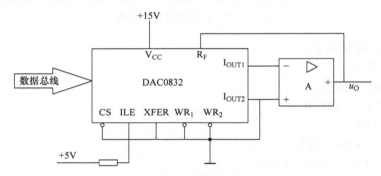

图 7.2.11　DAC0832 的典型应用接线图

2. DAC1210

DAC1210 是 NSC 公司生产的双列直插式 12 位 D/A 转换芯片，是智能化仪表中常用的高性能 D/A 转换器。其原理框图如图 7.2.12 所示。

从图 7.2.12 中可见，DAC1210 的基本结构与 DAC0832 相似，也是由两级缓冲寄存器组成。主要差别在于它是 12 位数码输入，为了便于和广泛应用的 8 位 CPU 接口，它的第一级寄存器分成一个 8 位输入寄存器和一个 4 位输入寄存器，以便利用 8 位数据总线分两次将 12 位数据写入 DAC 芯片。当 $BYTE_1/\overline{BYTE_2}=1$ 时，同时写 8 位输入寄存器和 4 位输入寄存器；当 $BYTE_1/\overline{BYTE_2}=0$ 时，不写 8 位输入寄存器，只写 4 位输入寄存器。这样 DAC1210 内部就有三个寄存器，为此，内部提供了三个 $\overline{LE}$ 信号的控制逻辑。12 位乘法型 D/A 转换器采用电流输出方式。

DAC1210 技术指标如下：

1）分辨率：12 位。

2）转换时间：$1\mu s$。

3）工作环境温度范围：$-40 \sim +85℃$。

4）功耗：20mW。

5）电源 V_{CC}：+5 ~ +15V。

6）参考电压 U_{REF}：-10 ~ +10V。

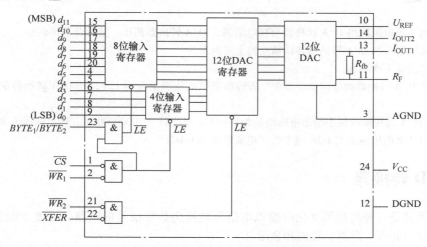

图 7.2.12　DAC1210 的原理框图

DAC1210 芯片的引脚功能见表 7.2.5。

表 7.2.5　DAC1210 引脚功能

符号	引脚号	功能
$d_{11} \sim d_0$	15 ~ 20，4 ~ 9	数字信号输入端，d_{11} 为最高位
I_{OUT1}	13	模拟电流输出端 1
I_{OUT2}	14	模拟电流输出端 2
$\overline{CS}$	1	片选输入端。低电平有效
$BYTE_1/\overline{BYTE_2}$	23	字节控制端
$\overline{WR_1}$	2	写信号 1。低电平有效，当 $\overline{WR_1}=1$ 时，两个输入寄存器都不接收新数据；当 $\overline{WR_1}=0$ 时，与 $BYTE_1/\overline{BYTE_2}$ 配合起控制作用
$\overline{WR_2}$	21	写信号 2。低电平有效，当 $\overline{WR_2}$ 为低电平时，$\overline{XFER}$ 信号才起作用
$\overline{XFER}$	22	传送控制信号。低电平有效，与 $\overline{WR_2}$ 配合使用
R_F	11	反馈电阻接线端。片内提供的电阻，作为外接运放的反馈电阻
DGND	12	数字地
AGND	3	模拟地

关于 DAC1210 的使用，与 DAC0832 类似，差别主要有如下两点：

1）由于输入数字码要分两次送入芯片，如果采用单缓冲方式（这时只能使 12 位 DAC 寄存器直通），芯片将有短时间的不确定输出，因此 DAC1210 与 8 位相接时，必须工作在双缓冲方式下。

2）两次写入数据的顺序，一定要先写高 8 位到 8 位输入寄存器，后写低 4 位到 4 位输入寄存器。原因是 4 位寄存器的 $\overline{LE}$ 端只受 $\overline{CS}$、$\overline{WR_1}$ 控制，两次写入都使 4 位寄存器的内容更新，而 8 位寄存器的写入与否是可以受 $BYTE_1/\overline{BYTE_2}$ 控制的。

思 考 题

7.2.1 倒 T 形电阻网络 D/A 转换器与权电阻网络 D/A 转换器相比，其优点是什么？

7.2.2 试说明影响 D/A 转换器转换精度的主要因素。

7.2.3 试回答下列问题：

（1）12 位 D/A 转换器的分辨率是多少？若输出模拟电压满量程为 12V，则 D/A 转换器能分辨的最小电压为多少？

（2）8 位 D/A 转换器的最小输出电压增量为 0.01V，当代码为 10000000 时，输出电压为多少伏？

7.2.4 为什么电压输出型 DAC 通常慢于电流输出型 DAC？

7.3 A/D 转换器

A/D 转换器是一种将连续变化的模拟电信号转换为数字信号的电路，以便于微处理器或数字电子系统进行处理、存储、控制和显示。

7.3.1 A/D 转换器工作原理

A/D 转换器的一般框图如图 7.3.1 所示。

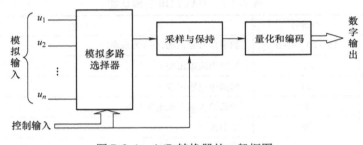

ADC 主要结构

图 7.3.1 A/D 转换器的一般框图

由于模拟信号在时间上和幅度上都是连续的，而数字信号在时间上和幅度上都是离散的，因此，要把模拟信号转换为数字信号，首先就要对模拟信号在时间上进行周期采样，使它变成一系列断续脉冲；然后在幅度上进行量化取整，即用有限个幅度值来表示脉冲的幅度值；最后用二进制代码来表示量化后的幅度大小。

输入端的多路模拟转换器起着模拟开关的作用，通过它控制 n 个输入模拟信号按次序接到转换电路上，进行 A/D 转换。

1. 采样与保持

（1）采样定理

模拟信号的采样过程如图 7.3.2 所示，u_I 为输入模拟信号，u_S 为采样脉冲信号，u_O 为输出信号。

由图可见，采样信号 u_S 的频率必须足够高，才能够正确表示输入信号 u_I。可以用奈奎斯特采样定理来确定采样频率，采样信号若要恢复为原来的模拟输入量，采样信号的频率必须满足如下条件

$$f_S \geq 2f_{Imax} \tag{7.3.1}$$

式中，f_{Imax} 为输入信号中最高频率分量的频率。奈奎斯特采样定理是 A/D 转换的理论依据。

（2）采样 – 保持电路

由于 A/D 转换需要一定的时间，因此要求电路应将采样信号值保持一个采样周期，这就需要在采样后加上保持电路。由于转换是在保持时间段内完成的，所以转换结果对应的模拟电压值实际上是采样结束时的输入电压值。采样与保持电路的结构原理图和波形图如图 7.3.3 所示。

采样 – 保持电路由运算放大器 A_1、A_2 和采样控制开关 S、保持电容 C_H 构成。其中 A_1、A_2 接成电压跟随器的形式，且具有较高的输入阻抗。当采样脉冲 u_S 到来，采样控制开关 S 闭合时，电路处于采样阶段，u_I 对电

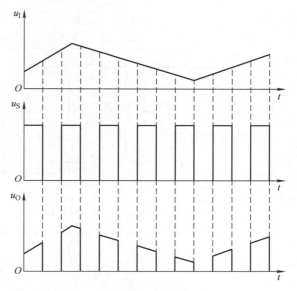

图 7.3.2 采样过程示意图

容 C_H 进行充电，电容的充电时间常数远小于采样脉冲宽度，因此，在采样脉冲宽度内，电容电压 u_C 跟随 u_I 变化，而 u_O 跟随 u_C 变化。当采样脉冲结束时，采样控制开关 S 断开，电路处于保持阶段。由于运放 A_2 输入阻抗足够高，采样控制开关 S 的截止阻抗也很高，因此电容 C_H 几乎没有放电回路，输出电压保持不变。

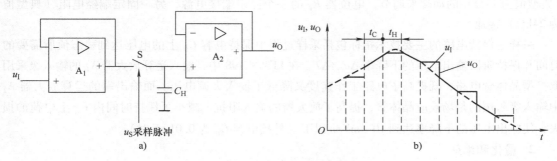

图 7.3.3 采样 – 保持电路

a）结构原理图 b）波形图

常用的采样 – 保持集成电路为 LF398/198，电路结构和典型接法如图 7.3.4 所示。

在此电路中，L 为开关 S 的驱动电路，u_L 为 TTL 逻辑电平。保持电容 C_H 需外接。当 $u_L = 1$ 时，开关 S 闭合，A_1 和 A_2 组成电压跟随器，$u_O = u_O' = u_I$，电路处于采样状态，电容 C_H 上电压的稳态值为 u_I；当 $u_L = 0$ 时，开关 S 断开，A_2 组成电压跟随器，电容 C_H 上的电压基本保持不变，u_O 维持原来的数值，电路处于保持状态。

VD_1 和 VD_2 为保护电路，在保持阶段，若输入电压 u_I 变化，则运算放大器 A_1 输出端电压 u_O' 有可能变得很大，超过电子开关 S 的承受电压。当 u_O' 比 u_O 所保持的电压高出 u_{VD}（二极管的导通压降）时，二极管 VD_2 导通，u_O' 被钳制在 $u_O + u_{VD}$ 范围内；当 u_O' 比 u_O 所保持的电压低出 u_{VD}

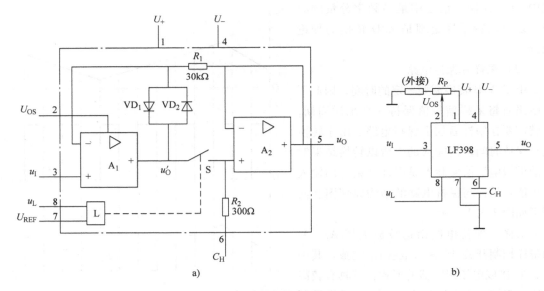

图 7.3.4 集成采样 – 保持电路 LF398/198
a) 电路结构 b) 典型接法

时, 二极管 VD$_1$ 导通, u_O' 被钳制在 $u_O - u_{VD}$ 范围内。在采样阶段, $u_O' = u_O$, VD$_1$ 和 VD$_2$ 不起作用。

通过失调调整输入端 U_{OS} 可以调整输出电压的零点, 使 $u_1 = 0$ 时 $u_0 = 0$。U_{OS} 可通过电位器 R_P（典型值为 1kΩ）的动端来调节, 电位器 R_P 的一个固定端接电源, 另一固定端经电阻（典型值为 24kΩ）接地。

采样 – 保持电路的主要技术指标包括采样过程中保持电容 C_H 上的电压达到稳态值所需要的时间和保持阶段输出电压的下降率 $\Delta u_0 / \Delta T$。在 LF398/198 中, 输入运算放大器 A$_1$ 的输入级采用双极型晶体管电路, 既提高了电路工作速度又降低了输入失调电压。而输出端的运算放大器 A$_2$ 中输入级采用的是场效应晶体管, 提高了放大器的输入阻抗, 减小了保持时间内 C_H 上电荷的损失, 使输出电压的下降率达到 10^{-3} mV/s 以下（外接电容 C_H 为 0.01μF 时）。

2. 量化和编码

进行 A/D 转换, 即用数字量表示模拟电压量的大小。首先需要确定一个最小数量单位, 然后用 u_1 与最小数量单位相比较, 把各个电压值转化成最小数量单位的整数倍, 这一转化过程称为量化。用作比较的最小数量单位称为量化单位, 用 Δ 表示, 它是数字量最低有效位（LSB）为 1 时对应的输入模拟电压量的大小。

量化后的整数倍值还需经过编码用二进制或其他进制表示出来, 这就是 A/D 转换得到的数字量。

由于采样信号得到的瞬时值不一定都能被 Δ 整除, 在量化时, 非整数部分就要被舍去, 因此不可避免地要引入误差, 这种误差称为量化误差。

量化的方法有两种, 这两种方法的量化误差相差较大。

第一种方法是取量化单位 $\Delta = U_m/2^n$, 其中 U_m 为输入电压的最大值, n 为数字代码的位数。则数值在 $0 \sim \Delta$ 范围内的输入电压都当作 0 看待, 数值在 $\Delta \sim 2\Delta$ 范围内的输入电压都当作 Δ 看待，依此类推。此种方法的最大量化误差可达 Δ。

第二种方法是取量化单位 $\Delta = 2U_{\mathrm{m}}/(2^{n+1}-1)$，以量化级的中间值作为标准，则数值在 $0 \sim \dfrac{\Delta}{2}$ 范围内的模拟电压都当作 0 看待，数值在 $\dfrac{\Delta}{2} \sim \dfrac{3\Delta}{2}$ 范围内的模拟电压都当作 Δ 看待，依此类推。此种方法的最大量化误差减少到 $\dfrac{\Delta}{2}$。

下面以 $0 \sim 1$V 的模拟电压转换成三位二进制代码为例，来说明这两种量化方法的不同，如图 7.3.5 所示。

模拟电平	二进制代码	量化值	模拟电平	二进制代码	量化值
8/8V			15/15V		
	} 111	$7\Delta=7/8$V	13/15V	} 111	$7\Delta=14/15$V
7/8V					
	} 110	$6\Delta=6/8$V	11/15V	} 110	$6\Delta=12/15$V
6/8V					
	} 101	$5\Delta=5/8$V	9/15V	} 101	$5\Delta=10/15$V
5/8V					
	} 100	$4\Delta=4/8$V	7/15V	} 100	$4\Delta=8/15$V
4/8V					
	} 011	$3\Delta=3/8$V	5/15V	} 011	$3\Delta=6/15$V
3/8V					
	} 010	$2\Delta=2/8$V	3/15V	} 010	$2\Delta=4/15$V
2/8V					
	} 001	$1\Delta=1/8$V	1/15V	} 001	$1\Delta=2/15$V
1/8V					
	} 000	$0\Delta=0$V	0V	} 000	$0\Delta=0$V
0V					

图 7.3.5 划分量化电平的两种方法

7.3.2 并联比较型 A/D 转换器

图 7.3.6 是一个三位二进制数码输出的并联比较型 A/D 转换器逻辑电路图。

该电路由电阻分压器、比较器、寄存器及代码转换器等四部分组成。电阻分压器为比较器提供基准电压，作为量化刻度。基准电压 $+U_{\mathrm{REF}}$ 被分压电阻分为 7 个比较电平，量化单位 $\Delta = 2U_{\mathrm{REF}}/15$。

被转换的模拟信号 u_1 同时加至七个比较器的同相输入端，与反相输入端的基准量化电平进行比较。当比较器的同相输入端电平高于或等于反相输入端电平时，比较器输出高电平，反之输出低电平。当输入 $u_I < U_{\mathrm{REF}}/15$ 时，比较器 $C_1 \sim C_7$ 的输出都是 0，即 $C_7C_6C_5C_4C_3C_2C_1 = 0000000$。依此类推，全部比较结果列于表 7.3.1 中。

各个比较器的输出结果送到由 D 触发器构成的寄存器，以避免各比较器响应速度不同可能造成的逻辑错误。寄存器把时钟脉冲（CP）到达时锁存的量化信号送到代码转换器，从而把 $C_1 \sim C_7$ 输出的二值码变换为 $000 \sim 111$ 的三位二进制数码。代码转换器的输出 $d_2d_1d_0$ 就是 A/D 转换器的数字输出。代码转换器的真值表也列于表 7.3.1 中。

并联比较型 A/D 转换器具有很高的转换速度，因为它只要比较一次就可得到量化结果。但在这种 A/D 转换器中，每个量化电平需要一个比较器和一个触发器，所以 n 位并联比较型 A/D 转换器需要（2^n-1）个比较器和触发器。因此，当量化电平划得越细，精度越高时，并联比较型 A/D 转换器所用的比较器和触发器也越多，代码转换电路也更复杂。而且，转换精度还受分压电阻的相对精度和比较器灵敏度的影响。

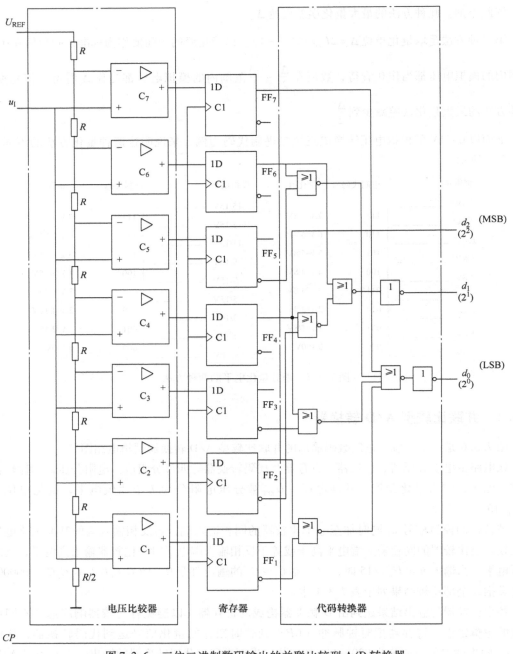

图 7.3.6 三位二进制数码输出的并联比较型 A/D 转换器

表 7.3.1 三位并联比较型 A/D 转换器的代码转换表

输入模拟信号 u_1	比较器输出 $C_7C_6C_5C_4C_3C_2C_1$	输出 $d_2d_1d_0$
$0 < u_1 \leqslant \dfrac{1}{15}U_{REF}$	0000000	000
$\dfrac{1}{15}U_{REF} < u_1 \leqslant \dfrac{3}{15}U_{REF}$	0000001	001

（续）

输入模拟信号 u_I	比较器输出 $C_7 C_6 C_5 C_4 C_3 C_2 C_1$	输出 $d_2 d_1 d_0$
$\frac{3}{15}U_{REF} < u_I \leqslant \frac{5}{15}U_{REF}$	0000011	010
$\frac{5}{15}U_{REF} < u_I \leqslant \frac{7}{15}U_{REF}$	0000111	011
$\frac{7}{15}U_{REF} < u_I \leqslant \frac{9}{15}U_{REF}$	0001111	100
$\frac{9}{15}U_{REF} < u_I \leqslant \frac{11}{15}U_{REF}$	0011111	101
$\frac{11}{15}U_{REF} < u_I \leqslant \frac{13}{15}U_{REF}$	0111111	110
$\frac{13}{15}U_{REF} < u_I \leqslant U_{REF}$	1111111	111

7.3.3 逐次渐近型 A/D 转换器

逐次渐近型 A/D 转换器的工作原理如同用天平称重物一样，重物和砝码相等是逐次逼近的结果。图 7.3.7 表明了其原理。

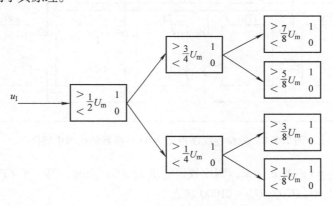

图 7.3.7 逐次渐近型 A/D 转换原理图

首先把 u_I 与输入最大量程 U_m 的一半进行比较，若 $u_I \geqslant U_m/2$，则最高位 MSB = 1；若 $u_I < U_m/2$，则 MSB = 0。接着确定次高位，若 MSB = 1，u_I 与 $3U_m/4$ 比较；若 MSB = 0，u_I 与 $U_m/4$ 比较，根据 u_I 与 $U_m/4$ 或 $3U_m/4$ 比较结果，确定次高位是 0 还是 1。照此办法可以确定余下位数。例如 $U_m = 10V$，$u_I = 6.7V$，三位逐次比较 ADC 的逐次比较过程如下：$u_I = 6.7 > U_m/2 = 5V$，确定 MSB = 1；然后 u_I 再与 $3U_m/4$ 比较，$u_I = 6.7 < 3U_m/4 = 7.5V$，故次高位为 0；最后 u_I 与 $5U_m/8$ 比较，$u_I = 6.7 > 5U_m/8 = 6.25V$，故 LSB = 1。输出数字量为 101。

图 7.3.8 示出三位逐次渐近型 A/D 转换器的原理图，C 为比较器，三个 RS 触发器 FF_{A1}、FF_{B1}、FF_{C1} 组成三位数码寄存器，五个 D 触发器 $FF_{A2} \sim FF_{E2}$ 和门电路 $G_1 \sim G_8$ 组成控制逻辑电路。5 个 D 触发器 $FF_{A2} \sim FF_{E2}$ 构成的环形计数器，初态为 $Q_{A2}Q_{B2}Q_{C2}Q_{D2}Q_{E2} = 10000$。

第一个时钟信号 CP 到来后，Q_{A2} 从 1 变为 0，使数码寄存器中的 FF_{C1} 和 FF_{B1} 置 0，$Q_{A1} = 1$，即数码寄存器的状态为 $Q_{A1}Q_{B1}Q_{C1} = 100$，经 D/A 转换器转换，输出模拟电压 $u_o = U_m/2$。若 $u_o >$

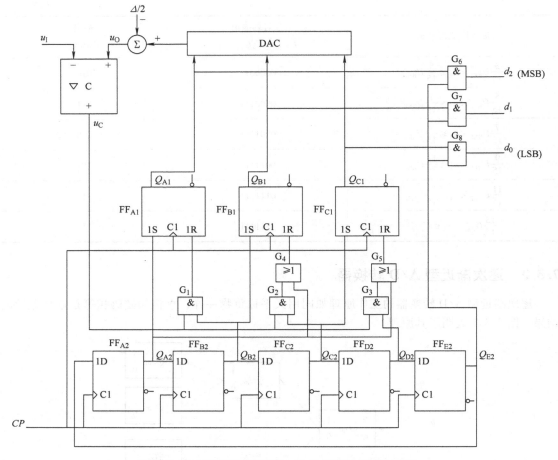

图 7.3.8 三位逐次渐近型 A/D 转换器的逻辑电路图

u_I，则比较器输出 $u_C = 1$；若 $u_0 < u_I$，则比较器输出 $u_C = 0$。同时，第一个 CP 到来后，环形计数器右移一位，变为 $Q_{A2}Q_{B2}Q_{C2}Q_{D2}Q_{E2} = 01000$ 状态。

第二个时钟信号 CP 到来后，FF_{B1} 被置 1。若原来的 $u_C = 1$，则 FF_{A1} 被置 0；若原来的 $u_C = 0$，则 FF_{A1} 的 1 状态保留。同时，环形计数器又右移一位，成为 00100 状态。

第三个时钟信号 CP 到来后，FF_{C1} 被置 1。若原来的 $u_C = 1$，则 FF_{B1} 被置 0；若原来的 $u_C = 0$，则 FF_{B1} 的 1 状态保留。同时，环形计数器又右移一位，成为 00010 状态。

第四个时钟信号 CP 到来后，同样根据 u_C 的状态决定 FF_{C1} 的 1 是否保留。这时 FF_{A1}、FF_{B1}、FF_{C1} 的状态就是所需的转换结果。同时，环形计数器右移一位，成为 00001。由于 $Q_{E2} = 1$，因而 FF_{A1}、FF_{B1}、FF_{C1} 的状态便通过门 G_6、G_7、G_8 送到输出端。

第五个时钟信号 CP 脉冲使环形计数器右移一位，使 $Q_{A2} \sim Q_{E2} = 10000$，返回初始状态，同时，由于 $Q_{E2} = 0$，将门 G_6、G_7、G_8 封锁。

可以看出三位逐次渐近型 A/D 转换器完成一次转换需要五个时钟周期的时间。如果是 n 位的逐次渐近型 A/D 转换器，则完成一次转换所需时间将为 $(n + 2)$ 个时钟周期。因此，它的转换速度低于并联比较型 A/D 转换器。但当输出位数较多时，逐次渐近型 A/D 转换器所用器件比并联比较型 A/D 转换器少得多，因此逐次渐近型 A/D 转换器是目前集成 A/D 转换器中用得最多的一种电路。

例 7.3.1　图 7.3.9 为三级流水线 A/D 转换器，试分析其工作原理。

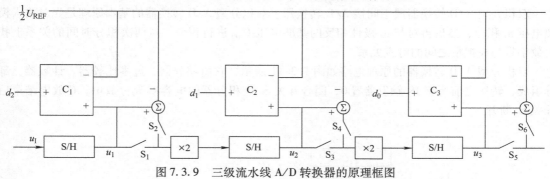

图 7.3.9　三级流水线 A/D 转换器的原理框图

解：该流水线 A/D 转换器由三个相同的转换单元级联构成。第一级由采样 – 保持电路、比较器、减法器和开关构成，第二级和第三级增加了一个放大倍数为 2 的放大器。

输入模拟电压 u_1 经第一级采样 – 保持电路之后输出的电压 u_1 和 $0.5U_{REF}$ 进行比较，若 $u_1 > 0.5U_{REF}$，则比较器 C_1 输出 $d_2 = 1$（MSB），开关 S_2 闭合，S_1 断开，将 $u_1 - 0.5U_{REF}$ 的结果放大 2 倍后送入第二级采样 – 保持电路；若 $u_1 < 0.5U_{REF}$，则比较器 C_1 输出 $d_2 = 0$，开关 S_1 闭合，S_2 断开，u_1 放大 2 倍后送入第二级采样 – 保持电路。

第二级采样 – 保持电路的输出电压 u_2 再与 $0.5U_{REF}$ 进行比较，若 $u_2 > 0.5U_{REF}$，则比较器 C_2 输出 $d_1 = 1$，开关 S_4 闭合，S_3 断开，将 $u_2 - 0.5U_{REF}$ 的结果放大 2 倍后送入第三级采样 – 保持电路；若 $u_2 < 0.5U_{REF}$，则比较器 C_2 输出 $d_1 = 0$，开关 S_3 闭合，S_4 断开，u_2 放大 2 倍后送入第二级采样 – 保持电路。

以此类推，可得该流水线 A/D 转换器的转换过程如图 7.3.10 所示。

流水线 A/D 转换器与逐次渐近型 A/D 转换器的转换原理（见图 7.3.7）完全相同。但两者的转换时间不同，流水线 A/D 转换器在转换完第一位后就可进行下一个采样信号的转换，而逐次渐近型 A/D 转换器需在 n 位数据都转换完后才能进行下一个采样值的转换。因此流水线 A/D 转换器每秒的采样次数（即数据吞吐率）高于逐次渐近型 A/D 转换器。另一方面，流水线 A/D 转换器把一次采样信号转换成 n 位数字量需要 n 个时钟周期，即输出存在 n 个时钟周期的延迟，而逐次渐近型 A/D 转换器输出数字量只需一个时钟周期，即存在 1 个时钟周期的延迟。

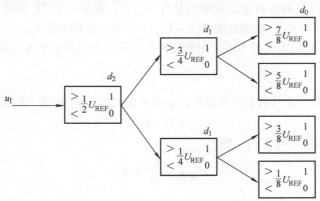

图 7.3.10　三级流水线 A/D 转换器的转换过程

7.3.4 双积分型 A/D 转换器

双积分型 A/D 转换器属于间接 A/D 转换器。双积分型 A/D 转换器的基本原理是先对输入模拟电压 u_1 积分，然后再对与 u_1 极性相反的基准电压 U_{REF} 进行积分，从两次积分时间的关系上找出数字量与模拟量之间的对应关系。

双积分型 A/D 转换器的原理电路如图 7.3.11 所示，它由积分器、过零比较器、计数器三部分组成，转换之前所有 JK 触发器置0，闭合开关 S_2 使积分器的电容 C 充分放电，C 放电结束后开关 S_2 断开。

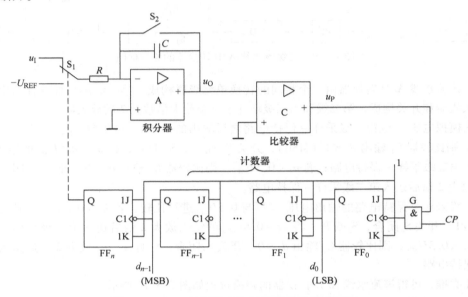

图 7.3.11 双积分型 A/D 转换器的逻辑电路图

设被转换的模拟输入电压 u_1 是正值，电路的工作过程可分为两个积分步骤。

1. 第一次积分

当 $t=0$ 时，S_1 闭合，被转换的模拟输入电压 u_1 加入积分器，进入第一次积分阶段。因 $u_I>0$，则积分器输出是负值，即 $u_O<0$，所以比较器输出 $u_P=1$，G 门被打开，计数器开始对脉冲 CP 计数。当 n 位二进制计数器所有触发器输出全为1之后，再来一个 CP 脉冲，计数器的状态全为0，而 Q_n 为1，它控制开关 S_1 接到基准电压 $-U_{REF}$ 上，第一次积分结束。

设 $t=0$ 时，电容 C 的电压等于零，则积分器在积分结束时的输出电压为

$$u_O(t_1) = -\frac{1}{RC}\int_0^{t_1} u_1 \mathrm{d}t \tag{7.3.2}$$

式中，t_1 是计数器从0开始计数到计数器再次变成0的时间，若 T_C 为 CP 脉冲的周期。显然

$$t_1 = T_1 = 2^n T_C \tag{7.3.3}$$

假定在 t_1 时间内 u_I 的平均值为 U_I，则

$$U_{O1} = -\frac{U_I}{RC} 2^n T_C \tag{7.3.4}$$

2. 第二次积分

当开关 S_1 接到 $-U_{REF}$ 时，积分器对 $-U_{REF}$ 进行反相积分，若 $t=t_2$ 时，$u_O(t_2)=0$，输出电压

u_O 可表示为

$$u_O(t_2) = -\frac{U_I}{RC}2^n T_C + \frac{1}{RC}\int_{t_1}^{t_2} U_{REF}\mathrm{d}t = 0 \tag{7.3.5}$$

设 $T_2 = t_2 - t_1$，于是有 $\dfrac{U_I}{RC}2^n T_C = \dfrac{U_{REF}}{RC}T_2$，亦即

$$U_I = \frac{U_{REF}}{2^n}\frac{T_2}{T_C} \tag{7.3.6}$$

由式（7.3.6）可见，T_2 与 U_I 成正比，即电路将输入电压的平均值 U_I 转换成了中间变量时间间隔 T_2。设第二次积分阶段计数器所计 CP 脉冲的个数为 λ，则有 $T_2 = \lambda T_C$，于是有

$$\lambda = \frac{T_2}{T_C} = \frac{2^n}{U_{REF}}U_I \tag{7.3.7}$$

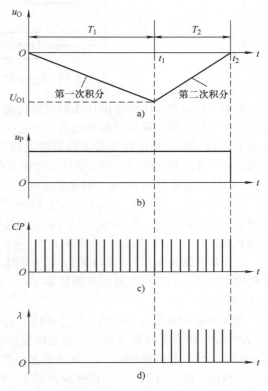

图 7.3.12　双积分型 A/D 转换器的工作波形图

a）积分输出波形　b）比较器输出波形

c）CP 脉冲波形　d）计数第二次计数的输入脉冲

式（7.3.7）表明，计数器输出的二进制数大小 λ 正比于输入模拟电压的平均值 U_I，计数器第二次对 CP 脉冲的计数结果 $Q_{n-1}\cdots Q_0$ 即 A/D 转换后的输出数字量 $d_{n-1}\cdots d_0$。只要 $U_I < |U_{REF}|$（以免第二次计数结果溢出），就可以得到正确的转换结果。双积分型 A/D 转换器的工作波形如图 7.3.12 所示。

第二次积分结束后，控制电路使得开关 S_2 闭合，电容 C 放电，积分器清零，电路等待下一次转换开始。双积分型 A/D 转换器的工作性能比较稳定，两次积分均使用同一积分器，因此 R、C 和脉冲源等元件参数的变化对转换精度的影响可以忽略。电路的另一个优点是抗工频干扰能力强，因为 A/D 转换器在第一次积分过程（T_1）中取的是输入电压的平均值，在积分时间 T_1 为工频（50Hz）的整数倍时，能有效地抑制工频干扰。缺点为转换速度较慢，完成一次转换需要 $T = (2^n + \lambda)T_C$ 的时间，在转换速度要求不高的场合应用得十分普遍，常用于数字电压表等检测仪器中。

例 7.3.2　双积分型 A/D 转换器电路如图 7.3.11 所示，设计数器为十进制计数器，最大计数容量为 $(2000)_{10}$，计数时钟频率 $f = 10\mathrm{kHz}$，$U_{REF} = 10\mathrm{V}$。

（1）若第二次积分计数器的计数值 $\lambda = (256)_{10}$，则输入电压的平均值为多少？

（2）计算完成一次转换所需的时间。

解：（1）由 $\lambda = (256)_{10}$，可得输入电压的平均值 $U_I = \dfrac{U_{REF}}{N}\lambda = \dfrac{10}{2000}\times 256\mathrm{V} = 1.28\mathrm{V}$。

（2）第一次积分所需时间 $T_1 = N T_C = 2000 \times \dfrac{1}{10\times 10^3}\mathrm{s} = 200\mathrm{ms}$，完成一次转换所需时间为 $T = $

$$T_1 + T_2 = \left(1 + \frac{U_1}{U_{REF}} \right) T_1 = (1 + 0.128) \times 200\text{ms} = 225.6\text{ms}。$$

7.3.5　$\Sigma - \Delta$ 型 A/D 转换器

采样频率远高于采样定理所确定的采样频率 f_s 称之为过采样，采样频率每提高一倍，则系统的信噪比提高 3dB，换言之，相当于量化比特数增加了 0.5 个比特。由此可看出提高过采样频率可提高 A/D 转换器的精度。$\Sigma - \Delta$ 型 A/D 转换器是过采样 A/D 转换器的一种，是目前实现高精度的常用 A/D 转换器。

$\Sigma - \Delta$ 型 A/D 转换器的结构框图如图 7.3.13 所示。

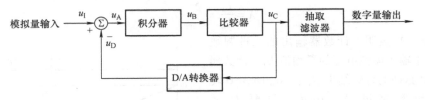

图 7.3.13　$\Sigma - \Delta$ 型 A/D 转换器的结构框图

图中，积分器、比较器和 D/A 转换器构成 $\Sigma - \Delta$ 调制电路，用来将连续的模拟信号转换为一个已调制的位串，如图 7.3.14 所示。输出端所接的抽取滤波器作用是滤除有用信号以外的量化噪声，同时把过采样频率变为采样频率 f_s，以便于其他 D/A 或 A/D 转换器兼容。

图 7.3.14　比较器的输出波形示意图

积分器的输入电压 $u_A = u_I - u_D$（Σ 部分），输出电压可表示为 $u_B(n) = u_A(n) + u_B(n-1)$（$\Delta$ 部分），其中 $u_B(n)$、$u_B(n-1)$ 分别表示积分器第 n 次、$n-1$ 次采样时的输出电压。当积分器的输出 $u_B > 0$ 时，比较器的输出 $u_C = 1$（高电平）；$u_B \leq 0$ 时，$u_C = 0$（低电平）。比较器将积分器的输出进行了量化，得到一个串行的数据流即位串。$u_C = 1$ 时，D/A 转换器的输出 $u_D = + U_{REF}$；$u_C = 0$ 时，$u_D = - U_{REF}$。

设模拟输入电压 $u_I = 0.6\text{V}$，$U_{REF} = 1\text{V}$，u_B 和 u_D 的初始电压均为零，则表 7.3.2 给出了某 $\Sigma - \Delta$ 型 A/D 转换器的采样时所得各点的输出结果。当第一个采样脉冲到来时，积分器的输出 $u_B = 0.6\text{V}$，比较器的输出 $u_C = 1$，D/A 转换器的输出 $u_D = 1\text{V}$，使得 $u_A = 0.6\text{V} - 1\text{V} = -0.4\text{V}$，积分器的输出下降；当第二个采样脉冲到来时，积分器的输出 $u_B = 0.2\text{V}$，u_C 和 u_D 的值仍为 1，积分器的输出继续下降；当第三个采样脉冲到来时，$u_B = -0.2\text{V}$，从而使积分器的输出开始上升。此后的工作过程如图 7.3.15 所示。由表 7.3.2 可见，每五次采样点循环一次，u_C 的数据流为 0111101111…，u_D 的平均值为 $(4-1)\text{V}/5 = 0.6\text{V}$，即等于模拟输入电压。

表 7.3.2　某 $\Sigma - \Delta$ 型 A/D 转换器的采样输出结果

采样	Σ/V	Δ/V	u_C	u_D/V
1	0.6	0.6	1	1
2	-0.4	0.2	1	1
3	-0.4	-0.2	0	-1
4	1.6	1.4	1	1
5	-0.4	1	1	1

（续）

采样	Σ/V	Δ/V	u_C	u_D/V
6	− 0.4	0.6	1	1
7	− 0.4	0.2	1	1
8	− 0.4	− 0.2	0	− 1

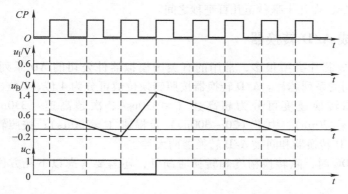

图 7.3.15　某 $\Sigma - \Delta$ 型 A/D 转换器的输入电压 $u_I = 0.6V$ 时各点的工作波形

由本例可见，D/A 转换器的输出 u_D 在 $\pm U_{REF}$ 间进行转换，经多次采样后，由于 $\Sigma - \Delta$ 调制电路构成闭环负反馈系统，u_D 的平均值等于输入模拟电压 u_I，而积分器的输入 u_A 平均值为零，因此 u_C 输出的位串必与 u_I 有关。$\Sigma - \Delta$ 型 A/D 转换器是用一位串行数据流中逻辑 1 的密度变化来表示模拟量的。输入电压不同，则使得 D/A 转换器的输出 u_D 的平均值等于输入模拟电压 u_I 所需要的采样脉冲的个数 m 不同，有

$$u_D = \frac{U_{REF}m_1 + (- U_{REF})m_2}{m} \tag{7.3.8}$$

式中，m_1 为 u_C 输出位串中 1 的个数；m_2 为 u_C 输出位串中 0 的个数。增加采样脉冲的个数 m 可提高 $\Sigma - \Delta$ 型 A/D 转换器的分辨能力，为保证转换速度，需提高采样频率，$\Sigma - \Delta$ 型 A/D 转换器即是通过提高采样频率来提高分辨率的。

$\Sigma - \Delta$ 型 A/D 转换器电路简单，不需要有采样 - 保持电路，易于集成。另外，$\Sigma - \Delta$ 型 A/D 转换器采用过采样频率，且闭环负反馈回路有噪声抑制作用，其信噪比远大于其他 A/D 转换器。

7.3.6　A/D 转换器的主要技术参数

1. 转换精度

（1）分辨率（又称分解度）

分辨率表示 A/D 转换器在理论上能达到的精度。A/D 转换器的输出是二进制数码，位数越多，量化的阶梯越小，量化误差就越小，转换精度也就越高，分辨能力也就越强。分辨率常以输出二进制码的位数来表示，它说明 A/D 转换器对输入信号的分辨能力。例如输入的模拟电压满量程为 5V，8 位 A/D 转换器可以分辨的最小模拟电压是 $5V/2^8 = 19.53mV$，而 10 位 A/D 转换器可以分辨的最小电压是 $5V/2^{10} = 4.88mV$，可见，A/D 转换器的位数越多，它的分辨率就越高。

（2）转换误差

转换误差是指实际转换值偏离标准（理想）特性的误差，一般用最低有效位 LSB 的倍数来

表示。例如，转换误差 $\leqslant \pm 1$LSB，或转换误差 $\leqslant \pm 0.5$LSB。

2. 转换速度

转换速度用完成一次模/数转换所用的时间来表示。转换时间是从转换控制信号起，到输出端得到稳定的数字量输出为止所需的时间。转换时间越短转换速度越高。转换速度与 A/D 转换器的类型有关。并联比较型 A/D 转换器的转换速度最快，8 位二进制输出的单片集成 A/D 转换器的转换时间在 50ns 以内；逐次渐近型 A/D 转换器次之，多在 $10 \sim 50 \mu s$ 之间；而间接 A/D 转换器的转换速度最低，在几十毫秒至几百毫秒之间。

7.3.7　典型集成 A/D 转换器

A/D 转换器集成芯片类型很多，常用的有美国模拟器件公司的 AD 系列、MAXIM 公司的 MAX 系列及 TI 公司的系列芯片。A/D 转换器按照转换位数可分为 4 位、8 位、10 位、12 位等；按照转换速度可分为超高速（$\leqslant 330$ns）、次超高速（330ns ~ $3.3 \mu s$）、高速（$3.3 \sim 20 \mu s$）、中速（$20 \sim 300 \mu s$）及慢速（$> 300 \mu s$）；按照转换原理可分为直接 A/D 转换器和间接 A/D 转换器两大类。

集成 ADC

在选择集成 ADC 时，除转换精度和转换时间外，还需要考虑以下几方面的因素：

1）输入信号的性质。包括输入模拟电压的输入方式（单端输入或差分输入）、变化范围（最大值与最小值、单极性与双极性）等。

2）控制信号及时序关系。

3）工作环境及功耗。

4）系统对采样速率的要求。

下面列出一些公司生产的常用集成芯片，见表 7.3.3。

表 7.3.3　常用集成 ADC 芯片性能参数

公司	型号	位数	转换速度/采样速率	转换误差	参考电压	输入电压	说明
松下	AN6859	10	50ns	± 1LSB	外接	2V	超高速 并联比较型 ADC
AD	AD650	自定	$1 \mu s$	$\pm 0.07\%$ FSR	内设	± 5V	V – F 转换型 ADC
NSC	ADC1210H	12	$200 \mu s$	$\pm \dfrac{1}{2}$LSB	外接	$5V/ \pm 2.5V$ $-10V/ \pm 5V$	中速 逐次渐近型 ADC 双极性模拟输入
INTERSIL	ICL7115	14	$40 \mu s$	$\pm 0.1\%$ FSR	-5V	5V	中速 逐次渐近型 ADC
INTERSIL	ICL7135	$4\frac{1}{2}$	333ms	± 1 字	外接	± 2V	低速 双积分型 ADC
TI	THS1206	12	6MSPS	± 1.8LSB	内设	2.5V	4 通道 流水线型 ADC
TI	ADS8343	16	100kSPS	$\pm 0.006\%$ FSR	外接	$\pm U_{\text{REF}}$	4 通道 逐次渐近型 ADC
TI	ADS1216	24	0.78kSPS	$\pm 0.0015\%$ FSR	内设或外接	2.5V	8 通道 $\Sigma - \Delta$ 型 ADC 内置可编程放大器 PGA

下面以 ADC0809、AD574A 以及 MC14433 为例介绍典型集成芯片的应用。

1. ADC0809

ADC0809 是 AD 公司生产的采用 CMOS 工艺的双列直插式 8 位逐次渐近型 A/D 转换器。ADC0809 具有八个通道的模拟量输入，可在程序控制下对任意通道进行 A/D 转换，得到 8 位二进制数字量，输出可直接与计算机 CPU 数据总线相连，主要应用于对精度和采样速度要求不高的场合。

图 7.3.16 为 ADC0809 内部原理框图。

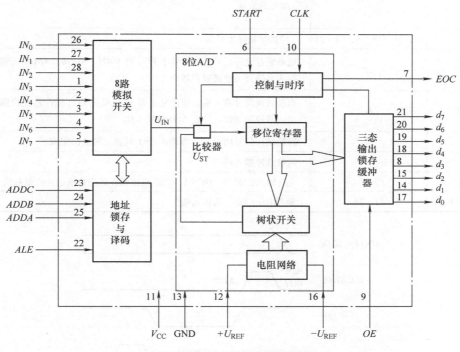

图 7.3.16　ADC0809 原理框图

由图可见，芯片内由 8 路模拟开关、地址锁存与译码、比较器、电阻网络、树状开关、移位寄存器、三态输出锁存缓冲器、控制与时序等部分组成。输入为 8 个可选通的模拟量 $IN_0 \sim IN_7$，地址锁存与译码电路控制 8 路模拟开关，同一时刻 ADC0809 只接收一路模拟量输入，不能同时对 8 路模拟量进行 A/D 转换。8 位 A/D 转换器为逐次渐近型 A/D 转换器，如图中点画线框所示，可将输入的模拟量转化为 8 位数字信号 $d_7 \sim d_0$。A/D 转换开启时刻由 START 端控制。A/D 转换器转换的数字量锁存在三态输出锁存缓冲器中。当 A/D 转换结束时发出 EOC 信号，由 OE 控制端控制转换数字量的输出。

ADC0809 技术指标如下：

1）分辨率：8 位。

2）转换时间：转换时间为 128μs（工作时钟为 500kHz）。

3）满刻度误差：±1LSB。

4）功耗：15mW。

5）电源 V_{CC}：+5V。

6）输入电压范围：单极性 0 ~ 5V。

ADC0809 A/D 转换芯片主要引脚功能见表 7.3.4。ADC0809 控制信号的工作时序图如图 7.3.17 所示，该图描述了各信号间的时序关系。

表 7.3.4 ADC0809 引脚功能

符号	引脚号	功能
$IN_0 \sim IN_7$	26~28, 1~5	8 路模拟信号输入线
ADDA ADDB ADDC	25~23	模拟通道地址选择线。A 为最低位，C 为最高位，如 CBA 为 000 时选通 IN_0 通道的信号
$d_0 \sim d_7$	17, 14, 15, 8, 18~21	8 位数字量输出结果
ALE	22	地址锁存允许信号。该信号上升沿把 ADDA、ADDB、ADDC 三选择线的状态存入多路开关地址寄存器中
START	6	启动转换信号输入端。该信号上升沿 ADC 的内部寄存器复位而在下降沿启动内部控制逻辑，开始 A/D 转换工作
EOC	7	转换结束信号输出端，当 EOC 为 1 时表示转换已完成
CLK	10	时钟脉冲输入端
OE	9	允许输出控制端。OE = 1，三态输出锁存器把数据送往数据总线
$+U_{REF}$, $-U_{REF}$	12, 16	参考电压的正、负输入端

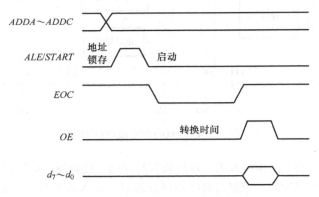

图 7.3.17 ADC0809 控制信号的工作时序图

工作过程为：首先输入 3 位地址，并使 ALE = 1，将地址存入地址锁存器中。此地址经译码选通 8 路模拟输入之一到比较器。START 上升沿将逐次渐近寄存器复位，下降沿启动 A/D 转换，之后 EOC 输出信号变低，指示转换正在进行。直到 A/D 转换完成，EOC 变为高电平，指示 A/D 转换结束，结果数据已存入锁存器，这个信号可用作中断申请。当 OE 输入高电平时，输出三态门打开，转换结果的数字量输出到数据总线上。

2. AD574A

AD574A 是一个 12 位逐次渐近型带三态缓冲器的高性能 A/D 转换器，原理框图如图 7.3.18 所示。由图 7.3.18 可见，芯片包含输入量程变换部分、控制逻辑、时钟电路、基准电压、逐次渐近寄存器、比较器、D/A 转换器及三态输出锁存缓冲电路。AD574A 的输入可设置成单极性，也可设置成双极性。在控制逻辑的控制下，转换结果既可按 12 位输出，也可按 8 位输出。片内配有三态输出锁存缓冲电路，因而可直接与 8 位或 16 位的 CPU 相连，无须附加逻辑接口电路，且能与 CMOS 及 TTL 电平兼容。AD574A 片内包含高精度的基准电压源和时钟电路，在不需要任何外部电路和时钟信号的情况下，可完成 A/D 转换。该芯片适用于对精度和速度要求较高的数据采集系统和实时控制系统。

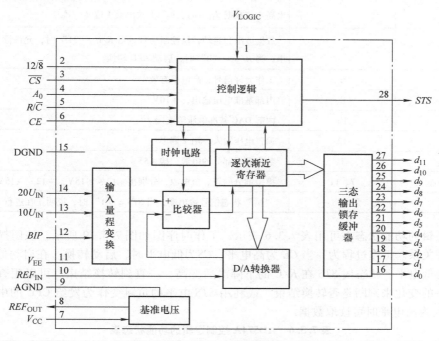

图 7.3.18　AD574A 原理框图

AD574A 技术指标如下：

1）分辨率：12 位。

2）转换时间：$25 \sim 35\mu s$。

3）满刻度误差：$\pm 1LSB$ 或 $\pm \frac{1}{2}LSB$。

4）功耗：390mW。

5）电源 V_{LOGIC}：$+5V$。电源 V_{CC}：$+12 \sim +15V$。电源 V_{EE}：$-12 \sim -15V$。

6）输入电压范围：信号由 $10U_{IN}$ 端输入，则单极性时为 $0 \sim 10V$，双极性时为 $-5 \sim +5V$；信号由 $20U_{IN}$ 端输入，则单极性时为 $0 \sim 20V$，双极性时为 $-10 \sim +10V$。

AD574A 芯片引脚功能见表 7.3.5。

表 7.3.5　AD574A 引脚功能

符号	引脚号	功能
$10U_{IN}$、$20U_{IN}$	13，14	2 路模拟信号输入线，$10U_{IN}$ 为 $-5 \sim +5V$ 或 $0 \sim 10V$ 输入端，$20U_{IN}$ 为 $-10 \sim +10V$ 或 $0 \sim 20V$ 输入端
$12/\bar{8}$	2	变换输出字长选择端，当 $12/\bar{8}=$ "1" 时，变换字长输出为 12 位
$d_{11} \sim d_0$	27 ~ 16	12 位数字量输出
$\overline{CS}$	3	片选输入信号，低电平有效

265

（续）

符号	引脚号	功能
A_0	4	字节地址控制输入端。当启动 A/D 转换时，$A_0 = 0$ 作 12 位 A/D 转换，$A_0 = 1$ 作 8 位 A/D 转换；当作 12 位 A/D 转换而按 8 位输出时，$A_0 = 0$ 输出高 8 位数据 $d_{11} \sim d_4$，$A_0 = 1$ 输出低 4 位 $d_3 \sim d_0$
$R/\bar{C}$	5	数据读出和启动转换控制信号。当 $R/\bar{C} =$ "1" 时，允许读 A/D 转换结果；当 $R/\bar{C} =$ "0" 时，启动 A/D 转换
CE	6	工作允许信号，高电平有效
REF_{OUT}	8	内部基准电压输出，$+10V$
REF_{IN}	10	内部 DAC 基准电压输入端
BIP	12	偏置电压输入，用于调零
V_{LOGIC}	1	数字逻辑部分的电源，接 $+5V$
V_{CC}、V_{EE}	7、11	模拟部分的正、负电源，分别接 $+12 \sim +15V$、$-12 \sim -15V$
STS	28	"忙" 状态信号输出端，当 $STS =$ "1" 时，说明正在进行 A/D 转换

控制逻辑的功能状态表可用表 7.3.6 表示，工作时序图如图 7.3.19 所示，该图描述了各信号间的时序关系。工作过程为：当 CE 为高电平、$\overline{CS}$ 为低电平时，启动转换。在启动信号有效前 $R/\bar{C}$ 必须为低电平。状态线 STS 在 $R/\bar{C}$ 的下降沿后变高，一直到转换结束。可以用查询方式检测 STS 电平的变化来判断是否转换结束，或利用 STS 电平的负跳变作为发给 CPU 的中断申请信号。当 $R/\bar{C}$ 为高电平时可读取数据。

表 7.3.6 AD574A 控制逻辑的功能状态表

CE	$\overline{CS}$	$R/\bar{C}$	$12/\bar{8}$	A_0	功能状态
1	0	0	×	0	12 位 A/D 转换
1	0	0	×	1	8 位 A/D 转换
1	0	1	$+5V$	×	允许 12 位并行输出
1	0	1	0	0	允许高 8 位输出
1	0	1	0	1	允许低 4 位输出

3. MC14433

MC14433 是美国 Motorola 公司生产的 $3\frac{1}{2}$ 位双积分型 A/D 转换器。MC14433 抗干扰性好，转换精度高（相当于 11 位二进制），可自动调零，但速度较慢，在对转换速度要求不高的场合（如数字电压表、数字温度计等各类数字化仪表）中被广泛应用。

MC14433 的原理框图如图 7.3.20 所示。片内包含 CMOS 模拟电路、控制逻辑、4 位十进制计数器（个、十、百、千）、数据锁存器、多路选择开关及时钟电路等。CMOS 模拟电路

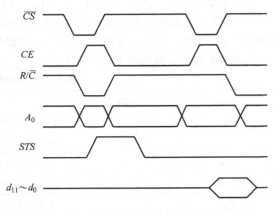

图 7.3.19 AD574A 控制信号的工作时序图

包括构成积分器的运算放大器和过零比较器，控制逻辑用来产生一系列控制信号，如极性判别控制信号等。MC14433 为 BCD 码输出，$3\frac{1}{2}$ 位的 3 表示完整的三个数位有十进制数码 $0 \sim 9$，$\frac{1}{2}$ 的分母 2 表示最高位只有 0、1 两个数码，分子 1 表示最高位显示的数码最大为 1，MC14433 显示的数值范围为 $0000 \sim 1999$。4 位十进制计数器的个、十、百三位输出均为 8421BCD 码，千位只有 0 和 1 两个数码，输出数据锁存到数据锁存器中，在控制逻辑的作用下逐位输出。时钟电路用来产生计数脉冲。

MC14433 技术指标如下：

1）分辨率：11 位。

2）转换时间：$0.1 \sim 1s$。

3）满刻度误差：$\pm 0.05\%$。

4）功耗：8mW。

5）电源 V_{DD}：$+5V$。电源 V_{EE}：$-5V$。

6）输入电压范围：$-199.9 \sim +199.9mV$（$U_{REF} = 200mV$），$-1.999 \sim +1.999V$（$U_{REF} = 2V$）。

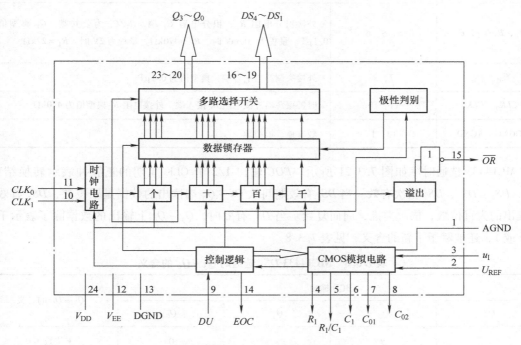

图 7.3.20 MC14433 的原理框图

MC14433 引脚功能见表 7.3.7。

表 7.3.7 MC14433 引脚功能

符号	引脚号	功能
u_I	3	模拟电压输入端
V_{DD}	24	正电源端，接 $+5V$
V_{EE}	12	负电源端，接 $-5V$

（续）

符号	引脚号	功能
U_{REF}	2	外部基准电压输入，接200mV或2V
$DS_4 \sim DS_1$	16 ~ 19	多路选通脉冲输出端，分别代表个、十、百、千位的选通脉冲
$Q_3 \sim Q_0$	23 ~ 20	BCD码数据输出端，由选通脉冲$DS_4 \sim DS_1$指定，其中Q_3为高位，Q_0为低位
DU	9	更新转换控制信号输入，高电平有效
EOC	14	转换周期结束标志输出，EOC与DU相连，每次A/D转换结束后均自动启动新的转换
$\overline{OR}$	15	过量程状态输出，低电平有效
R_1，R_1/C_1，C_1	4，5，6	外接积分电阻R_1、积分电容C_1端，R_1/C_1为公共端。C_1典型值为0.1μF。量程为200mV时，$R_1 = 470k\Omega$，量程为2V时，$R_1 = 27k\Omega$
C_{01}、C_{02}	7，8	外接失调补偿电容端，典型值为0.1μF
CLK_0、CLK_1	11，10	时钟振荡器外接电阻R_C接入端，外接电阻R_C典型值为470kΩ
DGND、AGND	13，1	数字地、模拟地

MC14433选通时序如图7.3.21所示。EOC输出1/2个CLK周期的正脉冲表示转换结束，DS_1、DS_2、DS_3、DS_4依次有效。当DS_1有效期间从$Q_3 \sim Q_0$端读出的数据是千位数，DS_2有效期间读出的为百位数，依次类推，周而复始。当DS_1有效时，$Q_3 \sim Q_0$上输出的数据除了表示千位为0或1，还被赋予了新的含义，见表7.3.8。

表7.3.8 MC14433 DS_1选通时$Q_3 \sim Q_0$的含义

BCD输出				$Q_3 \sim Q_0$的含义
Q_3	Q_2	Q_1	Q_0	
1	×	×	0	千位数为0
0	×	×	0	千位数为1
×	1	×	0	输出结果为正值
×	0	×	0	输出结果为负值
0	×	×	1	输入信号过量程
1	×	×	1	输入信号欠量程

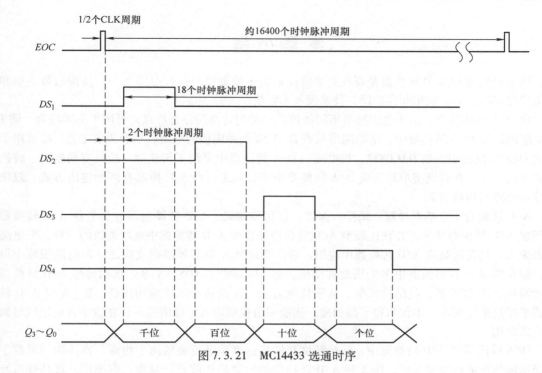

图 7.3.21 MC14433 选通时序

思 考 题

7.3.1 A/D 转换主要分几个步骤？A/D 转换的理论依据是什么？

7.3.2 简述采样－保持电路的工作原理。

7.3.3 量化有哪两种方法？分析其量化误差的大小。

7.3.4 试比较并联比较型、逐次渐近型和双积分型 A/D 转换器在转换速度和转换精度上各有何优缺点？

7.3.5 在双积分型 A/D 转换器中，输入电压 u_I 的绝对值能否大于基准电压的绝对值 $|U_{REF}|$？为什么？

7.3.6 $\Sigma-\Delta$ 调制电路的输出数据位数是多少？

7.3.7 DAC 在 A/D 转换器中起什么作用？

📝 价值观：天生我材必有用

    并联比较型 A/D 转换器的转换速度最快，但电路规模大；逐次渐近型 A/D 转换器的转换速度次之，但电路规模小得多；双积分型 A/D 转换器属于间接 A/D 转换器，其结构简单、抗干扰能力强，但转换速度低。而 $\Sigma-\Delta$ 型 A/D 转换器采用过采样频率获得了高精度，并能平滑模拟输入电压的噪声，多用于数字音频领域。各种类型 A/D 转换器的技术指标各有优劣，通常根据工程应用的实际需求，来选择合适的 A/D 转换器类型及型号。

    俗话说：人有十指，各有所短，也各有所长，天生我材必有用，是金子总会发光。中国建设有特色的社会主义国家，需要各种各样的人才，正常的公民无论才能大小都能成为有用的人。我们可能暂时没有能力改变个人条件与处境，但我们有能力把现在的事情做好，尽心尽力对待自己每一个阶段的角色，做子女尽孝顺，做父母尽慈爱，做学生尽学习，做工作尽职责。阳光普照森林，树草所受日照不同，但生命的自强不息是平等的。每个人发挥自身的长处就可以彰显各自的成绩与价值，能为国家发展贡献一份力量。

本 章 小 结

D/A 转换器和 A/D 转换器是现代数字测控系统中最重要的接口电路之一，是沟通数字量和模拟量之间的桥梁，应用非常广泛，技术发展非常快。

在 D/A 转换器中，由于电阻网络不同使得各种类型转换器各有特点，可用于不同场合。倒 T 形电阻网络型 D/A 转换器中，电阻网络只有 R 和 $2R$ 两种阻值的电阻，适合集成工艺，故常用于集成 D/A 转换器中，如 DAC0832。权电流型 D/A 转换器中采用了恒流源，故具有精度高、转换速度快的优点，在双极型单片集成 D/A 转换器中用得较多。D/A 转换器有两种输出方式，双极性输出电路与编码有关。

A/D 转换有 4 个基本过程：采样、保持、量化和编码。A/D 转换器可分为直接 A/D 转换器和间接 A/D 转换器两类。并联比较型 A/D 转换器是目前 A/D 转换器中速度最快的一种，但电路规模庞大，只在超高速 A/D 转换器中应用。逐次渐近型 A/D 转换器速度次之，但电路规模小得多，故在集成 A/D 转换器中多采用此种结构，如 ADC0809、AD574A 等。双积分型 A/D 转换器属于间接 A/D 转换器，其结构简单、抗干扰能力强，在低速系统中应用广泛。$\Sigma - \Delta$ 型 A/D 转换器采用过采样频率，不仅取得了高精度，还能平滑模拟输入电压的噪声，在数字音频领域得到了广泛应用。

D/A 转换器和 A/D 转换器中，转换精度和转换速度是最重要的两个指标，直接影响着数字系统所能达到的精度和速度。D/A 和 A/D 转换器的发展趋势就是高精度、高速度、低功耗以及易于与计算机接口。

习　　题

题 7.1　如图 7.2.2 所示电路，当 $n = 4$ 时构成 4 位权电阻网络 D/A 转换器，设 $U_{REF} = 10V$，$R_F = 0.5R$，$d_i = 1$ 时开关 S_i 接至 U_{REF}，$d_i = 0$ 时开关 S_i 接地，$i = 0$、1、2、3，当 $d_3 d_2 d_1 d_0 = 0001$ 和 $d_3 d_2 d_1 d_0 = 1010$ 时，试分别求输出电压 u_O 的数值。

题 7.2　8 位倒 T 形电阻网络 D/A 转换器，设 $U_{REF} = -10V$，$R_F = 0.5R$。

（1）求输出电压 u_O 的范围；

（2）为保证 U_{REF} 偏离标准值所引起的误差小于 1/2LSB，试计算 ΔU_{REF} 的范围。

题 7.3　权电流型 D/A 转换器如图 7.2.5 所示。

（1）结合电路图，说明该类型 D/A 转换电路有何特点；

（2）推导输出电压 u_O 和输入数字量 D_n 的关系式。

题 7.4　如图 7.2.6 所示为具有双极性输出的 D/A 转换器。设 $U_{REF} = -10V$，$R_F = R$。

（1）分析电路中引入偏移电路 U_B 和 R_B 有何作用；

（2）写出无偏移电路时输出电压 u_O 和输入数字量 $d_2 d_1 d_0$ 的关系式；

（3）写出有偏移电路时输出电压 u_O 和输入数字量 $d_2 d_1 d_0$ 的关系式；

（4）若 $U_B = 5V$，要使 u_O 偏移 $-8V$，则 R_B 应取多大？

题 7.5　DAC0832 外接运算放大器 A 构成的 D/A 转换电路如图 7.2.11 所示，请写出输出电压 u_O 和输入数字量 $d_7 \cdots d_0$ 的关系式，设片内反馈电阻 $R_F = 15k\Omega$，倒 T 形电阻网络中的 $R = 10k\Omega$。

题 7.6　DAC0832 外接运算放大器 A 构成的增益可编程放大器如图 7.4.1 所示，它的电压放大倍数 $A_u = u_O / u_1$ 由输入数字量 $d_7 \cdots d_0$ 来设定。试分析 A_u 的计算公式，并说明其取值范围。

题 7.7　某 A/D 转换器能够分辨 0.0025V 的电压变化，其满度输出所对应的输入电压为 9.9976V，请

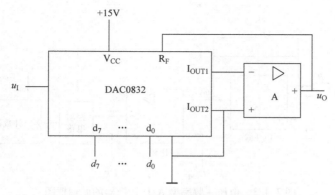

图 7.4.1 增益可编程放大器

问该 A/D 转换器至少应有多少位字长?

题 7.8 如图 7.3.6 所示的三位二进制并联比较型 A/D 转换器,设基准电压 $U_{REF}=14V$,当 $u_I=3.5V$ 和 12V 时,输出数字量分别为多少?

题 7.9 如图 7.3.8 所示的三位逐次渐近型 A/D 转换器扩展到 8 位,输入模拟电压满量程为 10V,时钟信号 CP 的频率 $f=1MHz$,试计算完成一次转换所需要的时间。若输入模拟电压 $u_I=8.2V$,输出数字量为多少?

题 7.10 题 7.8 中逐次渐近型 A/D 转换器中的 D/A 转换器最高输出电压为 11.945V。

(1) 当输入模拟电压 $u_I=8.2V$ 时,确定电路的输出数字量及完成此次转换所用的时间;

(2) 若测得输出数字量为 01010101,输入的模拟电压 u_I 为多少伏?

(3) 若测得模拟输入电压 u_I 和 D/A 转换器的输出电压 u_O 的波形如图 7.4.2 所示,设 $t=0$ 开始转换,$t=t_1$ 转换结束,则电路转换结束的输出数字量应为多少?

题 7.11 双积分型 A/D 转换器电路如图 7.3.11 所示,设计数器为十进制计数器,最大计数容量为 $(2000)_{10}$,计数时钟频率 $f=10kHz$,$U_{REF}=12V$。

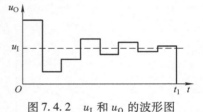

图 7.4.2 u_I 和 u_O 的波形图

(1) 求第一次积分时间 T_1;

(2) 若第二次积分计数器的计数值 $D=(280)_{10}$,则输入电压的平均值为多少?

题 7.12 设双积分型 A/D 转换器的 $U_{REF}=10V$,计数时钟周期为 $10\mu s$,计数器位数为 8,当电路的模拟输入电压 $u_I=2V$ 时,输出数字量应为多少? 完成转换所需的时间为多长?

题 7.13 双积分型 A/D 转换器输出电压 u_O 的波形如图 7.3.12a 所示,讨论以下三种变化对转换输出 $d_{n-1}\cdots d_0$ 状态的影响,并画出相应的波形。

(1) 积分时间常数增大;

(2) 参考电压 U_{REF} 增大;

(3) 输入电压 u_I 增大。

题 7.14 图 7.4.3 为电压 - 频率型 A/D 转换器的原理框图。电路的工作过程大致如下:当 $t=0$ 时,开关 S 闭合,电容 C 放电,计数器清零。转换开始后,开关 S 打开。电压比较器的输出通过控制电路给计数器计数。设电容放电时间很短,试推导模拟输入电压 u_I 和完成转换后输出量频率 f 之间的关系。

题 7.15 试分别写出图 7.3.13 所示 $\Sigma-\Delta$ 型 A/D 转换器在输入模拟电压为 0V、0.7V 和 0.8V 时比较器输出的串行数据流。

题 7.16 参照图 7.2.11 所示,画出由控制电路和三片 DAC0832 构成的 3 路 DAC 系统。

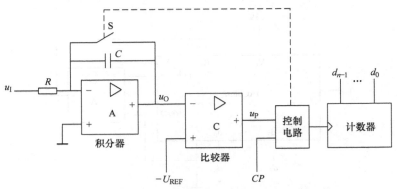

图 7.4.3 电压 – 频率型 A/D 转换器的原理框图

第 8 章　半导体存储器

[内容提要]

本章主要介绍各种半导体存储器的组成结构、工作原理和典型应用，包括只读存储器（ROM）、随机存储器（RAM）和顺序存储器（SAM）。首先，给出了 ROM 的一般电路结构，并分别介绍掩膜 ROM、PROM、EPROM、E²PROM 和闪烁存储器（Flash memory）的存储单元电路及其工作原理，介绍了一些常用集成 ROM 芯片及用 ROM 实现组合逻辑函数的方法；针对不同的 RAM 存储单元结构，分别介绍静态随机存储器（SRAM）和动态随机存储器（DRAM）的存储单元电路组成和存储原理，给出了 RAM 容量扩展方法，并分别介绍了两种随机存储器的典型应用；最后，介绍 SAM 结构中的动态移存单元电路和用动态移存器构成的顺序存储器。

8.1　概述

1. 半导体存储器的特点

半导体存储器是数字电子系统的核心部件之一，用以保存系统工作所需的程序和数据（通称为信息，以二进制的形式表示）。目前的半导体存储器具有集成度高、速度快、存储密度大、体积小、可靠性高、价格低、外围电路简单、易于批量生产等优点。

半导体存储器由众多的存储单元按矩阵形式排列而成，信息的每一位二进制数保存在半导体存储器的一个存储单元中。存储单元常常按一定数目进行编组，每次读/写操作对一组存储单元的数据同时进行，这个组称为字，一个字中所含的二进制数据的位数称为字长，表示这个字由多少位组成。为了区别各个不同的字，给每个字赋予了一个编号，称为地址。

对于大容量的集成半导体存储器，一般一个存储器芯片中存储单元数目都很多，但由于面积所限，其引脚数不宜太多，所以，半导体存储器在结构上不可能将每个存储单元的输入和输出直接引出，而是分时、分块复用，每次操作只对一个字进行，只有被输入地址指定的那些存储单元才与输入/输出引脚接通，进行数据读写。半导体存储器芯片所需的数据输入/输出引脚数一般应该与数据的字长相等。

2. 半导体存储器的分类

1）根据制造工艺的不同，半导体存储器可分为双极型和 MOS 型。双极型半导体存储器主要由 TTL（transistor transistor logic）晶体管电路构成，该类存储器的存储速度快，但功耗大、成本高；基于 MOS（metal oxide semiconductor）工艺的 MOS 型半导体存储器单元电路结构简单、易于集成、成本低、功耗低，但速度较慢。双极型半导体存储器多用于有高速读/写需求的场合，如高速缓存 Cache；MOS 型半导体存储器主要作为大容量存储器使用，尤其是基于 CMOS 工艺的电路，常用于计算机内存。

2）根据读/写功能的不同，半导体存储器可分为只读存储器（read only memory，ROM）、随机存储器（random access memory，RAM）和顺序存储器（sequential access memory，SAM）。按半导体存储器功能进行分类，是最常用的一种分类方法，如图 8.1.1 所示。本章将按照该分类方法对各种不同功能的半导体存储器进行详细介绍。

只读存储器 ROM 是一种在工作过程中只能读出不能写入的非易失性存储器，存储的信息可

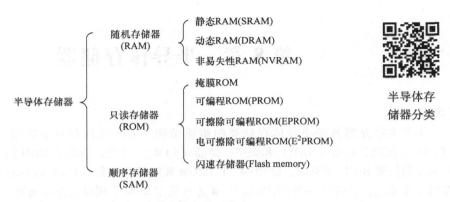

图 8.1.1　半导体存储器分类

长期保存，掉电也不会丢失。与随机存储器 RAM 相比，ROM 的结构简单、集成度高、存储容量大。根据信息的不同写入方式，ROM 可分为固定 ROM（也称掩膜 ROM，一般简称为 ROM）、可编程 ROM（programmable read only memory，PROM）和可擦除可编程 ROM（erasable programmable read only memory，EPROM）三种，其中，根据擦除手段和条件的不同，EPROM 又可分为紫外线擦除型（ultra violet erasable programmable read only memory，UVEPROM，一般所说的 EPROM 指的是 UVEPROM）、电可擦除可编程型（electrically erasable programmable read only memory，E^2PROM）和闪烁存储器（Flash memory）三种。

> ✍ **方法论：取长补短**
>
> 　　RAM 和 ROM 是最常用的半导体存储器分类方式，RAM 的特点是随机读写和掉电易失，ROM 的特点是只读和非易失性，看似特色鲜明、互不交叉。但随着存储器技术的发展，擦除重写能力成为了 ROM 技术改进的重要思路，尤其是闪存技术的应用，使 ROM 兼具了非易失特点和可在线擦写能力，同时，RAM 的发展也实现了快速读写特点和非易失性结构的兼容，存储器技术在两大类型的取长补短、求同存异中实现了飞跃发展。
> 　　人类社会由文明发展而来，不同的区域有着适应自己所在区域的发展文化。人类社会的多样性特征也是文明进步的重要动力，虽然文明之间的差异，会让交流存在一定的障碍甚至是对抗，但相互借鉴、相互交流，取长补短、扬长避短，求大同、存小异，秉持共同发展理念，将更易于实现人类命运共同体的全面繁荣。能够认清自身之短，发现别人之长，并取之为己用，是促进个人进步和发展的优秀品质。

　　随机存储器 RAM 可在任何时刻对其中任意一个存储单元进行读/写，使用灵活，但信息不能永久保存，具有易失性，掉电信息就会丢失。与 ROM 相比，RAM 在正常工作状态下可以随时向存储器里写入数据或从中读出数据。根据存储单元存储信息的不同原理，RAM 又可分为静态RAM（static RAM，SRAM）、动态 RAM（dynamic RAM，DRAM）和非易失性 RAM（non volatile RAM，NVRAM）三种类型。SRAM 采用双稳态基本 RS 触发器存储信息，而 DRAM 利用 MOS 管栅极寄生电容的充放电来存储信息，相比之下，SRAM 的读写速度更快，而 DRAM 由于存储单元结构非常简单，集成度更高、功耗和价格更低。NVRAM 由 SRAM 和 E^2PROM 共同构成，正常运行时和 SRAM 的功能相同，但掉电或电源发生故障的瞬间，可以把 SRAM 中的信息保存到E^2PROM中，使信息得到自动保护，NVRAM 多用于掉电保护和保存存储系统中的重要信息。

　　顺序存储器对信息的读/写按顺序进行，主要由动态移存器和控制电路组成，根据数据读/写的不同顺序，SAM 有"先进先出（FIFO）"或"先进后出（FILO）"两种类型。动态移存器电路的结构简单，因此，SAM 适合大规模的集成，但按顺序读/写的方式限制了其应用灵活性。

3）根据数据输入/输出方式的不同，半导体存储器可分为串行存储器和并行存储器。串行存储器中存储过程的数据输入和输出采用串行方式，并行存储器中存储过程的数据输入和输出采用并行方式。显然，并行存储器读写速度快，但数据线和地址线占用芯片的引脚数较多，并且存储容量越大，所用引脚数越多。串行存储器的读写速度比并行存储器要慢一些，但芯片的引脚数却少了许多，随着集成电路的工艺改进，串行存储器的慢速缺点得到改善，已成为主流产品。

3. 半导体存储器的主要技术指标

半导体存储器承担着大量数据的存储任务，而数字电子系统处理的最多操作就是对存储器的读/写。随着数字电子系统运算速度越来越快，处理数据量越来越大，需要存储器具有大存储容量和快读/写速度，因此，通常把存储容量和读/写速度作为衡量存储器性能的主要技术指标，同时，随着集成度的大幅度提高，存储器的可靠性、功耗和成本也需要综合考虑。

（1）存储容量

存储容量是指半导体存储器可以存储的二进制信息的总量，通常用存储的二进制数的位数表示，存储位数越多容量越大，通常每个存储单元只能存储一位二进制数，所以存储器的容量也可用存储单元数目来计算，由于对半导体存储器的读/写操作都按字进行，故又常常将半导体存储器的存储容量表示成 $N \times M$ 位的形式，N 表示半导体存储器存储信息的字数，M 表示一个字的位数。例如，一个半导体存储器的存储容量为 1K×4 位，表示该存储器的存储容量为 1K 个字，每个字包含 4 位二进制数。

容量越大，意味着所能存储的二进制信息越多，目前常用 MB（兆字节）、GB（吉字节）、TB（太字节）等表示半导体存储器的存储容量。

（2）读/写速度

读/写速度可用访问时间或存取时间表示，是衡量半导体存储器速度的指标，指从启动一次存储器操作到完成该操作所经历的时间，即读/写时间。例如，在计算机系统中，读出时间从 CPU 向存储器发出有效地址和读命令开始，到被选存储单元的内容读出并送到数据总线为止；写入时间是从 CPU 向存储器发出有效地址和写命令开始，到信息写入到被选中存储单元为止。显然，读/写时间越短，读/写过程越快，存储器的性能就越好。

一般情况下，超高速半导体存储器的读/写时间约为 20ns，高速半导体存储器的读/写时间约为几十纳秒，中速半导体存储器的读/写时间为 100～250ns，而低速半导体存储器的读/写时间约为 300ns。例如，SRAM 的存取时间约为 60ns，DRAM 的存取时间为 120～250ns。

（3）可靠性

可靠性是衡量半导体存储器可靠程度的指标，用存储器在规定时间内的无故障读/写概率来表示，通常用平均无故障时间（mean time between failures，MTBF）来标称，MTBF 指的是两次故障之间的平均时间间隔，越长说明存储器的性能越好。

（4）功耗

功耗指标能够反映半导体存储器件能量消耗的情况，功耗越小，不仅节能，自身发热也小，存储器件的工作稳定性就越好，可靠性也会提高。

（5）成本

半导体存储器的成本对其应用广泛性有重要影响，一方面是存储器本身的价格高低，另一方面是性能价格比，或者是容量价格比。

> **价值观：诚信**
>
> 　　随着半导体存储器集成度的大幅提高，保持其可靠性和准确性的难度也越来越大，作为一种存储介质，保证存储信息正确应始终排在首位，如果信息出错，再大的容量、再快的读写速度也没有意义，可靠、准确就是存储器作为存储介质的基本诚信。
>
> 　　诚信在社会主义核心价值观中作为公民价值准则的重要内容，"诚"即诚实诚恳，指主体真诚的内在道德品质，更多地指"内诚于心"；"信"即信用信任，是主体"内诚"的外化，侧重于"外信于人"，"诚"与"信"组合，实现了内外兼备。诚信在社会主义核心价值观中的定位是"社会和谐稳定的基石"，可解释为：是一个社会赖以生存和发展的基石，是维持社会秩序的纽带，是人际关系和谐的良药，是推动科学发展的动力，是民族团结进步的阶梯，由此可见诚信的重要性。培养诚信公民是教育的最根本任务之一，新时期的大学生也要把诚信作为自身的根本道德准则，树立诚信意识，培养诚信品质，做到内化于心、外化于行。

思　考　题

　　8.1.1　半导体存储器的基本特点是什么？半导体存储器的字长是如何定义的？

　　8.1.2　半导体存储器的主要分类形式有几种？各自的分类依据如何？

　　8.1.3　半导体存储器有哪些主要技术指标？查找相关资料，了解计算机内存的主要技术指标。

8.2　只读存储器

8.2.1　只读存储器的基本结构和工作原理

　　只读存储器 ROM 在使用过程中只能读出数据，不能改变数据，掉电后能长期地保存数据。只读存储器电路的基本结构主要包含存储矩阵、地址译码器和输出缓冲器三个部分，如图 8.2.1 所示。不同类型只读存储器的各部分电路结构稍有不同，但都包含这三个部分。下面逐一介绍 ROM 三个组成部分的具体结构和功能。

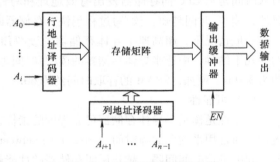

图 8.2.1　ROM 的基本结构图

1. 存储矩阵

　　存储矩阵是用于保存二进制信息的电路，由多个存储单元构成，每个存储单元存储一位二值信息（1 或者 0），存储单元一般按矩阵形式排成 n 行和 m 列。半导体存储器内部结构往往以字为单位进行组织，每个字对应一个存储单元组合，存储单元组合包含有与该存储器字长相等的存储单元数。例如，一个容量为 256×4 位（256 个字，字长为 4）的存储器，共有 1024 个存储单元，可以排成 32 行 $\times$ 32 列的矩阵，如图 8.2.2 所示。图中每 4 列连接到一个共同的列地址译码线上，组成一个字列。每行可存储 8 个字，每个字列可存储 32 个字，对该阵列形式的存储器单元进行寻址需要 8 根列地址选择线（$Y_0 \sim Y_7$，对应地址码的 $A_7 \sim A_5$）、32 根行地址选择线（$X_0 \sim X_{31}$，对应地址码的 $A_4 \sim A_0$）。

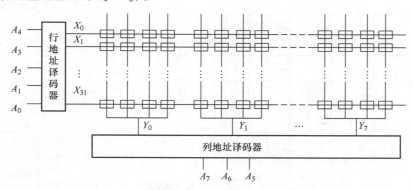

图 8.2.2 256×4 位存储矩阵

2. 地址译码器

地址译码器负责将输入的地址译成存储单元的选择信号，行地址和列地址共同选定一个地址单元。由于存储矩阵采用二维阵列形式的结构，在大容量存储器中，为了减少芯片引脚数，地址译码器一般采用双译码结构，地址由行地址和列地址构成，对应有行地址译码器和列地址译码器，少数小容量存储器也采用单译码电路结构。如图 8.2.2 所示，一个容量为 256×4 位的存储器（按 32×32 矩阵排列），需要有 8 位地址进行寻址（一个字对应一个地址），其中 5 位行地址，3 位列地址。行地址译码器将输入地址代码的低 5 位译成 32 行中某一行的输出高、低电平信号，从存储器矩阵中选中一行存储单元，列地址译码器将输入地址代码的高 3 位译成某一字列上的高、低电平信号，从存储器矩阵中选中一列存储单元，行列交叉处的存储单元被选中，被选中的单元经输出缓冲器电路与输出端接通。在存储器中，将连接一行存储单元的连线称为字线；字列中每一列的连线称为位线。

3. 输出缓冲器

输出缓冲器接收来自存储矩阵的数据，等待输出。输出缓冲器电路一般由三态门构成，不仅能够提高存储器的带负载能力，还能够对输出状态进行三态控制，以便与系统总线连接。

8.2.2 掩膜只读存储器

掩膜只读存储器采用掩膜工艺制作而成，厂家根据用户提出的要求，专门设计掩膜板，数据在生产过程中已经固化到存储器内部，使用过程中无法改变，只能读出，不能写入。我们常说的 ROM 指的就是掩膜只读存储器。

图 8.2.3a 所示是一个用 MOS 管构成的 ROM 的电路结构图，MOS 管为 N 沟道增强型器件。存储矩阵为 4×4 位，采用单地址译码方式，输出缓冲器由四个三态反相器构成，由使能信号 $\overline{EN}$ 控制。

地址译码器电路将输入的两位地址 A_1、A_0 译成四个地址，分别对应 W_0、W_1、W_2、W_3 四根字线中某一根上的高电平，具体对应关系见表 8.2.1，与高电平字线相连的 MOS 管导通，该位线出现低电平。无论 $W_0 \sim W_3$ 中哪根线上出现高电平信号，都会在 $D_3 \sim D_0$ 端输出一个 4 位的二值代码。如当 $A_1 = 0$，$A_0 = 0$ 时，与 W_0 字线相连的地址译码器中的 MOS 管导通，W_0 线为高电平，此时，其他字线上总有 MOS 管截止，$W_1 \sim W_3$ 均为低电平；存储矩阵中与字线 W_0 相连的 MOS 管处于导通状态，位线出现低电平，即与 W_0 线交叉点处接有 MOS 管的位线均为低电平，有 $D_3' D_2' D_1' D_0' =$

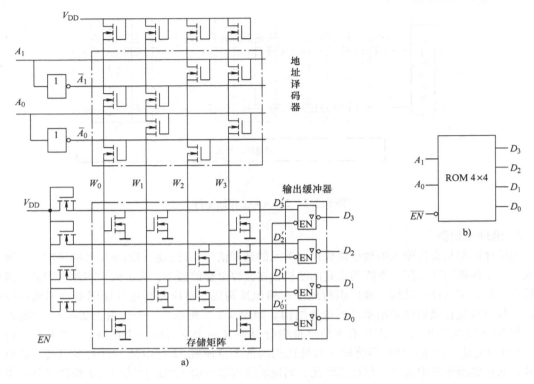

图 8.2.3　ROM 的电路结构和逻辑符号图

a）电路结构图　　b）逻辑符号图

0110，$\overline{EN} = 0$ 时，输出缓冲器输出为 $D_3 D_2 D_1 D_0 = 1001$。

不难看出，存储矩阵中字线与位线的交叉点，表示一个存储单元，接有 MOS 管的交叉点表示存储了数据值 0，没有接 MOS 管的交叉点表示存储了数据 1，交叉点的数目就是存储单元的数目，电路的输出缓冲器为三态反相器，所以，该 ROM 的存储矩阵中保存的是输出数据的反码。

表 8.2.1　图 8.2.3 ROM 的译码输出和数据输出表

地	址	三态控制	地址译码输出				数		据		数		据	
A_1	A_0	$\overline{EN}$	W_3	W_2	W_1	W_0	D_3'	D_2'	D_1'	D_0'	D_3	D_2	D_1	D_0
0	0	0	0	0	0	1	0	1	1	0	1	0	0	1
0	1	0	0	0	1	0	0	1	0	1	1	0	1	0
1	0	0	0	1	0	0	1	0	0	1	0	1	1	0
1	1	0	1	0	0	0	0	0	1	0	1	1	0	1

图 8.2.4 所示为 256×4 位 ROM 的逻辑结构框图和逻辑符号图。该 ROM 有三组信号线：地址线 8 条，所以存储容量为 $2^8 = 256$ 字；数据线 4 条，即字长为 4；控制线为 $\overline{EN}$，当它为低电平时，ROM 的输出缓冲端打开，数据输出。

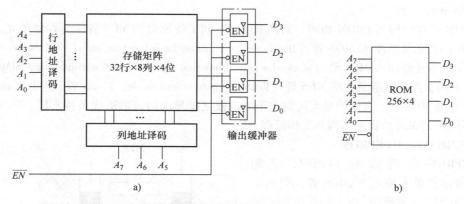

图 8.2.4 256×4 位 ROM 的逻辑结构框图和逻辑符号图

a) 逻辑结构框图 b) 逻辑符号图

8.2.3 可编程只读存储器

工程应用中，设计人员往往需要根据实际情况更改 ROM 所保存的数据，但掩膜 ROM 中数据是固化的，使用不灵活。

PROM 是一种使用者可进行一次编程的 ROM，其电路结构与掩膜 ROM 相同，但在存储矩阵中每个 MOS 管的栅极（或者是晶体管的发射极）串联了一根快速熔丝，可采用金属丝熔断技术写入数据。出厂时，存储矩阵中所有存储单元（字线与位线的交叉点）都制作了存储器件，相当于在所有的存储单元上都存入了 1，编程过程就是将需要存储 0 的单元由原来的存 1 状态改为存 0 状态。PROM 的基本存储单元电路如图 8.2.5 所示。

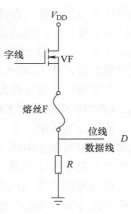

图 8.2.5 PROM 的基本
存储单元

PROM 存储信息的关键在于图中的熔丝 F，熔丝由低熔点合金丝或多晶硅导线制成。借助于编程工具，对选中单元加上编程脉冲（幅值约为 20V、持续时间约十几微秒的电压），产生较大的脉冲电流，可使存储单元中的熔丝 F 熔断，不加高压和大电流，则 F 不断。假设熔丝 F 在编程时没被熔断，则选中该单元即字线为高，此时，MOS 管 VF 导通，由于 MOS 管 VF 的源极接 V_{DD}，因此数据线上的数据 $D=1$；如果熔丝 F 断开，则选中该存储单元时，尽管 VF 导通，但由于熔丝已断，数据线被下拉电阻 R 拉至低电平，即 $D=0$。

由此可见，PROM 由存储单元中的熔丝是否熔断决定该存储单元所存信息是 0 还是 1。由于熔丝一旦被熔断就不能恢复，因此 PROM 只能写入一次。同时，熔丝的通断状态与是否通电无关（正常工作电压远低于编程电压），所以 PROM 是一种非易失性存储器，掉电数据不丢失，故 PROM 虽然可读、可写，但仍然归在只读存储器范畴，后面提到的可擦除的可编程 ROM 与 PROM 一样，都是非易失性存储器，都属于只读存储器范畴。

8.2.4 可擦除的可编程只读存储器

PROM 只能编程一次，使用仍然不够灵活，所以能够进行多次擦除和写入的可擦除可编程 ROM（EPROM）应运而生。根据擦除手段和条件不同，EPROM 又可分为 UVEPROM、E^2PROM

和 Flash memory 三种。

EPROM 总体结构与 PROM 相同，只是采用了不同工作原理的 MOS 管作为存储单元，UVEP-ROM 采用了浮栅雪崩注入 MOS 管（floating - gate avalanche injunction metal oxide semiconductor，FAMOS 管）和叠栅注入 MOS 管（stacked - gate injunction metal oxide semiconductor，SIMOS 管），E^2PROM 采用了浮栅隧道氧化层 MOS 管（floating - gate tunnel oxide，Flotox 管），Flash memory 采用了闪烁叠栅 MOS 管，它们的最大区别在于漏源极之间导电沟道的形成条件不同。下面主要介绍几种不同存储单元的物理结构和工作原理。

1. EPROM（UVEPROM）

UVEPROM 常简称为 EPROM，早期 EPROM 的存储单元使用 FAMOS 管，它的结构和符号如图 8.2.6 所示。

FAMOS 管是一个栅极"浮置"于 SiO_2 层内的 P 沟道增强型的 MOS 管，浮置栅与其他部分均不相连，处于完全绝缘的状态，当在漏 – 源极之间加上比正常工作电压高很多的

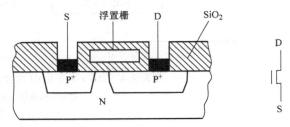

图 8.2.6 FAMOS 管结构图和符号

负电压（通常为 $V_{DS} = -45V$ 左右）时，漏极与衬底间的 PN 结发生雪崩击穿现象：耗尽区里的电子在强电场作用下以很高的速度从漏极的 P^+ 区向外射出，穿过 SiO_2 层而到达浮置栅，并被浮置栅俘获而形成栅极存储电荷，这个过程就叫作雪崩注入，漏极和源极间的高电压去掉以后，由于注入到栅极上的电荷没有放电通路，所以能长久保存（常温可保存 20 年以上，在 125℃ 的环境温度下，70% 以上的电荷能保存 10 年以上）。栅极获得足够的电荷以后，漏 – 源极之间便可形成导电沟道，使 FAMOS 管导通，这种情况称为 1 状态，相当于存入了 1，反之为 0 状态。

在栅极加正常工作的高电平不会产生漏 – 源导电沟道是 FAMOS 管与普通 MOS 管的最大不同，EPROM 正是利用 FAMOS 管的雪崩现象制作而成，对那些需要存入信息 1 的单元加以高电压，使其发生雪崩击穿，产生导电沟道。对于浮置栅中存有电荷的 FAMOS 管，在其栅极上加以正常工作的高电平电压（5V）即可导通，而浮置栅中没有存储电荷的 FAMOS 管，在栅极加正常工作的高电平无法导通。

用紫外线或 X 射线照射 FAMOS 管的栅极氧化层时，SiO_2 层中将产生电子 – 空穴对，使得浮置栅中的存储电荷有了放电通道，造成浮置栅上的存储电荷丢失，这个过程称为擦除。一般 FAMOS 管的擦除时间需 20 ~ 30min。一旦雪崩击穿导致的导电沟道消失，FAMOS 管将恢复为截止状态。

采用 FAMOS 管作为存储单元时，发生雪崩击穿现象所需的电压比较高，而且 P 沟道 MOS 管的开关速度也比较慢，使得擦除时间很长。目前，EPROM 多改用 SIMOS 管来制作存储单元，SIMOS 管的结构和符号如图 8.2.7 所示。它是一个 N 沟道增强型 MOS 管，有两个重叠的栅极——控制栅 G_e 和浮置栅 G_f，它将一般 MOS 管栅极的控制

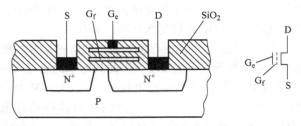

图 8.2.7 SIMOS 管结构图和符号

和产生导电沟道这两个作用分开来实现。控制栅 G_e 用于控制 MOS 管的读出和写入状态，浮置栅 G_f 用于长期保存注入的电荷。浮置栅上未注入电荷时，在控制栅上加入正常工作的高电平能够使漏 – 源极之间产生导电沟道，使得 SIMOS 管导通，这个过程与普通 MOS 管相同，而一旦在浮

置栅上注入了电荷（电子），在控制栅上加入正常的高电平电压无法使 SIMOS 管导通，必须在控制栅上加入更高的电压才能抵消注入的电子，形成导电沟道，这个原理与 FAMOS 管刚好相反。相当于在存储单元（SIMOS 管）中存储信息（SIMOS 管浮置栅上的电荷）后，正常工作电压下是无法改动的，SIMOS 管处于只读状态。

SIMOS 管发生雪崩击穿现象的条件是：在漏 – 源极之间加上 20 ~ 25V（正值表示电压为漏极比源极电位高，要注意与前文 FAMOS 中的负值相区别），同时在控制栅上加以高压脉冲（25V，宽度约 50ms）。浮置栅上注入电荷的 SIMOS 管相当于写入 1，反之相当于写入 0。

与 FAMOS 管相比，SIMOS 管的写入电压较低，用 SIMOS 管构成 EPROM 时，存储单元只需一个 MOS 管，同时采用了 N 沟道增强型 MOS 工艺，开关速度也有所加快，因此，总体性能优于用 FAMOS 管构成的存储单元。但两者的擦除方法相同，均采用紫外线擦除，擦除时间都相对比较长。

2. E^2PROM

虽然用紫外线擦除的 EPROM 具备了可多次擦除重写的能力，但擦除操作复杂、速度慢、电压高，为克服这些缺点，研制了用电信号可擦除的可编程 ROM，即 E^2PROM。其存储单元由浮栅隧道氧化层 MOS 管（Flotox 管）构成，Flotox 管的物理结构和符号如图 8.2.8 所示。

Flotox 管与 SIMOS 管相似，也是 N 沟道增强型 MOS 管，有两个栅极——控制栅 G_e 和浮置栅 G_f，不同的是 Flotox 管的浮置栅与漏区之间有一个氧化层极薄（厚度在 20nm 以下）的区域，称为隧道区。当隧道区的电场强度大到一定程度时（>10000kV/cm，为保证隧道区的电压足够大，对 Flotox 管对隧道区氧化层的厚度、面积和耐压要求都非常严格），便在漏区和浮置栅之间出现导电隧道，电子可以双向通过，形成电流，这种现象称为隧道效应，E^2PROM 利用 Flotox 管的隧道效应实现信息存储。

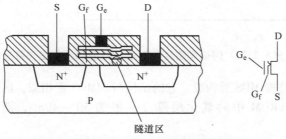

图 8.2.8 Flotox 管结构图和符号

图 8.2.9 所示为用 Flotox 管构成的 E^2PROM 的存储单元电路。图中的 VF_1 为 Flotox 管（也称作存储管），VF_2 为普通的 N 沟道增强型 MOS 管（也称选通管）。与 EPROM 相同，当浮置栅上充有电荷时表示存储了 1，没有充电荷时表示存储了 0。下面分别对 E^2PROM 存储单元进行读、擦除和写入等操作的工作条件进行说明。

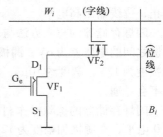

图 8.2.9 E^2PROM 的存储单元

（1）读

在控制栅 G_e 上加 +5V 电压，字线给出 5V 的正常高电平，这时选通管 VF_2 导通，如果 Flotox 管的浮置栅上没有充电荷，则栅极的正常高电平就能使 VF_1 导通，在位线上读出 0（低电平）；如果 Flotox 管的浮置栅上充有电荷，正常高电平不能使 VF_1 导通，位线上读出 1（高电平）。

（2）擦除

在控制栅 G_e 和字线上加 20V 左右、宽度约 10ms 的脉冲电压，位线上接 0 电平，这时在隧道区产生强电场，吸引漏区的电子通过隧道区到达浮置栅，形成存储电荷，同时，由于负电荷的存在，使得 Flotox 管的开启电压提高到 7V 以上，成为高开启电压管，读操作时控制栅上的正常高电压无法使其导通。擦除操作结束后，所有存储单元均为存 1 状态。

（3）写入

实质是将要写入 0 的存储单元放电。所以，确定哪些单元需要写入 0 后，将这些单元的控制栅 G_e 接 0 电平，同时在字线和位线上都加 12 ~ 24V、宽度约 10ms 的脉冲电压，这时，浮置栅上的存储电荷将通过隧道区放电，使 Flotox 管的开启电压降为 2V 左右，成为低开启电压管，读操作时控制栅上的正常高电压就可以保证让 Flotox 管导通。

3. 闪烁存储器 Flash Memory

虽然 E^2PROM 可由电压信号擦除，但擦除和写入需要高电压脉冲，而且擦、写的时间仍较长。闪烁存储器吸收了 EPROM 和 E^2PROM 的各项优点，实现了低功耗、擦写快捷、集成度高等特点的综合，是一种与应用密切结合的单 MOS 管存储器，图 8.2.10 所示为闪烁存储器的物理结构和符号图。

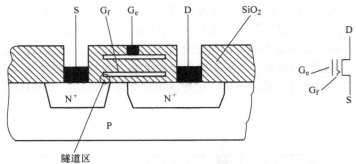

图 8.2.10　闪烁存储器中叠栅 MOS 管的结构图和符号

闪烁存储器由闪烁叠栅 MOS 管构成，它的结构与 SIMOS 管相似，区别在于浮置栅与衬底间氧化层的厚度不同，EPROM 中的氧化层厚度一般为 30 ~ 40nm，而在闪烁存储器中仅为 10 ~ 15nm。

读状态下，字线给出 5V 电压，公共端为 0 电平，如果浮置栅上没有电子，则 MOS 管导通，位线读出低电平；若浮置栅上存有电子，则 5V 电压小于闪烁叠栅 MOS 管的开启电压，MOS 管截止，位线输出高电平。

闪烁存储器的写入方法与 EPROM 相同，均利用雪崩注入的方法使浮栅充电。写入时，漏 - 源极之间的电压差为 6V，漏极接 6V 电压，源极接 0 电平（公共端），同时控制栅上所加正脉冲的幅度为 12V，宽度约 10μs，浮置栅充电后，闪烁叠栅 MOS 管的开启电压在 7V 以上，正常读取时不会导通。

闪烁存储器的擦除操作利用隧道效应进行，这与 Flotox 管的放电过程相似，擦除时，控制栅接 0 电平，在源极加幅度为 12V 左右、宽度为 100ms 的正脉冲，由于隧道效应，浮置栅上的电荷经过隧道区释放，浮置栅放电后叠栅 MOS 管的导通电压在 2V 以下，正常读取时一定导通。由于片内所有叠栅 MOS 管的源极连在一起，所以全部存储单元同时被擦除，大大加快了擦除的速度。

采用 Flash 存储技术的存储器，可在不加电的情况下长期保持存储的信息，且功耗低、擦写便捷，已成为目前应用最广的存储器类型，其中，最常用的应用类型就是已完全取代软盘的 U

盘和正逐渐取代硬盘的固态硬盘。随着数字技术的快速发展，已经完全取代软盘成为便携式数字存储的不二之选，相继出现了以 Flash 存储技术为基础的多种类型存储器，如数码产品中的存储媒介，就包含 CF（compact flash）卡、SD（secure digital memory card）卡、SM（smart media）卡、TF（trans flash）卡、MMC 卡（multi – Media card）、XD（XD – picture card）卡、记忆棒（memory stick）、微硬盘（micro – drive）等多种形式，目前，各种主流 Flash 存储器的存储容量已达到 1TB 以上。此外，还有能够提供完整的寻址与数据总线，并允许随机存取存储器上任何区域的 NOR Flash 和没有随机存取外部地址总线，以位方式保存、以块进行存取的 NAND Flash，后者具有较高的存储密度与较低的每比特成本。

8.2.5　ROM 应用

1. 集成 EPROM

典型的 EPROM 芯片有 Intel 存储器的 27 系列，如 2708、2716、2764 等。其中 2716 芯片是 2K×8 位的 EPROM 芯片，其逻辑符号如图 8.2.11 所示，它的电路结构与 ROM 相似，只是存储单元采用的 MOS 管不同。其中，地址信号为 $A_{10} \sim A_0$，片选信号为 $\overline{CS}$，$I/O_7 \sim I/O_0$ 为数据输入/输出端，PD/PGM 为待机/编程信号，是双功能控制信号，在读操作时，$\overline{CS}=0$，若 PD/PGM=1，芯片处于待机方式；当 $\overline{CS}=1$ 时，芯片处于编程方式，在 PD/PGM 端加上 52ms 的正脉冲，就可以将数据线上的信息写入指定的地址单元。Intel 2716 的功能表见表 8.2.2。

ROM 应用

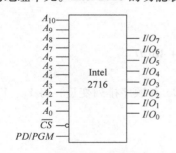

图 8.2.11　Intel 2716 的逻辑符号图

表 8.2.2　Intel 2716 的功能表

$\overline{CS}$	PD/PGM	功能
0	0	读出
0	1	待机
1	52ms 正脉冲	编程

典型的 E^2PROM 芯片有 Intel 存储器的 28 系列，如 2816、2816A、2817 等。图 8.2.12 所示为 2816 芯片的逻辑符号，2816 是 2K×8 位的 E^2PROM 芯片。地址引脚为 $A_{10} \sim A_0$，片选信号为 $\overline{CE}$，$I/O_7 \sim I/O_0$ 为数据输入/输出端，$\overline{WE}$ 为写允许信号，$\overline{OE}$ 为输出允许信号。Intel 2816 的功能表见表 8.2.3。

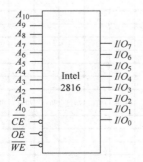

图 8.2.12　Intel 2816 的逻辑符号图

表 8.2.3　Intel 2816 的功能表

$\overline{CE}$	$\overline{WE}$	$\overline{OE}$	功能
0	0	1	写入
0	1	0	输出
1	×	×	未选中

表8.2.4 中给出了几种常见 ROM 的参数信息。

表 8.2.4　几种常见 ROM 的参数信息

芯片型号	类型	容量	引脚数
2708	EPROM	$1K \times 8bit$	24
2716	EPROM	$2K \times 8bit$	24
2764	EPROM	$8K \times 8bit$	28
2816	E^2PROM	$2K \times 8bit$	24
2817	E^2PROM	$2K \times 8bit$	28
2864	E^2PROM	$8K \times 8bit$	28

2. 用只读存储器实现组合逻辑函数

由图 8.2.3 所示 ROM 的电路结构可以看到，只读存储器的基本部分是与门阵列（地址译码器）和或门阵列（存储单元矩阵），地址译码器的输出包含了输入变量（地址）的所有最小项，数据输出中，字的每一位都是各地址最小项值的或，表 8.2.1 就是一张 2 输入 4 输出逻辑函数的真值表。

因此，利用 ROM 可以实现任何组合逻辑函数，且对于具有 n 个输入变量和 m 个输出变量的组合逻辑函数，实现该组合逻辑函数所需要的最小存储器的容量为 $2^n \times m$ 位。

例 8.2.1　试用 ROM 来同时实现下列函数：

（1）$Y_1 = \overline{A}\,\overline{B}C + \overline{A}B\overline{C} + A\,\overline{B}\,\overline{C} + ABC$

（2）$Y_2 = BC + AC$

（3）$Y_3 = \overline{A}\,\overline{B}\,\overline{C}\,\overline{D} + \overline{A}\,\overline{B}CD + \overline{A}BC\overline{D} + A\,\overline{B}\,\overline{C}D + AB\overline{C}\,\overline{D} + ABCD$

（4）$Y_4 = ABC + ABD + ACD + BCD$

解：（1）写出各函数的标准**与或**表达式，按 A、B、C、D 顺序排列变量，将 Y_1、Y_2 扩展成为四变量逻辑函数。则最小项表达式为：

$Y_1 = \sum m$（2，3，4，5，8，9，14，15）

$Y_2 = \sum m$（6，7，10，11，14，15）

$Y_3 = \sum m$（0，3，6，9，12，15）

$Y_4 = \sum m$（7，11，13，14，15）

（2）选用 4 位地址输入和 4 位数据输出的 16×4 位 ROM，画存储矩阵连线图，如图 8.2.13 所示。

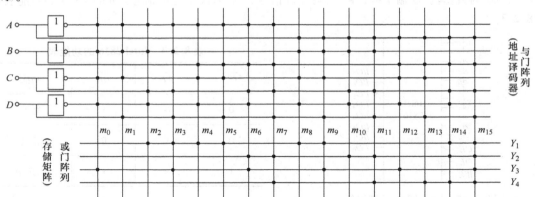

图 8.2.13　例 8.2.1 的存储矩阵连线图

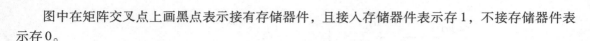

图中在矩阵交叉点上画黑点表示接有存储器件，且接入存储器件表示存 1，不接存储器件表示存 0。

思 考 题

8.2.1 针对存储器的主要技术指标，说明 ROM 的特点。

8.2.2 ROM 有哪些种类？各自的特点如何？观察 EPROM 和 E^2PROM 芯片的外形特点，有何区别？

8.2.3 列出 U 盘的主要技术指标。并列出 5 种利用闪烁存储器技术的存储设备。

8.3 随机存储器

8.3.1 随机存储器的基本结构和工作原理

RAM 的基本结构如图 8.3.1 所示，主要包含存储矩阵、地址译码器和读/写控制电路（也叫输入/输出电路）三大部分，其中，读/写控制电路主要实现片选控制（$\overline{CS}$）、输入/输出缓冲（I/O）和读/写控制（$R/\overline{W}$）。下面对 RAM 主要组成部分的具体结构和功能逐一进行介绍。

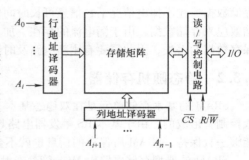

图 8.3.1 RAM 的基本结构图

1. 存储矩阵

RAM 的存储矩阵结构与 ROM 基本相同，由多个存储单元按阵列形式组成。所不同的是，ROM 在使用过程中不能写入，存储单元可以用二极管构成，也可以用双极型晶体管或者 MOS 管构成，每一个存储单元存储一位二进制数，而 RAM 存储单元由于支持读出和写入，其物理结构要复杂得多，这导致 RAM 集成能力不足。

2. 地址译码器

地址译码器的作用是将输入地址的二进制代码译成有效的行选信号和列选信号，选择需要进行读/写操作的存储单元。与 ROM 所不同的是，RAM 具有写入功能，地址译码器的输出地址选择的不仅是读出数据的存储单元，也是写入数据的存储单元。

3. 读/写控制电路

由于 RAM 具有读/写能力，因此读/写控制电路是 RAM 所特有的，读写控制电路实现对电路的读/写工作状态进行控制。读操作时，存储单元中的数据被送到输入/输出端口；写操作时，加到输入/输出端口上的数据将被写入到存储单元中。

图 8.3.2 所示为一个典型读/写控制电路的结构图。$\overline{CS}$ 起片选作用，低电平有效；$R/\overline{W}$ 信号用于控制读/写状态，高电平为读，低电平为写；D 和 $\overline{D}$ 为数据端；I/O 端所接的三态门对输出起缓冲作用。图 8.3.2 电路的工作过程如下：

1）当片选信号 $\overline{CS}$ = 1 时，G_4、G_5 输出为 0，三态门 G_1、G_2、G_3 输出均处于高阻状态，I/O 端与存储器内部完全隔离，存储器禁止读/写操作，即存储器芯片处于不工作状态。

2）当片选信号 $\overline{CS}$ = 0 时，芯片被选通，如果 $R/\overline{W}$ = 1，则 G_5 输出高电平，G_3 打开，G_1、G_2 仍处于高阻状态，被选中单元所存储的数据 D 经 G_3 出现在 I/O 端，实现存储器读；如果 $R/\overline{W}$ = 0，则 G_4 输出高电平，G_1、G_2 打开，此时加在 I/O 端的数据以互补的形式出现在内部数据线上，进而被存入到所选中的存储单元，存储器执行写操作。

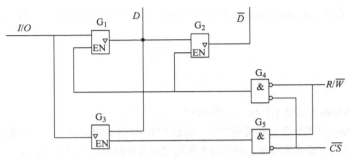

图 8.3.2　典型的读/写控制电路

根据存储单元结构和存储信息工作原理的不同，RAM 主要分为 SRAM 和 DRAM，VNRAM 的核心仍为 SRAM。SRAM 以双稳态基本 RS 触发器作为存储单元，依靠触发器的静态自保持特性存储数据，在不掉电情况下，信息可长时间保存；而 DRAM 利用 MOS 管栅极寄生电容的电荷存储效应来存储数据，由于漏电流的存在，加上本身电容量很小，栅极寄生电容的电荷流失会造成保存数据的丢失，因此需要有刷新电路及时给电容补充电荷。

8.3.2　静态随机存储器

SRAM 的基本存储单元是在双稳态基本 RS 触发器（也称为静态触发器）基础上附加控制线或控制管形成的，由于基本 RS 触发器电路具有状态自保持功能，只要不掉电，触发器的状态就能够一直保持，SRAM 所保存的信息也就不会丢失。

SRAM 的典型存储电路由 MOS 管静态触发器构成，用触发器的"0"状态和"1"状态分别来存储信息"0"和"1"。SRAM 存储电路具有速度快、工作稳定、使用方便等优点，但由于采用双稳态结构，存储数据所需 MOS 管较多，因此集成度低、功耗较大、成本高，主要应用于小容量的高速缓存，如 CPU 内部的一级缓存和内置的二级缓存以及少量的网络服务器和路由器，此外，目前广泛应用的 FPGA 芯片中的配置存储器大多基于 SRAM 技术。

下面详细介绍 SRAM 的基本存储单元电路结构和工作原理。

1. SRAM 的基本存储单元电路

图 8.3.3 是六管 CMOS 静态存储单元的电路图，它由 MOS 型双稳态基本 RS 触发器（$VF_1 \sim VF_4$）和两个门控管 VF_5、VF_6 构成，VF_5、VF_6 的开关状态由字线 X 决定。

VF_1、VF_2 是两个 N 沟道增强型 MOS 管，VF_3、VF_4 是两个 P 沟道增强型 MOS 管，VF_1、VF_3 和 VF_2、VF_4 分别构成了两个 CMOS 反相器，一个反相器的输入（输出）端分别与另一个反相器的输出（输入）端相连，构成一个双稳态的基本 RS 触发器，可稳定记忆一位二进制数值。利用触发器的两个稳定状态分别表示"1"和"0"，Q（VF_1 和 VF_3 反相器的输出）端为高电平，$\bar{Q}$ 端为低电平时，表示存储单元存 1，相反则表示存 0。

VF_5、VF_6 为门控管，当字线 X 为高电平时，VF_5、VF_6 管导通，Q 端和 $\bar{Q}$ 端（触发器的输出）分别与位线 B 和 $\bar{B}$ 接通，保存的信息可以进行读写。

VF_7、VF_8 也是门控管，为一列共用，控制一列存储单元的内部数据线（位线）是否与外部数据线接通，数据是否可以从位线 B 和 $\bar{B}$ 接通到输出缓冲电路（D、$\bar{D}$），并与外界接通。当列选线 Y 为高电平时，VF_7、VF_8 管导通，位线与外部数据线接通，表示可以对该存储单元进行读/写操作，当 $Y = 0$ 时，位线与外部数据线断开，不能对存储单元进行操作。

对某一存储单元进行读/写操作时，该存储单元所在的行的字线 X 与列选线 Y 均为高电平，VF_5、VF_6、VF_7、VF_8 管均导通，Q、B 和 D 接通，$\bar{Q}$、$\bar{B}$ 和 $\bar{D}$ 接通。数据通过读/写控制电路实现读/写功能。

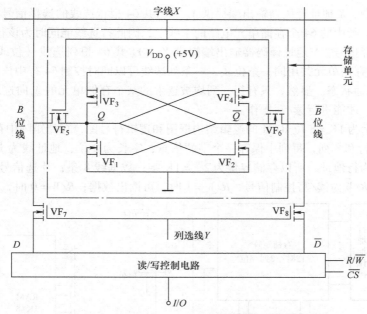

图 8.3.3 六管 CMOS 静态存储单元

双稳态基本 RS 触发器在掉电后重新恢复供电时，会发生状态竞争现象，状态不确定，无法准确保持原来的状态，因此 SRAM 是易失性存储器。

2. SRAM 芯片的组成

一个存储单元只能存储一位二进制的数据，要构成一个具有一定容量的存储器，需要若干个存储单元按照一定的结构形式进行组织，并加上相应的地址译码电路和读/写控制电路。图 8.3.4 所示为一个 4K×1 位的双译码 SRAM 的结构原理图，存储矩阵由 4096 个六管静态存储单元电路构成，这些存储单元按 64×64 矩阵排列。

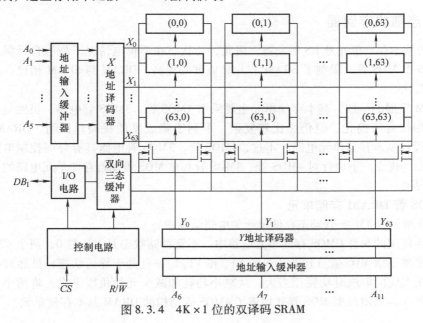

图 8.3.4 4K×1 位的双译码 SRAM

287

在存储矩阵中，X 地址译码器输出端提供 $X_0 \sim X_{63}$ 共 64 根行选线的选择信号，每一根行选线接到存储矩阵同一行中的 64 个存储单元电路的字线上，因此行选线能同时为该行 64 个存储单元的字线提供行选择信号。Y 地址译码器输出端提供 $Y_0 \sim Y_{63}$ 共 64 根列选线（位线）的选择信号，同一列中的 64 个存储单元共用同一条位线，一条列选线可以同时控制 64 行中该列存储单元与输入/输出电路的连通状态。显然，只有行、列均被选中的某个存储单元的 X 向选通门与 Y 向选通门才同时被打开，才能进行读/写操作。

图 8.3.5 所示为 1K×8 位 RAM 的逻辑结构框图和逻辑符号图，存储矩阵中存储单元为128×64 位，分为 128 行和 8 列，每列中保存一个字的信息，字长为 8 位，地址线为 10 条，高三位为列地址，低七位为行地址，所以存储容量为 $2^{10}=1K$ 字；数据线 8 条；片选信号为 $\overline{CS}$，当 $\overline{CS}=0$ 时，RAM 使能，$R/\overline{W}$ 为读/写控制信号，$R/\overline{W}=1$ 时，可读出数据；$R/\overline{W}=0$ 时，可写入数据。

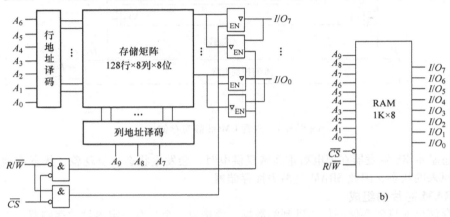

图 8.3.5　1K×8 位 RAM 的逻辑结构框图和逻辑符号图
a）逻辑结构框图　b）逻辑符号图

8.3.3　动态随机存储器

SRAM 的基本存储单元是 RS 触发器，因此，其状态在不掉电情况下能够自行保持，但每个存储单元需 6 个 MOS 管，限制了 SRAM 芯片集成度的提高。DRAM 与 SRAM 相比，其存储单元结构得到了简化。

在 DRAM 发展的早期，基本存储单元主要采用 4MOS 管、3MOS 管电路，虽然与 SRAM 的存储单元结构相比有所简化，但仍然比较复杂，不利于集成度的提高，目前，DRAM 多采用单MOS 管电路设计基本存储单元电路。不过，4MOS 管、3MOS 管电路具有外围控制电路简单、读出信号比较大等优点。下面针对 4MOS 管、3MOS 管和单 MOS 管动态存储单元电路的基本工作原理分别进行说明。

1. 4MOS 管 DRAM 存储单元

图 8.3.6 所示为 4MOS 管动态存储单元的电路结构图。

在 SRAM 使用的 6 管 CMOS 存储单元电路中，不管存储状态是 1 还是 0，两个 CMOS 反相器上方的 P 沟道增强型 MOS 管（图 8.3.3 中 VF_3 和 VF_4）一直处于导通状态，虽然对存储状态没有影响，但在大规模集成时功耗相当大。从减小功耗和减少元件角度出发，将两个 PMOS 管去除，剩下 4 个 N 沟道增强型 MOS 管就构成了 4MOS 管结构的 DRAM 基本存储单元。

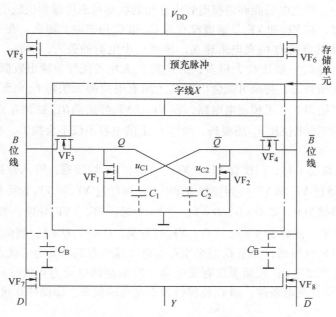

图8.3.6 4MOS管动态存储单元

如图 8.3.6 所示，VF_1 和 VF_2 是两只 N 沟道增强型的 MOS 管，它们的栅极和漏极交叉相连。VF_1 和 VF_2 的栅极电容（C_1 和 C_2，由于不是真的电容，图中用虚线表示，后面提到的 C_B 和 $C_{\bar{B}}$ 含义相同）上存储的电荷数决定存储单元的存储状态，C_1 和 C_2 上的电压又反过来控制着 VF_1 和 VF_2 的导通或截止，VF_3 和 VF_4 是存储单元字线的门控管，控制 Q 和 $\bar{Q}$ 端的高、低电平是否传递到位线 B 和 $\bar{B}$ 上。由于没有了双稳态触发器的自保持功能，电容会漏电，Q 端输出的高电平不能保证 $\bar{Q}$ 端输出稳定的低电平，因此 DRAM 无法保持信息。

若电路工作时，C_1 被充电，使 C_1 上的电压 u_{C1} 大于 VF_1 的开启电压，同时 C_2 没有被充电，则 VF_1 导通、VF_2 截止，把 $u_{C1}=1$、$u_{C2}=0$ 时的状态称为存储单元的 0 状态。反之，将 $u_{C1}=0$、$u_{C2}=1$，VF_1 截止、VF_2 导通的状态称作存储单元的 1 状态。下面就 4MOS 管动态存储单元的读/写操作原理分预充电、读出、写入和刷新四个过程进行详细说明。

（1）预充电

将位线上的分布电容 C_B 和 $C_{\bar{B}}$ 充至高电平状态，为读出数据提供保障。VF_5 和 VF_6 组成了对位线 B 和 $\bar{B}$ 上的分布电容 C_B 和 $C_{\bar{B}}$ 的预充电电路，为每一列存储单元所共用。在读操作之前，先在 VF_5 和 VF_6 的栅极上加以预充脉冲，使 VF_5 和 VF_6 导通，位线 B 和 $\bar{B}$ 与电源 V_{DD} 接通，在预充脉冲有效的时间内，将位线上的分布电容 C_B 和 $C_{\bar{B}}$ 充至高电平，预充脉冲消失后，位线上的高电平能在短时间内由分布电容 C_B 和 $C_{\bar{B}}$ 维持。

（2）读出

位线上为高电平时，如果 X、Y 同时出现高电平，即选中该存储单元，则门控管 VF_3、VF_4、VF_7、VF_8 均导通，此时该单元中数据被读出。例如，设存储单元为 0 状态，即 VF_1 导通，VF_2 截止，VF_3 也导通，这时 C_B 将通过 VF_3 和 VF_1 放电，使位线 B 变成低电平，同时，因为 VF_2 截止，$C_{\bar{B}}$ 没有放电回路，位线 $\bar{B}$ 仍然保持高电平，这样就将存储单元的状态读到了位线上，位线上的状态再通过导通的 VF_7 和 VF_8 管子传送到数据输出端 D 和 $\bar{D}$，直到 I/O，完成读出操作。

读出数据过程中，预充电是能够将栅电容中存储的状态可靠传递到位线的保障。假如，当存储单元为存 0 状态时，在 VF_3 和 VF_4 导通前没有对 C_B 和 $C_{\bar{B}}$ 预充电，那么，在 VF_4 导通以后 $\bar{B}$ 线上的高电平需要靠 C_1 上的电荷向 $C_{\bar{B}}$ 充电来建立，导致 C_1 上电荷的丢失，而且，因为位线为一列存储单元共用，分布电容 $C_{\bar{B}}$ 一般比 C_1 大很多，由 C_1 对 $C_{\bar{B}}$ 充电可能导致读出数据时 C_1 上的高电平被破坏，导致存储的数据丢失，甚至可能会出现 C_1 上所有电荷都无法将 $C_{\bar{B}}$ 充至高电平的情况，这时读出数据也出现了错误。有了预充电电路，在 VF_3、VF_4 导通前 $\bar{B}$ 已被预先充到接近 V_{DD} 的高电平，VF_3、VF_4 导通时 $\bar{B}$ 的电位比 u_{C1} 还要高，所以 C_1 上的电容不仅不会损失，反而得到了补充。

（3）写入

当 X、Y 同时为高电平时，门控管 VF_3、VF_4、VF_7、VF_8 均导通，输入数据通过读/写控制电路加到 D 和 $\bar{D}$ 端，通过 VF_7 和 VF_8 传到位线 B 和 $\bar{B}$ 上，再经过 VF_3 和 VF_4 管将数据写入到 C_1 和 C_2 上。例如，设写入数据为 0，即 $D=0$，$\bar{D}=1$，当 $Y=1$ 时，VF_7、VF_8 导通，数据传到位线，使 B 为低电平，$\bar{B}$ 为高电平，此时若 $X=1$，VF_3、VF_4 管导通，$Q=0$，$\bar{Q}=1$，则位线 $\bar{B}$ 的高电平经 VF_4 管对 C_1 充电，导致 VF_1 管导通，如果 C_2 原来充有电荷（原来存储单元为 1 状态），则 C_2 通过导通的 VF_1 管放电，将被改写为 0；若原来没有充电荷（原来存储单元为 0 状态），则由于位线 B 为低电平、VF_1 导通，没有充电条件，则 C_2 将保持没有电荷的状态，即保持 0 状态。

（4）刷新

DRAM 存储单元是依靠 MOS 管栅极电容（C_1 和 C_2）的充放电原理来保存信息的，存有电荷即为 1，不存有电荷的单元即保存了 0。但时间一长，电容上所保存的电荷会泄漏，从而造成信息丢失。因此，在 DRAM 的使用过程中，必须及时地向保存 1 的那些存储单元补充电荷，以维持信息的存在。这一过程，称为 DRAM 的刷新。

在 DRAM 中，因为栅电容上电荷的自然泄漏，在不对某一存储单元读/写时，为长期保存数据，需要定时进行刷新。DRAM 的刷新通过对存储单元的定期读出和写入来实现，刷新操作每隔一段时间将存储单元中保存的数据读出到位线上，然后再将该数据写入到该存储单元中去，该过程只在存储单元内部完成，不与外电路发生关系，因此，在刷新开始前，必须使 $Y=0$，否则会将需要刷新的输出读出。一个刷新周期内完成一次读/写操作，这样，经过内部的连续读/写，能够使原处于逻辑电平 1 的电容上所泄漏的电荷得到补充，而原来处于电平 0 的电容仍保持未被充电的状态，栅极电容中的信息因不断刷新而长期保存。

对一块 DRAM 芯片进行刷新的操作过程是：先将所有的 Y 线置 0，然后使第 1 行的 X 线为 1，其他为 0，对该行的所有单元进行一次读/写，刷新一次，接下来使第 2 行的 X 线为 1，其他为 0，刷新第 2 行，直到最后一行，再重复上述过程。通常，栅极电容电荷的自然保持时间一般在 2ms 以上，所以存储器各行全部刷新一次的时间要小于 2ms。DRAM 在刷新操作时不能进行正常的读/写操作。

2. 3MOS 管 DRAM 存储单元

图 8.3.7 所示为 3MOS 管动态存储单元的电路结构图。存储单元只需 3 个 MOS 管（$VF_1 \sim VF_3$），VF_4 管构成预充电电路，为一列共用。数据以电荷形式存储在 VF_2 管的栅极电容 C 中，电容 C 上的电压 u_C 控制着 VF_2 的开关状态，进而给出位线上的高、低电平。与 4MOS 管动态存储单元电路相比，其最突出的特点是，控制读/写的字线与位线是分开的，读/写的输出、输入端也是分开的。读的字选线控制着 VF_3 管的开关状态，写的字选线控制着 VF_1 管的开关状态。VF_4 是同一列存储单元共用的预充电 MOS 管。

通过前面 4MOS 管动态存储单元电路的分析知道，存储单元所保存的数据是由栅电容上的电荷数所决定的，一位二进制数据用一个电容的充放电状态即可描述，因此，在 3MOS 管动态存储单元中只用一个 MOS 管用于存储数据，比 4MOS 管动态存储单元电路少用一个 MOS 管，同时，在 4MOS 管动态存储单元电路中，可以看到写入操作是不需要进行预充电的，因此，在 3MOS 管动态存储单元电路中将读/写控制的字、位线分开，这样，预充电电路中又减少了一个 MOS 管，因此，3MOS 管动态存储单元电路所用的MOS 管数少，集成度更高。

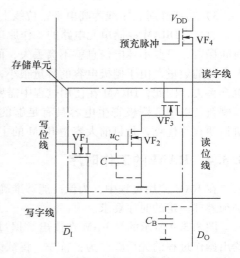

图 8.3.7　3MOS 管动态存储单元

　　3MOS 管动态存储单元电路的工作过程和原理与4MOS 管动态存储单元电路相似，需要注意的是：在读出过程中，如果 C 上充有电荷，u_C 大于 VF_2 的开启电压，VF_2 导通，存储单元的状态为 0，反之为 1 状态。D_O 端输出的数据与存储单元状态一致，$\overline{D_I}$ 表示输入的数据应与希望写入存储单元的状态相反，即希望写入 0 时，应使输入 $\overline{D_I}=1$。因此，在读出时位线上的电压信号与电容 C 上的电压信号的高低电平相反，在写入时位线上的电压信号与 C 上的电压信号高低电平相同，在刷新该存储单元时，先将 C 上存储的电压信号读出，必须取反相电平后再重新写入。

3. 单 MOS 管 DRAM 存储单元

　　单 MOS 管动态存储单元电路由于集成度高、功耗小，目前已广泛应用在 DRAM 中，其基本电路如图8.3.8 所示，由一只 MOS 管 VF 和一个与其源极相连的电容 C 组成，利用电容 C 存储电荷的原理来记忆信息 1 和 0（此处电容为实际器件，故用实线画图），电容 C 上充满电荷表示存储的二进制信息为 1，无电荷时表示为 0。

　　单 MOS 管动态存储单元电路的具体工作原理如下：

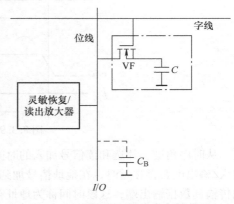

图 8.3.8　单 MOS 管动态存储单元

　　1）不进行读/写操作时，字线处于低电平，MOS管 VF 截止，电容 C 与外电路断开，不能进行充、放电，电路保持原状态不变。

　　2）读操作时，字线为高电平，VF 导通，此时 C 经 VF 向位线上的电容 C_B 提供电荷，使位线获得读出的信号电平。实际的存储器电路中，位线是一列单元共用的，同时接有很多存储单元，因此，C_B 要远大于 C，由于单 MOS 管动态存储单元电路没有预充电电路，所以 C 上所存电荷仅能提高 C_B 少量电荷，使得位线电压上升很小，如前文所分析，C 上电荷数将减少，可能导致存储信息的丢失，因此，这是一种破坏性读出。由于位线电压上升很小，为准确读出存储单元的状态，需要有放大电路，将这个小电压信号进行放大，同时，为解决破坏性读出问题，还需要在读出 1 后，将电容 C 中损失的电荷再充满，这两个问题是通过接入灵敏恢复/读出放大器来解决的，它的作用是放大位线电压，以便于准确读出数据，同时也对存储单元电路进行刷新。因此，单 MOS 管 DRAM 正常工作所需的外围控制电路较为复杂，刷新操作按行进行一次读就可以实现，刷新速度快，在高集成领域具有较大优势。

3）写操作时，字线为高电平，位线上的数据经过 VF 存入电容 C 中。

总之，DRAM 存储单元电路的工作原理与 SRAM 的稳态触发器不同，SRAM 存放的信息能长时间保留，只要不掉电信息就不会丢失，而 DRAM 中信息的保存主要依靠 MOS 管栅极寄生电容上电荷的数量，由于栅极电容的容量很小，且不可避免地存在泄漏放电现象，即使不掉电，电荷也会丢失，因此，DRAM 在使用过程中需要每隔一定时间（一般不超过 2ms）对 DRAM 进行充电即刷新，以保证栅极寄生电容具有足够的电荷。但 DRAM 具有结构简单、集成度高、功耗低、价格便宜等优点，是目前大容量 RAM 的主流产品，常用的计算机内存等都是 DRAM。

8.3.4　RAM 的工作时序

在 RAM 使用过程中，为保证能够准确无误地工作，加到存储器上的地址、数据和控制信号必须遵守一定的时序要求。

图 8.3.9 所示的是 RAM 在读出数据过程中，保证能够正常工作所必须遵循的时序关系图。读出操作过程的先后顺序为：首先，将欲读出单元的地址加到存储器的地址输入端；然后，片选信号有效，即 $\overline{CS} = 0$，若 $R/\overline{W}$ 端为高电平，则所选单元的数据将从 I/O 端输出；当片选信号 $\overline{CS} = 1$ 时，I/O 端呈高阻态，读出过程结束。

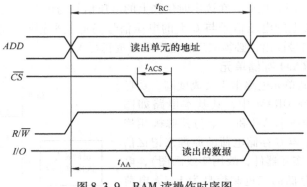

图 8.3.9　RAM 读操作时序图

从时序角度，片选和读信号加入的时间可以与地址信号同时，但由于地址缓冲器、译码器和输入/输出电路存在延时，在地址信号加到存储器上之后，必须等待一段时间 t_{AA}，数据才能稳定地传输到数据输出端，这段时间称为地址存取时间。由于地址缓冲器和译码器电路的物理延时，RAM 获得稳定地址也需要等待一段时间，可以利用这段时间，将片选和读信号滞后于地址信号加入（图 8.3.9 中所示读信号与地址信号同时有效），但必须保证读信号在片选信号之前有效，否则会出现错误的读/写。在实际应用中，往往通过片选信号来控制是否进行读操作，而地址信号和读信号可以长时间加到存储器上，其时序对 RAM 的正常读操作没有影响。从片选信号有效到数据稳定输出，这段时间间隔记为 t_{ACS}，称为片选存取时间，反映片选信号有效到数据稳定输出的延迟，这是 RAM 读操作时的另一个重要时序指标，表征 RAM 存储单元的响应速度和输入/输出电路的延时，t_{AA} 包含了 t_{ACS}，t_{ACS} 越小，表示 RAM 存储越快，输入/输出电路延时越少。显然，在进行存储器读操作时，只有在地址和片选信号加入，且分别等待 t_{AA} 和 t_{ACS} 以后，被读单元的内容才能稳定地出现在数据输出端，这两个条件必须同时满足。图中 t_{RC} 为读周期，它表示该芯片连续进行两次读操作必须的时间间隔。

图 8.3.10 所示的是 RAM 在写入数据过程中，保证能够正常工作的时序关系图。写入操作过程的先后顺序为：首先，将欲写入单元的地址加到存储器的地址输入端；然后，片选信号有效，

即 $\overline{CS}=0$，同时将待写入的数据加到数据 I/O 端；若 $R/\overline{W}$ 端为低电平，则开始写入操作；当片选信号 $\overline{CS}=1$ 时，I/O 端呈高阻态，数据无法写入。

由于地址改变时，新地址的稳定需要经过一段时间，如果在这段时间内加入写控制信号（即 $R/\overline{W}$ 变低），就可能将数据错误地写入其他单元。为防止这种情况出现，在写控制信号有效前，地址必须稳定一段时间 t_{AS}，这段时间称为地址建立时间。同时，在写信号失效后，地址信号至

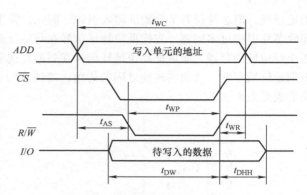

图 8.3.10　RAM 写操作时序图

少还要维持一段时间 t_{WR}，称为地址维持时间，以保证速度最慢的存储器芯片写入正确的存储单元。此外，那些即将被写入存储器单元的数据，应在片选信号和写信号有效之前保持稳定，且一直保持 t_{DW} 时间，称为数据建立时间，在写信号失效后被写入数据还要继续保持 t_{DHH} 时间，称为数据维持时间，确保数据正确写入指定存储单元。图中 t_{WC} 为写周期，它反映了连续进行两次写操作所需要的最小时间间隔。

大多数静态半导体存储器的读周期和写周期是相等的，一般为十几到几十纳秒。

8.3.5　RAM 应用

1. 集成 RAM

实际应用中，典型的 SRAM 芯片有 Intel 的 2114、6116、6264 等。其中 2114 芯片的容量是 $1K \times 4$ 位，基本存储单元是六管存储单元电路，其逻辑符号如图 8.3.11 所示。其中，地址信号为 $A_9 \sim A_0$，采用行列译码方式，低六位地址用于行译码，高四位地址用于列译码，片选信号为 $\overline{CS}$，$I/O_3 \sim I/O_0$ 为数据输入/输出端，$\overline{WE}$ 为写允许信号，当 $\overline{WE}=0$ 时，数据可由 I/O 口写入被选中的存储单元；$\overline{WE}=1$ 时，数据可从所选中的存储单元读出到 I/O。Intel 2114 的功能表见表 8.3.1。

RAM 应用

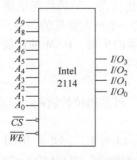

图 8.3.11　Intel 2114 的逻辑符号图

表 8.3.1　Intel 2114 的功能表

$\overline{CS}$	$\overline{WE}$	功能
0	0	写入
0	1	读出
1	×	未选中

实际应用中，典型的 DRAM 芯片有 Intel 的 2116、2164A 等。其中 2116 芯片的容量是 $16K \times 1$ 位，其逻辑符号如图 8.3.12 所示。其中，地址信号为 $A_6 \sim A_0$；D_{IN} 和 D_{OUT} 为输入、输出数据线；$\overline{WE}$ 为读/写控制信号，$\overline{WE}=0$ 时可写入，$\overline{WE}=1$ 时可读出；$\overline{RAS}$ 为行地址选通信号；$\overline{CAS}$ 为列地址选通信号。

由于 DRAM 的容量一般较大，所需的地址信号比较多，如 2116 芯片的容量为 16K，需要 14

根地址线，但芯片仅有 7 个地址输入引脚，因此，常采用地址线分时复用技术来解决地址码过多导致芯片引脚过多问题。先把低位地址信号在行地址选通信号 $\overline{RAS}$ 有效时通过芯片的地址输入线送至行地址锁存器，而后把高位地址信号在列地址选通信号 $\overline{CAS}$ 有效时通过芯片的地址输入线送至列地址锁存器，从而实现地址码的传送，需注意的是，$\overline{RAS}$ 和 $\overline{CAS}$ 不能同时有效。Intel 2116 的功能表见表 8.3.2。

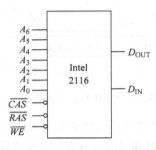

图 8.3.12 Intel 2116 的逻辑符号图

表 8.3.2 Intel 2116 的功能表

$\overline{WE}$	$\overline{RAS}$	$\overline{CAS}$	功能
0	0	1	写入行选通
0	1	0	写入列选通
1	0	1	读出行选通
1	1	0	读出列选通

表 8.3.3 中给出了几种常见 RAM 的参数信息。

表 8.3.3 几种常见 RAM 的参数信息

芯片型号	类型	容量	引脚数	译码方式
2114	SRAM	1K×4bit	18	单译码
6116	SRAM	2K×8bit	24	单译码
6264	SRAM	8K×8bit	28	单译码
62256	SRAM	32K×8bit	28	单译码
2116	DRAM	16K×1bit	16	双译码
2164A	DRAM	64K×1bit	16	双译码
41256	DRAM	256K×1bit	16	双译码

2. RAM 的容量扩展

随着集成制造工艺水平的提高，虽然单片 RAM 的容量不断增大，但仍然无法满足当前应用对 RAM 存储容量的需求，这时，将多个 RAM 组合起来以形成一个更大容量的存储器，是一种比较简单可行的解决方法，这个过程就是半导体存储器 RAM 容量的扩展。RAM 的扩展主要有两种连接方式：位扩展和字扩展。下面讲述的方法对 ROM 同样适用。

（1）位扩展方式

如果一片 RAM 的字数已经够用，而每个字的位数不够时，可采用位扩展的方式将多片 RAM 进行连接，在字数不变的情况下，增加 RAM 的位数。

用 8 片 1K×1 位 RAM 构成的 1K×8 位 RAM 系统如图 8.3.13 所示，把 8 片 RAM 所有的地址线、$R/\overline{W}$、CR 分别连接成并联的形式，每片 RAM 的 I/O 端作为组合后 RAM 输入/输出数据端的一位。

（2）字扩展方式

如果一片 RAM 的数据位数够用而字数不够时，可采用字扩展的方式连接多片 RAM，在数据位数不变的情况下，增加 RAM 的字数。

用 8 片 1K×8 位 RAM 构成的 8K×8 位 RAM 的系统如图 8.3.14 所示。图中 I/O、$R/\overline{W}$ 和地址线 $A_0 \sim A_9$ 并联连接，高位地址码 A_{10}、A_{11} 和 A_{12} 经 74LS138 译码器 8 个输出端分别接到 8 片 1K×

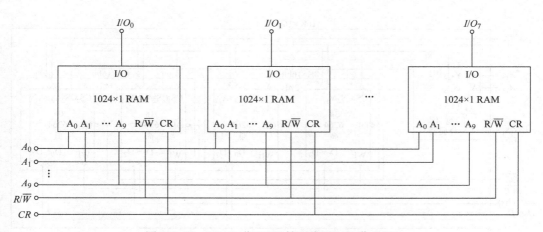

图 8.3.13 1K×1 位 RAM 扩展成 1K×8 位 RAM

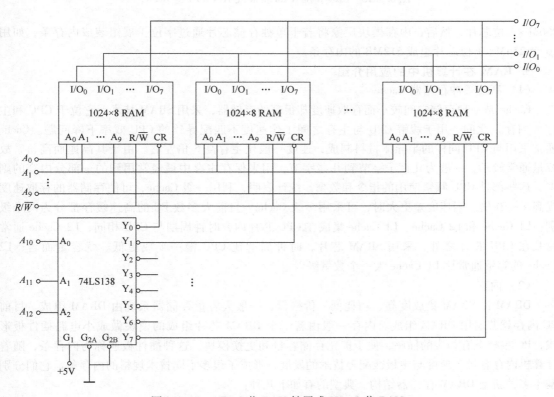

图 8.3.14 1K×8 位 RAM 扩展成 8K×8 位 RAM

8 位 RAM 的片选端 $\overline{CR}$ 上，以实现字扩展。

（3）字位全扩展方式

构建存储器时，选用的存储芯片的字数和位数都满足不了要求，就需要进行字位全扩展。

做字位全扩展设计需要分三步进行：首先计算所需芯片数，然后进行位扩展，最后进行字扩展。图 8.3.15 给出了用 4 片 6264（8K×8 位）构成 16K×16 位存储器的连线图。

目前 PC 中的内存构成就是字位全扩展的典型实例。存储芯片厂家制造单独的存储芯片，如

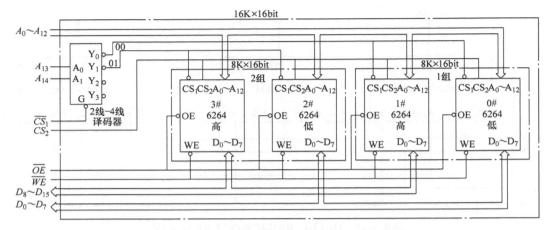

图 8.3.15　8K×8 位 RAM 扩展成 16K×16 位 RAM

256M×1 位芯片，然后，内存模块厂家将若干单独存储芯片通过字位扩展组装成内存条，如用 16 个 256M×1 位芯片组成 512MB 的内存条。

3. RAM 在计算机中的应用介绍

（1）高速缓冲存储器 Cache

Cache 是一种存储空间较小而存取速度却很高的存储器，采用 SRAM 技术，它位于 CPU 和主存（内存）之间，用于缓解 CPU 与主存之间工作速度不匹配导致的 CPU 效率下降问题。Cache 通常采用与 CPU 同样的半导体材料制成，速度一般比主存高 5 倍左右。由于其高速而高价，故容量通常较小，一般为几百千字节到几兆字节，用来保存主存中最经常用到的一部分内容的副本，这些都是 CPU 频繁使用的指令和数据。统计表明，利用一级 Cache，可使存储器的存取速度提高 4～10 倍。当速度差更大时，可采用多级 Cache。目前大多数 PC 的高速缓存都分为两个级别：L1 Cache 和 L2 Cache。L1 Cache 集成在 CPU 芯片内，时钟周期与 CPU 相同；L2 Cache 通常封装在 CPU 芯片之外，采用 SRAM 芯片，时钟周期比 CPU 慢一半或更低。就容量而言，L2 Cache 的容量通常比 L1 Cache 大一个数量级以上。

（2）内存

DRAM 比 SRAM 集成度高、功耗低、价格低，一般大容量存储器系统由 DRAM 组成。目前 PC 内存就普遍用 DRAM 组成。内存一般由若干个 DRAM 芯片组成的模块做成小电路插件板形式，PC 主板上有相应的插座，便于扩充存储容量和更换模块。这种插件板通称为内存条，随着计算机内存容量、速度与主板匹配等技术的发展，形成了很多不同技术规格的内存条，它们分别基于多种新型 DRAM 存储器结构。典型的有如下几种：

1）FPM DRAM（fast page mode DRAM）——快速页面模式内存。FPM DRAM 是把连续的存储块以页的形式来处理，只需送出一个行地址信号即可寻址一块数据，可加快数据的存取速度，其读取速度为 60～80ns。

2）EDO DRAM（extended data output DRAM）——扩充数据输出随机存储器。EDO DRAM 和 FPM DRAM 的基本制造技术相同，但在缓冲电路上有所差别，它在本周期的数据传送尚未完成时，可进行下一周期的传送，所以它的读取速度比 FPM DRAM 快 10%～20%，约为 50～60ns。

3）SDRAM（synchronous DRAM）——同步动态随机存储器。SDRAM 是动态存储器系列中使用最广泛的高速、高容量存储器之一。SDRAM 采用了多体存储器结构和突发模式，为双存储体结构，也就是它有两个存储阵列，一个读取数据时，另一个已经做好被读取的准备，两者相互自动切换，使得存取效率成倍提高，可实现与 CPU 外频同步，传输速率比 EDO DRAM 快了许多，速度可达 6ns。

4）DDR SDRAM（double data rate SDRAM）——双倍数据传送速率 SDRAM。DDR SDRAM 即 DDR 内存。传统的 SDRAM 内存只在时钟周期的上升沿传输指令、地址和数据，而 DDR SDRAM 内存的数据线有特殊的电路，可以让它在时钟的上下沿都传输数据。所以 DDR 在每个时钟周期可以传输两个字（4B），而 SDRAM 只能传输一个字。它的速度比 SDRAM 提高了一倍。

5）DDR2 SDRAM。与 DDR 相比，除了保持原有的双边沿触发传送数据特性外，扩展了预读取能力，采用多路复用技术，原来 DDR 可预读取 2 位，现在可预读取 4 位，因此预读取能力是 DDR 的两倍，因此称为 DDR2。这样尽管 DDR2 核心频率只有 100MHz，但由于 4 位的预读取能力，使其具有 400MHz 的传输能力。也就是说 DDR2 的实际工作频率是核心频率的 4 倍。

6）DDR3 SDRAM。DDR3 是 DDR2 的改进版，与 DDR2 相同之处是采用 1.9V 电压，144 脚球形针脚的 FBGA 封装等；不同之处是核心的改进，采用 0.11μm 工艺，因此耗电低。DDR3 与 DDR2 相比具有的明显优势包括：功耗和发热量小；采用 8 位预读取技术，工作频率更高，可达 800MHz；通用性好；成本低。

思 考 题

8.3.1　针对存储器的主要技术指标，分别说明 ROM 和 RAM 的特点，并进行比较。

8.3.2　ROM 和 RAM 的主要区别是什么？它们各使用在什么场合？请举例说明。

8.3.3　RAM 有哪些种类？各自的特点如何？

8.3.4　DRAM 和 SRAM 的电路结构有何不同？存储信息如何保存的？

8.3.5　查找相关资料，给出目前主流 PC 的 Cache 容量大小。

8.3.6　查找相关资料，给出目前主流内存条采用的 DRAM 类型及其容量大小。

8.4　顺序存储器

8.4.1　顺序存储器的结构和工作原理

顺序存储器 SAM 是一种读/写存储器，但又与 RAM 有所区别，RAM 允许随时对任何一个地址的存储单元进行读/写，与该存储单元在存储器中的位置无关，而 SAM 中，数据按照一定顺序串行地写入和读出，即某一时刻，能对哪些存储单元进行操作与这些存储单元在存储器中的位置有关。

SAM 的基本电路如图 8.4.1 所示，由动态移存器和控制电路组成。I/O 端是数据端，$R/\overline{W}$ 为读/写控制信号输入端，$L/\overline{R}$ 为顺序存储器工作方式控制端，D_1 是移位寄存器的数据输入端，Q_0、Q_n 是移位寄存器各级触发器的输出端，$SL/\overline{SR}$ 是移位寄存器数据移动方向控制信号输入端，其中，动态移存器是由动态移存单元构成的移位寄存器，8.4.2 节将对动态移存单元作详细介绍。

当 $R/\overline{W}=0$ 时，顺序存储器处于写入状态，此时，要存储到动态移存器中的数据只能从单一的数据输入端 D_1 端逐位输入，而且，由于与门的存在，输入到动态移存器中数据的移动方向控制信号 $SL/\overline{SR}$ 的输入端始终为 0，即动态移存器处于右移状态，这样，由 I/O 端输入的数据，经 D_1 到 Q_0，再逐位右移；当 $R/\overline{W}=1$ 时，顺序存储器处于读出状态，数据从 Q_0 端读出还是从 Q_n

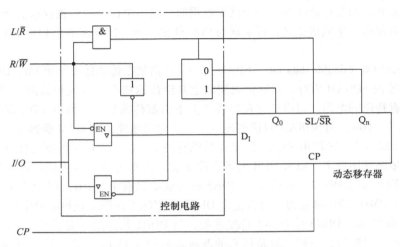

图 8.4.1 顺序存储器的基本结构

端读出取决于数据选择器的控制信号（因为 $R/\overline{W}=1$，所以数据选择器的控制信号为 $L/\overline{R}$），当 $L/\overline{R}=1$ 时，动态移存器中数据左移并从 Q_0 输出，这种工作状态下的顺序存储器，最先存入的数据在读出时最后到达输出端，故称为先进后出（FILO）型；当 $L/\overline{R}=0$ 时，移位寄存器中数据右移并从 Q_n 输出，这种工作状态下的顺序存储器称为先进先出（FIFO）型。

顺序存储器中，由于要进行读/写的数据都先移到指定的位置（D_1、Q_0、Q_n）才能进行操作，因此，数据的读/写速度不仅很慢，而且所需的时间还与数据在寄存器中所处的位置有关。存储的数据位数越多，即动态移存器的位数越多，则最大的读、写时间也越长。

在 8.3.3 节介绍动态随机存储器时曾经讲到，利用 MOS 管栅极寄生电容具有存储电荷的功能，可以做成结构很简单的单 MOS 管动态存储单元，只不过它必须不断地进行数据刷新才能保证存储器中数据不致丢失，因此，所需的外围控制电路比较复杂。而在顺序存储器中，由于存储体采用类似移位寄存器的动态移存器结构，可以利用动态移存器中的数据移位来实现数据的刷新，使存储器中的数据不停地移动，同时将移出输出端的数据移回到数据输入端，形成一个循环，这样，就可以省去复杂的外围控制电路，充分发挥动态 MOS 存储单元电路结构简单的优点，制成高集成度的顺序存储器。

8.4.2 动态移存器和 FIFO 型顺序存储器

1. 动态移存器

动态移存器是利用 MOS 管栅极寄生电容的电荷暂存特性制作而成的结构简单、易于集成的存储电路，它的工作过程类似于移位寄存器，在移位时钟作用下实现数据的移位操作。由于 MOS 管的输入电阻极大，在栅电容上充入电荷后，电荷经输入电阻的自然泄漏比较缓慢，至少可以保持几毫秒，如果移位脉冲（CP）的周期在微秒数量级，则在一个周期内栅极电容上的电荷将基本保持不变，栅极电位也基本不变。若长时间没有移位脉冲的推动，存放在栅电容上的信息就会随着电荷的泄漏而消失。所以它只能在移位脉冲的推动下，也就是在动态中运用，故称它为动态移存器。动态移存器是由动态 CMOS 反相器串接而成的。

动态 CMOS 反相器的电路结构如图 8.4.2 所示，它由传输门 TG 和 VF_1、VF_2 组成的 CMOS 反相器构成，传输门 TG 相当于串接在 VF_1、VF_2 输入端的可控开关，由 CP 控制，栅电容 C 是存储信息的主要"元件"，由于是 VF_1、VF_2 栅极的寄生电容，所以用虚线表示。

当输入信号 u_I 为高电平时，若 $CP=1$，则传输门 TG 导通，输入信号对栅极电容充电，使得 $u_C=1$，由于传输门导通的内阻很小，此时对 C 充电的电阻很小，所以充电迅速，一般 CP 的正脉冲宽度只要几微秒即可，当 CP 变为 0 时，传输门 TG 截止，充电通路断开，C 经栅极对地的漏电阻放电，由于漏电阻阻值极大（为 MOS 管的截止电阻，通常 $R>10^9\Omega$），故放电时间较长（毫秒级），能长时间保持 VF_1 管的输入电压为高电平。可见只要使 TG 短暂导通一下，就能靠栅极寄生电容 C 的电荷存储效应来暂

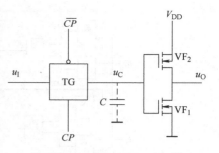

图 8.4.2　动态 CMOS 反相器

存输入信息。若在 VF_1 输入端高电平下降到最小值以前，再来一个 CP，使 C 上的电荷得到补充，就可使反相器继续保持输出 0 不变，所以为了长期保持 C 上的 1 信号，需要每隔一定时间对 C 补充一次电荷，显然 CP 的周期不能太长，一般要小于 1 ms。

动态 CMOS 移存单元的电路结构如图 8.4.3 所示，它由两个动态 CMOS 反相器串接成主从结构，TG_1、VF_1、VF_2 是主动态 CMOS 反相器；TG_2、VF_3、VF_4 是从动态 CMOS 反相器，它是构成动态移存器的基本单元，是保存一位二值信息的存储电路。

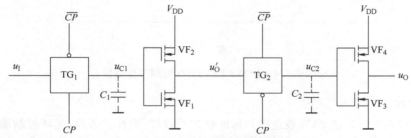

图 8.4.3　动态 CMOS 移存单元

动态 CMOS 移存单元的工作原理与主从 D 触发器相似，当 $CP=1$ 时，TG_1 导通，TG_2 截止，输入数据存入栅极寄生电容 C_1，栅电容 C_2 上的信息保持不变，此时主动态 CMOS 反相器接收信息，从动态 CMOS 反相器保持原来状态；当 $CP=0$ 时，TG_1 截止，封锁了输入信号，TG_2 导通，C_1 上的信息经 VF_1、VF_2 反相后，作为传输门 TG_2 的输入传输到 C_2 上，再经 VF_3、VF_4 反相输出，此时主动态 CMOS 反相器保持原来状态，从动态 CMOS 反相器随主动态 CMOS 反相器的输出变化。如此经过一个 CP 的推动，数据即可向右移动一位。动态移存器可用上述动态 CMOS 移存单元串接而成，再加上辅助电路便可构成顺序存储器。

2. FIFO 型顺序存储器

图 8.4.4 所示是由 8 个动态移存器构成的 FIFO 型顺序存储器，其中每个动态移存器都由 1024 个动态 CMOS 移存单元串接而成，它有循环刷新、读、写三种工作方式，可在 CP 推动下，每次对外读（或写）一个并行的 8 位数据，因此，该顺序存储器的存储容量为 1024×8 位。

（1）循环刷新

当片选信号为 0 时，该 SAM 未被选中，G_1、$G_{20}\sim G_{27}$、$G_{30}\sim G_{37}$ 被封锁，$G_{10}\sim G_{17}$ 打开，故不能从数据输入端 $I_0\sim I_7$ 输入数据，也不能从输出端 $O_0\sim O_7$ 输出数据，它只能在 CP 推动下，将原来存入的数据由移存器输出端再反馈送入其输入端，执行循环刷新操作，只要不掉电，这些信息就可以长期保存。

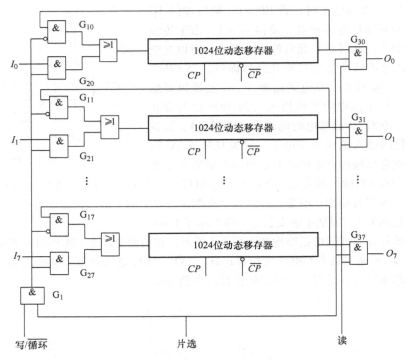

图 8.4.4　1024×8 位 FIFO 型顺序存储器

（2）读和写

当片选信号为 1 时，该 SAM 被选中，即能够进行读/写操作。若写/循环控制端输入信号为1，则 G_1、$G_{20} \sim G_{27}$ 打开，$G_{10} \sim G_{17}$ 被封锁，在 CP 推动下，输入数据移入移存器，执行写入操作；若读控制端信号也同时为 1，则 $G_{30} \sim G_{37}$ 打开，可以读取数据，SAM 执行边写边读操作。

若写/循环控制端输入信号为 0，且读控制端信号为 1 时，$G_{10} \sim G_{17}$、$G_{30} \sim G_{37}$ 打开，$G_{20} \sim G_{27}$ 封锁，在 CP 推动下，执行读出操作，数据从输出端 $O_0 \sim O_7$ 输出，同时将输出数据反馈送入移存器，以保留原数据。

思 考 题

8.4.1　简述顺序存储器工作的基本原理。

8.4.2　为什么顺序存储器中不需要进行刷新，也能够保证数据不丢失？

本 章 小 结

存储器是数字电子系统和计算机中不可缺少的重要组成部分，存储器的字数和位数的乘积表示存储器的容量。存储器分为只读存储器 ROM、随机存储器 RAM 和顺序存储器 SAM，绝大多数属于 MOS 工艺制成的大规模集成电路。

只读存储器 ROM 是一种在工作过程中只能读出不能写入的非易失性存储器，存储的信息可长期保存，掉电不会丢失。根据数据写入方式的不同，ROM 可以分成固定 ROM、可编程 ROM（PROM）和可擦除的可编程 ROM（EPROM），根据擦除手段和条件的不同，EPROM 还可分为紫外线擦除的可编程 ROM（UVEPROM，一般所说的 EPROM 指的是 UVEPROM）、电信号擦除的可编程 ROM（E^2PROM）和闪烁存储器（Flash memory）三种。

随机存储器 RAM 存储的数据断电后会消失，属于易失性的读/写存储器，RAM 是一种时序电路，具有记忆功能。根据存储数据的原理不同，RAM 有 SRAM 和 DRAM 两种类型，SRAM 用双稳态触发器记忆数据，而 DRAM 靠 MOS 管栅极电容上的电荷存储数据，因此在不掉电情况下，SRAM 的数据可以长久保持，而 DRAM 需要定期刷新。

顺序存储器 SAM 是一种读/写存储器，其中数据按照一定顺序串行地写入和读出，因此，要进行读/写的数据都先移到指定的位置才能进行操作，导致读/写速度较慢。SAM 的基本电路由动态移存器和控制电路组成。

习　　题

题 8.1　什么是存储器的存储容量？今有一存储器，其地址线为 $A_0 \sim A_7$，输出数据位线有 8 根，为 $D_0 \sim D_7$，试问存储容量有多大？

题 8.2　某计算机的内存有 8 位地址线和 8 位并行数据输入/输出端，试计算它的最大存储容量，并分别说明字数和位数。

题 8.3　用 ROM 设计一个组合电路，以实现下列逻辑函数，要求列出 ROM 的数据真值表，并画出存储矩阵的点阵图。

$$\begin{cases} Y_3 = \overline{A}\,\overline{B}CD + A\overline{B}CD \\ Y_2 = AB\overline{D} + \overline{A}CD + A\overline{B}\,\overline{C}\,\overline{D} \\ Y_1 = A\overline{B}C\overline{D} + B\overline{C}D \\ Y_0 = \overline{A}\,\overline{D} \end{cases}$$

题 8.4　试用 ROM 实现下列组合逻辑函数，要求画出点阵图，并列表说明 ROM 中应存入的数据。

$$\begin{cases} Y_3 = A + B + C \\ Y_2 = A \oplus B \oplus C \\ Y_1 = \overline{AB} + ABC \\ Y_0 = \overline{A + B} \end{cases}$$

题 8.5　如图 8.5.1 所示是一个 16×4 位的 ROM，$A_3A_2A_1A_0$ 为地址输入，$D_3D_2D_1D_0$ 为数据输出。若将 D_3、D_2、D_1、D_0 视为 A_3、A_2、A_1、A_0 的逻辑函数，试写出 D_3、D_2、D_1、D_0 的逻辑函数式。

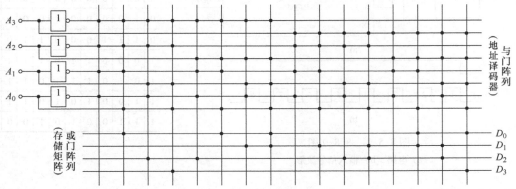

图 8.5.1　题 8.5 图

题 8.6　恰当选择 ROM 的字数和位数，以实现下列几种逻辑功能，并确定所需 ROM 的容量：

（1）比较两个四位二进制数的大小，并判断它们是否相等；

（2）两个三位二进制数相乘；

（3）将八位二进制数转成十进制数（用 BCD 码表示）的转换电路。

题 8.7　用 16×4 位的 ROM 设计一个 2 位二进制乘法器电路，要求列出 ROM 的数据真值表，并画出存储矩阵的点阵图。

题 8.8　试用 ROM 实现代码转换电路，将 8421 码转换成格雷码，8421 码和格雷码的对应关系见表 8.5.1，要求画出存储矩阵点阵图。

表 8.5.1　8421 码和格雷码的对应关系

8421 码	格雷码
0000	0000
0001	0001
0010	0011
0011	0010
0100	0110
0101	0111
0110	0101
0111	0100
1000	1100
1001	1101

题 8.9　由 3 位二进制计数器、ROM 和八选一数据选择器组成的电路如图 8.5.2a 所示，存储器中的内容见表 8.5.2。时钟 CP 和直接置零信号 $\overline{R}_D$ 如图 8.5.2 所示，试画出 F 端输出波形。

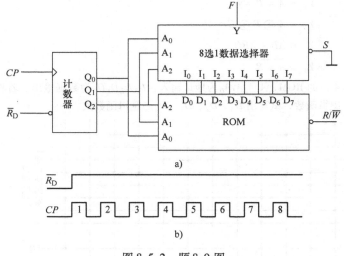

图 8.5.2　题 8.9 图

a）电路　b）输入信号波形

表 8.5.2　存储器内容

地址			内容							
A_2	A_1	A_0	D_7	D_6	D_5	D_4	D_3	D_2	D_1	D_0
0	0	0	1	0	0	0	0	0	0	1
0	0	1	0	0	0	0	0	0	1	1
0	1	0	0	0	0	1	0	0	0	0
0	1	1	1	0	0	0	1	1	0	0
1	0	0	0	1	1	0	1	1	1	0
1	0	1	0	1	0	0	1	1	1	1
1	1	0	0	1	0	1	0	1	1	0
1	1	1	0	0	1	0	1	0	0	1

题 8.10　用 1024×8 位的 EPROM 接成一个数码转换器，将 10 位二进制数转换成等值的 4 位 BCD 码。问：需要用几片 EPROM？试画出电路接线图，标明输入与输出，并对照连线图，当地址输入 $A_9 A_8 A_7 A_6 A_5$

$A_4A_3A_2A_1A_0$ 分别为 0000000000、1000000000、1010101010 时，两片 EPROM 中对应地址中的数据各为何值？

题 8.11　试用 ROM 设计全减器。设 A_i 为被减数，B_i 为减数，C_i 为低位借位，差数为 D_i，向高位的借位为 CO。要求画出 ROM 的逻辑阵列图。

题 8.12　某 SRAM 芯片容量为 512×8 位，除电源和地线外，该芯片的引出线最少应为多少根？

题 8.13　一个 16K×1 位的 DRAM，采用异步式刷新方式，如果芯片内部的存储矩阵为 128×128，刷新周期为 2ms，则存储器的刷新信号周期是多少？

题 8.14　一个有 1K×1 位的 DRAM，采用地址分时送入的方法，芯片应具有几条地址线？

题 8.15　试用 4 片 4K×8 位的 RAM 接成 16K×8 位的存储器，画出控制信号 $\overline{CS}$、$R/\overline{W}$。

题 8.16　现有 256×4 位的 RAM，要求组成一个 64K×8 位的 RAM，应取用多少片 256×4 位的 RAM？应用几位地址码实现片选功能？

题 8.17　用 1K×4 位的 RAM 扩展为 4K×8 位的存储器系统。画出电路图，并分别列出各芯片的地址空间。

第 9 章　可编程逻辑器件

[内容提要]

本章首先介绍可编程逻辑器件的分类、基本结构、可编程电路元件；然后重点介绍可编程逻辑阵列和可编程阵列逻辑、通用阵列逻辑、复杂可编程逻辑器件、现场可编程门阵列的内部结构和实现逻辑功能的可编程原理；最后讨论可编程逻辑器件的设计过程与原则，并结合实例说明采用可编程逻辑器件实现逻辑系统的方式、可编程器件的资源消耗与性能指标之间的关系等。

9.1　概述

传统的逻辑门电路和标准数字集成电路具有确定的逻辑功能，采用自底向上的设计方法实现逻辑电路功能：从底层电路开始，不断集成功能模块，最后实现系统的逻辑功能。这种设计方法简单且成熟，但无法满足大规模电路与系统的设计需要。随着电路规模的增加，系统的元器件和连线数量也随之增加，从而导致电路的规模、可靠性等指标难以满足系统的综合要求。为了解决这些问题，现代数字逻辑系统运用大规模或超大规模集成电路技术，把一些通用的标准电路、功能复杂的特定电路集成在一个芯片上，通过设计芯片或者编程来实现目标系统的逻辑功能。新的设计方法由设计者定义芯片内部逻辑，将原来对电路板的设计转移到对芯片的设计上。这种对芯片设计的方法不仅可以实现多种数字逻辑系统功能，而且减轻了电路板设计的难度和工作量，降低了系统中芯片和连线的数量，提高了系统的性能和可靠性。

由用户定制、完成特定功能的集成电路称为专用集成电路（application specific integrated circuit，ASIC）。ASIC 包括全定制集成电路、门阵列、标准单元、可编程逻辑器件（programmable logic device，PLD）共四个系列。可编程逻辑器件是 ASIC 的重要分支，其可编程的特点深刻影响了数字系统设计。可编程逻辑器件早期只能实现简单的逻辑功能，代替一些标准的逻辑集成电路；逐渐发展成能够实现复杂数字逻辑功能，例如标准逻辑电路、高性能微处理器等。随着技术的不断发展，目标系统的逻辑功能在很短时间内就被设计完成并得到验证；设计完成的系统能在系统可编程、在线可重构，甚至能在线进化。

可编程逻辑器件的内部逻辑在芯片生产出来之后还能按照要求进行重新配置和连接，实现新的逻辑功能。对可编程逻辑器件内部的可编程资源重新组合形成不同逻辑结构的电路，从而实现定制功能，这就是编程。因此，可编程逻辑器件可定义为：内部含有可编程资源，对这些可编程资源进行编程以实现用户定制功能的集成电路。

1. 可编程逻辑器件的发展过程

可编程逻辑器件的发展起源于可编程只读存储器（programmable read - only memory，PROM）。通过改变可编程元件的通或断，实现定制的逻辑功能。PROM 只能进行一次编程。紫外线可擦除只读存储器（EPROM）和电可擦除只读存储器（EEPROM）则能重复编程。这三种可编程只读存储器的集成度不高，常常用于实现简单的逻辑功能。

其后出现的可编程逻辑阵列（programmable logic array，PLA）、可编程阵列逻辑（programmable array logic，PAL）和通用阵列逻辑（general array logic，GAL）即为通常意义上所指的 PLD 器件。PLD 器件的电路结构较为复杂，使用灵活，且速度也较快。PLD 器件包括一个"与阵列"

和一个"或阵列"电路单元以实现"与或"表达式。早期 PLD 器件通过对"与阵列"和/或"或阵列"编程就实现了组合逻辑电路的功能。为了满足较为复杂应用的需求，早期的 PLD 器件（如 GAL 器件）还增加有可编程输出逻辑宏单元，这样可编程器件不仅能实现组合逻辑输出，还能实现时序逻辑、互补逻辑等多种形式的输出。

在 PLD 器件基础上发展而来的复杂可编程逻辑器件（complex programmable logic device，CPLD）和现场可编程门阵列（field programmable gate array，FPGA）是高密度可编程逻辑器件，能够实现大规模逻辑电路功能，通常具有在线可编程的能力。此外，CPLD 和 FPGA 具有开发周期短、设计成本低、集成度高等特点，因而被广泛应用在原型设计与更新频繁的设计中。

2. 可编程逻辑器件的分类

常见的可编程逻辑器件有 PROM、PLA、PAL、GAL、EPLD（erasable programmable logic device，EPLD）、CPLD 和 FPGA 等，它们具有不同的结构形式和制造工艺，一种器件往往具备几种特征，难以单一分类。所以可编程逻辑器件分类方法有多种，没有统一的标准。下面介绍几种比较通行的分类方法。

（1）可编程逻辑器件的集成度分类

从集成度来分类，可编程逻辑器件可分为低密度可编程逻辑器件（low density programmable logic device，LDPLD）和高密度可编程逻辑器件（high density programmable logic device，HDPLD）。一般以 GAL22V10 芯片的容量为界，将 PLD 分为 LDPLD 和 HDPLD。GAL22V10 的集成度根据制造商的不同，大致在 $500 \sim 750$ 等效逻辑门之间。按照这个标准，PROM、PLA、PAL 和 GAL 属于低密

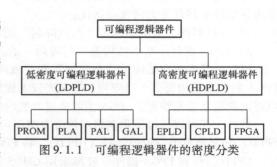

图 9.1.1 可编程逻辑器件的密度分类

度可编程逻辑器件。而 EPLD、CPLD 和 FPGA 则属于高密度可编程逻辑器件，如图 9.1.1 所示。

1）低密度可编程逻辑器件 LDPLD。低密度可编程逻辑器件包括 PROM、PLA、PAL 和 GAL 四种类型的器件。

① 可编程只读存储器 PROM。它是第一代 PLD，其内部结构由"与阵列"和"或阵列"组成。PROM 能实现任何用"乘积和"形式表示的组合逻辑。随后出现的 EPROM、E^2PROM 以及闪存（Flash）常用于存储函数和数据表格。由于价格低、易于编程，PROM 在一些场合中仍然有应用。

② 可编程逻辑阵列 PLA。它是一种基于"与或阵列"的一次性编程器件。由于器件内部资源利用率低，现已较少使用。

③ 可编程阵列逻辑 PAL。其内部结构由"与或阵列"组成。PAL 具有多种输出结构形式，为数字逻辑设计带来了灵活性。PAL 仍采用熔断丝工艺，一次性编程后就不能再改写。

④ 通用可编程阵列逻辑 GAL。与 PAL 器件相比，GAL 增加了可编程输出逻辑宏单元（output logic macro cell，OLMC）。通过对 OLMC 配置可以得到多种形式的输出和反馈。由于 GAL 器件对 PAL 器件完全兼容，所以 GAL 几乎完全代替了 PAL 器件。

低密度可编程逻辑器件易于编程，对开发软件要求低，在 20 世纪 80 年代得到了广泛的应用。低密度可编程逻辑器件由于可编程资源数量有限，没有内部连接，限制了使用的范围以及设计的灵活性。

2）高密度可编程逻辑器件 HDPLD。高密度可编程逻辑器件包括 EPLD、CPLD 和 FPGA 三种类型器件。

① 可擦除可编程逻辑器件 EPLD。EPLD 器件的基本逻辑单位是宏单元，它由"与或阵列"、

寄存器和 I/O 单元三部分组成。EPLD 器件通过大量增加输出宏单元来实现更大的与阵列。由于 EPLD 特有的宏单元结构，加上集成度有所提高，使其在一块芯片内能够实现较多的逻辑功能。

② 复杂可编程逻辑器件 CPLD。它是 20 世纪 90 年代初期出现的 EPLD 的改进器件。同 EPLD 相比，CPLD 增加了内部连线，对逻辑宏单元和 I/O 单元也有很大的改进。一般情况下，CPLD 器件至少包含以下功能单元：可编程逻辑宏单元、可编程 I/O 单元和可编程内部连线。有的 CPLD 器件还集成了 RAM、FIFO 或双口 RAM 等存储器，以适应数字信号处理（digital signal processing，DSP）应用设计的要求。

③ 现场可编程门阵列 FPGA。FPGA 在结构上由逻辑功能块排列为阵列，并通过可编程内部连线将这些功能块连接起来。FPGA 的功能由配置数据决定。工作时，这些配置数据存放在片内的 SRAM 或者熔丝图上。使用 SRAM 的 FPGA 器件，在工作前加载配置数据，这些配置数据可以存放在片外的 EPROM 或其他存储体上，并通过控制加载过程，在现场重新定义器件的逻辑功能。FPGA 的发展十分迅速，目前已经达到千万门/片的集成度、内部门延时 2ns 的水平。

（2）可编程逻辑器件的其他分类

常用的可编程逻辑器件都是从"与或阵列"和"门阵列"两类基本结构发展起来的，所以又可从结构上将其分为两大类器件：

1）PLD 器件。基本结构为"与或阵列"的器件。

2）FPGA 器件。基本结构为"门阵列"的器件。

PLD 的基本逻辑结构是"与阵列"和"或阵列"，能实现"乘积和"形式的布尔逻辑函数。FPGA 的基本结构类似于门阵列，能实现较大规模的复杂数字系统。PLD 主要通过修改内部固定电路的逻辑功能来编程，FPGA 主要通过改变内部连线的布线来编程。

此外，还可以将可编程逻辑器件分为简单可编程逻辑器件（simple programmable logic device，SPLD）和复杂可编程逻辑器件（CPLD），将 FPGA 也划分到 CPLD 的范围之内。

CPLD 器件和 FPGA 器件一般都采用 CMOS 制造工艺，但它们在编程工艺上有很大的区别。按照编程工艺，可编程逻辑器件又可分为以下 4 种类型：①熔丝（fuse）或反熔丝（antifuse）编程器件；②紫外线擦除电可编程（UEPROM）器件；③E^2PROM 编程器件，即电擦写编程器件；④SRAM 编程器件。前 3 类器件在编程后，配置数据保持在器件中，故称为非易失性器件。第 4 类器件每次掉电后配置数据会丢失，故称为易失性器件。由于熔丝或反熔丝器件只能写一次，所以又称为一次编程（one time programmable，OTP）器件，其他种类的器件均可多次编程。

✐ 方法论：融合创新

现场可编程门阵列 FPGA 是在硅片上预先设计实现的具有可编程特性的集成电路，其能够按照设计人员的需求配置为指定功能的电路结构，让用户不必依赖由芯片制造商设计和制造的专用集成电路芯片 ASIC，广泛应用在原型验证、通信、视频监控、工业控制、汽车电子、航空航天等领域。相对于专用集成电路芯片 ASIC，现场可编程门阵列 FPGA 具有三方面优势：一是灵活性好，通过对 FPGA 编程，FPGA 能够执行 ASIC 能够执行的任何逻辑功能；二是缩短研发产品的上市时间，由于 FPGA 买来编程后就可直接使用，为企业争取了产品上市时间；三是多品种、小批量的产品的研发成本低，FPGA 与 ASIC 的主要区别在后者有固定成本而 FPGA 方案几乎没有，尤其在高速信息处理应用场合下优势更加明显。现场可编程门阵列 FPGA 融合了硬件高速性、软件可编程性的优点，由用户来进行硬件编程和配置，利用它可以解决不同的数字逻辑设计问题，使得传统的数字电子系统设计方法发生了根本的改变。在高科技产品研发过程中，除了"原始创新"提出新颖独到的产品之外，更多时候是通过对产品改进优化、技术融合创新，持续增强产品的性能、功能和市场竞争力。

思 考 题

9.1.1　简述可编程逻辑器件的定义和发展过程。

9.1.2　对可编程逻辑器件进行分类的方法有哪几种？在这些不同的方法下，可编程逻辑器件被分成哪几类？

9.2　早期可编程器件

9.2.1　可编程逻辑器件的基本结构

不同类别可编程逻辑器件的结构有一定的差别，但是它们的组成与工作原理基本相似。这里选择可编程逻辑器件中具有代表性的结构来说明。图 9.2.1 所示为可编程逻辑器件的基本结构框图，它由输入电路、与阵列、或阵列、输出电路等四部分组成。

图 9.2.1 中"与阵列"和"或阵列"是可编程逻辑器件实现逻辑功能的主要电路。输入电路用于对输入信号进行预处理，增强其驱动能力，同时产生原变量和反变量，以满足正反变量输入的需要；输出电路主要用于对输出信号进行处理，以满足不同的输出方式。例如，由"与或阵列"直接输出就构成组合方式输出，"与或阵列"送入寄存器后输出构成时序方式

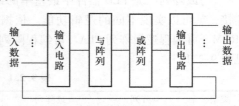

图 9.2.1　PLD 的基本结构

输出。根据数字逻辑电路理论可知，任何组合逻辑函数均可化为与或式，用"与或阵列"实现，而任何时序电路又是由组合电路加上存储元件（触发器）构成的，因而可编程逻辑器件的这种结构对实现数字电路具有普遍意义。

1. PLD 电路的表示方法及有关符号

可编程逻辑器件有一个相同的基本结构，其核心由"与阵列"和"或阵列"构成，为了能紧凑地描述 PLD 的内部电路结构，并便于识读，现广泛采用如下的逻辑表示方法。

（1）PLD 缓冲表示法

为了使输入信号具有足够的驱动能力并产生原变量和反变量两个互补信号，可编程逻辑器件的输入缓冲器和反馈缓冲器都采用互补的输出结构，如图 9.2.2 所示。

（2）PLD 与门表示法

三输入与门的习惯表示和 PLD 表示如图 9.2.3 所示，图中 $D = A \cdot B \cdot C$。在 PLD 描述方式下，三输入与门的垂直线是输入变量，水平线是输入变量的乘积。输入变量与水平线交叉点上的"·"表示固定连接，即通过输入与表示乘积项。

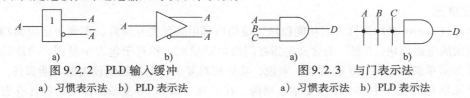

图 9.2.2　PLD 输入缓冲
　a）习惯表示法　b）PLD 表示法

图 9.2.3　与门表示法
　a）习惯表示法　b）PLD 表示法

（3）或门表示法

三输入或门的习惯表示和 PLD 表示如图 9.2.4 所示，图中 $D = A + B + C$。在 PLD 描述方式下，三输入或门的垂直线是输入变量，水平线是输入变量的或。输入变量与水平线交叉点上的

"·"表示固定连接，即通过输入或表示变量的和。

（4）PLD 连接的表示法

PLD 中"与或阵列"交叉点上三种连接方式表示法如图 9.2.5 所示，其中硬线连接不可编程，用户可编程和断开连接由编程实现。在熔丝工艺的 PLD 中（如 PAL），编程接通对应于熔丝未断，编程断开对应于熔丝熔断。在 E^2CMOS 工艺的 PLD 中（如 GAL），连接对应于一基本单元的导通状态，称此单元为被编程单元；断开对应于该单元的截止状态，称此单元为被删除单元。

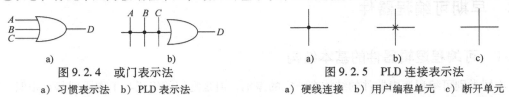

图 9.2.4 或门表示法   图 9.2.5 PLD 连接表示法
a）习惯表示法 b）PLD 表示法   a）硬线连接 b）用户编程单元 c）断开单元

2. 与或阵列

"与或阵列"是 PLD 器件中最基本的结构，通过编程改变"与阵列"和"或阵列"的内部连接，就可以实现不同的逻辑功能。依据可编程的部件可将 PLD 器件分为可编程只读存储器 PROM、可编程逻辑阵列 PLA、可编程阵列逻辑 PAL、通用阵列逻辑 GAL 等四种最基本的类型，见表 9.2.1。

表 9.2.1 四种 PLD 器件的比较

类型	与阵列	或阵列	输出电路	输出方式
PROM	固定	可编程，一次性	固定	三态、OC
PLA	可编程，一次性	可编程，一次性	固定	三态、OC、寄存器
PAL	可编程，一次性	固定	固定	三态、寄存器、互补反馈
GAL	可编程，多次性	固定或可编程	可组态	用户自定义

PROM 中包含一个固定连接的"与阵列"和一个可编程连接的"或阵列"，其内部结构如图 9.2.6 所示。其中"·"表示固定连接点，×表示可编程连接点。

PROM 的"与阵列"固定结构实际上就是全译码电路。采用 PROM 实现逻辑功能时，随着输入数量的增多，会出现芯片面积增加而效率降低的情况。

PLA 结构如图 9.2.7 所示，包含一个可编程连接的"与阵列"和一个可编程连接的"或阵列"，因此它的编程灵活性高。在实现逻辑功能时，只需要编程连接最简化的乘积项，因而阵列规模很小。

PAL 和 GAL 的基本门阵列结构相同，即"与阵列"是可编程的，"或阵列"是固定连接的。PAL 的基本结构如图 9.2.8 所示。PAL 和 GAL 在结构上结合了 PROM 的成本低、速度快、编程容易和 PLA 灵活的优点。PAL 和 GAL 之间除了在输出结构上有差异外，还在于 PAL 器件只能编程一次，而 GAL 器件则可以多次编程。

3. 宏单元

宏单元（macrocell）又称为宏功能模块，是指内部电路预先互连好、实现一定逻辑功能、并可重复使用的电路模块。"宏"的含义是指在门级电路层次，相对于包含少量门、功能简单的逻辑电路（如简单的加法器、D 触发器）来说，功能相对复杂，电路规模较大的功能部件。

宏单元是 PLD 器件中的一个重要基本结构，在 GAL、CPLD 等复杂器件中均包含有宏单元。

逻辑宏单元结构具有以下几个作用：①提供时序电路需要的寄存器或触发器；②提供多种形式的输入输出方式；③提供内部信号反馈，控制输出逻辑极性；④分配控制信号，如寄存器的时钟和复位信号，三态门的输出使能信号。

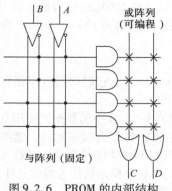

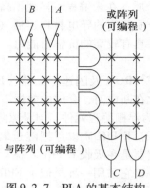

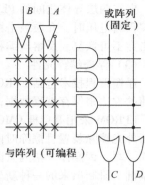

图 9.2.6　PROM 的内部结构　　　图 9.2.7　PLA 的基本结构　　　图 9.2.8　PAL 的基本结构

4. 可编程逻辑器件的编程元件

可编程逻辑器件的编程元件采用了几种不同的编程技术，这些可编程元件常用来存储逻辑配置数据或作为电子开关。常用的可编程元件有熔丝（fuse）型开关、反熔丝（antifuse）型开关、浮栅编程元件（EPROM、E^2PROM 和闪存）、基于 SRAM 的编程元件等四种类型。其中，前三类为非易失性元件，SRAM 编程元件为易失性元件，即每次掉电后逻辑配置数据会丢

PLD 器件的
与或阵列

失。熔丝型开关和反熔丝型开关元件只能写入一次，浮栅编程元件和 SRAM 编程元件则可以进行多次编程。

（1）熔丝型开关

熔丝型开关由熔丝组成。制造时在需要编程的互连节点上设置相应的熔丝开关。编程时，保留熔丝则保持节点互连，烧断熔丝则删除节点连接。由最后留在器件内的不烧断的熔丝模式决定器件的逻辑功能。

熔丝型开关实现可编程逻辑功能的实例如图 9.2.9 所示，该实例实现 $A \cdot \overline{B} + \overline{A} \cdot B$ 的功能。

熔丝型开关烧断后不能够恢复，只能够编程一次，而且熔丝开关很难测试可靠性。为了保证熔丝熔化时产生的金属物质不影响器件的其他部分，熔丝还需要留出很大的保护空间，因此熔丝型开关的集成度较低。

（2）反熔丝型开关

反熔丝型开关通过击穿介质实现连通线路。这种开关元件在未编程时处于开路状态；编程时，在其两端加上编程电压，反熔丝由高阻抗变为低阻抗，从而实现两个极间的连通，且编程电压撤除后也一直处于导通状态。

一种双极型多层反熔丝工艺的编程元件称为 PLICE（可编程低阻抗电路元件）反熔丝开关，其结构如图 9.2.10 所示。

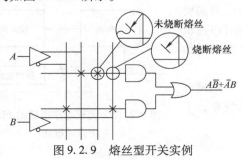

图 9.2.9　熔丝型开关实例

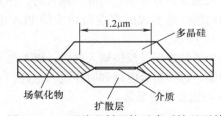

图 9.2.10　可编程低阻抗元素反熔丝开关

夹在两层导体之间的 PLICE 介质，在未编程时显现很高的阻抗（约 100MΩ）；当被加以 18V 的编程高电压时，介质被击穿，介质两侧的导电材料连通（连通电阻值约为 100～600Ω）。介质的击穿不可恢复。反熔丝编程元件具有较高的抗辐射能力。

（3）浮栅编程元件

浮栅编程技术包括 EPROM、E²PROM 及闪速存储器（Flash memory），它们均通过浮栅存储电荷的方法来保存编程数据，因此在断电时，存储的数据不会丢失。

EPROM 采用叠层栅 CMOS 作为浮栅编程元件。但是擦除存储在 EPROM 中的数据要使用专门的紫外光擦除装置且擦除时间较长。E²PROM 以浮栅隧道氧化层 MOS 管作为编程元件，能够电擦除、写、读操作。快闪只读存储器是在吸收 E²PROM 擦写方便和 EPROM 结构简单、编程可靠的基础上研制出来的一种新型器件，它采用一种类似于 EPROM 的单管叠栅结构作为编程元件。

浮栅编程元件的结构和工作原理请参阅本书 8.2.4 节的详细阐述。

（4）基于 SRAM 的编程元件

FPGA 器件主要使用静态存储器 SRAM 作为编程单元，该 SRAM 被称为配置存储器。SRAM 编程元件的基本结构是由 5 个晶体管组成的存储器，如图 9.2.11 所示。

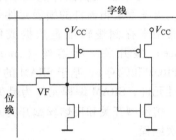

图 9.2.11　静态 SRAM 编程单元

SRAM 编程单元的基本结构由两个具有有源下拉 N 沟道晶体管和有源上拉 P 沟道晶体管互补的反相器组成。晶体管 VF 为传输 NMOS 管，其栅极接到字线，源极接到互补的位线上，起传输作用。当字线选中时，位线上的互补数据通过传输管传到两个倒相器，使倒相器工作，稳定数据。

无论存储 0 或 1，其输出端都处于低阻状态，若使状态发生翻转则需要一个较大的电流，因此 SRAM 编程单元具有很强的抗干扰性。与其他编程单元相比，SRAM 编程单元具有高密度、高速度和高可靠性的特点，同时还能在不良的供电条件下保持稳定工作。

由于 SRAM 是易失性元件，FPGA 每次上电必须先加载配置数据，这给使用 FPGA 带来了不便。但同时修改 FPGA 器件的逻辑功能却很方便，甚至能实现重构式系统和功能动态可变的硬件。

9.2.2　可编程逻辑阵列 PLA

PLA 的与阵列、或阵列均可编程，它的灵活性高，在实现逻辑函数功能时，只需要编程连接所需要的乘积项，使得阵列规模比较小。PLA 的基本结构如图 9.2.7 所示。

采用 PLA 实现逻辑电路时，先将逻辑函数化成最简的与或式，其对应的电路就是最小规模的与阵列和或阵列。因此，PLA 使用起来比 PROM 灵活，且电路空间的利用率也有所提高。当输入变量数超过 10 个时，用 PLA 实现更为经济。

PLA 除了能实现各种组合逻辑电路之外，在或阵列的输出端加入触发器并反馈到与阵列输入时，还能实现时序逻辑电路的功能。能实现时序逻辑功能的 PLA 电路原理框图如图 9.2.12 所示。

增加了触发器及反馈输入之后，PLA 能实现多种逻辑电路的功能，包括组合和时序逻辑电路。电路越复杂，采用 PLA 的优势就越显著。

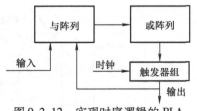

图 9.2.12　实现时序逻辑的 PLA 电路原理框图

9.2.3 可编程阵列逻辑 PAL

作为早期 PLD 器件，PAL 采用双极型熔丝技术实现编程，速度较快。PAL 器件的或阵列固定、与阵列可编程，PAL 的编程相对简单。

1. PAL 基本电路结构

图 9.2.13 为简单 PAL 的结构图，它有 4 组 10×3 位的可编程与阵列，4 个输入信号和一个输出反馈信号产生 10 个与阵列的输入变量。每 3 个乘积项组成一组固定或阵列，共有 4 组输出。

常用的 PAL 器件中，输入变量的个数多达 20 个，与阵列乘积项的个数多达 80 个，或阵列的输出端的个数多达 10 个，每个或门最多能接收 16 个输入逻辑量。为了增强电路的功能和提高使用的灵活性，在 PAL 基本电路的基础上，增加了各种形式的输出电路和反馈结构，从而构成了不同型号的 PAL 器件。因此，PAL 常按照输出电路和反馈电路的结构来分类。

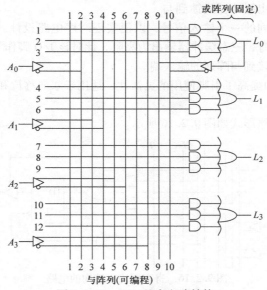

图 9.2.13 PAL 基本电路结构

2. PAL 输出电路结构

（1）专用输出结构

专用输出结构是指 PAL 器件的一个引脚只作为输出使用。即，在基本与或阵列的基础上将输出门电路指定为普通或门、反相器、互补型或门以及可编程异或门结构，分别对应着高电平有效器件、低电平有效器件、互补输出器件和输出极性可编程器件。几种常见的专用输出结构如图 9.2.14 所示。

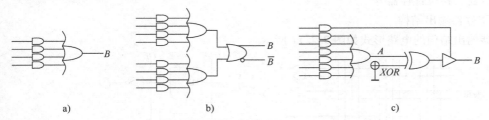

图 9.2.14 PAL 的几种专用输出结构

a）与或门输出结构　b）互补输出的输出结构　c）极性可编程的专用输出结构

极性可编程 PAL 器件

输出极性可编程使得器件在使用时非常灵活,在 PAL 内部资源有限的情况下,对于完成某些设计要求十分重要。

(2) 可编程输入/输出结构

可编程输入/输出结构是通过对三态缓冲器控制端进行编程使引脚作为输入或输出使用。可编程输入/输出结构的电路如图 9.2.15 所示。

在 I/O 引脚端有一个可编程控制端的三态缓冲器,其控制端是与阵列的一个乘积项输出。当该乘积项的值为 1 时,三态缓冲器被使能导通。此时该 I/O 脚作为输出引脚使用。输出信号经过互补输出缓冲器反馈到与

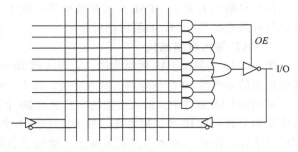

图 9.2.15 可编程输入/输出结构的电路

阵列的输入端,作为与阵列的一个输入信号,以便实现时序电路设计或扩展与或门的输入端个数;当该乘积项的值为 0 时,三态缓冲器输出为高阻,此时该 I/O 脚作为输入引脚使用,输入信号经过输入互补缓冲器连接到与阵列的输入端。

可编程输入/输出结构提高了引脚使用的灵活性,适用于双向移位和传送数据的场合。

(3) 寄存器输出结构

寄存器输出结构的电路形式如图 9.2.16 所示。

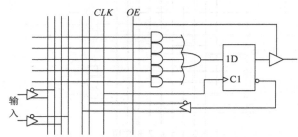

图 9.2.16 寄存器输出结构的电路

在该输出结构中,与或阵列的乘积项之和输入至受全局时钟控制的 D 触发器,在时钟上升沿的触发下,该乘积项之和从 D 触发器输出。D 触发器的 $\overline{Q}$ 输出反馈到与阵列,作为输入信号参与到构建各种时序逻辑电路。D 触发器的 Q 端输入到受全局使能信号控制的三态缓冲器,全局使能信号有效时选通三态缓冲器,将 D 触发器的输出传送到三态缓冲器的输出端。

在寄存器输出结构中,引入了全局时钟和全局使能信号,所有的 D 触发器受到这些全局信号的控制,是典型的同步时序电路结构。寄存器输出结构的电路可以方便地组成各种时序逻辑电路,如构成计数器、移位寄存器等。

(4) 异或寄存器输出结构

异或寄存器输出结构的电路形式如图 9.2.17 所示。

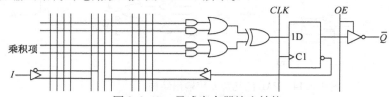

图 9.2.17 异或寄存器输出结构

在该输出结构中，乘积项之和被分成两部分作为异或门电路的输入，异或门的输出在时钟的脉冲作用下存入 D 触发器，通过三态缓冲电路后输出。这种结构的 PAL 器件适合实现加、减等算术运算以及大于、小于等关系运算。

（5）运算选通反馈结构

运算选通反馈结构如图 9.2.18 所示。

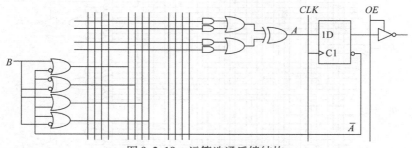

图 9.2.18　运算选通反馈结构

该电路结构在异或寄存器结构的基础上增加了反馈选通电路，2 个和项在 D 触发器的输入端执行"异或"操作，可实现上次运算产生的进位与此次运算产生的结果之间的"异或"。反馈选通电路可以对输入项 B 和 D 触发器的输出反馈项 $\overline{A}$ 进行二元逻辑操作，以获得几种可能的逻辑组合，如 $(A + B)$、$(A + \overline{B})$、$(\overline{A} + B)$、$(\overline{A} + \overline{B})$。这四种组合反馈到与阵列，并进行逻辑组合，便可以形成算术逻辑运算单元或在控制器应用中所需的 16 种逻辑乘积项。这 16 种逻辑乘积项分别为：1、$\overline{A} + \overline{B}$、$\overline{A}$、$\overline{A} + B$、$\overline{B}$、$A \cdot B$、$A \oplus B$、$A + B$、$A$、$A \cdot \overline{B}$、0、$\overline{A} \cdot B$、$A \odot B$、$\overline{A} \cdot \overline{B}$、$B$、$A + \overline{B}$。

与其他小规模逻辑器件相比，PAL 器件的优点为通用性好，适用于产品的批量生产。因其只能一次编程，PAL 并不适用于系统的开发验证。由于集成度不高，PAL 器件难以应用于较为复杂的数字逻辑系统。

3. PAL 应用举例

下面通过一个简单的示例来说明 PAL 的应用。

例 9.2.1　试用 PAL16L8 实现 2×2 乘法器（输入 A_1A_0 和 B_1B_0 分别为两位二进制数，输出结果为 $F_3F_2F_1F_0$），并画出设计完成的逻辑图。

解：通过分析可得到 2×2 乘法器的逻辑方程表达式：

$$\overline{F_3} = \overline{A_1} + \overline{A_0} + \overline{B_1} + \overline{B_0}$$

$$\overline{F_2} = \overline{A_1} + \overline{B_1} + A_0B_0$$

$$\overline{F_1} = \overline{A_1}A_0 + \overline{B_1}B_0 + \overline{A_1}\overline{B_1} + \overline{A_0}\overline{B_0} + A_1A_0B_1B_0$$

$$\overline{F_0} = \overline{A_0} + \overline{B_0}$$

上述表达式已经表示成"与或"形式，在输入有乘积项的地方编程连接就能实现 2×2 乘法器。采用 PAL16L8 实现上述乘法器的逻辑图如图 9.2.19 所示。

9.2.4　通用阵列逻辑 GAL

通用阵列逻辑 GAL 器件采用 E^2CMOS 工艺与灵活的输出结构，并且具有可多次擦除与编程的特性。其结构由可编程的与阵列去驱动固定的或阵列，GAL 的每个输出引脚都接有一个输出逻辑宏单元（output logic macro cell，OLMC）。这些宏单元由设计者通过编程进行不同模式的组

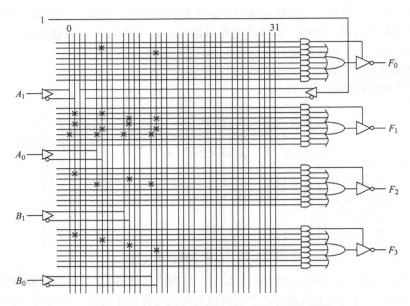

图9.2.19　PAL16L8实现2×2乘法器的逻辑图

合，提高了设计的灵活性。

目前常用的GAL器件有GAL16V8、GAL20V8、ispGAL22V10等。这些型号除了容量不同外，它们的内部结构基本相同。下面以GAL16V8为例来说明GAL的内部电路结构与工作原理。

1. GAL的基本结构

图9.2.20为GAL16V8的内部结构的逻辑图，它主要由以下几个部分组成。

1）8个输入缓冲器，引脚编号为2~9。

2）8个反馈/输出缓冲器，引脚编号为12~19。

无论输入缓冲器还是反馈/输出缓冲器，每个缓冲器都有一个原变量和一个反变量，这样可为与阵列提供32（编号0~31）个输入变量。

3）8×8个可编程与门阵列，形成与阵列的64个乘积项。与阵列中的32个输入变量与这64个乘积项能产生$32×64=2048$个可编程逻辑单元。

4）8个输出逻辑宏单元OLMC，每个宏单元接8个与门和一个三态输出缓冲器。引脚19、18、17和14、13、12对应的三态输出缓冲器均有反馈线接到邻近的OLMC，以便将输出信息通过邻近OLMC反馈到与阵列，实现时序逻辑电路编程。

5）全局控制信号。包括系统时钟CLK（1脚）输入缓冲器，三态输出缓冲器的全局使能信号OE（引脚11）的输入缓冲器。

2. 输出逻辑宏单元OLMC

（1）OLMC组成结构

GAL器件的每个输出端都有一个输出逻辑宏单元，记为OLMC（n），表示属于引脚号n的OLMC。所有OLMC的结构相同，其结构如图9.2.21所示。

输出逻辑宏单元OLMC由以下四个部分组成。

1）八输入或门。八输入或门G_1将与阵列的8个乘积项相加后输出，实现了"与或"逻辑。8输入或门与其他OLMC中的或门构成了GAL的或门阵列。

2）异或门。异或门G_3是极性控制门，它的输入为或门的输出和一个编程信号$XOR(n)$，

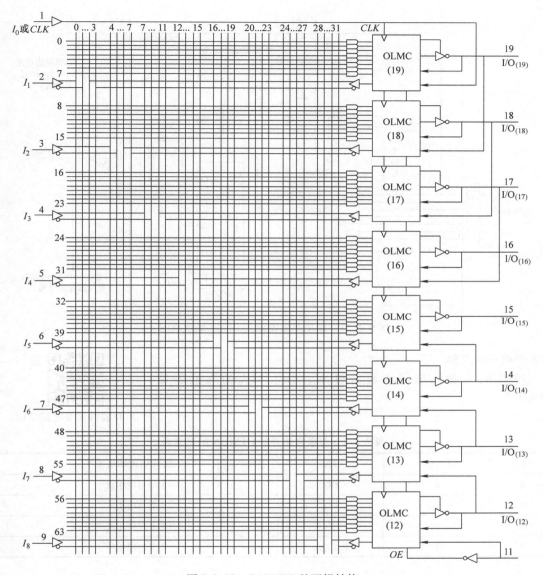

图 9.2.20　GAL16V8 的逻辑结构

$XOR(n)$是每一个 OLMC 都有的可编程极性熔丝。当 $XOR(n)=0$ 时，或门输出通过异或门时保持极性不变；当 $XOR(n)=1$ 时，或门的输出通过异或门时极性取反。

3）D 触发器。D 触发器锁存异或门的输出，使 OLMC 构成时序逻辑电路。

4）四个数据选择器。四个数据选择器包括乘积项数据选择器、三态数据选择器、反馈数据选择器和输出数据选择器。

① 乘积项数据选择器 PTMUX。乘积项数据选择器 PTMUX 用于选择与阵列的第一个乘积项（PT_1）或者"0"作为或门 G_1 的一个输入。除了 OLMC（12）和 OLMC（19）之外，PTMUX 的控制信号由结构控制字中的 $AC_1(n)$、AC_0 根据下式决定：

$$PT = \overline{AC_0 \cdot AC_1(n)}$$

当 $PT=0$ 时，PX 为 0，或门输出 7 个乘积项之和；$PT=1$ 时，PX 为第一与项 PT_1，或门输

315

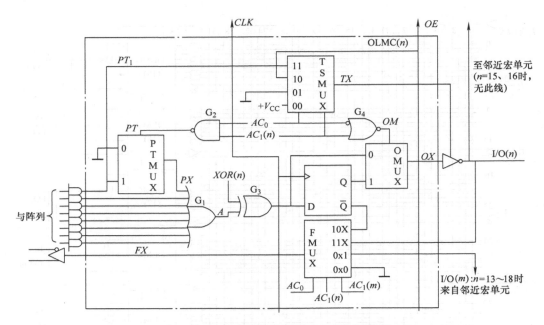

图 9.2.21 输出逻辑宏单元 OLMC 的逻辑图

出 8 个乘积项之和。

PTMUX、8 输入或门的输出与 AC_1（n）、AC_0 的真值表见表 9.2.2。

PLD 器件主要电路结构

表 9.2.2 与项多路开关 PTMUX 的真值表

AC_0	AC_1（n）	PX	或门 G_1 的输出 A
0	0	PT_1	8 个与项相或
0	1	PT_1	8 个与项相或
1	0	PT_1	8 个与项相或
1	1	0（地）	7 个与项相或

② 三态数据选择器 TSMUX。三态数据选择器 TSMUX 用于选择输出缓冲器使能信号的来源。使能信号有四种来源：固定高电平、固定低电平、全局使能信号 OE 和第一个乘积项。TSMUX 通过对其控制信号 AC_1（n）、AC_0 的编程来选择使能信号。

三态数据选择器 TSMUX 的真值表见表 9.2.3。

表 9.2.3 TSMUX 的真值表

AC_0	AC_1（n）	TX	三态缓冲器的工作状态
0	0	V_{CC}	输出使能
0	1	0（地）	输出高阻
1	0	OE	OE = 1/0 时，输出使能/高阻
1	1	第一乘积项	第一乘积项为 1/0 时，输出使能/高阻

③ 反馈数据选择器 FMUX。反馈数据选择器 FMUX 用于选择送入与阵列的反馈信号的来源。反馈信号有四种来源：D 触发器反相端、本级逻辑宏单元输出、相邻逻辑宏单元输出和固定低电平。FMUX 通过对其控制信号 $AC_1(n)$、AC_0 的编程来选择对应的反馈信号。

反馈数据选择器 FMUX 的真值表见表 9.2.4。

表 9.2.4　FMUX 的真值表

AC_0	$AC_1(n)$	$AC_1(m)$	FMUX 的输出
1	0	×	D 触发器的 Q
1	1	×	本单元输出 I/O (n)
0	×	1	邻近单元输出 I/O (m)
0	×	0	地

④ 输出数据选择器。二选一数据选择器 OMUX 的两路输入分别来自异或门的组合输出和 D 触发器的 Q 输出，通过对结构控制字中的 $AC_1(n)$、AC_0 编程实现 OMUX 的输出在上述两个输入之间选择，从而实现输出模式在组合逻辑和时序逻辑之间选择。

（2）OLMC 的功能组态

输出逻辑宏单元 OLMC (n) 中 AC_0 与 $AC_1(n)$ 的状态决定了乘积项数据选择器 PTMUX、三态数据选择器 TSMUX 及输出数据选择器 OMUX 的输出。AC_0、$AC_1(n)$ 与结构控制字中的 SYN、$XOR(n)$ 不同取值的组合，可以得到宏单元 OLMC (n) 不同的等效电路，或称不同的组态。8 个宏单元可以处于相同的组态或有选择地处于不同的组态。GAL16V8 的 OLMC (n) 宏单元有 5 种组态：专用输入组态、专用输出组态、组合输入输出组态、寄存器输出组态、寄存器组合输出组态，其功能见表 9.2.5。

表 9.2.5　OLMC 的 5 种工作组态

SYN	AC_0	$AC_1(n)$	功　能	备　注
1	0	1	专用输入	1、11 脚为数据输入端，输入为 I/O (m)，三态门禁止
1	0	0	专用输出	1、11 脚为数据输入端，无内部反馈和使能控制，组合输出，三态门选通
1	1	1	组合输入输出	1、11 脚为数据输入端，组合 I/O 输出，乘积项 P_1 控制输出使能
0	1	1	寄存器输出	1 脚接 CLK，11 脚接 OE，纯时序输出
0	1	1	寄存器组合输出	1 脚接 CLK，11 脚接 OE，该宏单元为组合输出，但至少有一个宏单元为寄存器输出

1）专用输入组态。在专用输入组态下，$AC_0 = 0$、$AC_1(n) = 1$ 且 $SYN = 1$。OLMC 的输出三态门被禁止，此时该 OLMC 只能接收相邻 OLMC 的输出，即本级 OLMC 成为专用输入组态。专用输入组态的简化电路如图 9.2.22 所示。由于三态门的禁止使得输出通道上的全局控制信号如 CLK、OE 信号不再起作用。

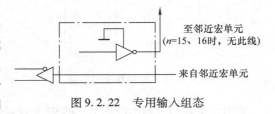

图 9.2.22　专用输入组态

至邻近宏单元（$n=15$、16 时，无此线）

来自邻近宏单元

需要说明的是，编号为 15 和 16 的 OLMC 没有接至相邻输出逻辑宏单元的连线，因此这两个输出逻辑宏单元用作专用输入组态时，不能作为相邻 OLMC 的输入信号使用。

2）专用输出组态。当 $AC_0 = 0$、$AC_1(n) = 0$ 且 $SYN = 1$ 时，GAL 器件的 OLMC 作为专用输出电路，此时简化的专用输出电路如图 9.2.23 所示。

在专用输出组态下，乘积项通过与或阵列传输到异或门，再经过输出数据选择器送到三态缓冲器输出，此通道不受全局信号 CLK 和 OE 的控制。另一方面，反馈数据选择器的输出为低电平，相邻单元和本单元的输出均被阻断，没有反馈到输入的与或阵列。此时电路只用作输出，而且 D 触发器的输出被旁路，因此专用输出组态是组合输出。

3）反馈选通组合输出组态。当 $AC_0 = 1$、$AC_1(n) = 1$ 且 $SYN = 1$ 时，GAL 器件的 OLMC 作为反馈选通组合输出电路，此时简化的输出电路如图 9.2.24 所示。

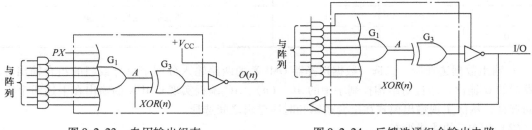

图 9.2.23　专用输出组态　　　　　图 9.2.24　反馈选通组合输出电路

三态输出数据选择器受 $AC_0 = 1$、$AC_1(n) = 1$ 的作用，选择第一个乘积项作为三态缓冲器的控制端。选通的含义是指乘积项之和经过异或门送入三态缓冲器，该三态缓冲器受第一个乘积项的控制选通输出。反馈数据选择器三态缓冲器的输出同时受 $AC_0 = 1$、$AC_1(n) = 1$ 的作用，将三态缓冲器的输出进行反馈送入本级输入阵列。

4）寄存器输出组态。当 $AC_0 = 1$、$AC_1(n) = 0$ 且 $SYN = 0$ 时，GAL 器件的 OLMC 作为寄存器输出电路，此时简化的输出电路如图 9.2.25 所示。

OLMC 作为寄存器输出时，乘积项数据选择器选择第一乘积项作为或门输入；输出数据选择器选择 D 触发器的输出送入三态缓冲器，且三态缓冲器由全局使能信号来选通。因此，在寄存器输出组态下，两个全局信号均被使用。在反馈通道上，反馈数据选择器选择 $\overline{Q}$ 作为反馈。

寄存器输出电路适合用于设计时序逻辑电路，如计数器和移位寄存器。

5）时序电路组合输出组态。当 $AC_0 = 1$、$AC_1(n) = 1$ 且 $SYN = 0$ 时，GAL 器件的 OLMC 作为时序电路的组合输出电路，此时简化的输出电路如图 9.2.26 所示。

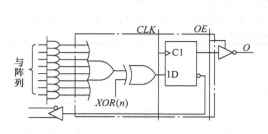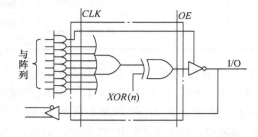

图 9.2.25　寄存器输出电路　　　　　图 9.2.26　时序电路中组合输出电路

在时序电路组合输出组态下，PTMUX 选择第一乘积项送入或门，同时 TSMUX 也选择第一乘积项来控制输出三态门，FMUX 选择三态门的输出作为反馈，OMUX 选择异或门的输出作为输出，因此简化电路就本级 OMLC 来说，它仍然是组合电路。但是在 $SYN = 0$，$AC_0 = 1$ 控制下，在其他宏单元中，至少有一个宏单元为寄存器输出模式，输出极性由 $XOR(n)$ 来定。

时序电路的组合输出与反馈选通组合输出电路相似，但是两者在全局信号 *CLK* 和 *OE* 的使用上有着本质的区别。在一片 GAL 器件中，只有部分 OLMC 能被设置成寄存器组态，其余的 OLMC 必须被设置成时序电路组合输出。这是因为在这种组态下，*CLK*、*OE* 均已被作为全局信号，因此不能像反馈选通组合输出电路那样将 *CLK* 和 *OE* 作为输入信号。

（3）GAL 的工作模式

根据 OLMC 的五种功能组态，GAL 的工作模式可划分为以下三种：

1）简单模式。工作在简单模式下的 GAL 器件用来实现组合逻辑设计，OLMC 可配置成两种组态：专用输入组态和专用输出组态。此时引脚 1 和 11 只作为输入使用，无须公共时钟引脚和公共选通引脚。

2）寄存器模式。寄存器模式下的输出逻辑宏单元包括：①寄存器输出；②组合输入/输出。任何一个 OLMC 都可以独立配置成这两种结构中的一种。

寄存器输出电路如图 9.2.25 所示。图中，时钟 *CLK* 和输出选通 *OE* 是全局信号，分别连接到公共时钟引脚 1 和公共选通引脚 11，由时钟信号 *CLK* 将组合逻辑输出送入寄存器，并由 *OE* 选通三态门进行输出。

组合输入/输出结构如图 9.2.26 所示。OLMC 中输出三态门受与阵列控制，可以编程为使能/禁止三态门，从而确定 I/O 引脚的输入、输出功能。当 8 个 OLMC 都配置成输入/输出结构时，由于没有使用寄存器，该器件实现的是纯组合逻辑。此时公共时钟引脚 *CLK* 和公共选通引脚 *OE* 没有任何逻辑功能。

3）复合模式。复合模式下 OLMC 只有一种结构，即组合输入/输出结构，如图 9.2.24 所示。这种模式适用于实现三态门的输入/输出缓冲器等双向组合逻辑电路。这一结构与寄存器模式下输入/输出结构有些相似。但二者有以下区别：

① 复合模式下 OLMC 无公共时钟和公共选通，这两个引脚作为输入使用。

② 寄存器模式下可选择两种结构之一，而复合模式下只有一种结构。

③ 寄存器模式下组合输入/输出结构可以配置在任意引脚，其 OLMC 结构完全相同；而复合模式下，不同引脚的 OLMC 结构不尽相同。

3. GAL 器件的编程位地址和结构控制字

（1）编程位地址

GAL16V8 中有一个由 E^2CMOS 单元组成的熔丝阵列，阵列中的各个熔丝可以单独编程。此阵列有 64 行，各行的位数不完全相等，其行地址分布如图 9.2.27 所示。

GAL16V8 行地址分布图共包括以下几个部分：

1）与阵列。行地址 0～31 行对应于与阵列的 32 个输入变量（包括原变量和反变量）。每行 64 位，所以与阵列有 $32 \times 64 = 2048$ 个"熔丝"供用户编程。

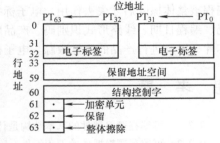

图 9.2.27　GAL16V8 行地址分布图

2）电子标签字。第 32 行的 64 位组成"电子标签字"。它能保存由用户定义的数据。其中包括：器件用途、器件名、编程者、编程日期及编程次数等。

3）厂家保留地址。行地址的 33～59 的"熔丝"是厂家保留地址空间，用户不能编程。

4）结构控制字。行地址的第 60 行，设置 84 位组成"结构控制字"。结构控制字的组成与功能将在下面描述。

5）加密单元。第 61 行是加密单元，只占 1 位，该位被编程后，就禁止对门阵列（0～31

行）作进一步的编程或验证，以防未获允许而读取电路设计。

6）厂家备用单元。第 62 行设置 1 位，是厂家备用单元，与用户无关。

7）整体擦除单元。第 63 行设置 1 位，为整体擦除单元。在编程期间对该行寻址并执行清除功能（对该位写"0"，则整体擦除与阵列、电子标签、结构控制字及加密单元等）。

（2）结构控制字

内部丰富的资源使得 GAL 可以实现多种形式的电路功能。为了能够通过编程控制 GAL 在不同模式下工作，GAL 器件在内部设置了一个结构控制字。该结构控制字的结构与位定义如图 9.2.28 所示。通过软件编程，将不同的控制位信息写入控制字，就可以改变 GAL 器件的工作模式。

图 9.2.28 GAL16V8 的结构控制字

结构控制字各个字段的含义描述如下：

1）结构控制位 AC_1（n）、AC_0。结构控制位是 GAL 内部各个数据选择器的控制输入。AC_0 为所有输出逻辑宏单元共用，与每一个输出逻辑宏单元的独立控制位 AC_1（n）共同实现对数据选择器控制。

2）同步控制位 SYN。通过编程对 SYN 置位或清零，以确定 GAL 工作在组合逻辑电路（$SYN = 1$）还是时序逻辑电路（$SYN = 0$）。特别地，对于 GAL16V8 中的 OLMC（12）和 OLMC（19），$\overline{SYN}$ 替换 AC_0、SYN 替换 AC_1（m）作为 FMUX 的输入信号。

3）极性控制位 XOR（n）。每个 OLMC 均有一个极性控制位，GAL16V8 结构控制字中共有 8 位极性控制位。当 XOR（n）$= 0$ 时，输出极性与输入极性一致；当 XOR（n）$= 1$ 时，输出极性与输入极性相反。

4）乘积项禁止位。共 64 位，对应于和阵列中 64 个乘积项（PT0 ~ PT63），禁止不用的乘积项。

（3）电子标签和加密单元

GAL 器件内部都附有 1 位加密单元和 64 位的电子标签。加密位被编程后就禁止对门阵列做读出验证或进一步的编程，防止未经允许的修改以及保护内部电路知识产权。加密位只有在阵列编程被整体擦除后才失去作用。电子标签可供产品制造者记录各种识别信息，如产品制造商识别码、编程日期、线路形式识别码、产品序列码等，供用户识别型号相同而编程后功能不同的 GAL 芯片，以及进行产品的质量跟踪。电子标签记录的信息不受芯片加密位的影响，可以随时读出。

思 考 题

9.2.1 可编程逻辑器件的基本结构是什么？它实现数字逻辑功能的基础是什么？

9.2.2 可编程逻辑器件的编程元件有哪些种类？它们的工作原理是什么？

9.2.3 可编程逻辑阵列 PLA 的电路结构特点是什么？

9.2.4 试描述可编程阵列逻辑 PAL 的输出电路的分类、工作原理和适用场合。

9.2.5 GAL16V8 由哪几部分电路组成？

9.2.6 OLMC 由哪些部分电路组成？

9.2.7 GAL 器件如何实现组合逻辑电路？又如何实现时序逻辑电路？

9.2.8 简要说明 OLMC 五种工作组态的功能和电路特点。

9.3 复杂可编程逻辑器件 CPLD

相对于 PAL、GAL 等低密度 PLD，复杂可编程逻辑器件属于高密度可编程逻辑器件。复杂可编程逻辑器件（CPLD）在逻辑门集成度上有了较大提高，使在单片高密度的复杂可编程逻辑器件中实现数字逻辑系统成为可能。

CPLD 器件延续了 GAL 器件的结构原理，采用可编程与阵列和固定连接或阵列组成逻辑电路，并通过共享相邻逻辑电路中乘积项来满足复杂的设计应用。将各个电路单元连接起来的可编程互连阵列贯穿于整个芯片，在方便实现逻辑功能的同时，可得到较小的且可预测的信号延时。根据输入输出控制块的编程配置，每个 I/O 引脚能工作在输入、输出或双向 I/O。这些特点使得 CPLD 较为适合实现以组合逻辑电路为主的数字逻辑系统。

早期的 CPLD 多数采用 EPROM 编程元件，现在逐步发展成以 E^2PROM 和闪存为编程元件，因而具有在系统可编程的特性。无论采用哪一种编程元件，CPLD 器件实现逻辑功能的资源具有相同的组成结构。

9.3.1 CPLD 的结构

图 9.3.1 给出了一般 CPLD 器件的组成框图。

复杂可编程逻辑器件基于乘积项技术实现逻辑系统设计，CPLD 器件内部有着丰富的与或阵列。如图 9.3.1 所示，CPLD 器件内部排列整齐的逻辑块包含与或阵列和宏单元，相当于一个 GAL 器件。对于具体器件型号来说，逻辑块的名称虽有差异，如 Altera 公司称为逻辑阵列块（logic array block，LAB）、Lattice 公司称为通用逻辑块（generic logic block，GLB），但是它们的功能及电路组成是类似的。

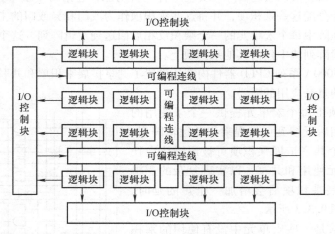

图 9.3.1 CPLD 器件的组成框图

为了实现复杂的和规模较大的电路功能，可通过 CPLD 内部的可编程连线将多个逻辑块互连。可编程连线将全局输入、通用 I/O 引脚以及宏单元的输出连接到器件内部的其他地方。

CPLD 器件内部的 I/O 控制块实现对 I/O 引脚的控制与编程配置，以满足不同应用的需要。

1. 逻辑块

逻辑块是 CPLD 的基础资源。CPLD 器件内部的逻辑块由若干个宏单元组成。例如，Altera 公司 MAX3000A 系列 CPLD 器件中的每一个逻辑块由 16 个宏单元组成。所有的逻辑块被器件内部的可编程连线连接在一起。逻辑块的输入有两类；一类是实现逻辑功能的通用逻辑输入；另一类是全局控制信号，如 *CLK*、*OE* 等信号，它们是逻辑块内部宏单元中的寄存器的控制信号来源。

2. 宏单元

宏单元一般由可编程乘积项阵列、乘积项选择矩阵和可编程寄存器组成。MAX3000A 系列 CPLD 器件的宏单元的结构图如图 9.3.2 所示。通过配置，不同的宏单元被配置成时序电路或组合电路。

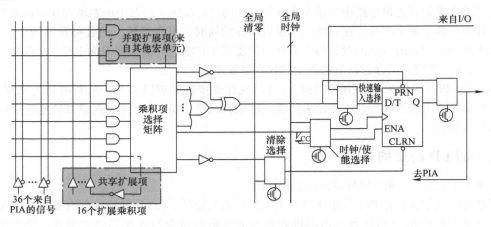

图 9.3.2 MAX3000A 的宏单元结构

（1）可编程乘积项逻辑阵列

图 9.3.2 中的可编程乘积项逻辑阵列实现组合逻辑功能，它给每个宏单元提供 5 个乘积项。乘积项选择矩阵用于分配这些乘积项，并将这些乘积项作为或门和异或门的主要逻辑输入，以实现组合逻辑函数，矩阵中每个宏单元的一个乘积反相后回送到逻辑阵列。这个可共享的乘积项可以连接到同一个逻辑阵列块中任何其他乘积项上。

此外，在 MAX3000A 系列 CPLD 器件内部还设置了共享扩展乘积项和并联扩展乘积项，以适应乘积项输入较多的复杂应用的需要。

共享扩展乘积项由每个宏单元提供一个未使用的乘积项，并将它反相后反馈到可编程乘积项逻辑阵列，便于集中使用。每个共享扩展乘积项可被逻辑块内任何（或全部）宏单元使用和共享，以实现复杂的逻辑功能。采用共享扩展乘积项后会增加一个短的延时。共享扩展乘积项如图 9.3.3 所示。

并联扩展乘积项是一些宏单元中没有使用的乘积项，并且这些乘积项可分配到邻近的宏单元去实现快速复杂的逻辑函数。并联扩展项最多有 20 个乘积项馈送到宏单元的或逻辑，其中 5 个乘积项是由宏单元本身提供的，15 个并联扩展项是由逻辑阵列块中邻近宏单元提供的。并联扩展乘积项如图 9.3.4 所示。

MAX3000A 器件的一个逻辑阵列块有两组宏单元，

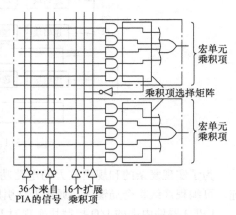

图 9.3.3 共享扩展乘积项

每组 8 个，按顺序编号为 1 ~ 8，它们均具有
两条借出或借用并联扩展项的链。通过借出
或借用链，一个宏单元可从编号较小的宏单
元中借用并联扩展项。例如，宏单元 8 从宏
单元 7 借用并联扩展项，可形成最大乘积项
为 10 的组合逻辑函数。在 8 个一组的宏单元
内，最大编号的宏单元仅能借用并联扩展项，
最小编号的宏单元仅能借出并联扩展项。

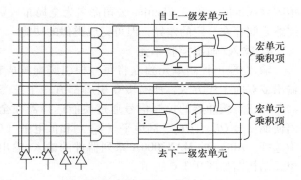

图 9.3.4　并联扩展乘积项

（2）乘积项选择矩阵

乘积项选择矩阵用于选择不同来源的乘
积项送入本级宏单元的或阵列，或者将本级
宏单元的乘积项送到相邻宏单元去。乘积项的来源或去向有以下几种：①本级宏单元的可编程与
阵列；②相邻宏单元的乘积项送入本级与阵列；③本级未用的乘积项连到相邻的宏单元。

乘积项选择矩阵有效地实现了乘积项的资源扩展，并将相邻的宏单元级联起来，实现了多于
5 个乘积项的逻辑功能，提高了可编程资源的利用效率。

实现数据选择或数据分配的基本电路是数据选择器和数据分配器，对这些电路的控制信号进
行编程就可实现相应的功能。

（3）可编程寄存器

每一个宏单元都有一个可编程的触发器，对这个触发器的时钟、置位、复位、输入等引脚编
程配置则能实现不同功能的触发器。每个宏单元的触发器可以单独地编程为具有可编程时钟控制
的 D、T、JK 或 SR 触发器工作方式，以实现时序逻辑电路。也可将触发器旁路，以实现纯组合
逻辑输出。触发器的清零、置位、时钟和使能控制来自全局信号或乘积项信号。

每一个可编程的寄存器有三种不同的时钟驱动模式：

1）全局时钟模式，该模式可以获得最快的时钟输出性能。

2）通过一个高电平有效的时钟使能信号控制的全局时钟模式，使能信号由乘积项产生。该
模式在获得最快时钟输出性能的同时，提供了对每一个触发器的使能控制信号。

3）乘积项阵列时钟模式，该模式中的寄存器由隐藏的宏单元或 I/O 引脚提供时钟来驱动。

可编程寄存器也能异步预置和清除。这些预置和清除信号既可高电平有效，也可以在软件编
程时通过反相来实现低电平有效。上电时，每个寄存器都将被清零。

可编程寄存器功能实现的原理与实现 GAL 器件的几种工作模式的编程原理类似。

3. 可编程连线

CPLD 内部的可编程连线用于逻辑块、全局信号与输入/输出控制块之间的互连，通过可编
程连线将信号接入逻辑块。

Altera 公司的 CPLD 系列器件的可编程连线通过一
个门控电路来实现，如图 9.3.5 所示。

在该电路中，可编程元件 E^2PROM 单元作为一个
二输入与门的控制输入端。该控制端编程为 1 时，信
号通过与门连接到逻辑块，否则信号不会通过与门。

不同厂家对 CPLD 器件可编程连线的命名也不同。
Altera 公司将可编程连线命名为可编程连线阵列（pro-
grammable interconnect array，PIA），Xilinx 命名为开关

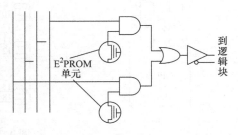

图 9.3.5　可编程连线原理图

矩阵（switch matrix），Lattice 公司命名为全局布线资源（global routing pool，GRP）。这些可编程连线之间存在一定的差异，但可完成类似的功能。

4. 输入/输出控制单元

输入/输出控制单元独立将每一根引脚配置成输入、输出或双向工作方式。所有 I/O 引脚都有一个三态缓冲器，该三态缓冲器的控制信号通过使能选择器在全局输出使能信号 OE_1、OE_2、高电平（V_{CC}）和低电平（GND）中选择。Altera 的 MAX3000A 系列器件的输入/输出控制单元结构图如图 9.3.6 所示。

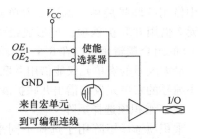

图 9.3.6　输入/输出控制单元结构图

当三态缓冲器的控制端接高电平（V_{CC}）时，输出被使能（即有效），此时 I/O 引脚被配置成输出引脚。当三态缓冲器的控制端接地（GND）时，输出成高阻状态，此时 I/O 引脚可作为专用输入引脚。当一个引脚被配置成输入时，与该引脚相关的宏单元就被用作隐含的逻辑。

9.3.2　CPLD 在系统可编程技术

大部分 CPLD 器件具有在系统可编程（ISP）功能。如 MAX3000A、XC9500 等系列器件。具有在系统可编程功能的器件采用 STD 1149.1 – 1190 JTAG 工业标准，用 4 根编程线对可编程逻辑器件芯片在系统中进行编程，以减少器件在编程器中插拔带来的损坏，提高了系统可靠性。

可编程逻辑器件芯片上用于在系统编程下载的 4 个引脚分别是编程模式控制（TMS）、编程时钟（TCK）、编程数据输入（TDI）、编程数据输出（TDO）。这 4 个引脚通过一个转换电路接到计算机的并行接口上。该转换电路与电缆线相连，称为下载线。4 个编程引脚加上电源、地以及备用的引脚构成 10 芯的 JTAG 接口，此接口是应用系统与计算机的编程下载通道。器件下载连接以及下载电缆的电路图如图 9.3.7 所示。

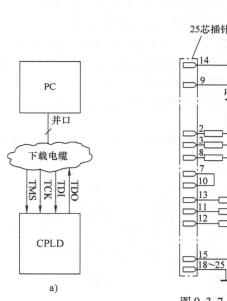

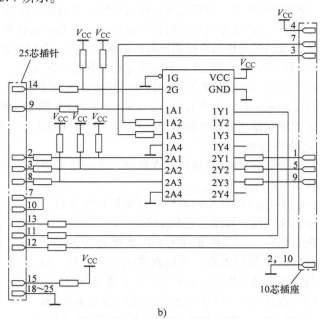

图 9.3.7　ISP 器件的下载

a）ISP 器件编程连接示意图　b）ByteBlaster 下载电缆电路

在系统可编程技术采用与芯片供电相同的电压，编程下载时在该器件内部会产生一个 12V 的编程电压提供给浮栅编程单元，此时所有的 I/O 引脚处于高阻状态，避免和系统的电路冲突。

思 考 题

9.3.1　简述 CPLD 的结构组成，说明它实现数字逻辑功能的原理。

9.3.2　试说明输入/输出控制单元的功能和工作原理。

9.3.3　CPLD 用于在系统可编程的引脚有哪些？

9.4　现场可编程门阵列 FPGA

CPLD 的基本组成结构是"与或阵列"和可编程输出电路，对这些电路进行编程可以实现组合逻辑或时序逻辑。但是 CPLD 的组成结构决定了其阵列规模、引脚数量等难以进一步提高。为了满足应用的要求，20 世纪 80 年代中期发展起来了集成度高、触发器资源丰富的 FPGA，该类型器件能实现大规模、复杂的逻辑电路。随着生产工艺的发展，FPGA 的性能得到了很大提高，其集成度已达到千万门级以上，可以实现极其复杂的时序逻辑与组合逻辑的电路，因而在高速、高密度的高端数字逻辑系统得到了广泛应用。

常见 FPGA 的类型与结构特点

9.4.1　FPGA 实现逻辑功能的基本原理

由数字逻辑的基本原理可知，对于一个 n 输入的逻辑运算，最多有 2^n 种结果。如果事先将所有的结果存放在存储单元，就实现了 n 输入函数发生器的功能。在 FPGA 中，存放 n 输入函数发生器的 2^n 种结果的部件称为查找表（look–up table，LUT）。LUT 本质上就是一个 RAM，它的内容通过开发软件根据设计进行配置。当用户通过原理图或硬件描述语言描述逻辑电路以后，可编程逻辑器件的开发软件会自动计算逻辑电路的所有可能结果，并把它写入 LUT 中。对输入信号进行逻辑运算就等于把输入信号当作 LUT 的输入地址，对 LUT 进行查表，找出地址对应的内容，从而得到输入信号对应的函数值。由此可见，LUT 是实现组合逻辑功能的基本电路。同时，为了实现时序逻辑功能，FPGA 集成了丰富的触发器资源。LUT 与触发器是 FPGA 实现数字逻辑功能的电路基础。

查找表 LUT 由静态存储器 SRAM 构成。输入信号的个数决定了实现逻辑函数功能的复杂性。但是经济因素和技术因素限制了地址线宽度的增加和容量的扩充。目前 FPGA 中多使用 4 输入的查找表。每一个查找表可以看成一个有 4 位地址线的 16×1 位的 SRAM。对多于 4 个输入项的逻辑函数则由多个查找表逻辑块加上数据选择器来实现。此时逻辑函数需要作适当变换以适应查找表的结构要求，该变换在设计中称为逻辑分割，逻辑分割过程需要根据设计指标优化求解。

例如，要实现 5 输入组合逻辑函数 $F = F(A,B,C,D,E)$，首先对该表达式进行逻辑分割，改成 $F = F_1(A,B,C,D) \cdot \overline{E} + F_2(A,B,C,D) \cdot E$。其中 $F_1(A,B,C,D)$ 与 $F_2(A,B,C,D)$ 分别通过一个标准的 4 输入 LUT 实现，它们各自相乘的变量 $\overline{E}$ 和 E 由二选一数据选择器实现。由 2 个 4 输入 LUT 实现 5 输入变量逻辑函数的电路示意图如图 9.4.1 所示，图中 MUX21 是二选一数据选择器。

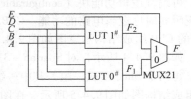

图 9.4.1　LUT 与数据选择器实现 5 输入逻辑函数

除了基于 LUT 和触发器实现数字逻辑的 FPGA 之外，还有一种多路开关型 FPGA，其实现逻辑功能的可编程资源是配置的多路开关。对多路开关的输入和选择信号进行配置，接到固定电平或输入信号上，以实现不同的逻辑功能。对于一个 2 选 1 多路开关来说，其选择输入信号为 S，两个输入信号为 A 和 B，则输出函数为 $F = SA + \overline{S}B$。把多个多路开关和逻辑门连接起来，就能实现复杂的逻辑函数。

多路开关型 FPGA 的代表是 Actel 公司的 ACT 系列 FPGA。以 ACT−1 为例，它实现逻辑功能的基本电路由 3 个二输入的多路开关和一个或门组成，如图 9.4.2 所示。该基本电路共有 8 个输入和 1 个输出，可以实现 $F = \overline{(S_3 + S_4)}\,(\overline{S_1} \cdot A_0 + S_1 A_1) + (S_3 + S_4)(\overline{S_2} \cdot B_0 + S_2 B_1)$ 的函数功能。

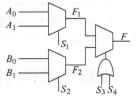

图 9.4.2　多路开关型 FPGA 中的基本电路

常见的输出可以配置成如全加器的和位和进位位。例如，令 $A_0 = A$，$A_1 = \overline{A}$，$B_0 = \overline{A}$，$B_1 = A$；$S_1 = B$，$S_2 = B$；$S_3 = C$，$S_4 = 0$，则根据运算关系可得 $F = A \oplus B \oplus C$。这是 1 位全加器的和位输出。

在多路开关结构中，同一函数可以用不同的形式来实现，它取决于选择控制信号和控制信号的配置，这是多路开关的特点。

9.4.2　FPGA 的结构

Xilinx 公司是 FPGA 技术的发明者，它的 FPGA 具有代表性。下面以 Xilinx 公司的基于查找表电路的 FPGA 器件来讲述 FPGA 的原理与电路特点。Xilinx 公司 Spartan−3E 系列 FPGA 器件的基本结构示意图如图 9.4.3 所示。

FPGA 器件内部用于实现逻辑功能的基本可编程资源包括可编程逻辑功能块、可编程输入输出块和可编程连线资源等。其他的重要资源有内嵌的底层功能单元，包括嵌入式 RAM 块、延时锁定环（delay−locked loop，DLL）、时钟管理单元、数字信号处理单元、内嵌专用硬核等。

基本可编程资源中的可编程逻辑功能块是实现数字逻辑系统功能的基础部件，它由若干个相

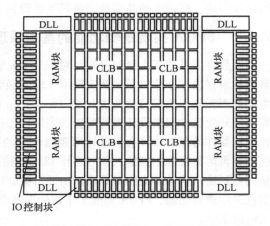

图 9.4.3　常见 FPGA 的基本结构

同的电路组成并排列成一个阵列。这些具有相同结构的电路通常包含查找表、触发器等基本逻辑电路；可编程输入输出块实现可编程逻辑功能块与外部引脚的连接；可编程连线资源将器件内部不同功能部分连接起来，实现大规模复杂系统的设计。

1. 可编程逻辑功能块

可编程逻辑功能块（configurable logic block，CLB）是 FPGA 中的主要逻辑资源，用于实现组合逻辑和时序逻辑电路的功能。CLB 按照行列整齐地排成阵列。Xilinx 公司 Spartan−3E 系列 FPGA 的 CLB 组成结构示意图如图 9.4.4 所示。

如图 9.4.4 所示，对 Spartan−3E 器件来说，每个 CLB 由 4 个互连的被称为 Slice 的部件组成，每两个 Slice 组成一组，其中一组完成逻辑和存储功能；另外一组实现逻辑功能。一个 Slice 的组成结构图如图 9.4.5 所示。在图 9.4.5 中，一个 Slice 包括两个 4 输入 LUT、附加逻辑、进位及算术逻辑、可编程数据选择器、D 触发器等。Slice 内部上下两个部分的结构基本相同。下面简要介绍 Slice 内部各部分电路和功能。

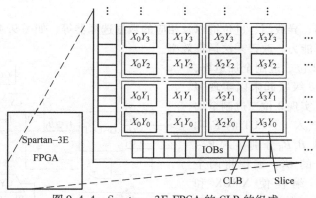

图 9.4.4 Spartan-3E FPGA 的 CLB 的组成

（1）查找表

两个查找表分别称为 F-LUT 和 G-LUT，用来实现函数发生器。该函数发生器可实现任意四个独立输入的组合逻辑函数。除了作为函数发生器外，每个查找表可以作为一个 16×1bit 同步 RAM，而一个 Slice 内的两个查找表可进一步构成 16×2bit 或 32×1bit 的同步 RAM。

（2）附加逻辑

附加逻辑主要包括输入端 BX/BY，数据选择器 F5/F6、输入端 $F_5 IN$ 以及输出端 XB/YB。附加逻辑用来配合查找表构成更多输入位数的函数发生器。

在图 9.4.5 中，任何一个 LUT 均可以实现 4 输入变量的逻辑函数发生器。LUT 的输出经过 D 触发器输出或旁路 D 触发器输出；当引入 BX 作为 F5 数据选择器的控制端，就构成了以 BX、$F_1 \sim F_4$ 或以 BX、$G_1 \sim G_4$ 为输入端的 5 输入的逻辑函数发生器，输出为 F_5。按照类似的方法，通过两个 Slice 可以构成 6 输入变量的逻辑函数发生器。将 5 输入逻辑函数发生器的输出 F_5 连接到下一个 Slice 的 $F_5 IN$ 输入端，并将第 6 个输入变量连接到 BY，则 F_5IN、BY 经过数据选择器 F5 配置成 6 输入逻辑函数发生器，并由输出端 Y 和 YQ 分别或同时输出。

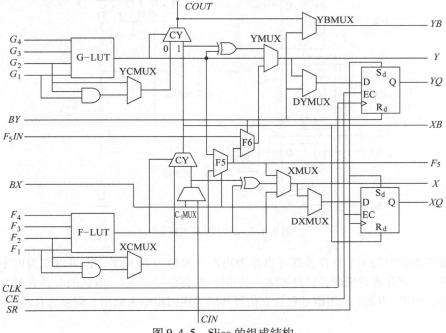

图 9.4.5 Slice 的组成结构

（3）算术逻辑

算术逻辑包括与门、异或门、进位链以及相应的数据选择器等，如图9.4.5所示。算术逻辑能实现加法、提高运算能力、改善乘法运算效率。

每片 Slice 能完成2位二进制全加运算，通过进位链将多个 Slice 级联起来以实现多位二进制全加器。为了实现2位二进制全加运算，加数 $A_1 A_0$ 分别接入 F – LUT 的 F_1 和 G – LUT 的 G_1，被加数 $B_1 B_0$ 分别接入 F – LUT 的 F_2 和 G – LUT 的 G_2，编程将两个 LUT 配置成半加器；编程使 XMUX 和 YMUX 选通异或门输出，使得和位 S_0 和 S_1 分别由 X 和 Y 输出；编程使 XCMUX 和 YC-MUX 选通与门输出，使得进位位 C_0 和 C_1 分别由 X 和 Y 输出。经过编程选通后，2位二进制全加运算被简化，如图9.4.6所示。

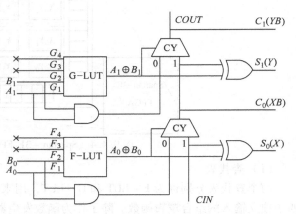

图 9.4.6　Slice 实现2位二进制全加运算的电路

（4）数据选择器

每个 Slice 包含丰富的数据选择器。除了 CY、F5 和 F6 不可编程之外，其余的数据选择器均可编程。数据选择器能参与完成输入变量扩位、算术运算以及选择组合电路和时序电路。

（5）D 触发器

D 触发器在时钟的作用下实现同步时序电路，当 D 触发器被旁路时，电路输出组合逻辑。

2. 输入输出模块 IOB

输入输出模块用于连接内部逻辑单元与芯片外部引脚，实现输入、输出或双向数据传输操作。每一个引脚通过独立的 IOB 配置成所需要的操作模式。简化的 IOB 原理图如图9.4.7所示。

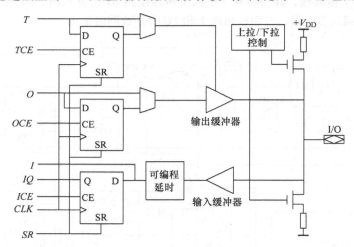

图 9.4.7　IOB 原理电路图

输入输出模块中的3个寄存器既可以作为边沿触发的 D 触发器，也可以作为电平触发的 D 锁存器。这3个寄存器共用时钟信号 CLK、共用置位/复位信号 SR，但它们有各自独立的时钟使能信号 TCE、OCE、ICE。共用信号和独立信号共同实现同步输入输出、同步置位/复位以及异步置位、异步清零。

输出缓冲器的控制信号由内部信号 T 或者输出缓冲器控制信号寄存器的 Q 输出端来控制。此外，输出缓冲器还能对摆率（电平跳变的速率）进行控制（图中未画出），实现快速或慢速两种输出方式。

在图 9.4.7 中，一个 I/O 引脚与内部逻辑之间有输入和输出两个通道。当 I/O 引脚作为输出时，内部逻辑信号由 O 进入 IOB 模块。该逻辑信号既可以组合方式输出（直接输出），也可以通过输出寄存器后以寄存器方式输出；当 I/O 引脚作为输入时，引脚上的信号经过输入缓冲器连接到输入通道。输入信号可以直接输入到内部逻辑 I，也可以经过触发器寄存后通过 IQ 输入端输入到内部电路。

为了补偿时钟信号的延时，在输入通道中增加了一个延时电路。用户根据需要可以选择延时几纳秒或不延时，以实现对时钟信号的补偿。

当 I/O 引脚没有被使用到时，通过上拉电阻接电源或下拉电阻接地，可以避免引脚悬空引起的振荡、附加功耗以及系统噪声。

3. 可编程布线资源

FPGA 内部含有丰富的布线资源，包括局部布线、通用布线、I/O 布线、专用布线以及全局布线等。这些丰富的布线资源分布在 CLB 阵列的行列间隙中。类型多样的布线资源增强了内部逻辑之间连接的灵活性，但也存在着延时难以预测的不足。因此在目标系统最大路径延时限制的情况下，通过软件来优化布线，减小路径延时以满足目标系统的性能要求。通过软件优化布线能减少设计编译的时间。

（1）局部布线

局部布线是指进出 CLB 的连线资源，其示意图如图 9.4.8 所示。局部布线资源实现了 CLB 与通用布线矩阵（general routing matrix，GRM）之间的连接、CLB 的输出到自身输入的高速反馈连接、CLB 到相邻 CLB 之间的直接路径。

（2）通用布线

通用布线资源位于 CLB 行列之间的纵横间隔中，它以通用布线矩阵为中心实现 FPGA 内部互连。通用布线矩阵 GRM 的结构如图 9.4.9 所示，图中每个行列交叉的编程点有 6 个可编程开关管，该结构能实现任意两个方向的连接导通。

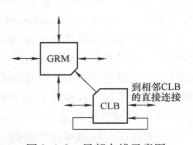

图 9.4.8 局部布线示意图

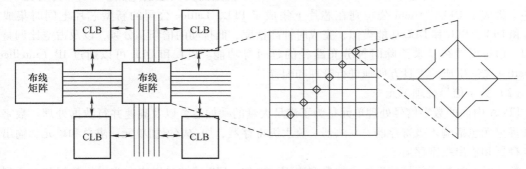

图 9.4.9 通用布线矩阵的结构

通用布线矩阵的连接形式主要有以下几种：通过单长线实现相邻 GRM 之间的互连、通过开关矩阵实现水平与垂直通用连线的连接以及通用连线与 CLB 的连接、通过双长线实现 FPGA 内部的快速互连。

（3）I/O 布线

在 CLB 阵列和输入输出模块之间的布线资源称为 VersaRing。对该布线资源进行编程，并利用引脚的交换与锁定功能，可以在对外输出引脚不变的情况下灵活修改内部逻辑。

（4）全局布线

全局布线资源用来分布时钟和其他扇出很高的信号。全局布线分为两级：第一级全局布线资源利用 4 个全局网络和专用输入引脚，用来分布高扇出时钟信号，以保证时钟扭曲最小。这 4 个全局时钟网络通过 4 个全局缓冲器后来驱动 CLB、IOB 以及 RAM 块的时钟输入。

第二级全局布线资源由 24 根主干线构成，12 根穿越其间的上部，另外 12 根穿越芯片的底部。由于不受时钟引脚连线的限制，使用起来更加灵活。

（5）专用布线

为满足特殊信号传递性能的需要，FPGA 内部还设置了专用布线资源：器件内三态总线配备了专门的水平布线资源；每个 CLB 配备了两个专用网络，用于把进位信号垂直传送到相邻的 CLB。

9.4.3　FPGA 内嵌功能单元

大容量高性能的 FPGA 正逐渐成为数字系统的核心组成部分。为了适应发展趋势，对 FPGA 传统的逻辑单元结构进行改进的同时，也逐渐在其中加入了越来越多的专用电路（即底层嵌入式功能单元），用来实现复杂的功能、高速的接口和互连，使得 FPGA 正逐步成为一种可编程的片上系统（system on programmable chip，SOPC）。

内嵌功能单元虽然在一定程度上使得设计与硬件相关（device dependent），影响了设计的可移植性，但是在高速应用设计中，单纯依靠 FPGA 内部的基本逻辑电路资源难以满足性能要求，这时就需要借助于 FPGA 内部的专用硬件电路来辅助实现高性能的设计。这是当前 FPGA 发展的趋势之一。下面将简要地介绍 FPGA 器件常见的一些专用电路。

（1）时钟管理单元

随着系统时钟频率逐步提高，I/O 性能要求也越来越高。在实现内部逻辑时，往往需要多个频率和相位时钟。为了适应这种需要，FPGA 内部出现了时钟管理电路，锁相环（phase lock loop，PLL）和延时锁定环（delay - lock loop，DLL）就是两类典型的电路。Xilinx 公司在 FPGA 芯片上集成了 DLL，Altera 公司则在芯片上集成了 PLL，Lattice 公司的新型芯片上同时集成了 PLL 和 DLL。PLL 和 DLL 功能类似，完成时钟高精度、低抖动的倍频和分频，以及占空比调整和移相、通过反馈路径来消除时钟分布路径的延时等功能。PLL 和 DLL 可以通过 IP（intelligent property）核⊖生成的工具方便地进行管理和配置。

（2）数字信号处理单元

FPGA 内嵌的数字信号处理单元是为了满足大量的乘加运算以及高速并行数据处理。数字信号处理单元包括输入级寄存器、乘法器、流水级寄存器、加/减/累加单元、求总和单元、输出多路选择器和输出级寄存器。

数字滤波是数字信号处理单元的典型应用。例如，FIR 滤波可以表示为采样数据和一系列滤

⊖　IP 核是指设计人员提供的、形式为逻辑单元、芯片设计的可重用模块。IP 核有三种不同的存在形式：硬件描述语言形式、网表形式、版图形式；分别对应常说的三类 IP 内核：软核、固核、硬核。

波系数相乘，然后将相乘的结果累加。应用 FPGA 来实现 FIR 滤波器时，数字信号处理单元中的移位寄存器可以用来对输入数据进行移位，还可以把数字信号处理单元级联起来支持更多的抽头数。这样利用数字信号处理单元内部的寄存器来实现，不仅性能高，同时也节约了 FPGA 的基本资源和布线资源。

（3）高速串行收发器

高速串行收发器是一种数据传送接口，它只传送高速的数据码流，不传送时钟信号，在接收端通过数据码流中足够的跳变来恢复时钟和数据。

高速串行收发器主要分为模拟部分和数字部分。模拟部分主要完成锁相环和并—串转换功能；数字部分完成编码、定标、速率匹配等功能。

（4）内嵌专用硬核

核（core）是一种预定义的、经过验证的并可重复使用的复杂功能模块。内嵌专用硬核（hard Core）是 FPGA 芯片内部功能预先定义的，已经布线完成的、不能被修改的功能模块，等效于 ASIC 电路。常见的硬核有专用乘法器、串并收发器（SERDES）等。Xilinx 公司的 Vertex – 5 系列 FPGA 不仅集成了 Power PC 系列 CPU，还内嵌了 DSP Core 模块，并依此提出了片上系统（system on chip）的概念。通过 Power PC 等平台，能够开发标准的 DSP 处理器及其相关应用，达到 SOC 的开发目的。

需要说明的是，除了内嵌专用硬核外，FPGA 中还有其他两种类型的核，分别为固核（firm core）和软核（soft core）。有兴趣的读者可以查阅相关资料。

9.4.4 FPGA 器件的配置

对于基于 SRAM 工艺的 FPGA，由于掉电后数据会丢失，因此每次上电都要对 FPGA 重新配置，即将编程文件（或称为配置数据）写入 FPGA 中。配置文件包含了对逻辑电路的划分、布局与布线以及综合等结果信息。配置文件通常由可编程逻辑器件的开发软件生成。这些开发软件主要有 Altera 公司的 QUARTUS II、Xilinx 公司的 ISE 等。

1. 配置模式

FPGA 器件的配置方式分为主动配置方式和被动配置方式两种。主动配置方式是指以 FPGA 为主，引导配置过程的方式。即 FPGA 控制着外部存储器及初始化过程。被动配置方式是由外部控制器主导对 FPGA 的配置过程。外部控制器常常是 PC 或单片机。

配置时，先将控制器与目标芯片通过下载电缆相连，然后启动配置。根据下载电缆线的位宽，配置可分为串行配置和并行配置。因此结合配置方式，对 FPGA 进行配置的主要方式见表 9.4.1。

表 9.4.1 FPGA 常用配置模式

配置模式	常见形式		
	主动串行模式	主动 SPI 闪存模式	主动并行模式
主动配置	FPGA: DIN ← D0, CCLK → CLK	FPGA: MOSI → DATA_IN, DIN ← DATA_OUT, CSO_B → SELECT, CCLK → CLOCK	FPGA: D[7:0] ←8→ D[7:0], CCLK → CLK

（续）

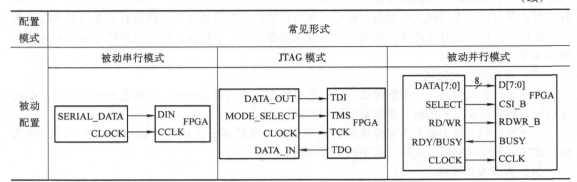

配置 模式	常见形式		
被动 配置	被动串行模式	JTAG 模式	被动并行模式

需要说明的是，不同型号的 FPGA 并不全部支持上述配置模式。在应用之前，需要参阅技术手册，以选用合适的配置模式。

2. 配置引脚

FPGA 配置时用到的引脚有专用引脚，也有在配置期间当作配置引脚使用的通用输入/输出引脚。

下面简要介绍配置期间使用的引脚以及它们的功能。

（1）通用配置控制引脚

FPGA 中用于配置的主要控制引脚以及它们的功能见表 9.4.2。

表 9.4.2 FPGA 配置中的通用控制引脚

引脚	方向	功能描述
M2、M1、M0	输入	用于选择配置模式
DIN	输入	串行配置模式下的数据输入
CCLK	输出/输出	配置时钟。被动模式下作为输入，主动模式时作为输出
DOUT	输出	串行配置模式下的数据输出
INIT_B	双向（漏极开路）	初始化标志位。当配置存储单元清零时有效（低电平）
DONE	双向（漏极开路）	从低电平跳转到高电平表示配置完成
PROG_B	输入	低电平时开始配置 FPGA

（2）JTAG 模式中的专用引脚

JTAG 配置模式是独立接口的配置模式，采用 4 根专用的引脚进行配置。这 4 根专用引脚是模式选择引脚 TMS（test mode select）、时钟引脚 TCK（test clock）、数据输入引脚 TDI（test data in）、数据输出引脚 TDO（test data out）。

思 考 题

9.4.1 简述 FPGA 实现数字逻辑功能的原理。

9.4.2 FPGA 芯片内部主要组成部分有哪些？它们的功能又是什么？

9.4.3 如何利用两片 Slice 实现 6 输入 LUT？画出实现 6 输入 LUT 电路图。

9.4.4 FPGA 可编程布线资源有哪些种类？它们的特点是什么？

9.5 可编程逻辑器件的开发应用

可编程逻辑器件的开发应用是采用电子设计自动化软件对可编程逻辑器件进行设计的过程。可编程逻辑器件的硬件结构特点和可用资源数量是应用设计的基础，成功的设计还与设计方法、系统配置等有关。

FPGA 应用
设计过程举例

9.5.1 可编程逻辑器件的设计过程与设计原则

1. 设计过程

可编程逻辑器件设计过程一般包括设计准备、设计输入、功能仿真、设计处理、时序仿真、器件编程与测试等几个步骤，如图 9.5.1 所示。

系统设计准备是对系统进行分析和概要设计的阶段，包括方案论证、系统总体设计、器件选择等准备工作。设计人员根据任务的功能和性能需求，确定对器件的资源、成本以及功耗等方面的要求，选择合适的设计方案和器件型号。

设计描述与输入是指设计人员将所设计的系统或电路创建到 EDA 开发软件的过程。输入方式通常有图形输入和硬件描述语言输入两种形式。图形方式描述设计输入与一般的数字电路设计类似。硬件描述语言描述设计输入时可以从行为级描述目标系统，其突出优点有：逻辑设计与

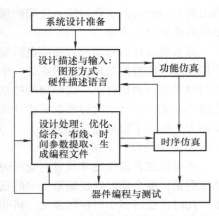

图 9.5.1 可编程逻辑器件设计过程

具体工艺无关，使设计人员在系统设计、逻辑验证阶段确定方案的可行性；行为级描述便于设计大规模、复杂的数字系统；具有很强的逻辑描述和仿真功能，输入效率高；在不同的可编程逻辑器件和 EDA 软件之间的转换比较方便；不必对底层的电路和可编程逻辑器件结构非常熟悉。

通过功能仿真来检验系统设计的正确性，即在逻辑上而不是在电路实现上检验系统的正确性。确定设计描述的功能无误后，就可以使用 EDA 软件对设计描述和相应的性能约束进行处理，设计处理是可编程逻辑器件设计开发中的重要环节。在设计处理的过程中，EDA 软件对设计输入文件进行语法和设计规则检查、逻辑简化、优化、综合、适配、布局布线、时间参数提取，最后产生器件编程的配置文件。

时序仿真又称为后仿真或延时仿真。由于不同可编程逻辑器件内部的延时不一样，不同的布局布线方案也将影响电路各部分的延时，这些延时可能会导致系统和电路功能的变化。因此在设计处理以后，需要对系统和各模块进行时序仿真，分析时序关系，检查和消除竞争冒险，并对器件的实际工作性能进行估计。

器件编程（对有些器件也称为配置）是在时序仿真完成之后，将配置数据文件下载到可编程逻辑器件中。器件在编程结束后，还可以对器件进行校验、加密等操作。对于支持 JTAG 技术、具有边界扫描测试 BST（boundary – scan testing）能力和在线编程能力的器件来说，编程和测试过程都比较方便。

2. 设计原则

基于可编程逻辑器件设计逻辑电路与系统需要依靠特定的开发环境。对可编程逻辑器件进行设计开发的软件很多，随着器件的飞速发展，软件开发平台也不断更新发展、使得对可编程逻辑器件

的设计更加灵活、自动化程度更高、性能更加稳定。从设计输入、规则检查、电路划分、布局布线、逻辑综合、仿真、优化、编程下载等一系列过程均可以在功能强大的软件平台中完成。可编程逻辑器件在应用时的设计原则总结如下。

（1）改变电路结构，提高系统工作频率

信号通过门电路后会产生延迟，如果信号通过串联连接的门电路过多，其延迟累积量将影响电路的速度。此时，可以将一些串行操作电路转化为并行操作的电路，以降低延迟对信号的影响。

（2）采用流水线技术提高系统运行速度

整个系统的最大运行速度取决于系统的关键路径（最大延迟路径），也就是从任何寄存器的输出到它馈给其他寄存器输入之间的最大延迟。在无法修改电路的情况下，可以采用流水线设计来提高系统运行速度。

流水线设计的基本原理是将电路操作划分为若干级，每一级只完成运算的一部分，一个时钟周期完成一级数据处理，然后在下一个时钟周期到来时将运算的结果传递给下一级，流水线每级之间设置寄存器锁存上一级输出的数据。虽然数据需要经过整条流水线才能得到结果，但作为整个流水线来说，每个时钟周期都能计算出一组数据，即计算一组数据平均只需要一个时钟周期，从而大大提高了数据运算的速度。

（3）全局设计系统时钟

可编程逻辑器件通常设置有全局时钟或同步时钟，它是最简单也是最可靠的时钟。对时钟设计原则是：由全局时钟控制系统中的每一个时序电路。但是，复杂系统要求的时钟控制可能有多个，此时需要将多个时钟同步化。将非同源时钟同步化的一个方法就是使用可编程逻辑器件内部的锁相环（PLL）电路；如果两个时钟的频率比是整数倍时，也可以不采用锁相环电路；而当频率比不是整数倍时，就需要引入带使能端的 D 触发器，并引入一个高频时钟来实现。

（4）避免毛刺对系统的干扰

毛刺是指信号经过门电路后由于延迟、信号的过渡时间等因素造成瞬间错误信号输出。如果毛刺在时钟的上升沿时刻出现并满足数据的建立保持时间，就会对系统造成危害。消除毛刺的方法主要有锁存法、延迟法、吸收法、取样法等。

（5）树立硬件优先的思想

在进行可编程逻辑器件设计应用时，必须摒弃软件思维方式，一切从电路结构去思考代码的描述。在具体的项目实践中，必须先画好模块的接口时序图，然后画出或者在头脑中形成模块的内部原理框图，最后才是代码实现。企图一开始就依靠"软件算法"思维进行代码实现，最后才分析时序图和电路图，是非常不可取的。

虽然软件开发平台的自动化程度给设计带来了方便，但是仅依靠软件不能完成所有的设计。对可编程逻辑器件的设计是以器件的硬件资源为基础，因此所有的设计都不能脱离硬件资源的性质特点去讨论软件设计的发展与创新。正确的方法应该是牢记硬件资源的约束，转化软件设计的思路，领悟硬件描述语言的本质含义，合理构想硬件的设计方案并高效地进行相应的软件设计。

在芯片资源余度较大的情况下，采用并行操作、流水线技术等提高运行频率的设计方法，设计出的目标电路能运行在较高的工作频率，其代价是消耗更多的硬件资源。然而，资源的数量总是有限的，在复杂的设计场合，提高目标电路的速度与芯片的资源数量是矛盾的，这需要优化设计，并在速度与资源之间折中。

（6）采用分层次的模块化设计方法

分层次的、基于模块的设计方法将系统分为多个层次，采用模块作为基本设计单元，实现系统的开发和设计。在这种设计流程中，设计者对不同层次的功能模块采用最适用的设计方法，这样就为复杂的几百万门级的系统设计和处理提供了更高的抽象级别以及更灵活的实现方式。

分层次的模块化设计方法具有很多优点。满足了缩短开发周期、降低开发成本的需求。首先，基于模块的设计方法在设计实现中引入了最大程度的并行性，使顶层设计和单个模块设计能同时进行；其次，这种方法使得设计者更容易进行设计复用，包括设计模块和 IP 核的复用。

9.5.2 应用设计举例

可编程逻辑器件的应用设计除了与具体的目标设计有关之外，主要与所选择目标器件的资源结构、设计描述方式、基于硬件的设计方法等有关。应用设计涉及的内容丰富精彩，除了要完成目标系统的逻辑功能之外，还需要对设计进行优化，以达到更高的性能和更少的资源消耗。

下面的举例采用 VHDL 语言描述。由于描述方式的差异，设计完成的系统性能以及资源消耗也有所不同，这是可编程逻辑器件应用设计的难点，也是应用设计的精彩之处。此外，FPGA 借助于内部硬件资源通过查表、移位、加法等操作实现复杂计算也是常用的设计描述技巧。

例 9.5.1 采用非流水线技术与流水线技术设计 4 位的全加器，并对比其性能。

解：（1）流水线设计技术

如果某个设计的处理流程分为若干步骤，而且整个数据处理是"单流向"的，即没有反馈或者迭代运算，前一个步骤的输出是下一个步骤的输入，则可采用流水线设计方法提高系统的工作频率。

流水线设计的基本原理已经在 9.5.1 节中做了阐述，其核心在于部分运算以及部分锁存。

（2）设计分析

采用流水线技术设计 4 位全加器的步骤分为四步：每一步完成一位数据的全加，获得该位的和位与进位，同时用寄存器保存已经完成的和位与进位、以及加数、被加数中未参加运算的位数据。实际上平均完成一个加法运算只需要一个时钟周期。采用流水线技术实现的 4 位的全加器示意图如图 9.5.2 所示。

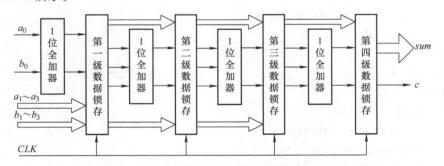

图 9.5.2 采用流水线技术实现的 4 位的全加器示意图

非流水线技术实现 4 位全加器则很简单，通过加法运算就能得到和。考虑可能产生进位，事先对加数和被加数的最高位扩展为 0，相加后的进位就保存在该最高位。

（3）设计实现

流水线技术实现全加器的 VHDL 源程序如下。

```
Library ieee;
use ieee. std_logic_1164. all;
use ieee. std_logic_unsigned. all;
```

```
    use ieee. std_logic_arith. all;
    entity adder is port(
        clk,rst:in std_logic;
        a,b:in std_logic_vector(3 downto 0);
        sum:out std_logic_vector(3 downto 0);
        c:out std_logic);
    end entity adder;
    architecture depict of adder is
        signal reg0:std_logic_vector(7 downto 0);
        signal reg1:std_logic_vector(6 downto 0);
        signal reg2:std_logic_vector(5 downto 0);
    begin
        bit0:process(clk,rst)                        --第一级流水线
            begin
                    if(rst = '1')then
                        reg0 < = "00000000";
                    elsif(rising_edge(clk))then
                        reg0(0) < = a(0) xor b(0); --第一流水线中的1位全加器
                        reg0(1) < = a(0) and b(0);
                        reg0(2) < = a(1);            --第一流水线中没有运算数据的保存
                        reg0(3) < = b(1);
                        reg0(4) < = a(2);
                        reg0(5) < = b(2);
                        reg0(6) < = a(3);
                        reg0(7) < = b(3);
                    end if;
    end process bit0;
    bit1:process(clk,rst)                        --第二级流水线
        begin
            if(rst = '1') then
                reg1 < = "0000000";
            elsif(rising_edge(clk)) then
                reg1(0) < = reg1(0);
                reg1(1) < = reg1(1) xor reg1(2) xor reg1(3);
                reg1(2) < = (reg1(1) and reg1(2)) or (reg1(1) and reg1(3)) or (reg1(2) and
                reg1(3));
                reg1(6 downto 3) < = reg1(7 downto 4);
            end if;
        end process bit1;
        bit2:process(clk,rst)                        --第三级流水线
            begin
```

```
            if( rst  =  '1')  then
                reg2  <  =  "000000" ;
            elsif( rising_edge( clk) )  then
                reg2(1 downto 0)  <  =  reg1(1 downto 0) ;
                reg2(2)  <  =  reg1(2) xor reg1(3) xor reg1(4) ;
                reg2(3)  <  =  ( reg1(2) and reg1(3) ) or ( reg1(2) and reg1(4) ) or ( reg1
                (3) and reg1(4) ) ;
                reg2(5 downto 4)  <  =  reg1(6 downto 5) ;
            end if;
        end process bit2 ;
        bit3 : process( clk , rst )                        - - 第四级流水线( 输出)
            begin
                if( rst  =  '1') then
                    sum  <  =  "0000" ;
                c  <  =  '0';
        elsif( rising_edge( clk) )  then
            sum(2 downto 0)  <  =  reg2(2 downto 0) ;
            sum(3) <  =  reg2(3) xor reg2(4) xor reg2(5) ;
            c <  =  ( reg2(3) and reg2(4) ) or ( reg2(3) and reg2(5) ) or ( reg2(4) and reg2
            (5) ) ;
        end if;
    end process bit3 ;
end depict;
```

流水线技术实现 4 位全加器的仿真波形如图 9.5.3 所示。结果显示，逻辑功能正确。但是相对于输入数据，结果数据有 4 个时钟周期的延时。这是由于需要经过四级流水线才能得到结果。

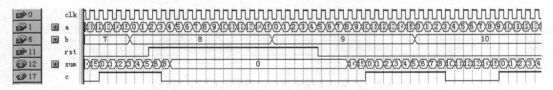

图 9.5.3 四级流水线全加器仿真结果波形图

采用非流水线技术实现的 4 位全加器的 VHDL 程序如下：

```
Library ieee;
use ieee. std_logic_1164. all;
use ieee. std_logic_unsigned. all;
use ieee. std_logic_arith. all;
entity nonpipe_adder is port(
    clk , rst : in std_logic;
    a , b : in std_logic_vector(3 downto 0) ;
    sum : out std_logic_vector(3 downto 0) ;
```

```
        c：out std_logic）；
end entity nonpipe_adder；
architecture depict of nonpipe_adder is
    signal reg：std_logic_vector（4 downto 0）；
    signal rega：std_logic_vector（4 downto 0）；
    signal regb：std_logic_vector（4 downto 0）；
begin
    p1：process（clk）
    begin
        if（rising_edge（clk））then
            rega < = '0' & a；regb < = '0' & b；－－扩位预留进位位
        end if；
    end process p1；
    p2：process（clk）
    begin
        if（rst = '1'）then
            reg < = "00000"；
        elsif（rising_edge（clk））then
            reg < = rega + regb；
        end if；
    end process p2；
    sum < = reg（3 downto 0）；
    c < = reg（4）；
end depict；
```

非流水线4位全加器的仿真结果波形如图9.5.4所示。结果显示，全加器逻辑功能正确。

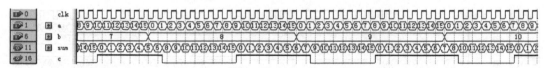

图9.5.4　非流水线4位全加器的仿真结果波形图

（4）性能测试

将上面的程序编译后配置到Altera公司FLEX10KA系列器件的EPM10K100ARC240 – 1中，流水线加法器和非流水线加法器的最高工作频率测试结果如图9.5.5所示。在被综合到相同器件型号和相同速度等级的器件中之后，采用流水线技术实现的四级加法器的最高工作频率到达了200MHz，而非流水线技术实现的加法器的最高工作频率为156.25MHz。

采用流水线设计方法实现的电路获得了较高的运行速度，这是以面积换速度的典型应用。也就是说，采用流水线设计方法实现的高速设计是以消耗更多的逻辑资源换来的。综合（synthesis）报告显示，四级流水线加法器的资源消耗为26个逻辑单元（LEs），如图9.5.6a所示；而非流水线技术实现的加法器的资源消耗为17个逻辑单元（LEs），如图9.5.6b所示。

当采用流水线技术设计并实现乘法器时，它与未采用流水线技术实现的乘法器的最高工作频

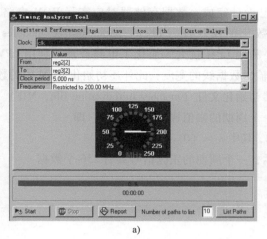

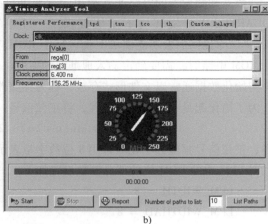

图 9.5.5　四级流水线加法器与非流水线加法器的最高工作频率测试

a）流水线加法器的最高工作频率　b）非流水线加法器的最高工作频率

率之间的差异更明显：采用流水线技术实现的乘法器的速度更快。有兴趣的读者可根据流水线技术的基本思想实现乘法器并测试比较。

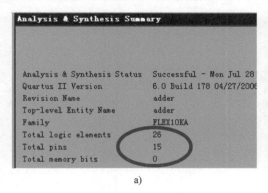

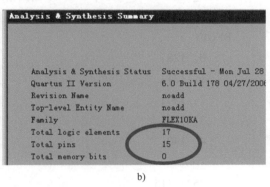

图 9.5.6　四级流水线加法器与非流水线加法器的资源消耗量测试

a）流水线加法器的资源消耗测试结果　b）非流水线加法器的资源消耗测试结果

例 9.5.2　采用层次化设计的方法设计频率可控的正弦信号发生器电路。

解：（1）设计分析

正弦信号的相位与幅值是非线性函数关系。可编程逻辑器件无法根据相位直接计算获取幅值数据。查找表技术提供了将非线性运算转化成线性查表的方法，因此将正弦计算转换成查表操作：表格的索引值是线性增长的，索引值所对应的数据元素就是正弦幅值。为此，频率可控的正弦信号发生器电路需要存储正弦信号按照相位等分的一个完整周期的幅值。

（2）逻辑设计

频率可控的正弦信号电路主要由计数器电路和存储器电路组成。计数器电路完成对相位的计算：在时钟的节拍下不断加上步长。步长的大小决定了计数器翻转的频率，从而决定了输出正弦信号的周期，达到频率可控的要求；计数器的计数结果作为存储器的输入以得到相应的正弦信号的幅值。此外，局部的输出还通过触发器进行暂存。

计数器和触发器的电路非常简单，读者可自己设计完成。数据存储器对应实际 ROM 电路。在 QUARTUS II 开发环境下系统提供了一个参数化的模块库（library parameterized modules, LPM），该库提供的宏功能模块中就包括了 ROM。利用 LPM 就大大简化了电路设计。利用 LPM 设计 ROM 电路时，需要确定输入地址线的宽度、输出数据线的宽度；此外还初始化 ROM 中的数据。初始化数据通常以文件形式存放，称为存储器初始化文件（memory initialization file, MIF）。

为了简化起见，但不失一般性，将正弦信号一个周期的幅值调制到 0~255，即

$$y = 255 * (1 + \sin(n * 2\pi))/2, \text{其中} n = (0 \sim 255)/256$$

这样，正弦信号幅值数字化后采用 8 位数字量表示；一个周期的正弦信号共有 256 个数据。

对 LPM 中的 ROM 块的部分参数设置如下：

    LPM_WIDTH = 8

    LPM_WIDTHAD = 8

MIF 文件的格式与部分数据如下：

    DEPTH = 256；   //该 ROM 共 256 个单元

    WIDTH = 8；   //输出数据位宽是 8 位

    ADDRESS_ RADIX = DEC；   //地址格式为十进制

    DATA_ RADIX = DEC；   //数据格式为十进制

    CONTENT   //数据体

    BEGIN

        0：128；

        1：131；

        2：134；

        3：137；

        4：140；

        ......

      252：115；

      253：118；

      254：121；

      255：124；

    END；

（3）设计实现

根据分析与设计，目标电路由三个模块组成。因此设计时采用层次化设计方法：先设计好底层的三个电路：计数器、数据存储器和触发器。每个模块设计完之后将其封装，形成一个独立的模块——图元。然后新建顶层文件，将已经设计好的模块按照功能连接起来，就完成了顶层目标电路的设计，如图 9.5.7 所示。

设计完成后的仿真结果波形图如图 9.5.8 所示。结果显示，在满足控制信号 *reset* = 0、*en* = 1 时，步长 *pace* = 1 时，在时钟的触发下，输出依次重复得到正弦信号一个周期内的幅值数据。

需要说明的是，本例当中设计了一个 ROM 电路，这实际上是通过 RAM 来模拟实现的。也就是说设计只能在具有 RAM 块资源的 FPGA 上才能实现，而在 CPLD 上则无法实现。

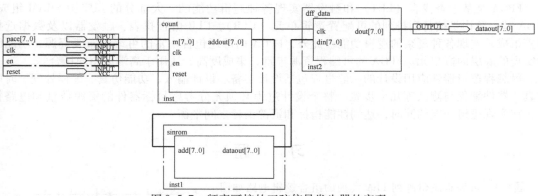

图 9.5.7 频率可控的正弦信号发生器的实现

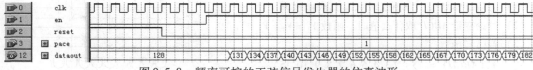

图 9.5.8 频率可控的正弦信号发生器的仿真波形

📝 价值观：创新爱国

　　中国集成电路产业正处于高速蓬勃的发展时期，但是在许多方面存在"短板"，导致了中国制造的"全而不强"和产业供应链的"断链"风险。在核心技术方面，中国的集成芯片自动化设计开发软件、关键生产设备的研发制造技术等受制于人，国内所使用的集成电子系统设计开发 EDA 软件工具由 Cadence、Synopsys、Mentor 三家美国公司垄断，占据90%以上的市场份额，国产的 EDA 软件与美国公司的软件之间还有很大的差距。而集成芯片生产所需要的离子注入机、薄膜沉积设备、热处理成膜设备等主要由美国和日本的企业垄断，尤其是作为芯片行业顶尖技术的纳米光刻机制造技术完全被荷兰的 ASML 公司所垄断；在产业供应链方面，高端半导体材料，如大尺寸硅晶片、光刻胶、抛光液以及溅射靶材等，主要被欧洲、美国、日本、韩国等的企业垄断。集成电路核心技术受制于外国是中国社会发展的巨大隐患，关键核心技术的缺失，主要原因还是高质量集成电路技术人才不足。理工科大学生与科研人员，应恪守爱国、敬业、诚信、友善的社会主义核心价值观，矢志不移地开展集成电路技术自主创新，以便在不久的将来彻底解决中国集成电路产业发展的"卡脖子"问题。

本 章 小 结

　　可编程逻辑器件根据集成度、制造工艺、电路结构等特点可分为简单 PLD 器件（PLA、PAL、GAL 等）、复杂可编程逻辑器件（CPLD）、现场可编程门阵列等系列（FPGA）。

　　简单 PLD 器件的基本电路结构是与或阵列和触发器，这是 PLD 器件实现包括组合逻辑和时序逻辑在内的各种逻辑电路功能的硬件基础。它们的差异在于与或阵列的可编程性以及输出电路的结构。GAL 器件在每一个输出端配置了输出逻辑宏单元 OLMC，通过编程可以实现 5 种功能组态，增加了设计的灵活性。

　　CPLD 是在 GAL 器件的基础上发展起来的复杂可编程逻辑器件，其基本组成电路是与或阵列以及包含触发器的宏单元。除了集成度高于 GAL 器件外，CPLD 内部还有可编程的连线资源，输入/输出引脚则通过输入/输出控制单元被配置成输入、输出、双向工作方式。现在大部分 CPLD 具有在系统可编程的特性。

FPGA 是基于查找表（LUT）和触发器实现各种逻辑功能的。大部分的 LUT 由 SRAM 组成。FPGA 基本结构是按行列排列的可配置逻辑单元（CLB），CLB 由查找表、触发器以及数据选择器等组成，实现各种复杂的逻辑功能。此外，FPGA 内部还包含丰富的可编程布线资源、功能已经实现的底层内嵌单元。FPGA 的可编程资源丰富、集成度高，适用于高端应用的场合。

可编程逻辑器件应用设计的一般过程包括设计准备、设计输入、功能仿真、编译处理、时序仿真、器件编程与测试等几个步骤。整个设计过程必须充分考虑目标器件的资源数量和电路特点，在实现逻辑功能的同时，达到性能指标和资源消耗之间平衡。

习　题

题 9.1　可编程逻辑阵列 PLA 实现的组合逻辑电路如图 9.6.1 所示。

（1）分析电路功能，写出函数 $Y_1 \sim Y_3$ 的逻辑表达式；

（2）讨论变量 $ABCD$ 取什么值时，函数 $Y_1 = Y_2 = Y_3 = 1$。

（3）若已知函数

$$Y_1(ABCD) = \sum_m (3,4,5,6,7,8,9,10,15)$$

$$Y_2(ABCD) = \sum_m (1,3,7,8,9,10,12,13,15)$$

$$Y_3(ABCD) = \sum_m (1,3,4,7,8,9,10,12,14,15)$$

试用 PLA 实现之，画出相应的逻辑电路。

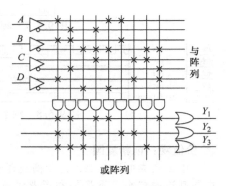

图 9.6.1　PLA 实现组合逻辑电路

题 9.2　（1）应用 PAL 器件的专用输出结构实现逻辑函数

$$F_1(A,B,C) = \sum_m (0,1,4,5,6)$$

并画出相应逻辑电路。

（2）应用 PAL 器件的专用输出结构又如何实现 $F_2(A,B,C) = \sum_m (2,3,7)$ 呢？

（3）比较上述两个实现的结果，分析它们之间的关系。

题 9.3　分析图 9.2.21 的工作流程与原理，并给出在 $XOR = 0$，$AC_0 = 0$，$AC_1(n) = 0$ 时输入到输出的等效电路。

题 9.4　通过 CPLD 实现的一逻辑电路如图 9.6.2 所示。当 OM 被配置成 0 且输出通过 PIA 与输入端 B 断开时，试分析该电路实现的逻辑功能；当 OM 被配置成 1 且输出通过 PIA 与输入端 B 相连时，再分析该电路实现的逻辑功能。

题 9.5　试说明利用 Slice 实现 4 变量输入、2 变量输出的逻辑函数发生器的方法与工作原理。

题 9.6　试说明利用 2 组 Slice 中的 4 个 LUT 构成 6 变量输入的逻辑函数发生器的方法与工作原理。

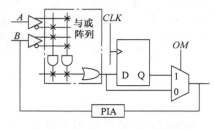

图 9.6.2　用 CPLD 实现的逻辑电路

题 9.7　FPGA 的输入输出模块如图 9.4.7 所示，如果要求将此 I/O 模块配置成输入模式，请用粗线标注输出通道，并分析在该输出通道上需要的配置单元和相应的配置位。

题 9.8　试采用 VHDL 语言实现 D 触发器和锁存器的设计描述，并比较描述的不同和仿真结果的差异。

题 9.9　采用流水线技术和非流水线技术分别实现一个 4×4 的乘法器，画出各级流水线的电路的组成，并比较它们的最高工作频率和资源消耗。

题 9.10　用 VHDL 语言设计一个计数器并将计数结果在七段数码管上用动态扫描方式显示的电路。计数的时钟为 1Hz，动态扫描的时钟为 1000Hz。

第 10 章　数字电子系统设计

[内容提要]

本章介绍数字电子系统的基本概念，重点阐述数字电子系统设计的基本步骤、方法和实现手段，介绍典型 EDA 软件和可测性设计方法，并说明 EDA 辅助设计和可测性设计在数字电子系统设计中的作用，最终结合设计实例介绍三种数字电子系统常用设计方式，给出完整的设计、仿真和实现过程。

10.1　数字电子系统概述

电子系统是指由电子元器件或部件组成的能够产生、传输或处理电信号及信息的客观实体，通常指由若干相互连接、相互作用的基本电路组成的具有特定功能的电路整体。根据电路组成的不同性质，电子系统可分为模拟型、数字型和模数混合型三种形式。

10.1.1　数字电子系统组成

数字电子系统即数字型电子系统，指由数字电路构成的电子系统，电气原理上表现为用数字信号完成数字量算术运算和逻辑运算的电路系统。数字电路以布尔代数为数学基础，使用二进制数字信号，具有典型的逻辑运算和逻辑处理能力，适合运算、比较、存储、传输、控制、决策等应用。目前，电子系统设计在确定系统方案时，一般会优先考虑用数字系统实现，最典型的电子系统结构是将模拟信号经 A/D 转换为数字信号，由数字系统处理后再经 D/A 转换输出。

数字电子系统通常包含系统接口、数据处理器和控制器三个部分，是由控制器根据外部输入信号和处理器反馈信号，管理各子系统及整个系统按规定顺序工作，实现数据存储、传输和处理等功能的数字设备。系统接口是完成将物理量转化为数字量（输入接口）或将数字量转化为物理量（输出接口）的功能部件，例如键盘、打印机接口等；数据处理器是由各种逻辑器件构成的实现系统功能的部件，其逻辑功能可分解为若干个子处理单元，如译码器、寄存器、计数器等；控制器负责控制和管理。计算机、手机、数字电视等都是常见的数字电子系统。

图 10.1.1 所示为典型的数字电子系统结构示意框图。控制器是数字电子系统的核心，由记录当前逻辑状态的时序电路和进行逻辑运算的组合电路组成，根据控制器外部输入信号、处理器

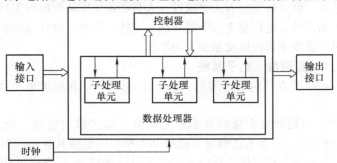

图 10.1.1　典型数字电子系统结构示意框图

反馈信号和控制器当前状态控制逻辑运算进程，并向处理器和系统外部发送控制命令，有无控制电路是区分数字单元电路（功能部件）和数字电子系统的标志。数据处理器由组合电路和时序电路组成，接收控制命令，执行相应动作，向控制器输送反馈信号。时钟为系统提供时钟和同步信号。输入接口电路对系统输入信号进行预处理，输出接口电路输出系统各类信号和信息。

10.1.2　数字电子系统特点

1）工作稳定，抗干扰能力强。数字电子系统所处理的数据均为二进制数字量，组成系统的逻辑器件只需对高、低电平进行判别和转换，具有较高的工作稳定性和抗干扰能力。

2）精确度高。在数字电子系统中，可以通过增加并行数据的位数或串行数据的长度来提高系统处理和传输数据的精确度。

3）系统可靠性高。为提高信息传输的可靠性，数字电子系统可采用检错、纠错和编码等信息冗余技术，利用多机并行工作等硬件冗余技术来提高系统的可靠性。

4）便于系统模块化。对于较复杂的数字电子系统，可以分解成若干个功能部件，采用模块化设计方法，用许多通用的模块来组成子系统，由子系统构成完整系统，系统的研制、设计、生产、调试和维护都十分方便。

5）可实现片上系统，即系统芯片。采用 EDA 技术，可以将系统的全部功能模块集成到单一半导体芯片上，实现片上系统（system on a chip，SOC）或集成系统（integrated system，IS）。

6）实现嵌入式系统。目前，数字系统设计可采用可编程系统芯片（system on a programmable chip，SOPC）技术来实现嵌入式系统的设计，SOPC 技术能够基于 FPGA 等可编程芯片实现系统级芯片设计，整个系统在一片芯片中，从而实现嵌入式系统。

10.1.3　数字电子系统实现方式

实现数字电子系统的核心是器件，数字系统设计选用的器件不同，实现方式也不同。这里介绍的数字电子系统的实现方式主要指基于不同特点器件实现数字电子系统设计的方法。数字电子系统的典型实现方式有以下几种。

1. 基于全定制方式实现数字电子系统

全定制（full custom）方式是一种基于晶体管级器件的设计方法，可在物理版图级实现数字电子系统芯片设计。

全定制方式设计中，设计人员可以根据需要优化单元电路的结构、晶体管的参数及版图的参数，可以采用自由格式的版图进行规则设计，然后优化、完善，使每个元件及连接布局布线最紧凑、最合适，达到最佳的性能和最小的芯片尺寸，因此，全定制方式可以设计出高速度、低功耗、小面积的集成芯片。但这种实现方式要求设计人员必须使用版图编辑工具，从晶体管的版图尺寸、位置及连线开始设计，进行整个版图的布局和布线，因此，设计周期长、查错困难大、设计成本高，适合于对性能要求很高或批量很大的芯片。

2. 基于半定制方式实现数字电子系统

半定制（semi custom）方式包括门阵列（gate array，GA）和标准单元（standard cell，SC）两种实现方式。

门阵列是在硅片上预先做好大量的基本单元电路（如逻辑门电路、触发器和各种缓冲器等），整齐排列成阵列形式，并留有连线区，这些基本单元门电路具有相同形状的版图，大部分工艺制造已经完成，仅缺少它们之间的连线。门阵列设计法以 IC 厂商提供的基本单元电路为基础进行设计，设计人员根据提供的基本逻辑单元，确定连线方式，构成所需要的功能芯片，制造商根据设计人员所选定的逻辑单元和设计的连线方式，对门阵列的连线区进行最后布线，从而获得用户所需芯片。这种设计方法中，设计人员仅需掌握很少的集成电路知识，设计过程简单方便，并且生产周期短、成本低，但缺点是单元电路的利用率低、芯片面积大。因此，适用于设计周期较短、生产批量小、对芯片性能要求不高的产品。

标准单元设计又称为库单元设计，以精心设计好的标准单元库为基础，设计时根据需要从标准库中选取合适的标准单元构成电路，然后调用这些标准单元的版图，利用自动布局布线软件完成电路到版图的设计，最后将符合设计要求的版图或网表交给生产厂商进行制作。

标准单元实现方式的设计难度和周期比全定制实现方式要小，能设计出性能较高、面积较小的芯片，但与门阵列方式比，所设计的电路性能、芯片利用率及设计灵活性均更优，缺点是标准单元库的投资较大，生产周期及成本均比门阵列方式高，因此，它适用于性能指标较高而生产批量又较大的产品。

3. 基于通用集成电路实现数字电子系统

传统的数字电子系统设计主要采用这种方式。设计人员采用"自底向上"的搭积木方法进行设计，先用器件搭成电路板，再由电路板构成系统，选用的"积木块"是固定功能的标准集成电路，如 74/54 系列（TTL）、4000/4500 系列（CMOS）以及存储器芯片等。设计过程中，设计人员需要选择合适的器件来搭建系统，是一种组装式的设计，易于实现，但这种方法实现的数字电子系统往往体积大、重量大、功耗大、生产周期长、成本高、集成度低、可靠性差，当数字系统大到一定规模时，采用这种方法实现会变得十分困难。因此，通常只用于规模小、功能简单的数字电子系统设计场合。

4. 基于可编程逻辑器件实现数字电子系统

可编程逻辑器件（programmable logic device，PLD）是近年来发展十分迅速的数字芯片，它是一种已经完成全部工艺制造，可以直接购买到的产品，用户只需要借助计算机，通过 EDA 开发软件对其进行功能配置，就能实现所需要的电路功能。

基于可编程逻辑器件，设计人员可以在实验室完成芯片的设计和制造，发现错误可以修改设计，重新编程，直到满足设计要求。可编程逻辑器件具有其他数字电子系统实现方式无可比拟的方便性和灵活性，打破了软硬件屏障，使得硬件设计如同软件设计一样简单，是一次数字电子系统设计方法、设计过程和设计观念的大变革。

可编程逻辑器件实现方式具有成本低、应用灵活、功能强大、可靠性高、可用简单的开发工具进行设计、硬件设计软件化、投资风险小、设计周期短、能加快产品的上市时间等优点，广泛应用于系统研制开发和产品原型设计过程中。

5. 基于微处理器实现数字电子系统

微处理器是制作在集成芯片上的 CPU，是一种只要配置一些附加电路和程序存储器，通过程序的执行就可以实现具有任意复杂功能的数字系统的通用型逻辑器件。随着单片机的问世，利用单片机构成系统具有使用器件数量少、设计方便灵活的特点，但缺点也比较突出：一是系统工作速度较慢，系统的每一种操作都通过微处理器执行一段程序来实现，主要适合处理速度要求不是很高的应用场合，不过随着微处理器设计技术水平提高，这个方面正逐步改善；二是要求设计人员掌握微处理器的指令系统，才能通过编程实现设计；此外，程序的保密性差，设计人员编写的程序需要固化在程序存储器中，容易被非法复制和盗用。

单片机、数字信号处理器（digital signal processor，DSP）和 ARM（advanced RISC machines）是目前用于设计数字电子系统的典型微处理器芯片。

单片机是集成了 CPU、ROM、RAM 和 I/O 口的微型计算机，有很强的接口能力，着重考虑了工业控制领域应用因素，以强化控制、提高工业环境下可靠性、方便构成应用系统为目标。在工业控制应用中，为适应不同应用需求，单片机需要对外设配置进行必要的修改和裁减，一个系列的单片机有多种衍生产品，这些衍生产品的处理器内核相同，但存储器和外设的配置不同，使单片机能够最大限度与应用需求匹配，从而减少整个系统的功耗和成本。

DSP 是主要用于数字信号处理领域的微处理器芯片，非常适合高密度、重复运算及大数据容量的信号处理，现已广泛应用于通信、便携式计算机和便携式仪表、雷达、图像、航空、家用电器、医疗设备等领域。DSP 相对于一般通用型微处理器，其主要特点是：修正的哈佛结构、多总线技术和流水线结构，将程序与数据存储器分开，使得速度大幅提高，此外，硬件乘法器和专门的信号处理指令的使用也是其与一般微处理器的重要区别。

单片机价格低，能很好地完成通信和智能控制任务，但信号处理能力差，而 DSP 正好相反，两者结合能满足同时需要智能控制和数字信号处理的应用场合，有利于减小体积、降低功耗和成本。

ARM 本是一家微处理器行业的知名企业，该企业设计了大量高性能、廉价、耗能低的 RISC 处理器。它提供 ARM 技术知识产权（IP）核，将技术授权给世界上许多著名的半导体、软件和 OEM 厂商，并提供服务，这些产商在此基础上添加各自的扩展、外部设备接口等，形成应用处理器。大多数 ARM 核心的处理器都使用在嵌入式领域。由于这些处理器的内核是统一的，所以它们在内核层面上互相兼容。ARM 是企业名，也是一类微处理器的通称，还是一种技术的名字。

ARM 体系是一种典型的 RISC 处理器体系，其典型特征包括：①体积小、低功耗、低成本、高性能，使用大规模、统一的寄存器堆，广泛使用快存技术来提高存储器访问效率和降低功耗，采用 Load/Store 指令体系结构，指令执行速度快；②支持 Thumb（16 位）/ARM（32 位）双指令集，能很好地兼容 8 位/16 位器件，且采用固定长度的指令格式；③合作厂商众多，扩展能力强。可以说，ARM 处理器是专为嵌入式系统设计的处理器内核，特别适用于移动设备，是目前掌上计算领域的主要硬件处理器。

总之，选择什么样的器件关系到数字系统设计的周期、成本和风险等，数字系统设计过程需要综合考虑，根据实际情况选择实现方式。随着电路集成技术和 EDA 技术的发展，数字电子系统规模和控制复杂度大幅增加，数字电子系统实现方式已经由全定制为主转变为半定制为主，由基于小规模集成电路设计转向基于大规模集成电路设计，由简单控制电路向微控制器方向发展。

思 考 题

10.1.1 简述数字电子系统典型组成结构形式。

10.1.2 叙述数字电子系统典型特点。

10.1.3 试比较数字电子系统几种实现方式的优缺点，并分析目前实用现状。

10.2 数字电子系统设计方法

数字电子系统的基本设计方法主要有自顶向下（top – down）和自底向上（bottom – up）两种。

1. 自顶向下

现代数字电子系统设计普遍采用自顶向下的层次化设计方法。"顶"是顶层，指系统功能，"向下"是指将系统由大到小、由粗到细分解为若干子系统，每个子系统再分为若干功能模块，直到用基本电路实现为止，从而可将一个抽象的系统功能变成具体的、若干个易于实现和控制的简单电路，连接设计好的多个简单电路即可完成整个系统的设计。

自顶向下的层次化设计方法是从抽象到具体的逐步逼近，一般可包含系统级、功能级和器件级三个级别。系统级是对系统总技术指标的描述，是最高一级的描述。功能级又称为系统结构级，从系统功能出发，把系统划分为若干个子系统；每个子系统又可以分解为若干子模块；子系统间通过数据流和控制建立相互联系。随着系统结构分解过程的推移，每个子系统、子模块的功能越来越专一，越来越明确，总体结构越来越清晰。器件级将子系统的功能描述转换为实现子系统功能的具体硬件和软件描述。

自顶向下的设计方法采用模块化设计，将一个电子系统划分为若干个功能模块，设计描述由上到下逐步由粗到细，符合常规的逻辑思维习惯，且高层次的设计与器件无关，可在可编程逻辑器件之间移植，设计过程中可对每个模块进行设计、编译、仿真、修改，直至满足设计要求，不必牵一发而动全身。

2. 自底向上

自底向上系统设计方法的基本过程为：对现有的标准功能器件或相似子系统进行修改、扩大，然后相互连接构成整个系统，并通过调试来验证是否达到设计要求，若没有达到要求，则需要重新设计。整个设计过程没有规律可遵循，比较依赖设计者的经验和知识，并且系统的性能分析和测试、功能验证和仿真只能在系统构成后进行，修改设计比较困难。

自顶向下和自底向上两种设计方法各具鲜明特点，自顶向下注重全局、自底向上注重细节，但随着数字电子系统规模不断增大，自顶向下设计思路优势更为突出，为了不丢失自底向上设计的细节特点，也常采用自顶向下主导、局部自底向上的方法，可兼具灵活性和高效性。

10.2.1　数字电子系统设计步骤

图 10.2.1 所示为数字电子系统设计的一般流程。本节主要介绍基于中小规模数字集成电路设计数字电子系统的基本步骤，不针对基于微处理器结构实现的数字电子系统。

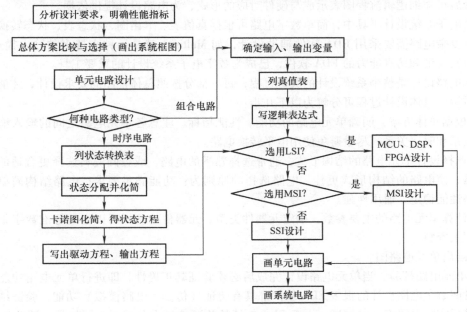

图 10.2.1　数字电子系统设计的一般流程

数字电子系统设计主要包含下面几个步骤：

1. 分析设计要求，明确性能指标

设计实施之前，必须仔细分析系统需求、性能指标及应用环境，包括电路类型、输入信号来源与获取方式、输出执行装置工作电压、电流参数等。

2. 确定总体方案

满足要求的方案往往不止一个，要确定最理想方案，需以可完成需求功能和性能指标为前提，对各种可能设计方式下电路的先进性、结构简易性、成本、制作难易程度和功能可扩展性等进行对比分析，进而设计单元电路/子系统电路，通过仿真分析进行方案论证，这通常需要经历多次"设计—验证—再设计—再验证"过程。总体方案可行性、有效性论证是总体方案优劣的至关重要环节，而设计一些高性能数字电子系统时，还需要考虑系统可维护性、使用寿命、可测性、容错能力等性能指标。

制定数字电子系统总体设计方案的两个最基本环节是确定逻辑算法和划分系统模块。

（1）确定逻辑算法

算法是数字电子系统逻辑设计的基础，算法不同，系统的结构也不同，算法是否合理直接影响系统结构的合理性。一个数字电子系统的逻辑运算往往能够用多种算法实现，设计过程不仅是找出这些算法，而且要比较它们的优劣，取长补短，从中确定最合理的一种，甚至需要创新算法。确定逻辑算法是数字电子系统设计中最具创造性的一环，也是最难的一步。

（2）系统模块划分

逻辑算法确定后，需根据算法构造系统的硬件框架（也称为系统框图），将系统划分为若干部分，每部分分别承担算法中不同的逻辑功能。系统模块划分的基本要求是各部分的逻辑功能要清楚、规模大小要合适、电路设计要方便。

3. 单元电路设计与实现

当系统中每个子系统或模块的逻辑功能及结构确定后，需要采用规范的形式来描述系统的逻辑功能。系统的逻辑描述可先采用较粗略的逻辑流程图，再将逻辑流程图逐步细化为详细逻辑流程图，最后将详细逻辑流程图表示成与硬件对应的形式，为电路设计提供依据。

数字电子系统设计工具中，简单数字电路可根据真值表、卡诺图、状态表、状态转换图等完成设计，复杂电路需要采用 EDA 软件辅助设计，如 Multisim 就是一种支持多种输入描述方式，又具备丰富验证和仿真能力的 EDA 软件，已成为数字电子系统设计的重要工具。

单元电路设计是整个系统设计的关键过程，每一部分按照总体框图的要求设计，才能保证整体电路质量。具体设计过程可分解为以下几步：

1）根据总体方案，明确单元电路的功能、性能指标。注意各单元电路之间的输入输出信号的逻辑关系和时序关系，尽量避免使用电平转换电路。

2）选择设计单元电路的结构形式，通常选择熟悉的电路，或查阅资料选择更合适的、更先进的电路，使电路的结构形式更佳。电路选择的原则为：功能满足要求；电路结构简单、成本低；电路性能稳定，通用性强。

3）计算单元电路的主要参数，确定元器件类型。元器件的选择可以查阅标准数字集成电路手册及相关资料。

4）画出单元电路图。

5）单元电路校验。当单元电路设计完成后必须验证其正确性，即进行单元电路功能和时序校验。目前数字电路设计的很多 EDA 软件都具有验证（仿真、电路模拟）功能，验证结果正确后，再进行实际电路安装与测试，由于 EDA 软件的验证结果十分接近实际结果，因此运用 EDA

软件可极大地提高电路设计效率。

4. 绘制系统电路原理图

总体电路图是电路实验、调试及生产组装的重要依据，电路图画好后要进行审图，检查设计过程的遗漏问题，及时发现错误，进行修改，保证电路的正确性。

方法论：层次分析法

数字系统的规模快速增长，其设计需要有系统性的方法理论指导。制定数字系统系统设计方案的一般思路是：针对系统需求、性能指标及应用环境，选择合适算法确定系统逻辑结构框架，进而划分出多个子系统模块，再通过单元电路设计与实现，完成各子系统或子模块设计。

层次分析法是数字系统设计的最典型指导理论，它是一种解决多目标的复杂问题的定性与定量相结合的决策分析方法，定性分析可快速理清脉络，定量分析可指导底层实现。基于层次分析法制定的数字系统设计方案，可方便进行层次式电路设计：复杂系统设计时采用的自上而下的电路设计方法，按层次关系将电路框图逐级细分，直到最低层次为具体电路元件为止。掌握层次分析法，具备层次式分析问题意识，有助于形成清晰准确、高效合理的复杂问题决策思路。

10.2.2　数字电子系统 EDA 设计方法

数字电子系统的设计正朝着高速度、大规模、复杂方向发展，传统的实现方式已难以适应设计需要，甚至无法完成设计，基于计算机辅助的电子设计自动化技术应运而生。

EDA（electronic design automation）以计算机为工作平台，以 EDA 软件工具为开发环境，以硬件描述语言（HDL）为设计表达手段，以可编程逻辑器件（PLD）为载体，以 ASIC/SOC 芯片为设计器件，用软件方式自动完成设计电子硬件系统。EDA 工程已成为现代电子信息工程领域发展非常迅速的一门新技术。EDA 的定义有广义和狭义之分，广义的 EDA 包括半导体工艺设计自动化、可编程器件设计自动化、电子系统设计自动化、印制电路板设计自动化、仿真与测试故障诊断自动化等，狭义的 EDA 特指电子系统设计自动化，本书中 EDA 主要针对狭义的定义。

数字电子系统 EDA 设计

EDA 技术的基本特征是采用自顶向下的设计方法，对整个系统进行方案设计和功能划分，然后用硬件描述语言进行系统行为级设计，再通过综合器和适配器生成最终的目标器件。

1. EDA 技术主要应用方面

（1）可编程逻辑器件 PLD

PLD 是运用 EDA 技术完成电子系统设计的载体，在 20 世纪 70 年代问世后，通用数字可编程逻辑器件经历了 PAL、GAL、CPLD/FPGA 等发展阶段，CPLD/FPGA 已成为现阶段高层次电子设计方法的重要实现载体，此外，单片机、MCU、DSP、ARM 等可编程微处理器已成为嵌入式电子系统设计的重要可编程处理器芯片。

（2）硬件描述语言 HDL

HDL 可用于描述数字电子系统的结构和功能，是一种专门用于设计硬件电子系统的计算机语言，用软件编程的方式描述电子系统逻辑功能、电路结构和连接形式，是 EDA 的主要设计表达手段。EDA 应用最为广泛的硬件描述语言有两种：VHDL 和 Verilog HDL，两者均为 IEEE 标准，目前大多数 EDA 软件产品都兼容了这两种标准。本书采用 VHDL 语言描述数字电路及系统。

（3）配套的软件工具

电子系统 EDA 工具软件大致可分为芯片设计辅助软件、可编程芯片应用设计辅助软件、系统设计辅助软件三类。目前应用广泛的 EDA 软件主要是可编程芯片应用设计辅助类软件和系统设计辅助类软件，如 Protel、Altium Designer、PSPICE、Multisim、Vivado、Modelsim、MATLAB 等，很多软件都可以进行电路设计与仿真，同时还可以进行 PCB 自动布局布线，可输出多种网表文件与第三方软件接口。

（4）实验开发系统

EDA 设计结果可方便地在 PLD 系统中进行物理实验验证，虽然 EDA 软件工具可以进行非常全面的功能仿真和测试评估，但仍然无法替代物理验证环节。

2. EDA 技术主要用途

（1）电路设计

电路设计主要指原理电路设计、PCB 设计、ASIC 设计、可编程逻辑器件设计和 MCU 设计等，可进行部件级电路和系统级电路设计。

（2）电路仿真

电路仿真是利用 EDA 软件的模拟功能对电路环境（含电路元器件级测试仪器）和电路过程（从激励到响应的全过程）进行仿真，对应传统电子设计的电路搭建和性能测试，电路仿真不需要真实电路环境介入，因此花费少、效率高，且仿真结果快捷、准确、形象，已被广泛引入到虚拟实验中，采用虚拟的实验环境，实验过程是理想化的模拟过程，排除了一切干扰和影响，得到理想化的电路仿真结果。

（3）系统分析

利用 EDA 软件能进行电路多种状态与参数分析，包括直流工作点分析、交流分析、瞬态分析、傅里叶分析、噪声分析、噪声图分析、失真分析、直流扫描分析、DC 和 AC 灵敏度分析、参数扫描分析、温度扫描分析、转移函数分析、极点－零点分析、最坏情况分析、蒙特卡罗分析、批处理分析、用户自定义分析、反射频率分析等，但主要针对模拟电路系统。

3. EDA 软件平台常用设计方法

优秀的 EDA 软件平台常常集成多种设计入口，如图形、HDL、波形、状态机等，而且还提供不同设计平台之间的信息交流接口和一定数量的功能模块库，设计人员可以直接选用。目前，EDA 软件平台常用的设计方法有：原理图设计、HDL 程序设计、状态机设计、波形输入设计、基于 IP 核的设计和基于平台的设计等。

4. EDA 技术的发展

（1）20 世纪 70 年代的计算机辅助设计（computer assist design，CAD）阶段

随着中、小规模集成电路的出现和应用，传统的手工制图制版设计与电路集成的方法已无法满足产品设计精度的要求。人们利用计算机辅助进行电路原理图编辑、PCB 布局布线。这一时期最具代表性的产品是美国 ACCEL 公司开发的 Tango 布线软件。

（2）20 世纪 80 年代的计算机辅助工程（computer assist engineering，CAE）阶段

随着计算机和集成电路技术的发展，相继出现了微处理器、高集成度存储器和可编程逻辑器件。EDA 技术进入了计算机辅助工程设计阶段。具有自动综合能力的 CAE 工具代替了设计工程师的部分设计工作，可大幅提高产品设计的精度和效率。设计工程师可以通过软件工具来完成设计、分析、生产、测试等各项工作。

（3）20 世纪 90 年代以来的电子设计自动化（electronic design automation，EDA）阶段

设计工程师在产品设计过程中，从使用硬件转向设计硬件，从电路级电子产品开发转向系统级电子产品开发。硬件描述语言的标准化以及基于计算机技术的大规模 ASIC 设计技术的应用，使得 EDA 技术得到全新的发展。这一阶段的主要特征是以高级硬件描述语言（VHDL、Verilog－

HDL)、系统级仿真和综合技术为特点，采用"自顶向下"的设计理念，设计前期的许多高层次设计由 EDA 工具来完成，实现了整个系统设计过程的自动化。

10.2.3　数字电子系统可测性设计方法

数字电子系统往往由许多子电路模块或功能模块组成，随着 VLSI 集成技术的发展，数字电子系统规模越来越大，包含的元件数目越来越多。在一块芯片上实现含有数十万、甚至上千万门的芯片，以及由多个大规模集成芯片组成数字电子系统，芯片缺陷与性能退化会导致数字电子系统功能失效。测试是对集成芯片或数字电子系统进行合格评判的手段，是保证集成芯片或数字电子系统的可靠性、降低维修维护成本的一个重要而不可缺少的环节。

随着数字电子系统集成规模越来越大，测试变得越来越困难，测试代价也越来越高，各种测试输入信号的生成算法一般都存在局限性，大多数情况不能检测出所有故障，且不可检测的故障所占比例还在逐渐增高。为此，设计过程就将"便于测试"作为一项设计指标，使设计的电路本身具有易测试的特点，基于这个思路的数字电子系统设计被称为可测性设计（design for test，DFT)。数字电子系统可测性设计就是以改善电路的可测试性为目标而进行的电路逻辑设计方法，进行可测性设计一般都会增加硬件开销，但这些多余硬件开销相对于解决系统测试的高复杂性问题所花费的代价而言，仍然是比较小的。下面首先介绍故障的基本概念，然后介绍可测性设计的基本方法。

1. 故障和故障模型

数字电子系统中，一个逻辑元件、电路或系统，由于某种原因导致其不能完成应有逻辑功能，则称该元件、电路或系统发生失效（failure)。当元件、电路或系统芯片发生物理缺陷，例如导线间不应有的短路、开路以及接插件间接触不良等，导致数字系统不能完全地按预定要求进行工作，称该系统发生故障（fault)。失效和故障是两个不同的概念，虽然两者都表示系统出现逻辑错误，但它们之间有明显的区别：故障可以导致系统发生失效，但也可能不导致系统发生失效，这是由数字系统取值的布尔二值特性决定的，存在一定故障的元件、电路或系统仍有可能完成其固有的逻辑功能，而当逻辑功能不变时，认为系统并没有发生失效。

根据故障随时间变化的不同表现形式，可分为永久故障、间歇故障和瞬态故障。一旦发生则始终存在的故障称为永久故障，永久故障也称为硬故障，常见的硬故障如元件损坏、线路开路或短路等。间歇故障时有时无，故障时而表现出来，时而又不表现出来，例如线路接触不良所引起的故障，间歇故障需多次重复测试才能测出，重复出现的次数由故障的概率决定。对间歇故障的诊断基本方法与永久故障相同。瞬态故障指各种不确定因素导致的偶尔出现的故障，常由外界的干扰引起，难以人为复现，一般不作为故障诊断的研究内容，研究故障的重点是永久故障。

一个电路或系统的物理故障是各式各样的，主要体现在故障种类多样化和故障数目多样化上。各种故障需要区别对待，不同故障电路的检测也要区别对待。为了研究方便，一般需要先对故障进行归类，按不同故障的特点和影响构造出一些具有鲜明特点的代表性典型故障，再由典型故障的研究方法延伸出一般数字系统的故障检测方法，这个过程称为故障模型化，构造出的典型故障称为故障模型（fault model)。

故障模型化的基本原则有两个：一个是故障模型应能准确反映某一类故障对电路或系统的影响，即故障模型除具有典型性和准确性外，同时还应有全面性；另一个是故障模型应尽可能简单，以便于进行各种运算和处理。显然，这两个原则之间是存在矛盾的，在对具体电路进行故障模型化时，需要根据具体问题的特点，考虑电路的结构、器件类型和实现方法，不同电路采用的故障模型不尽相同。故障模型化在故障诊断中起着举足轻重的作用。

数字电子系统测试中常用的故障模型有固定型故障、桥接故障、暂态故障、时滞故障、转换故障等。本章仅简单介绍固定型故障，其他故障模型的概念和测试方法请读者参考相关书籍。

固定型故障（stuck fault）是永久性故障中最常见的一种，该故障模型主要反映电路或系统中某一根信号线（如门的输入/输出线、连接导线等）上信号的不可控性，即该信号线上的值在系统运行过程中固定为1或固定为0。固定为逻辑高电平的故障称为固定1故障（stuck − at − 1 fault），简记为 s − a − 1；固定为逻辑低电平的故障称为固定0故障（stuck − at − 0 fault），简记为 s − a − 0。固定型故障一般不会改变电路的拓扑结构，只是某一点或某些点的逻辑值发生改变，导致逻辑关系的值发生变化，并不会引起逻辑关系式发生变化，即不会使电路或系统的基本功能发生根本性的变化。

固定型故障模型在实际应用中最为普遍，因为电路中元件的损坏、连线的开路和大部分的短路故障都可以用固定型故障模型比较准确地描述。需要注意的是：故障模型 s − a − 1 和 s − a − 0 都是相对于故障对电路的逻辑功能影响而言的，与具体的物理故障没有直接的关系，即 s − a − 1 不能代表节点与电源短路，s − a − 0 也不能代表节点与地短路，仅仅表示节点逻辑电平不可控，节点上的逻辑电平始终为逻辑高电平或者逻辑低电平这一逻辑结果而已。

根据电路或系统中固定型故障的数目不同，固定型故障可分为单固定型故障和多固定型故障。单固定型故障是指任何时候电路中只有一条信号线固定为0（或1）值。当电路中同时有多个信号线固定为特定逻辑值时，该故障模型称为多固定型故障。覆盖电路中所有单固定型故障的测试集必然能够覆盖电路中较大比例的多固定型故障。在对电路或系统进行出厂检验测试时，一般应考虑多固定型故障，需要对系统进行全面测试；而在维修电路或系统时，通常以单固定型故障模型分析居多，因为电路逻辑由单一故障导致系统故障的可能性比较大，在使用过程中同时出现多个故障的可能性是相对比较小的。

2. 数字电路测试

组合逻辑电路是时序逻辑电路的组成部分，组合电路的测试码生成方法已比较成熟，且这些方法也可以在时序电路的测试生成中得到应用。组合电路的测试生成方法主要分为两大类：一类是基于故障传播路径的方法，有敏化路径法、D算法、PODEM（path − oriented decision making）算法、FAN（fan out − oriented）算法等；另一类是基于逻辑函数表达式的方法，最典型的是布尔差分法。

组合电路测试码生成算法的原理是判断电路故障输出值与电路正常输出值是否一致。但时序电路与组合电路的最大区别是电路输出不仅仅取决于当前时刻的输入，还与该时刻电路的状态有关。在时序电路中，输出与电路当前时刻的状态有关，如果状态不同，即使在相同输入的条件下，输出也会不同，因此，时序电路仅仅根据输出是无法判断故障的，还必须知道电路的状态，这是时序电路测试生成的难点所在。

时序电路与组合电路的最大结构区别是时序电路包含存储元件，而存储元件可以用组合电路来描述，因此，可以将时序电路看作复杂的组合电路，从而将组合电路的测试生成算法应用到时序电路的测试生成中。

时序电路的测试生成一般有两种途径：一种是把时序电路展开成组合电路的迭代结构（这个过程称为时序电路的组合化），然后用组合电路的测试生成算法来生成测试码；另一种是通过状态识别求出状态转换表，根据状态转换表求出测试序列。

由于数字系统的集成度越来越高，许多数字系统均采用中、大规模集成电路构成，有时连集成电路内部的逻辑结构都无法知道，所以故障测试往往根本不考虑芯片内部的故障所在，故障定位代价极其高昂。因此，对这些系统的测试主要是满足主要故障的检测，不去追求所谓的完备测试集。对一些复杂的逻辑功能，利用算法进行测试集的生成，困难较多，通常采用故障模拟法和仿真测试法。仿真模型是在一定软件支持下建立起来与每一模块逻辑功能完全相同的软模型，利用仿真模型提供的必要测试数据而进行的测试称为仿真测试。这可以很方便地模拟数字电路在某个输入序列作用下电路的逻辑功能。

3. 数字电子系统可测性设计

改善数字电子系统可测性的目标是：缩短测试生成时间，以降低计算费用；减少测试码长度，以缩短测试时间；简化测试设备，降低设备成本，甚至把测试设备安装在待测系统内部，实现内建自测试；提高电路中故障的可检测程度，使难以检测的故障成为可检测故障。

可测性设计主要考虑的问题有：将不可测故障设计成可测故障；尽量缩短测试数据生成的时间；测试码长度要短。

在具体实施过程中，对数字电子系统进行可测性设计的基本途径是改善电路中引线的可控性和可观性。通过电路的外输入信号使电路中节点达到规定逻辑电平的能力称为节点的可控性；通过电路的外输出端观察电路中节点的逻辑电平的能力称为节点的可观性。数字系统可测性主要体现在可控性和可观性两个方面。在数字电子系统设计中，给电路设置观察点和控制点就是最简单的可测性设计。具体方法包括：

1）增加输出线，设置新的观察点，将不可测故障点用输出线引出，变成输出端，以提高可观性。但这样的设计必然会给电路增加输出引脚。

2）增加输入线，设置新的控制点，提高可控性。通过控制有关元件的输出值，以简化测试向量的生成过程，提高故障节点逻辑值对输出的控制性，使故障在输出端能反映出来，这种方法也可以使冗余电路的不可测故障变为可测故障。

可测性设计的方法大体可分为两大类：特定设计法和结构设计法。对已有电路进行适当的修改使之易于测试，这种方法属于特定设计法，即按功能基本要求来设计系统和电路，采取一些比较简单易行的措施，主要是针对测试生成算法中的特点，通过提高可控性和可观性来实现数字系统的可测；采用一些特殊的电路结构，根据可测设计的一般规则和基本模式来进行电路的功能设计，从根本上改进电路的可测试性的方法称为结构设计法。最常用的结构设计法有扫描设计法和内建自测试。

（1）扫描设计法

时序电路的测试生成比组合电路的测试生成复杂，一般要困难得多，原因在于时序电路中存储元件的状态是变化的。但如果构成时序电路的各触发器可自由地从外部设定其状态，且触发器的状态可以很容易地进行观察，这样的时序电路测试生成的复杂性与组合电路就基本相同了。

为了实现上述思路，使时序电路中的触发器具有状态可设定性和可观察性，在电路设计过程中，除了通常的正常工作方式之外，还给电路增加一种专门用于测试的工作方式。在这种测试方式下，利用控制信号能让所有触发器以串行移位寄存器的方式工作，电路中各触发器可以通过外部输入进行设置，同时，通过观察串行移位寄存器的输出就可知道电路内部各触发器的状态。这种新的可测性设计方法称为扫描设计法。

扫描设计法是时序电路可测性设计的一种重要方法，它可以把电路内的信号移出来观察，或把输入信号移入电路实现对电路的配置，从本质上提高系统的可观性和可控性。实际电路大多是时序电路，因此扫描设计法也是数字系统可测性设计的一种重要方法。基于扫描方式的不同，扫描设计法有电平敏感扫描设计和边界扫描设计（IEEE1149.1 标准）。下面简要介绍扫描设计法的基本原理。

图 10.2.2 所示是一种典型的扫描设计法的原理框图。在每一个触发器前端加入一个由外部控制信号可控制的开关模块 SW，当控制信号 $P = 0$ 时，电路工作在正常时序方式下，执行时序电路的逻辑功能。当 $P = 1$ 时，电路工作在扫描方式下，SW 切换到接收扫描输入状态，各触发器的输出数据可以以串行移位的形式从扫描输出端输出，各触发器接成一个移位寄存器。在扫描

方式下，各触发器状态被设定成任意值，也可以从扫描输出端来观察各触发器的输出。

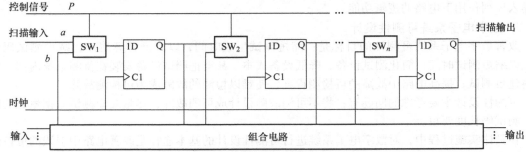

图 10.2.2 扫描设计法的原理框图

（2）内建自测试

大规模和超大规模数字系统测试中，采用扫描方式的可测性设计，电路需增加非常多的输入输出端或引脚。如果将激励生成电路和测试分析电路都设计在集成电路芯片内部，使芯片具有自测试、自分析功能，而外部只需发出测试指令，这样可减少大量引脚，这种可测性设计方法称为内建自测试（built – in self – test，BIST）。

数字电子系统可测性设计

内建自测试电路的基本结构如图 10.2.3 所示，主要包含测试控制器、测试激励生成器、测试电路和输出响应分析器四个部分。测试控制器用于接收测试触发信号，并控制测试过程；测试激励生成器负责生成加到测试电路上的测试码，一般为伪随机码；测试电路是具有扫描结构的被测电路；输出响应分析器负责测试响应的压缩和分析，以减少输出所需的引脚数。

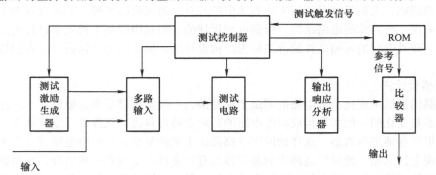

图 10.2.3 内建自测试电路的基本结构

内建自测试电路中，除测试控制器外，其他三个主要部分都可以用线性反馈移位寄存器（linear feedback shift register，LFSR）进行设计。

测试激励生成器的核心是伪随机序列发生器，利用线性反馈移位寄存器产生 M 序列的原理，将一个线性反馈移位寄存器产生的最大周期序列作为内建自测试电路的测试码。测试电路的设计原理与扫描方式电路的设计原理相同。输出响应分析器又称为特征分析器，随着电路规模的增大和测试输出序列位数的增长，进行电路测试时，正常电路输出与故障电路输出的比较操作将占用大量的存储空间并花费很长的时间，而要使这些操作都在电路内部完成是很困难的，实际操作方法是将输出序列进行压缩，取出特征，通过对特征的比较实现对输出序列的比较，这个压缩和特征提取功能主要由输出响应分析器来完成，如何将输出序列进行可靠压缩，如何保证压缩结果与输出序列能够一一对应是实现电路测试的关键。

4. SOC 可测性设计

随着半导体设计技术的发展和制造工艺水平的提高，已经可以把越来越多的电路设计在同一个芯片中形成集成芯片。集成芯片实现了中央处理器（CPU）、嵌入式存储器（embedded memory）、数字信号处理器（digital signal processor，DSP）、数字功能模块（digital function，DF）、模拟功能模块（analog function，AF）、模拟数字转换器、用户定义逻辑（user defined logic，UDL）以及各种外围配置（USB、PCI、…）在单芯片上的集成，构成了片上系统（system on chip，SOC），相关的集成技术称为 SOC 技术。SOC 一般采用 IP（intellectual property）核设计方法，它将系统按功能划分成为若干模块，直接利用第三方设计好的 IP 核，集成为一个具有特定功能的芯片。基于 IP 核设计的核心是 IP 核复用技术，系统设计者可以重点考虑系统结构，具体 IP 核模块的实现则不必深究，从而降低系统设计的复杂性。

SOC 技术的发展，大大提高了芯片结构的集成度，电路结构变得更加复杂，同时，SOC 芯片的设计、制造和测试过程也变得更为复杂。目前，如何有效测试 SOC 芯片，已成为学术界与产业界迫切想解决的难题之一。

SOC 的测试开发包括两个部分。首先是 IP 核的测试生成：由 IP 核设计者给出基于结构的 ATPG（auto test pattern generator）和 DFT 设计说明，并同时提供测试访问的接口（该接口是至关重要的，不仅作为数据通道，送入激励信号和输出响应信号，而且还负责控制功能模式和测试模式的切换）；然后由 SOC 集成者将系统中不同来源的 IP 核的测试进行综合，并适当添加 SOC 级的 DFT 设计，SOC 集成者需要对系统的测试时间、面积、功耗和性能等进行权衡，以实现效果满意和代价适当的测试设计。对于前一部分，由于单个 IP 核的设计方法与传统 IC 设计相似，因此，测试也沿用了传统 IC 设计的方法，如 BIST 和边界扫描测试。一般所说的 SOC 系统测试指的是 SOC 集成者所进行的测试。

SOC 一般由若干个 IP 核和 UDL 以及特定功能电路组成，所以 SOC 测试一般也由各 IP 核单独测试、UDL 测试以及核与核或核与 UDL 之间的互连测试组成。SOC 的测试根据结构层次不同，可分为芯片级测试和 IP 核级测试。

SOC 的芯片级测试为 IP 核单独测试、UDL 单独测试和互连测试提供芯片级的测试访问机制（test access mechanism，TAM）、芯片级测试控制（test control）和测试集成（test integration）。而 SOC 系统中 IP 核的测试，需要解决的两个根本问题是测试隔离（test isolation）和测试访问（test access）。测试隔离的目的是使 IP 核在测试过程中与片上其他 IP 核或逻辑电路互不干扰，以保证测试可靠。测试访问解决在测试过程中如何对 IP 核进行访问的问题，它是在测试过程中寻找一条特定路径的过程，通过这条路径向 IP 核的输入端口上施加测试激励，从其输出端口上能够获取期望的测试响应。

总地来说，到目前为止，还没有一个贯穿 IP 核设计和 SOC 设计全过程的完整 SOC 测试解决方案，因为这不仅需要相关的国际标准，还需要进行一些关于复用方法的研究。例如，如何在进行 IP 核的测试开发中引入可复用的因素，使得模块级的测试信息对被集成环境具有更好的适应性，能被更高层电路模块的测试开发高效率地复用；研究基于复用的测试集成和优化技术，利用已有的模块测试信息，集成出更高层模块的测试并保证其可复用性等。

当前主要由 IP 设计者进行 IP 核的测试开发，并提供给 SOC 集成者 IP 核测试向量，由 SOC 集成者完成整体集成和系统测试，采用的测试方法主要是 BIST 技术和边界扫描技术，但随着 SOC 集成度的进一步提高，BIST 电路的时间延时、测试激励和响应的压缩等问题日益突出，数字系统超深亚微米工艺时代的到来，迫切需要新的 SOC 测试方法。

思　考　题

10.2.1　简述数字电子系统设计基本步骤。

10.2.2　对比分析多种数字电子系统设计手段的优缺点。

10.2.3　查阅资料，简述三种常用数字电子系统 EDA 设计工具的特点和典型应用场合。

10.3　数字电子系统设计实例

根据 10.1.3 节中介绍的数字电子系统实现方式，本节以实例方式分别介绍基于通用集成电路、可编程逻辑器件和微处理器实现数字电子系统的过程。

10.3.1　基于通用集成电路的数字电子系统设计实例

基于中小规模的通用集成电路芯片用"搭积木"的方法实现数字电子系统的方法较为成熟，适合于组成规模小、功能简单的数字电子系统。通用集成电路是具有固定功能的芯片，设计者根据经验及系统需要来选择相应的"积木块"，自底向上搭建数字电子系统。本节的实例设计中，选择用 Multisim 进行系统仿真，因此，所设计的电路直接用 Multisim 环境下的电路图表示。

例 10.3.1　用通用中规模集成电路设计一个数字时钟。具体要求如下：

（1）有"时""分""秒"的十进制数字显示，"时"计数显示范围为 00 ~ 23、"分"和"秒"的计数显示范围均为 00 ~ 59；

（2）具有手动校准功能。

解：数字时钟是用数字集成电路构成、用数码显示的现代计时器，是一个非常典型的应用数字电子系统，在控制系统中，常用作定时控制的时钟源。具体设计过程如下：

1. 方案设计

数字时钟由振荡器、分频器、显示译码器等多个部分组成，振荡器和分频器组成标准秒信号发生器，再由不同进制的计数器、显示译码器组成计时系统。秒信号作为时钟信号送入计数器进行计数，累计结果在"时""分""秒"对应的显示器中显示。"时"显示由 24 进制计数器、显示译码器构成，"分""秒"显示部分则由六十进制计数器和显示译码器构成。

依据上述原理分析，可以画出数字时钟的组成框图，如图 10.3.1 所示。

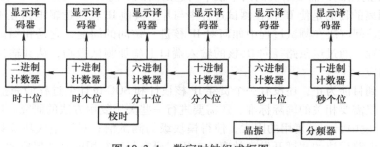

图 10.3.1　数字时钟组成框图

2. 模块电路设计

（1）振荡器

振荡器是时钟的核心，振荡器的稳定度和频率的精准度决定着时钟的准确度，可选用石英晶体振荡器或中规模集成定时器电路来构造。一般情况下，振荡器的频率越高，计时的精度也越高，但功耗随之增加，设计时需要恰当选择。本例中由于精度要求不高，故采用 555 定时器与 RC 组成的多谐振荡器电路，如图 10.3.2 所示，由第 6 章内容可知，该多谐振荡器振荡频率为 1000Hz，$t_w = 0.69(R_1 + 2R_2)C_2$。

（2）分频器

分频器的作用主要有两个：一是产生标准秒脉冲信号，二是提供功能扩展电路所需的时钟信号。用集成计数器构造分频器电路，图 10.3.2 所示的振荡器电路输出频率为 1000Hz，要获得标准秒脉冲信号，需要 1000 分频。

选择用集成计数器 74LS90D 构成分频器，电路如图 10.3.3 所示，每个 74LS90D 实现 10 分频，即接成十进制计数器模式，3 片级联，U3 的 QD 端输出为 1Hz 标准秒脉冲。

（3）计数器

显示"时""分""秒"共需要 6 片计数器芯片，均选用集成计数器 74LS160D，依次两两结合分别构成二十四进制、六十进制和六十进制计数器，采用异步清零法，实现电路如图 10.3.4 和图 10.3.5 所示。

（4）校时电路

校时电路的作用是在电路启动或计时出现误差时，能够对计时进行校正。本例设计能够对"时""分"进行校正，校正的基本原理是当"时""分"与期望

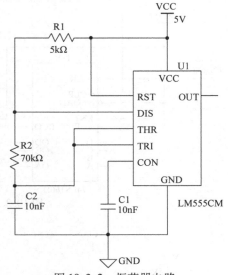

图 10.3.2　振荡器电路

值不同时，可通过手动调节方式调整到期望值，电路实现时，通过手动调节开关，每调节一次，就可分别让"时"或"分"计数值加 1，本质是手动控制计数器时钟信号触发。

校时电路如图 10.3.6 所示。开关 J1 和 J2 分别为"时""分"校正开关，不校正时，J1 和 J2 闭合，U3A 和 U4A 输出均为 1；校正时，开关打开，然后拨动开关 J3，来回拨动一次，"时"或"分"位输出增加 1，根据需要拨动开关 J3 相应次数可实现校正，校正到期望输出后，闭合 J1 或 J2。

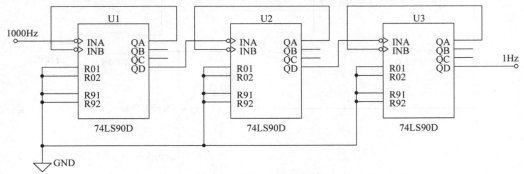

图 10.3.3　分频器电路

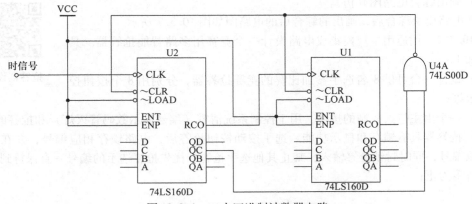

图 10.3.4　二十四进制计数器电路

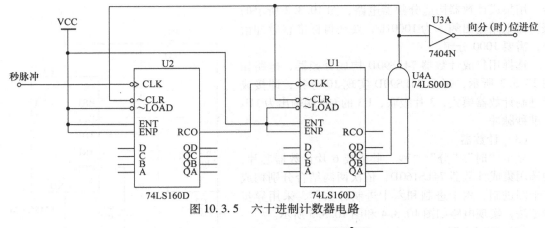

图 10.3.5　六十进制计数器电路

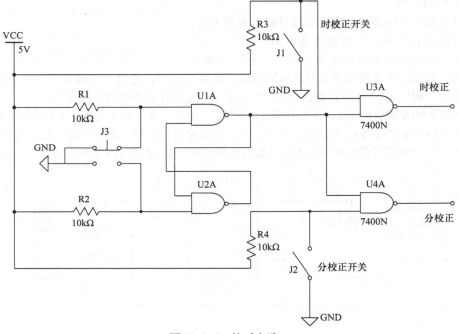

图 10.3.6　校时电路

（5）画出综合电路图并仿真

将各电路模块综合后，画出的综合后的电路图如图 10.3.7 所示。

例 10.3.2　用通用中规模集成电路设计一个竞赛用多路智能抢答器。具
体要求如下：

抢答器设计

（1）设计一台可供 8 名选手参加比赛的竞赛抢答器，分别用 8 个按钮控
制进行抢答；

（2）一个由主持人控制的按钮，用于控制系统清零（编号显示数码管灭灯）和抢答的开始；

（3）抢答器具有锁存和显示功能。选手按动按钮抢答后，电路锁存相应编号，并在显示器
上显示该编号，同时封锁抢答输入，禁止其他选手抢答，优先抢答选手的编号一直保持到主持人
将系统清零为止；

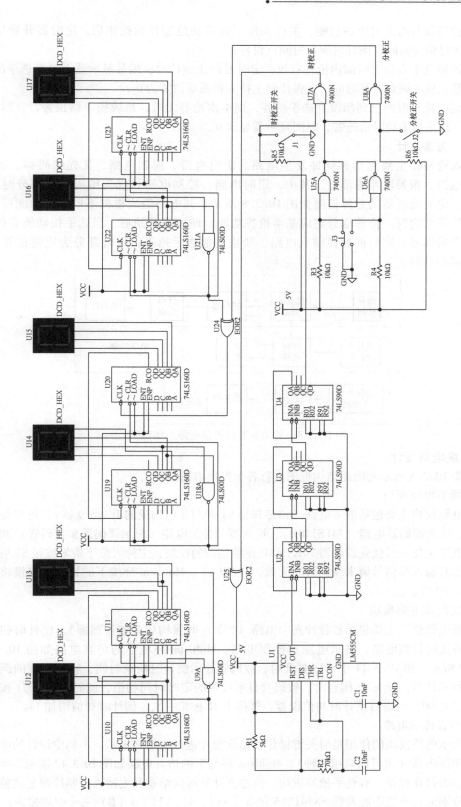

图 10.3.7　数字时钟电路总图

（4）抢答器具有定时抢答功能，主持人按下清零和抢答开始按钮后，定时器开始倒计时，并显示倒计时剩余时间，倒计时剩余时间可设置；

（5）参赛选手在设定时间内抢答有效，定时器停止倒计时，编号显示器上显示选手的编号，定时显示器上显示剩余抢答时间，并保持到主持人将系统清零为止；

（6）定时抢答时间已到却没有选手抢答，则本次抢答无效，系统扬声器报警，并封锁输入编码电路，禁止选手超时后抢答，时间显示器显示 0。

解：1. 方案设计

数字式抢答器主要包括秒脉冲发生电路、定时电路、控制电路、优先编码器、锁存器、译码显示电路、报警电路等部分。其中，定时电路、控制电路和优先编码器三部分时序配合尤为重要，定时抢答器的总体框图如图 10.3.8 所示，其电路组成根据不同逻辑功能可分为两个部分：抢答和定时。抢答部分完成基本抢答功能，即抢答开始后，当选手按动抢答按钮时，能显示选手的编号，同时能封锁输入电路，禁止其他选手抢答；定时部分为定时抢答功能提供定时设定和计时。

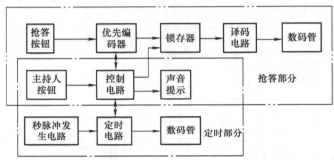

图 10.3.8　智能竞赛抢答器电路总体框图

2. 模块电路设计

根据图 10.3.8 所示的电路结构框图进行各个模块电路设计。

（1）抢答电路模块

抢答电路模块主要包括清零电路（清零按钮 S1 和与非门构成的 RS 触发器）、抢答按钮电路（J0 ~ J7）、优先编码器电路（74LS148D）、锁存器、显示电路（显示译码器和数码管）和控制电路，控制电路主要是对优先编码器 74LS148D 使能端 $\overline{EI}$ 的控制，主持人按下清零按钮 S1 后该使能端有效，已有输入端信号请求编码后应无效，且 $\overline{EO} = 1$。Multisim 环境下的抢答电路模块的电路图如图 10.3.9 所示。

（2）定时器电路模块

定时器电路模块主要包括秒脉冲发生电路（555 定时器构成多谐振荡器）、倒计时初值设置电路、抢答定时计数电路、显示电路和控制电路。Multisim 环境下的仿真电路如图 10.3.10 和图 10.3.11 所示。图 10.3.11 中，J3 打开时，数码管显示倒计时所剩时间，将从设置的倒计时初值开始逐秒减计数，开关 J3 闭合时，数码管显示设置的定时时间初值，此时若按下 J1 按钮，数码管将显示为 00，可进行倒计时初值设置，每按下 J2 按钮一次，倒计时初值增加 1s。

（3）声音提示电路

声音提示电路模块的作用是对关键操作或错误操作进行提示和警示，本例中设计的电路中添加了光柱和扬声器（也可以只用一种），Multisim 环境下的仿真电路如图 10.3.12 所示。本例中需要进行提示的操作包括：有选手抢答成功、抢答倒计时时间结束和主持人控制按钮复位整个抢答器系统，分别通过单稳态触发器 SN74121N 的 3（A1）、4（A2）、5（B）三个引脚输入，对应信

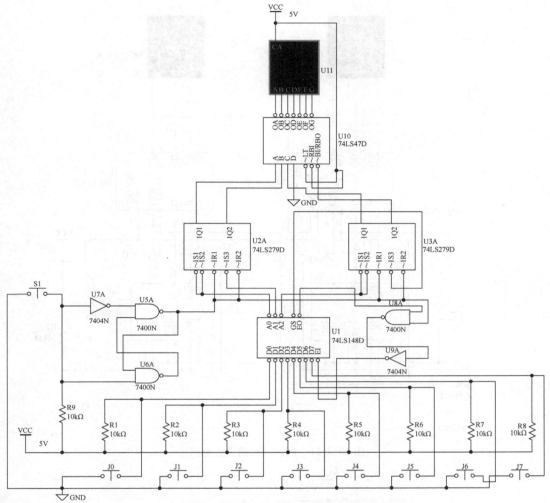

图 10.3.9　抢答电路模块的电路图

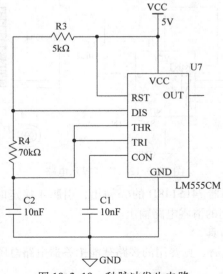

图 10.3.10　秒脉冲发生电路

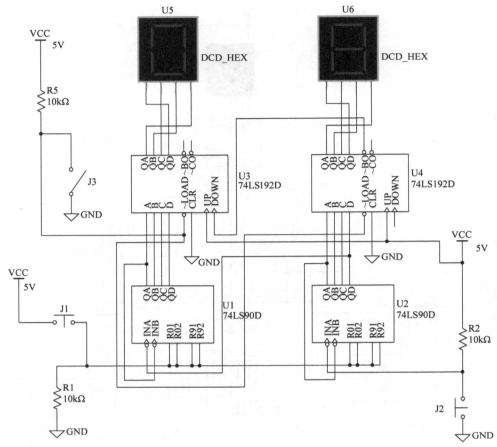

图 10.3.11　倒计时初值设置电路

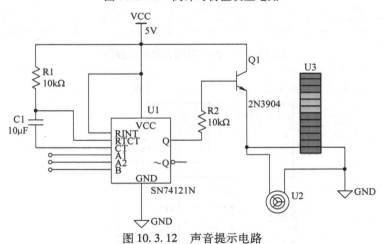

图 10.3.12　声音提示电路

号来源为：引脚 3 接优先编码器 74LS148D 的 $\overline{GS}$ 输出，引脚 4 接定时秒十位计数器 74LS192D 的 $\overline{BO}$ 输出，引脚 5 接主持人控制的清零电路输出。

（4）画出综合电路图并仿真

将上述多个电路模块综合后，竞赛用的多路智能抢答器电路总图如图 10.3.13 所示。多谐振

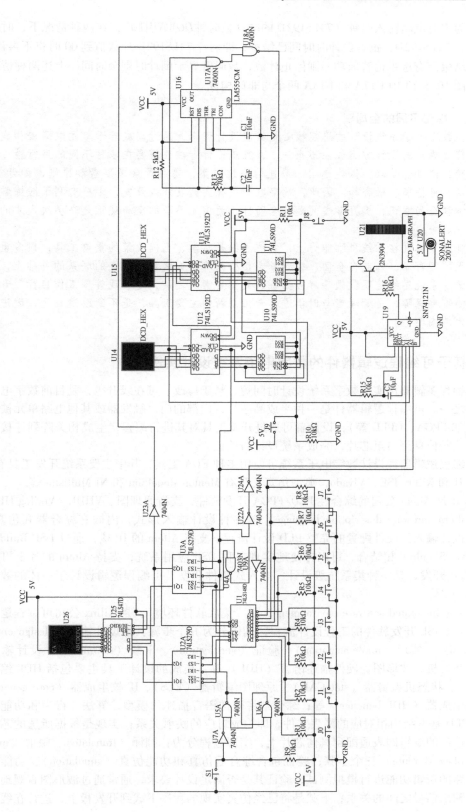

图 10.3.13　竞赛用的多路智能抢答器电路总图

荡器输出作为定时电路输入时钟（74LS192D 的减计数时钟 $\overline{DOWN}$ 引脚），在两种情况下，时钟不能够准确达到 74LS192D：抢答倒计时时间已结束，即两片 74LS192D 计数值到 00 时将不再计数；抢答倒计时结束前有选手抢答成功，则停止计数，数码管显示倒计时剩余时间。上述两种情况的控制电路由图 10.3.13 中 U17A 和 U18A 两个与非门构成。

> **📝 价值论：虑无不周的全局观**
>
> 当前，数字电子系统设计的思想核心是集成设计理念，通过集成若干单元电路来构成整体系统，符合要求的设计方案往往不止一个，系统设计者往往需要在多种不同的可行性方案中进行比较，论证优缺点，择优选用。最佳的系统方案，要兼顾众多要素和原则，如开放、简易、稳定、可拓展、融合等，因此，数字电子系统实例设计与开发，十分有利于锻炼学生的系统思维和全局意识，提升考虑问题的全面性，而虑无不周的全局观正是高层次人才的重要指标之一。
>
> 全局观主要体现在系统思维能力上，系统思维是科学、正确决策的重要工具，很多重要决策常常无惯例可循，只能在全面、综合考虑整个系统诸要素之间存在的联系的基础上，才能确定方案。系统思维是现代领导者应具备的最重要素质之一，是实现管理工作目标，开创工作局面的重要保障，是管理者与时俱进、开拓创新的主要工具，是不断改造自己，改进领导策略强大的内驱力。

10.3.2 基于可编程逻辑器件的数字电子系统设计实例

利用可编程逻辑器件实现数字系统设计时间短、易于修改、可在线升级，是目前数字电子系统设计方案之一。可编程逻辑器件是一种半成品芯片，内部的门、触发器或其他电路单元被排成阵列形式（如 FPGA、CPLD 等），设计者可通过开发工具对其进行编程，生成相关阵列连接的信息，然后将这些信息烧写至芯片，完成系统设计与验证。

基于可编程逻辑器件设计数字电子系统可使用多种 EDA 工具，其中主要系统开发工具有 Altera Quartus II 和 Xilinx ISE、Vivado，典型仿真工具有 Mentor ModelSim 和 NI Multisim 等。

Quartus II 是 Altera 公司的综合性 PLD/FPGA 开发软件，支持原理图、VHDL、Verilog HDL 以及 AHDL（altera hardware description language）等多种设计输入形式，内嵌有综合器和仿真器，可以完成从设计输入到硬件配置的完整 PLD 设计流程。支持 Altera 的 IP 核，通过 DSP Builder 工具与 MATLAB/Simulink 相结合，可以方便地实现各种 DSP 应用系统；支持 Altera 的片上可编程系统（SOPC）开发，是一种集系统级设计、嵌入式软件开发、可编程逻辑设计于一体的数字系统开发 EDA 工具。

ISE 全称为 integrated software environment，即"集成软件环境"，是 Xilinx 公司可编程逻辑器件的设计工具。ISE 开发软件的工程设计流程，具体分为五个步骤：即设计输入（design entry）、综合（synthesis）、实现（implementation）、验证（verification）、下载（download）。设计输入包括原理图、状态机、波形图、硬件描述语言（HDL）等，集成的设计工具主要包括 HDL 编辑器（HDL editor）、状态机编辑器（stateCAD）、原理图编辑器（ECS）、IP 核生成器（core generator）和测试激励生成器（HDL bencher）等；综合是将硬件语言描述的模型、算法、行为和功能转换为 FPGA/CPLD 基本结构相对应的网表文件，即构成对应的映射关系；实现是根据所选的芯片的型号将综合输出的逻辑网表适配到具体芯片上，实现过程分为：翻译（translate）、映射（map）、布局布线（place & route）三个步骤；验证包含综合后仿真和功能仿真（simulation），功能仿真是对设计电路的逻辑功能进行模拟测试，验证其是否满足设计要求，通常通过波形图直观地显示输入信号与输出信号之间的关系；下载是将已经仿真实现的程序下载到开发板上，进行在线调试或者将生成的配置文件写入芯片中再进行测试。

Quartus II 和 ISE 都具有良好支持第三方 EDA 工具的能力，可读入标准的 EDIF 网表文件、VHDL 网表文件和 Verilog 网表文件，能生成第三方 EDA 软件可使用的 VHDL 网表文件和 Verilog 网表文件，用户可以在设计流程的各个阶段使用熟悉的第三方 EDA 工具。Xilinx 最新开发系统更名为 Vivado。

Mentor 公司的 ModelSim 是业界最优秀的 HDL 语言仿真软件，它能提供友好的仿真环境，是业界唯一的单内核支持 VHDL 和 Verilog 混合仿真的仿真器。它采用直接优化的编译技术、Tcl/Tk 技术和单一内核仿真技术，编译仿真速度快，编译的代码与平台无关，便于保护 IP 核，个性化的图形界面和用户接口能够有效提高用户调错效率，是 FPGA/ASIC 设计的首选仿真软件。ModelSim 分几种不同的版本：SE、PE、LE 和 OEM，其中 SE 是最高级的版本，而集成在 Actel、Atmel、Altera、Xilinx 以及 Lattice 等 FPGA 厂商设计工具中的均是其 OEM 版本。SE 版具有更强的功能和性能。

Multisim 是一个全电子系统覆盖的集成系统仿真平台，不仅能进行数/模 Spice 仿真，还提供了 VHDL 设计接口和仿真功能，Multisim VHDL 是 Multisim 的一个选配软件包，能够为复杂数字集成电路设计提供行为语言级建模，并协同 Multisim 完成系统仿真分析。

例 10.3.3　频率计是实验室常用的测试仪器，能够测量和显示信号的频率。本例要求设计一个实用的数字频率计电路并用可编程逻辑器件来实现。具体设计要求为：频率计采用三位十进制数显示，其测量范围为 1kHz，最大读数为 999Hz。假设被测试的输入信号是经过预处理的符合 CMOS 电路要求的脉冲信号。

解：

1. 系统功能分析

首先分析数字频率计的工作原理。测量频率的一般思路为：在采样区间内使计数器对输入波形的脉冲信号进行计数。采样结束后将计数结果送入锁存器，然后计数器清零，准备下一次计数。采样区间的长度决定了被测频率的范围，采样区间过短会影响测量精度，区间过长对高频信号而言，计数器则可能产生溢出。在采样区间合适的情况下，测量精度又决定于系统时钟频率的精度。

2. 划分功能模块，画系统结构框图

通过原理分析，将数字频率计划分为以下功能模块：控制电路、分频电路、采样电路、计数器模块、锁存电路、译码显示电路。结构框图如图 10.3.14 所示。

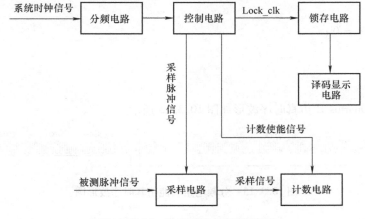

图 10.3.14　数字频率计结构框图

控制电路：用来产生采样脉冲信号以及计数器、锁存器、采样电路的时钟脉冲信号。

分频电路：将系统时钟脉冲进行分频，得到控制时钟脉冲。控制时钟脉冲的周期产生符合被测脉冲信号要求的采样脉冲信号。计数器电路模块由级联的三个 BCD 计数器构成，对采样电路得到的采样信号进行计数，计数器具有计数和清零功能。计数之前必须对计数器进行清零，当获得一个计数值之后，需停止计数器计数，把测量值保存在锁存器中，锁存器的输出作为译码显示电路的输入。译码显示电路将输入的 BCD 码转换成 LED 七段译码的输入用于显示读数。

3. 设计数据处理电路模块

（1）分频电路

假设系统的时钟脉冲为 1kHz，则分频电路的 VHDL 源程序如下：

```
Library IEEE;
Use IEEE. STD_LOGIC_1164. ALL;
Entity div is
Port(clkin:in STD_LOGIC;
    clkout:out STD_LOGIC);
End div;
Architecture a of div is
Begin
  Process(clkin)
  Variable cnt:INTEGER range 1 to 100;
  Begin
   If(clkin'event and clkin = '1')then
     If(cnt = 100)then
        cnt: = 1;
     Else
        cnt: = cnt + 1;
     End if;
   End if;
   If(cnt > 50)then
     clkout < = '1';
   Else
        clkout < = '0';
     End if;
   End Process;
End a;
```

分频电路的 Quartus II 仿真时序波形如图 10.3.15 所示。

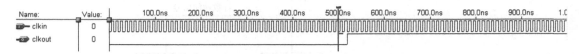

图 10.3.15　分频电路功能仿真时序波形图

（2）采样电路

VHDL 源程序如下：
Library IEEE;
Use IEEE. STD_LOGIC_1164. ALL;
Entity sample is
   Port(std_fre,fre:in STD_LOGIC;
        out_fre:out STD_LOGIC);
End sample;
Architecture depict of sample is
Begin
   Process(std_fre)
   Begin
    out_fre < = (std_fre and fre);
  End Process;
End depict;
采样电路的 Quartus Ⅱ仿真时序波形如图 10.3.16 所示。

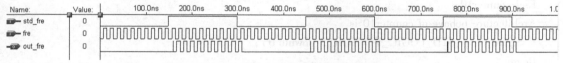

图 10.3.16　采样电路功能仿真时序波形图

（3）计数电路

包含 3 个计数器，VHDL 源程序分别如下：
Library IEEE;
Use IEEE. STD_LOGIC_1164. ALL;
Use IEEE. STD_LOGIC_ARITH. ALL;
Use IEEE. STD_LOGIC_UNSIGNED. ALL;
Entity counter is
  Port(in_fre,en:in STD_LOGIC;
     fre_out:out STD_LOGIC_VECTOR(11 downto 0));
End counter;
Architecture a of counter is
component counter10　　　－－对子模块进行说明
    Port(clk,en:in STD_LOGIC;
     qout:out STD_LOGIC_VECTOR(3 downto 0));
End component;
component counter11　　　－－对子模块进行说明
    Port(clk,en:in STD_LOGIC;
     qout:out STD_LOGIC_VECTOR(3 downto 0));
End component;
Signal qout1,qout2,qout3:STD_LOGIC_VECTOR(3 downto 0);
Signal q1,q2:STD_LOGIC;

```
Begin
    q1 < = ( qout1 ( 0 ) and qout1 ( 3 ) ) ;
    q2 < = ( qout2 ( 0 ) and qout2 ( 3 ) ) ;
u1 : counter10 port map( in_fre, en, qout1 ) ;    - -调用子模块
u2 : counter11 port map( q1 , en, qout2 ) ;
u3 : counter11 port map( q2 , en, qout3 ) ;
    fre_out < = qout3&qout2&qout1 ;
End a ;


Library IEEE ;
Use IEEE. STD_LOGIC_1164. ALL ;
Use IEEE. STD_LOGIC_UNSIGNED. ALL ;
Entity counter10 is      - -子模块实体描述
    Port( clk, en : in STD_LOGIC ;
        qout : out STD_LOGIC_VECTOR( 3 downto 0 ) ) ;
End counter10 ;
Architecture behave of counter10 is
    Signal temp : STD_LOGIC_VECTOR( 3 downto 0 ) ;
Begin
    qout < = temp ;
  Process( en, clk )
  Begin
  If( en = '1') then
      temp < = "0000" ;
  Elsif( clk'event and clk = '1') then
      If( temp = "1001" ) then
      temp < = "0000" ;
      Else
      temp < = temp + '1' ;
      End if ;
  End if ;
  End Process ;
End behave ;
Library IEEE ;
Use IEEE. STD_LOGIC_1164. ALL ;
Use IEEE. STD_LOGIC_UNSIGNED. ALL ;
Entity counter11 is              - -子模块实体描述
    Port( clk, en : in STD_LOGIC ;
        qout : out STD_LOGIC_VECTOR( 3 downto 0 ) ) ;
End counter11 ;
Architecture behave of counter11 is
```

```
Signal temp:STD_LOGIC_VECTOR(3 downto 0);
Begin
    qout < = temp;
Process( en,clk)
Begin
If( en = '1') then
    temp < = "0000";
Elsif( clk'event and clk = '0') then
    If( temp = "1001" ) then
    temp < = "0000";
    Else
    temp < = temp + '1';
    End if;
End if;
End Process;
End behave;
```

计数电路的 Quartus Ⅱ仿真时序波形如图 10.3.17 所示。

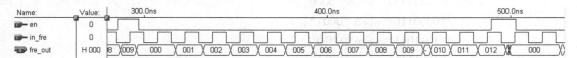

图 10.3.17　计数电路功能仿真时序波形图

（4）锁存电路

VHDL 源程序如下：

```
Library IEEE;
Use IEEE. STD_LOGIC_1164. ALL;
Entity lock is
Port( datain:in STD_LOGIC_VECTOR(11 downto 0);
    lock_clk:in STD_LOGIC;
    dataout:out STD_LOGIC_VECTOR(11 downto 0));
End lock;
Architecture behave of lock is
Begin
    Process(lock_clk)
    Begin
      If(lock_clk 'event and lock_clk = '1') then
       dataout < = datain;
      End if;
    End process;
End behave;
```

锁存电路的 Quartus Ⅱ仿真时序波形如图 10.3.18 所示。

图 10.3.18 锁存电路功能仿真时序波形图

（5）七段译码显示电路

采用静态显示的方法，VHDL 源程序如下：

```
Library IEEE；
Use IEEE. STD_LOGIC_1164. ALL；
Entity display is
    Port( datain：in STD_LOGIC_VECTOR( 11 downto 0) ；
        bit_low，bit_mid，bit_hig：out STD_LOGIC_VECTOR( 6 downto 0) ) ；
End display；
Architecture behave of display is
Begin
    With datain( 3 downto 0) select
        bit_low < = "0111111"  when "0000"，
                "0000110"  when "0001"，
                "1011011"  when "0010"，
                "1001111"  when "0011"，
                "1100110"  when "0100"，
                "1101101"  when "0101"，
                "1111101"  when "0110"，
                "0000111"  when "0111"，
                "1111111"  when "1000"，
                "1101111"  when "1001"，
                "0000000"  when others；
    With datain( 7 downto 4) select
        bit_mid < = "0111111"  when "0000"，
                "0000110"  when "0001"，
                "1011011"  when "0010"，
                "1001111"  when "0011"，
                "1100110"  when "0100"，
                "1101101"  when "0101"，
                "1111101"  when "0110"，
                "0000111"  when "0111"，
                "1111111"  when "1000"，
                "1101111"  when "1001"，
                "0000000"  when others；
    With datain( 11 downto 8) select
```

```
        bit_hig < = "0111111" when "0000",
               "0000110" when "0001",
               "1011011" when "0010",
               "1001111" when "0011",
               "1100110" when "0100",
               "1101101" when "0101",
               "1111101" when "0110",
               "0000111" when "0111",
               "1111111" when "1000",
               "1101111" when "1001",
               "0000000" when others;
End behave;
```

4. 设计控制电路模块

控制电路 VHDL 源程序如下：

```
Library IEEE;
Use IEEE. STD_LOGIC_1164. ALL;
Use IEEE. STD_LOGIC_UNSIGNED. ALL;
Entity control is
   Port( clk1 : in STD_LOGIC;
         en, std_fre, lock_clk : out STD_LOGIC);
End control;
Architecture behave of control is
Signal temp1, temp2, temp3 : STD_LOGIC;
Begin
    Process( clk1 )
    Variable val : INTEGER range 1 to 12;
    Begin
      If( clk1'event and clk1 = '1') then
          If( val > 12) then
            Val : = 1;
          Else
            Val : = val + 1;
          End if;
      End if;
      If( val = 1) then
         temp1 < = '1';
      Else
         temp1 < = '0';
      End if;
      If( val > 1 and val < 12) then
         temp2 < = '1';
```

Else

           temp2 < = '0';

        End if;

        If(val = 12) then

           temp3 < = '1';

        Else

           temp3 < = '0';

        End if;

      End Process;

      en < = temp1;

      std_fre < = temp2;

      lock_clk < = temp3;

    End behave;

控制电路的 Quartus Ⅱ仿真时序波形如图 10.3.19 所示。

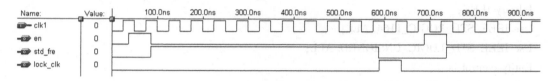

图 10.3.19　控制电路功能仿真时序波形图

5. 逻辑综合

    EDA 设计软件支持用图形文件把各模块连接到一起，这种方法简单、直观。首先将各 VHDL 语言创建的功能模块生成图元，在顶层设计文件中采用原理图输入法，调用图元，将各图元之间用连线连接起来，即可形成完整的系统设计，如图 10.3.20 所示。

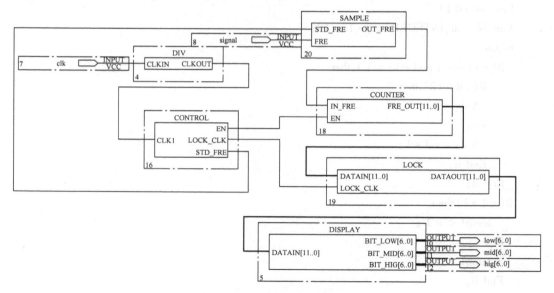

图 10.3.20　顶层原理设计图

系统仿真波形图（为显示方便，div 模块取 10 分频）如图 10.3.21 所示。

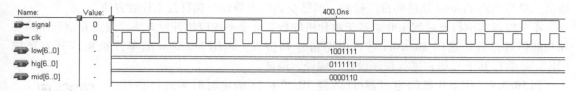

图 10.3.21 数字频率计的系统仿真波形图

6. 用可编程器件实现数字频率计

（1）编译、仿真

首先在 Quartus Ⅱ 软件中建立一个新的工程项目，输入各文本设计文件 ∗.vhd，进行项目编译。然后建立仿真波形文件 ∗.scf，设定各输入信号的激励波形，进行时序仿真，得到仿真时序波形图如图 10.3.15 ~ 图 10.3.19、图 10.3.21 所示，仿真结果符合设计要求。

（2）下载

在目标器件中选择 Altera 公司的 FLEX10K 系列器件 EPF10K30AQC240 - 3，将输入输出信号分配至相应的引脚上，见表 10.3.1。引脚锁定后需重新编译，以便生成下载文件 ∗.sof。将下载文件烧录至目标器件，即构成一个完整的专用的数字频率计。

表 10.3.1　用 EPF10K30AQC240 - 3 实现数字频率计引脚分配表

信号名	引脚号	引脚功能
clk	237	系统时钟
signal	231	被测脉冲信号
low [6..0]	208、207、204、203、202、201、200	译码显示信号
Hig [6..0]	198、196、195、194、193、192、191	译码显示信号
Mid [6..0]	6、7、8、33、31、32	译码显示信号

10.3.3　基于微处理器的数字电子系统设计实例

基于单片机的数字电子系统开发软件最常用的有 KEIL μVISION、Proteus 和 Multisim 等。

KEIL μVISION 作为单片机应用开发软件，是最常用的单片机汇编语言或 C 语言编译器，它支持众多不同公司的 MCS51 架构的芯片和 ARM，它集编辑、编译、仿真等于一体，界面和常用的微软 VC + + 的界面相似。

Proteus 是英国 Lab Center Electronics 公司出版的 EDA 仿真工具软件，是目前比较好的仿真单片机及外围器件的工具，能够对原理图布图、代码调试、单片机与外围电路进行协同仿真，可一键切换到 PCB 设计，能够在一个软件中实现从概念到产品的完整设计，是目前世界上唯一将电路仿真软件、PCB 设计软件和虚拟模型仿真软件三合一的设计平台，其支持的众多主流处理器模型包括 8051、HC11、PIC10/12/16/18/24/30、DsPIC33、AVR、ARM、8086、MSP430、CORTEX 和 DSP 等，且还在持续增加其他系列处理器模型。在编译方面，Proteus 支持 IAR、KEIL 和 MAT-LAB 等多种编译器，也支持通用外设模型：如字符 LCD 模块、图形 LCD 模块、LED 点阵、LED 七段显示模块、键盘/按键、直流/步进/伺服电机、RS232 虚拟终端、电子温度计等，其

COMPIM（COM 口物理接口模型）还可以使仿真电路通过 PC 串口和外部电路实现双向异步串行通信。虽然国内 Proteus 软件的推广较晚，但已受到广大爱好者和科技工作者青睐。

本节将以实例设计过程来介绍基于单片机的数字电子系统应用开发方法，重点介绍程序编写和功能仿真过程。选用 Multisim 进行电路搭建和仿真，利用 Multisim 的单片机集成开发环境（MCU 菜单）基于 C 语言进行程序设计、编译、调试。

例 10.3.4 用单片机的定时器/计数器 T0 产生 1s 的定时时间进行秒计数，当 1s 产生时，秒计数加 1，计数到 60 时，自动从 0 开始。

定时器/
计数器设计

解：电路原理图如图 10.3.22 所示。用 8051 单片机的 P1 口输出秒计数个位，P3 口输出秒计数十位。秒计数结果由数码管 U5（十位）和 U4（个位）显示。图中还同时给出了单片机最小系统所需的电源、复位电路和晶振电路。

复位电路：由电容串联电阻构成，系统上电后，RST 脚将出现高电平，这个高电平持续的时间由电路的 RC（对应图中 R2 和 C3）值决定，51 单片机 RST 脚高电平应至少持续两个机器周期。

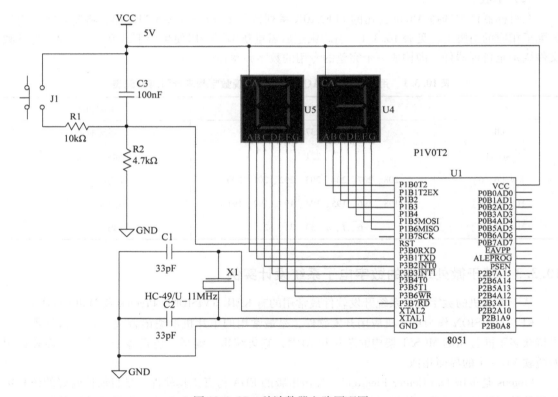

图 10.3.22　秒计数器电路原理图

晶振电路：为单片机系统提供基准时钟信号，51 单片机的 18 脚（XTAL2）和 19 脚（XTAL1）是晶振引脚。采用内部时钟方式，晶振频率选择 12MHz，可产生精确的 1μs 机器周期，33pF 电容用于帮助晶振起振，并维持振荡信号的稳定。

单片机程序流程图如图 10.3.23 所示。

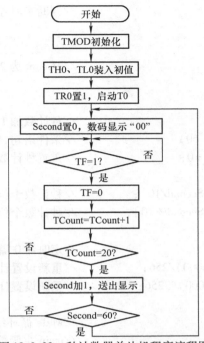

图 10.3.23　秒计数器单片机程序流程图

利用单片机定时器/计数器的计数溢出功能设计时，源程序及说明如下：

```
#include "htc. h"                              //包头文件
unsigned char TCount;                          //定义无符号字符变量 TCount
                                               //用于实现 1s 定时

unsigned char Second;                          //定义秒计数值变量 Second
unsigned char code discode[ ] =                //数码管 0 ~ F 字型码
{0x40,0x79,0x24,0x30,
0x19,0x12,0x02,0x78,
0x00,0x10,0x08,0x03,
0x46,0x21,0x06,0x0e,0xff};
/ * = = = = = = = main = = = = = = = */        //程序分割
void main( void)                               //主函数
{
    TMOD = 0x01;                               //定时器 0 工作方式 1
    TH0 = (65536 - 50000)/256;                 //定时器高 8 位赋初值,产生 50ms 定时
    TL0 = (65536 - 50000)%256;                 //定时器低 8 位赋初值
    TR0 = 1;                                   //启动定时器 0
    TCount = 0;                                //TCount 清零
    Second = 0;                                //Second 清零
P3 = discode[ Second/10];                      //秒计数十位送 P3 口输出显示
P1 = discode[ Second%10];                      //秒计数个位送 P1 口输出显示
while(1)                                       //while 循环
    {
```

```
        if( TF0 = = 1 )                              //判断定时器 0 是否计数溢出,溢出为 1
          {
          TCount + + ;
          if( TCount = = 20 )                        //TCount 为 20 时,定时 1s
            {
            TCount = 0 ;
            Second + + ;                             //秒计数加 1
            if( Second = = 60 )                      //条件语句,如果计数到 60s
                {Second = 0 ;                        //重置秒计数值
                }
            P3 = discode[ Second/10 ] ;              //秒计数十位送 P3 口输出显示
            P1 = discode[ Second%10 ] ;              //秒计数个位送 P1 口输出显示
          }
        TF0 = 0 ;                                    //定时器 0 溢出位清零
        TH0 = ( 65536 - 50000 )/256 ;                //重新设置计数初值高 8 位
        TL0 = ( 65536 - 50000 )%256 ;                //重新设置计数初值低 8 位
          }
      }                                              //while 循环结束
  }                                                  //main 主函数结束
```

若采用中断方式进行设计时,源程序如下:

```
#include " htc. h"
unsigned char TCount;
unsigned char Second;
unsigned char code discode[ ] =
{0x40,0x79,0x24,0x30,
0x19,0x12,0x02,0x78,
0x00,0x10,0x08,0x03,
0x46,0x21,0x06,0x0e,0xff} ;
/ * = = = = = = 中断函数 = = = = = = */
void interrupt timer0( void)                         //中断服务函数
{
    TF0 = 0 ;                                        //定时器溢出位清零
    TR0 = 0 ;                                        //停止计数
    EA = 0 ;                                         //关总中断
    TCount + + ;
    if( TCount = = 20 )
        {
        TCount = 0 ;
        Second + + ;
          if( Second = = 60 )
              {Second = 0 ;
              }
```

```
        }
    P3 = discode[Second/10];
    P1 = discode[Second%10];
    TR0 = 1;                          //定时器启动
    EA = 1;                           //开中断
}
/* ======= main ====== */
void main(void)                       //主函数
{

    TMOD = 0x01;
    TH0 = (65536 - 50000)/256;
    TL0 = (65536 - 50000)%256;
    TR0 = 1;                          //定时器启动
    ET0 = 1;                          //定时器中断允许
    EA = 1;                           //开总中断
    Second = 0;
    P3 = discode[Second/10];
    P1 = discode[Second%10];
    while(1)
}
```

例 10.3.5 用 8051 单片机设计一个数字钟。具体要求如下：
（1）有"时""分""秒"的十进制数字显示，"时"计数显示范围为 00 ~ 23、"分"和"秒"的计数显示范围均为 00 ~ 59；
（2）"时""分""秒"值可调。

解：电路原理图如图 10.3.24 所示。用 8051 单片机的 P1 口控制秒计数输出　数字（数码管 U2 和 U3，采用 4 位二进制输入的数码管，单片机每个 8 位数据端口可控　时钟设计制两个数码管），P3 口控制分计数输出，P2 口控制时计数输出。

"时""分""秒"值调节分别通过 3 个按键 J1、J2 和 J3 进行，J1 调节"时"，J2 调节"分"，J3 调节"秒"，每个按键按下一次，对应计数值加 1。

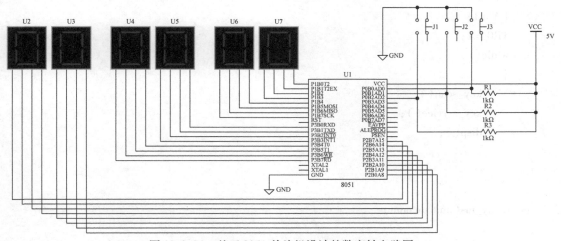

图 10.3.24　基于 8051 单片机设计的数字钟电路图

C 语言的源程序如下：

```c
#include   "htc. h"
#define uchar unsigned char
#define unit unsigned int
#define H_PORT P2
#define M_PORT P3
#define S_PORT P1
sbit KEY_H = P0^2;
sbit KEY_M = P0^1;
sbit KEY_S = P0^0;
uchar uckey_value;
uchar uchour_value,ucmin_value,ucsec_value;
uchar uctime_count;
void delay_ms(uint uicount);
void key_scan();
void key_service();
void disp();

void main()
{
/ * Insert your code here. */
    uchour_value = 12;
    ucmin_value = 0;
    ucsec_value = 0;

    TMOD = 0x01;
    TH0 = Ox3c;
    TL0 = 0xb0;
    ET0 = 1;
    EA = 1;
    TR0 = 1;
    while(1)
    {
        key_scan();
        key_service();
        disp();
    }
}

void delay_ms(unit uicount)
{
```

```
    uint i,j;
    for(i = 0;i < uicount;i + +);
        for(j = 0;j < 120;j + +);
}


void key_scan( )
{
    if(0 = = KEY_H)
    {
        delay_ms(3);
        if(0 = = KEY_H)
        {
            while(0 = = KEY_H);
            uckey_value = 1;
        }
    }
    else if(0 = = KEY_M)
    {
        delay_ms(3);
        if(0 = = KEY_M)
        {
            while(0 = = KEY_M);
            uckey_value = 2;
        }
    }
    else if(0 = = KEY_S)
    {
        delay_ms(3);
        if(0 = = KEY_S)
        {
            while(0 = = KEY_S);
            uckey_value = 3;
        }
    }
}


void key_service( )
{
    switch(uckey_value)
    {
    case 1:
```

```
        {
            if( uchour_value < 24 )
            {
                uchour_value + + ;
            }
            else
            {
                uchour_value = 0 ;
            }
            uckey_value = 0 ;
        }   break ;
        case 2 :
        {
            if( ucmin_value < 60 )
            {
                        ucmin_value + + ;
            }
            else
            {
                ucmin_value = 0 ;
            }
            uckey_value = 0 ;
        }   break ;
        case 3 :
        {
            if( ucsec_value < 60 )
            {
                ucsec_value + + ;
            }
            else
            {
                ucsec_value = 0 ;
            }
            uckey_value = 0 ;
        }   break ;
        }
    }

    void disp( )
    {
        H_PORT = ( uchour_value/10 ) * 16 + uchour_value%10 ;
```

```
M_PORT = ( ucmin_value/10 ) ∗ 16 + ucmin_value% 10 ;
S_PORT = ( ucsec_value/10 ) ∗ 16 + ucsec_value% 10 ;
}

void time0_ISR( )    interrupt 1
{
    TR0 = 0 ;
    TH0 = 0x3c ;
    TL0 = 0xb0 ;
    if( uctime_count < 20 )
    {
        uctime_count + + ;
    }
    else
    {
        uctime_count = 0 ;
        ucsec_value + + ;
        if( ucsec_value > = 60 )
        {
            ucsec_value = 0 ;
            ucmin_value + + ;
            if( ucmin_value > = 60 )
            {
                ucmin_value = 0 ;
                uchour_value + + ;
                if( uchour_value > = 24 )
                {
                    uchour_value = 0 ;
                    ucmin_value = 0 ;
                    ucsec_value = 0 ;
                }
            }
        }
    }
    TR0 = 1 ;
}
```

思 考 题

10. 3. 1　对比分析三个设计实例的实现特点，即不同设计方法的优缺点。

10. 3. 2　以数字频率计设计为例，描述基于可编程逻辑器件设计数字电子系统的步骤。

本 章 小 结

数字电子系统设计是完成满足特定性能指标、逻辑功能或应用功能的电路设计过程。随着数字集成电路规模越来越大，数字集成电路已经迈入芯片系统时代，高度集成化数字电子系统设计与实现方法发展迅速。

数字电子系统的基本概念包括电路组成与特点、设计方法和实现方式等，本章重点介绍了五种用不同类型器件实现数字电子系统的设计方法：全定制方式、半定制方式、通用集成电路、可编程逻辑器件和微处理器。

数字电子系统的自动化设计方法越来越重要，随着高度集成化数字电子系统广泛应用，为了提高测试覆盖率和降低测试难度，需要在系统设计阶段就进行可测试性设计，通过增加辅助电路或引线，以提高电路可测试性，典型可测性设计方法有扫描设计法和内建自测试。

基于中小规模通用集成芯片、可编程逻辑器件、微处理器是三种常用的数字电子系统设计实现方式。本章分别给出了这三种实现方式的设计实例。

习　　题

题 10.1　数字电子系统可测性设计的目的是什么？有哪些设计方法？

题 10.2　基于通用集成电路设计一个可测试方波信号频率的频率计。要求：可测频率范围为 1Hz ~ 1kHz，频率值数字显示位数为 3 位，即 000 ~ 999Hz。

题 10.3　设计一个交通灯控制系统，模拟显示十字路口两个方向的交通通行情况。用 LED 同时显示两个方向的状态时间，采用倒计数方式，显示时间为红灯 30s，绿灯 25s，黄灯 5s。设置使能端，实现特殊状态功能：路灯全为红灯状态，特殊状态解除后从零开始计数。

要求：用 VHDL 语言描述各模块功能。

提示：系统主要由控制器、减法器和显示电路构成。

题 10.4　采用自顶向下的设计方法设计一个具有计时、闹钟、校时功能的数字时钟系统。设计要求如下：

（1）能进行正常的时、分、秒计时功能，分别由 6 个数码管显示 24h、60min、60s 的计数器显示。

（2）"Alarm"（闹钟）键，用于确定新的闹钟时间或控制显示已设置的闹钟时间。

（3）"Time"（时间）键，用于确定新的时间设置。

（4）扬声器，在当前时间和设置的闹钟时间相同时或当时间是整点时，发出蜂鸣声（10s）。

（5）"hour" "min" "sec" 键，分别用于设定新时间或闹钟时间的小时、分、秒。

（6）"reset" 为复位键。

数字时钟系统结构框图如图 10.4.1 所示。

提示：已知基准频率分频电路产生 1Hz 的信号，给时、分、秒的计数器提供时钟信号；设计译码电路将计数器的结果进行十进制—LED 显示码译码，然后送入 LED 显示。

题 10.5　基于 8051 单片机设计一个电子秒表。要求：电路显示四位，秒表计时时间精确到小数点后两位，有启动、停止、清零控制按钮。

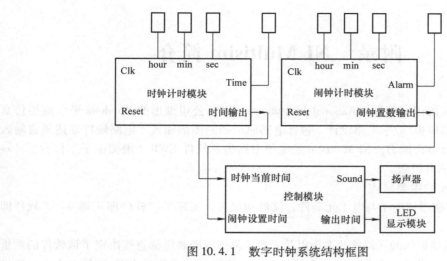

图 10.4.1　数字时钟系统结构框图

附录 NI Multisim 简介

NI Multisim 是美国国家仪器（National Instruments，NI）公司推出的 Windows 平台虚拟仿真软件，适用于板级的模拟/数字电路设计，包含电路原理图的图形输入、电路硬件描述语言输入等，具有丰富的仿真分析能力。NI Multisim 是电子电路仿真软件 EWB（虚拟电子工作台，electronics workbench）的升级版。

1. NI Multisim 的主要特点

1）用软件的方法虚拟电子与电工元器件、仪器和仪表，实现了"软件即元器件""软件即仪器"。

2）EDA 软件所能提供的元器件的多少以及元器件模型的准确性都直接决定了该软件的质量和易用性。NI Multisim 作为一款用于电子电路计算机仿真设计与分析的 EDA 软件，为用户提供了丰富的元器件库供实验选用，且元器件采用开放式管理方式，用户能够新建和扩充元器件库，在工程设计使用中非常方便。

3）虚拟仪器仪表种类很多，有一般实验用的通用仪器，如万用表、函数信号发生器、双踪示波器、直流电源等，也有很多专用型仪器，如字信号发生器、逻辑分析仪、逻辑转换器、频谱分析仪和网络分析仪等。

4）具有众多电路分析功能，可以完成电路的瞬态分析和稳态分析、时域和频域分析、器件的线性和非线性分析、电路的噪声分析和失真分析、离散傅里叶分析、电路零极点分析、交直流灵敏度分析等。

5）可以设计、测试和演示各种电子电路，包括模拟电路、数字电路、射频电路、微控制器和接口电路等，可以对被仿真电路中的元器件设置各种故障，如开路、短路等，进而观察不同故障情况下的电路工作状况，仿真的同时能够存储测试点的所有数据、列出被仿真电路的元器件清单以及存储测试仪器的工作状态、显示波形和数据。

6）提炼了 SPICE 仿真的复杂内容，使得工程师无须懂得深入的 SPICE 技术也可以很快地进行捕获、仿真和分析。Multisim 9.0 以后版本实现了与 LabVIEW 结合，可方便地用虚拟仪器技术创造仪表，同时还提供了与 Protel、Pspice 之间的文件接口，支持 VHDL 和 Verilog HDL 语言的电路仿真和设计，还有单片机仿真平台，可围绕单片机进行电路仿真和设计。

2. NI Multisim 主窗口和基本功能介绍

（1）NI Multisim 主窗口

NI Multisim 的主窗口如同一个实际的电子实验台，如附图 1 所示。屏幕中央区域最大的窗口为电路工作区，可将各种电子元器件和测试仪器仪表连接成实验电路。电路工作区上方是菜单栏、工具栏和元器件栏。菜单栏可选择电路连接、仿真所需的各种命令，工具栏包含了常用的操作命令按钮，通过元器件栏可方便地从元器件库中选出各种元器件，电路工作区右边是仪器仪表栏。通过鼠标就可方便地使用各种命令，从元器件库和仪器库中提取实验所需的各种元器件及仪器、仪表到电路工作区并连接成实验电路。按下电路工作窗口上方的"启动/停止"开关或"暂停/恢复"按钮可以方便地控制实验的进程。电路工作区左边是设计工具箱窗口，显示着所打开的设计项目的层次结构。

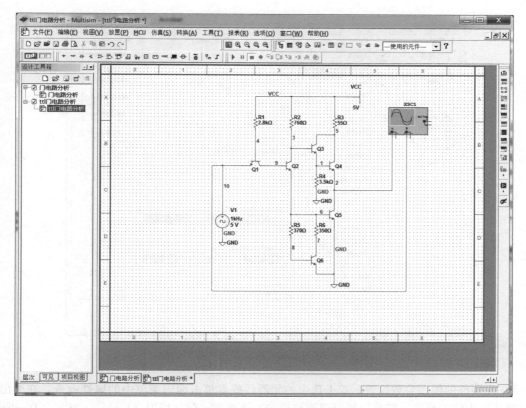

附图 1　NI Multisim 主窗口

（2）NI Multisim 元器件库

电子系统设计过程中，元器件的基本操作主要有：选择、连接、参数设置等，具体的操作方法如下。

1）元器件选择：首先在元器件库栏中用鼠标单击包含该元器件的图标，打开该元器件库。然后从选中的元器件库对话框中用鼠标单击所需元器件（如附图 2 所示与非门选择对话框），然后单击"确定"按钮，再用鼠标拖曳该元器件到电路工作区的适当地方即可。

2）元器件连接：连接电路时，首先需要选中元器件，进而对选中元器件进行移动、旋转、删除等操作。

① 选中待操作元器件有两种方法：用鼠标左键单击可选中单一元器件；用鼠标左键拖曳形成一个矩形区域，可以同时选中该矩形区域内包围的一组元器件。要取消元器件的选中状态，只需左键单击电路工作区的空白部分即可。

② 元器件移动：用鼠标左键单击元器件（左键不松手），拖曳即可移动该元器件；要移动一组元器件，可先用前述的矩形区域方法选中这些元器件，然后用鼠标左键拖曳其中任意一个，则所有选中的部分一起移动，元器件移动后，与其相连接的导线会自动重新排列。

③ 元器件旋转：为连线方便，有时需要对元器件进行适当旋转，先选中元器件，然后通过单击右键弹出式菜单或者左键单击编辑菜单下的方向子菜单中的对应命令实现。

④ 元器件复制和删除：选中元器件的复制、移动、删除等操作，可通过单击右键弹出式菜单或者左键单击编辑菜单下的对应命令实现。

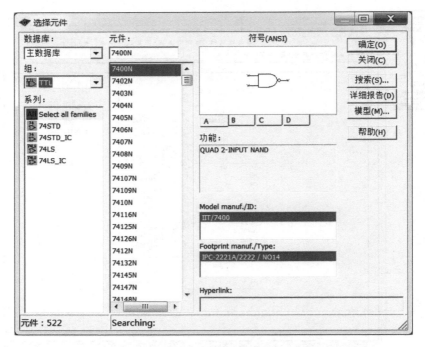

附图2　NI Multisim 的元器件选择对话框

3）元器件的模型参数设置。双击选中的元器件或者单击编辑菜单中的属性命令，在弹出的相关对话框中输入数据。器件属性对话框可设置6个选项，包括标识（Label）、显示（Display）、参数（Value）、故障（Fault）、引脚（Pins）和用户定义（User Fields）。

典型的 NI Multisim 元器件库类型如下（以 NI Multisim 10 为例）：

① 电源/信号源库（Sources）：包含电源、信号电压源、信号电流源、可控电压源、可控电流源、函数控制器件等。

② 基本器件库（Basic）：包含基础元件，如电阻、电容、电感、二极管、三极管、开关等。基本器件库中的虚拟元器件的参数可以任意设置，非虚拟元器件的参数固定，但是可以选择。

③ 二极管库（Diodes）：包含普通二极管、齐纳二极管、二极管桥、变容二极管、PIN 二极管、发光二极管等。二极管库中的虚拟器件的参数可以任意设置，非虚拟元器件参数固定，但是可以选择。

④ 晶体管库（Transistors）：包含 NPN、PNP、达林顿管、IGBT、MOS 管、场效应晶体管、晶闸管等。晶体管库中的虚拟器件的参数可以任意设置，非虚拟元器件参数固定，但是可以选择。

⑤ 模拟集成电路库（Analog）：包含多种运算放大器、滤波器、比较器、模拟开关等模拟器件。模拟集成电路库中的虚拟器件的参数可以任意设置，非虚拟元器件参数固定，但是可以选择。

⑥ TTL 数字集成电路库（TTL）：包含 74××系列和 74LS××系列等 74 系列 TTL 型数字电路器件。

⑦ CMOS 数字集成电路库（CMOS）：包含 40××系列和 74HC××系列等多种 CMOS 型数字集成电路系列器件。

⑧ 微控制器库（MCU Module）：包含 8051、PIC 的少数模型和一些 ROM、RAM。

⑨ 外围器件库（Advanced_Peripherals）：包含键盘、LCD 和一个显示终端的模型。

⑩ 数字电路库（Misc Digital）：包含 DSP、FPGA、CPLD、VHDL、微控制器等多种器件。

⑪ 数模混合集成电路库（Mixed）：包含 ADC/DAC、555 定时器、模拟开关、振荡器等多种数模混合集成电路器件。

⑫ 显示器件库（Indicators）：包含电压表、电流表、探针、蜂鸣器、灯、数码管等显示器件。

⑬ 电源库（Power）：包含三端稳压器、PWM 控制器、隔离电源等多种电源器件。

⑭ 其他集成器件库（Misc）：包含晶振、电子管、滤波器、MOS 驱动和一些其他器件。

⑮ 射频元器件库（RF）：包含射频电容、射频电感、射频晶体管等射频元器件。

⑯ 机电类器件库（Electro_ Mechanical）：包含传感开关、机械开关、继电器、电机等多种机电类器件。

（3）NI Multisim 仪器库

NI Multisim 的仪器库存放有数字多用表、函数信号发生器、示波器、伯德图仪、字信号发生器、逻辑分析仪、逻辑转换仪、瓦特表、失真度分析仪、网络分析仪、频谱分析仪共 11 种仪器，还包含有测量探针、电流探针以及 LabVIEW 测试仪，仪器以图标方式存在，每种类型有多台。系统设计过程主要进行仪器选择、连接、参数设置等操作。

① 仪器选择：从仪器库中将要选用仪器的图标，用鼠标"拖放"到电路工作区，类似元器件的拖放。

② 仪器连接：将仪器图标上的连接端（接线柱）与相应电路的连接点相连，连线过程类似元器件的连线。

③ 仪器参数设置：双击仪器图标，打开仪器面板。可以用鼠标操作仪器面板上相应按钮及参数设置对话窗口进行设置，在测量或观察过程中，也可以根据测量或观察结果动态改变仪器的设置参数。

典型的 NI Multisim 仪器库类型如下：

① 万用表（Multimeter）：虚拟数字万用表外观和操作与实际的万用表相似，可以用来测量直流或交流信号的电流（A）、电压（V）、电阻（Ω）和分贝值（dB）。

② 函数信号发生器（Function Generator）：可提供正弦波、三角波、方波三种不同波形的电压信号源。

③ 功率表（Wattmeter）：测量交流或直流电路的功率。

④ 示波器（Oscilloscope）：用于显示信号波形的形状、大小、频率等参数。示波器面板各按键的作用、调整及参数的设置与实际的示波器类似。

⑤ 伯德图示仪（Bode Plotter）：可以测量和显示电路的幅频特性与相频特性，类似于扫频仪。

⑥ 频率计（Frequency Counter）：用于测量信号频率。

⑦ 字发生器（Word Generator）：能产生 16 路（位）同步逻辑信号的多路逻辑信号源，常用于设计数字电路的测试电路。

⑧ 逻辑分析仪（Logic Analyzer）：可对数字逻辑信号进行高速采集和时序分析，可以同步记录和显示 16 路数字信号。

⑨ 逻辑转换器（Logic Converter）：NI Multisim 的特有仪器，能够完成真值表、逻辑表达式和逻辑电路三者之间的相互转换，实际中不存在与此对应的设备。

⑩ 失真分析仪（Distortion Analyzer）：用于测量电路信号失真，NI Multisim 提供的失真分析仪频率范围为 20Hz ~ 20kHz。

⑪ 频谱分析仪（Spectrum Analyzer）：可分析信号的频域特性，NI Multisim 提供的频谱分析仪的频率上限为 4GHz。

⑫ 网络分析仪（Network Analyzer）：可测量和分析双端口网络的电子电路和器件，如衰减器、放大器、混频器、功率分配器等器件的特性。

⑬ IV（电流/电压）分析仪：可分析二极管、PNP 和 NPN 晶体管、PMOS 和 CMOS FET 的 IV 特性。注意：IV 分析仪只能测量未连接到电路中的元器件。

⑭ 测量探针和电流探针：电路仿真时，将测量探针和电流探针连接到电路中的测量点，测量探针可测量该点的电压和频率值，电流探针可测量该点的电流值。

（4）NI Multisim 的分析菜单

NI Multisim 具有较强的分析功能，用鼠标单击仿真（Simulate）菜单中的分析子菜单（Simulate→Analysis）可以弹出电路分析菜单。典型的分析功能如下。

① 直流工作点分析（DC Operating Point）：直流工作点分析时，电路中的交流源将被置零，电容开路，电感短路。

② 交流分析（AC Analysis）：分析电路的频率特性。先选定被分析的电路节点，分析时，电路中的直流源将自动置零，交流信号源、电容、电感等均处在交流模式，输入信号也设定为正弦波形模式，即把函数信号发生器的其他信号作为输入激励信号，自动转为正弦信号输入，因此，输出响应是该电路交流频率的函数。

③ 瞬变分析（Transient Analysis）：分析选定电路节点的时域响应。观察电路节点在整个显示周期内的电压波形。瞬态分析时，直流电源保持常数，交流信号源随着时间而改变，电容和电感都是能量储存模式元件。

④ 傅里叶分析（Fourier Analysis）：可分析时域信号的直流分量、基频分量和谐波分量。把被测节点处的时域信号作离散傅里叶变换，求出它的频域变化规律。傅里叶分析时，一般将电路中的交流激励源的频率设定为基频，若在电路中有几个交流源时，可以将基频设定在多个频率的最小公因数。譬如有一个 10.5kHz 和一个 7kHz 的交流激励源信号，则基频可取 0.5kHz。

⑤ 噪声分析（Noise Analysis）：检测电子线路输出信号的噪声功率幅度，用于计算、分析电阻或晶体管的噪声，分析其对电路的影响。分析时，假定电路中各噪声源互不相关，因此，它们的数值可分开各自计算。总的噪声是各噪声在该节点的和（用有效值表示）。

⑥ 失真度分析（Distortion Analysis）：用于分析电子电路中的谐波失真和内部调制失真（互调失真），通常非线性失真会导致谐波失真，而相位偏移会导致互调失真。若电路中有一个交流信号源，该分析能确定电路中每一个节点的二次谐波和三次谐波的失真；若电路中有两个交流信号源 F1 和 F2（设 F1 > F2），该分析能确定电路变量在三个不同频率（F1 + F2，F1 − F2 和 2F1 − F2）下的失真。该分析方法是对电路中小信号进行失真分析，适合观察在瞬态分析中无法看到的、比较小的失真。

⑦ 直流扫描分析（DC Sweep）：利用一个或两个直流电源分析电路中某一节点上直流工作点的数值变化情况。注意：如果电路中有数字器件，可将其视作一个大的接地电阻。

⑧ 灵敏度分析（Sensitivity）：分析电路特性对电路中元器件参数的敏感程度。灵敏度分析包括直流灵敏度分析和交流灵敏度分析，直流灵敏度分析的仿真结果以数值形式显示，交流灵敏度分析的仿真结果以曲线形式显示。

⑨ 参数扫描分析（Parameter Sweep）：参数扫描方法分析可以较快获悉某个元器件的参数变

化对电路的影响，相当于该元器件每次取不同值情况进行多次仿真，数字器件在进行参数扫描分析时将被视为高阻。

⑩ 温度扫描分析（Temperature Sweep）：采用温度扫描分析，可同时观察不同温度条件下的电路特性，相当于该元件每次取不同的温度值进行多次仿真。通过"温度扫描分析"对话框，可选择被分析元件温度的起始值、终值和增量值。在进行其他分析时，电路的仿真温度默认值设定在27℃。

⑪ 极点和零点分析（Pole Zero）：用于分析电路稳定性，通常先进行直流工作点分析，对非线性器件求得线性化的小信号模型，在此基础上再分析传输函数的极点和零点。极点和零点分析主要用于模拟小信号电路的分析，数字器件将被视为高阻。

⑫ 传输函数分析（Transfer Function）：可以分析一个源与两个节点的输出电压或一个源与一个电流输出变量之间的直流小信号传递函数，也可以用于计算输入和输出阻抗。需要先对模拟电路或非线性器件进行直流工作点分析，求得线性化的小信号模型，然后再进行小信号分析。输出变量可以是电路中的节点电压，输入必须是独立源。

⑬ 最坏情况分析（Worst Case）：最坏情况分析是一种统计分析方法。可以帮助观察元件参数变化时电路特性的最坏变化可能性。所谓最坏情况是指电路中的元件参数在其容差域边界点上取某种组合时所引起的电路性能的最大偏差，最坏情况分析根据给定的电路元件参数容差，估算出电路性能相对于标称值的最大偏差。

⑭ 蒙特卡罗分析（Monte Carlo）：采用统计分析方法观察给定电路中的元件参数在一定范围内变化时影响电路特性的情况。用这些分析结果，可预测电路在批量生产时的成品率和生产成本。

⑮ 铜箔宽度分析（Trace Width）：可用于计算电路中电流流过时所需要的最小导线宽度。

⑯ 批处理分析（Batched）：实际电路分析中，通常需要对同一个电路进行多种分析，批处理分析可以将多种分析功能放在一起依序执行。

⑰ 用户自定义分析（User Defined）：用户可自定义扩充仿真分析功能。

3. NI Multisim 的 MCU 仿真环境

NI Multisim 的 MCU 模块为 NI Multisim 增添了微控制器协同仿真功能，使用者可以在使用 SPICE 建模的电路中加入一个可使用汇编语言或 C 语言进行编程的微控制器。用户可以在熟悉的 NI Multisim 环境中以汇编语言或 C 语言对 MCU 进行编程，这个 MCU 模块可与 NI Multisim 中任意一个虚拟仪器共同使用以实现一个完整的系统仿真，包括微控制器以及全部所连接的模拟和数字 SPICE 元件。NI Multisim MCU 模块支持 Intel 8051/8052 和 Microchip PIC16F84a 芯片以及众多高级的外围器件，例如外部 RAM 和 ROM、键盘、图形、字符液晶等。

4. NI Multisim 的 VHDL 仿真功能

NI Multisim 的 VHDL 功能可对语言级建模结果进行仿真，生成电路符号，并协同 NI Multisim 完成数字系统仿真分析。

参 考 文 献

[1] 王友仁，陈则王，林华，等．数字电子技术基础［M］．北京：机械工业出版社，2010．

[2] 王友仁，陈则王，林华，等．数字电子技术基础学习指导与习题解析［M］．北京：机械工业出版社，2010．

[3] 王毓银．数字电路逻辑设计［M］．3版．北京：高等教育出版社，2018．

[4] 王毓银．数字电路逻辑设计．（第3版）学习指导书［M］．北京：高等教育出版社，2018．

[5] 杨志忠，卫桦林．数字电子技术基础［M］．3版．北京：高等教育出版社，2018．

[6] 朱正伟．数字电路逻辑设计［M］．3版．北京：清华大学出版社，2017．

[7] 刘昕彤，马文华，郑荣杰．数字电子技术［M］．北京：北京理工大学出版社，2017．

[8] 任文霞．数字电子技术学习指导书［M］．北京：中国电力出版社，2017．

[9] 清华大学电子学教研组．数字电子技术基础［M］．6版．北京：高等教育出版社，2016．

[10] 阎石，王红．数字电子技术基础（第6版）学习辅导与习题解答［M］．北京：高等教育出版社，2016．

[11] 李雪飞．数字电子技术基础［M］．2版．北京：清华大学出版社，2016．

[12] 华中科技大学电子技术课程组．电子技术基础：数字部分［M］．6版．北京：高等教育出版社，2014．

[13] 余孟尝．数字电子技术简明教程［M］．3版．北京：高等教育出版社，2006．

[14] 王成华，王友仁，胡志忠，等．电子线路基础［M］．北京：清华大学出版社，2008．

[15] 赵全利，李会萍．Multisim电路设计与仿真［M］．北京：机械工业出版社，2016．

[16] 蒋卓勤，黄天录，邓玉元．Multisim及其在电子设计中的应用［M］．2版．西安：西安电子科技大学出版社，2011．

[17] 聂典，丁伟．Multisim 10计算机仿真在电子电路设计中的应用［M］．北京：电子工业出版社，2009．

[18] 聂典，丁伟．基于Multisim 10的51单片机仿真实战教程：使用汇编和C语言［M］．北京：电子工业出版社，2010．

[19] 黄智伟．基于NI Multisim的电子电路计算机仿真设计与分析［M］．北京：电子工业出版社，2011．

[20] 刘文松．SOC设计和测试技术：理论与实践［M］．南京：东南大学出版社，2016．

[21] 雷绍充．SOC测试［M］．西安：西安交通大学出版社，2012．

[22] JHA N．数字系统测试［M］．王新安，译．北京：电子工业出版社，2007．

[23] 沈理．SOC/ASIC设计、验证和测试方法学［M］．广州：中山大学出版社，2006．

[24] 杨士元．数字系统的故障诊断与可靠性设计［M］．2版．北京：清华大学出版社，2000．

[25] 向东．数字系统测试及可测试性设计［M］．北京：科学出版社，1997．

[26] LOU S Q. Digital Electronic Circuits［M］. Berlin：Walter de Gruyter, 2018.

[27] MARK N. Digital Electronics：A Primer：Introductory Logic Circuit Design［M］. London：Imperial college press, 2015.

[28] WILKINS C L. Digital Electronics and Laboratory Computer Experiments［M］. Berlin：Springer, 2012.

[29] VANCE V. Digital Electronics：A Practical Approach［M］. London：Pearson Prentice Hall, 2007.

[30] ANANT A. Foundations of Analog and Digital Electronic Circuits［M］. San Francisco：Morgan Kaufmann, 2005.

[31] BUSHNELL M. Essentials of Electronic Testing for Digital, Memory and Mixed – Signal VLSI Circuits（Frontiers in Electronic Testing）［M］. Berlin：Springer, 2004.